JN192059

都市計画学

変化に対応するプランニング

中島直人 | 村山顕人 | 髙見淳史
樋野公宏 | 寺田徹 | 廣井悠 | 瀬田史彦
著

学芸出版社

まえがき

本書の著者7人のうち6人（中島・村山・髙見・樋野・廣井・瀬田）は、1970年代に生まれ、1990年代から2000年代前半に東京大学工学部都市工学科/大学院工学系研究科都市工学専攻（以下、「都市工」）の都市計画コースに学生として在籍し、その後、他の大学や研究機関を経て、2010年代になって都市工で教鞭を取るようになった中堅の教員である。寺田は、もう少し若く経歴も異なるが、他の著者が学生の頃には都市工になかったランドスケープ系の専門家で、本書の準備を始めた頃、都市工に特任講師として在籍していた。

都市計画の新しい教科書をつくってほしいというリクエストは、これまでも多方面から頂いており、既に体系的に整理された都市計画の教科書が多く存在する中、何か特徴的な教科書をつくらなければという気持ちはあったが、都市工に着任して担当することになった自分たちの講義や演習を準備・実施するので精一杯だった。なぜ自分たちの授業だけで大変かと言うと、都市工は、建築系学科や土木系学科の都市計画とは異なり、都市計画コースだけでも、研究室・研究グループ毎の系列を持った講義が多数あり、一つひとつの講義の内容が狭く深いからである。また、敷地・地区・都市・広域の各スケールの空間計画・デザインを扱う演習は、学生との対話が重要なので、多くの時間を要する。

それよりも大きな問題は、自分たちは基本的に成長時代の都市計画を習ったにもかかわらず、自分たちが教鞭をとる頃までには社会経済状況が大きく変わっており、試行錯誤中の低成長時代・成熟時代の都市計画をも学生に教えなければならないことである。そして、大げさに言えば、「都市計画学」を成長時代・低成長時代・成熟時代という変化に対応するプランニングの学問として再構築する必要があることである。

本書は、現在の都市工の研究室・研究グループや中堅教員の構成に基づき、シンプルに「1章　土地利用と施設配置」「2章　都市交通」「3章　住環境」「4章　都市デザイン」「5章　都市緑地」「6章　都市防災」「7章　広域計画」とし、これに都市工の教育の要である演習の内容に関連した「8章　計画策定技法」「9章　職能論」を加えた。「序章」は1章から7章までの内容を時代区分によって体系的に整理したものである。企画の段階では、例えば、「土地利用と交通を統合したプランニング」など従来の分野を融合した内容を共著で執筆する、「低炭素社会・脱炭素社会」という枠組みの下で各分野の内容を関連づけながら執筆する、分野融合的な「地区の計画とデザイン」の章をつくるなどのアイディアもあったが、教科書としての網羅性を維持しながら分野を大きく再構成することは無謀であることが分かった。従来の縦割りから何ら変わっていないとの批判を受けるかも知れないが、各執筆者は、現在の都市を取り巻く環境を幅広い視野で捉えた上で、それぞれの分野を核に分野融合を図ろうとしているし、都市計画の入門書としては、これまでに確立された分野の構成を尊重する方がむしろ良いとも考えた。

執筆にあたり、自分の研究室・研究グループが取り扱う講義の入門的内容を体系的に整理することが求められた。しかも、成長時代から低成長・成熟時代への接続、今後の展望についても考える必要があった。「一体自分たちは何を学生に教えているのだろう。これで良いのか」と落ち込み、執筆作業が長期に渡ってストップすることもあった。学芸出版社の井口夏実さんの後押しもあって、一応、教科書としての体裁は何とか整えることができたが、正直、これで良かったのかとの不安も残る。

時代の大きな転換期に学生から教員になってしまった1970年代以降生まれの都市計画専門家が試行錯誤しながら今の学生に教えている内容が本書にまとめられている。10年後にはもっとまともな切り口の「都市計画学」ができると良いが、そのような学の発展の足がかりとして、思い切って、本書を世に出すこととした。

2018年8月

著者一同

目次

まえがき　3
カラー口絵　9

序章 時代認識
——都市計画はどこから来て、どこに向かっているのか……25

1 | なぜ、時代認識なのか？　25

2 | 「つくる都市」から「できる都市」への転換　25

3 | 「ともにいとなむ都市」の時代へ　26

1章 土地利用と施設配置
——都市の構造をつくり、都市の変容をマネジメントする……29

1 | 都市を構成する要素と都市計画の基本的枠組み　29
都市の構成要素／「構想 - 計画 - 実現手段」という捉え方

2 | 都市計画図—土地利用と施設配置の計画を示す図　30
事例1：名古屋市（日本）／事例2：デトロイト市（米国）／事例3：ポートランド都心部（米国）

3 | なぜ土地利用や施設配置の計画が必要なのか　32
都市計画法の目的と理念／土地利用の「自然性」と「社会性」／建築規制から施設配置・土地利用計画へ

4 | 日本の土地利用・施設配置計画の歴史　34
都市の骨格となる施設をつくる／市街地の拡大・拡散を抑えながら市街地を更新する／都市再生と都市構造再編を進める

5 | 日本における現行の土地利用・施設配置計画制度　36
日本の都市計画制度の枠組み／都市計画制度の中心を担う土地利用計画／土地利用計画の構成／都市計画事業／都市計画の手続きと財源

6 | マスタープランの策定を通じた都市構造の再構築とマネジメント　42
マスタープランの都市計画制度への導入／低成長時代のマスタープランの事例／三重県都市計画方針（2017年策定）／三重県北勢圏域マスタープラン（2018年策定）／鈴鹿都市計画区域マスタープラン（2012年策定）／鈴鹿市都市マスタープラン（2016年策定）

7 | 目指す都市の構造に関する論点　45
「コンパクトシティ」や「集約型都市構造」の流行／「コンパクトシティ」と「間にある都市」

8 | これからの土地利用計画：地区スケールの都市再生とそれを編集する都市のプランニング　46

2章 都市交通
——都市の機能と暮らしを支える …… 48

1 | 都市交通の計画とは 48
都市における交通の基本的な捉え方／都市交通計画の施策ツールと目標

2 | トラディショナルな目標と計画 50
高度成長期からの主要な目標と供給側の交通施策／都市道路網の計画／公共交通の計画／都市交通計画の立案のための調査・分析手法

3 | 需要追随型アプローチからのパラダイムシフト 59
都市交通施策のパラダイムシフト／交通需要マネジメント／長期的なTDM施策としての都市計画

4 | 都市交通計画のこれから 62
低炭素社会、超少子高齢・人口減少社会における課題と目標／都市交通のユニバーサルデザイン／コンパクトシティ・プラス・ネットワークを支える公共交通／新しい交通手段と交通サービス／交通まちづくり

3章 住環境
——都市居住の礎を築く …… 68

1 | 住宅政策と人々の住まい 68
住宅の大量供給と「量から質」への転換／ストック重視の住宅政策へ／多様化する住まい方

2 | 住環境の理念とマネジメント 75
住環境の理念／防犯性／買い物の利便性／ウォーカビリティ／住環境マネジメント

3 | 超高齢化・人口減少時代の住環境 80
郊外ニュータウンの衰退／空き家問題／高齢者の安定居住／高齢者の地域参加

4章 都市デザイン
——魅力的な都市空間をつくる …… 87

1 | 都市デザインとは何か？ 87

2 | 都市デザイン思潮の歴史的展開 87
源流としてのシビックアートとモダニズム／アーバンデザインの誕生と都市デザイン論の展開／公共政策としてのアーバンデザイン／現代の都市デザインへ

3 | 関係性のデザインとしての都市デザイン 96
空間の関係性／時間の関係性／主体の関係性

4 | 近年の都市デザインの課題と動向 101
景観の創造的コントロール／公共空間の再編成とリノベーション／アーバンデザインセンターの展開

5章 都市緑地
——都市と自然を接続する …… 106

1 | 都市・自然・ランドスケープ 106

2 | 都市緑地計画の展開 107
①公園からグリーンベルトへ（1870 - 1940 年代）／②市街地の拡大と緑地保全（1950 - 1970 年代）／③環境保全・グローバル化と緑地（1970-1990 年代）

3 | 都市緑地計画の現在とこれから 119
①人間と緑地―マネジメントの時代へ（2000 年代 - ）／②これからの都市緑地計画

6章 都市防災
——都市災害を軽減し、安全で快適な都市を創造する …… 130

1 | 都市防災の概念整理 130
都市防災の定義／都市防災を計画する基本的アプローチ／都市防災の三つの特徴／都市防災の計画体系と方法

2 | 都市防災の文化と思想 134
江戸の大火対策／基盤整備としての都市防災／相次ぐ風水害と都市不燃化の希求／地震火災対策の進展／建物の耐震化と地域防災／これからの都市防災―ハードとソフトの連携

3 | 都市防災の課題対応 139
建物倒壊／市街地火災／避難行動／帰宅困難者対策／地下街の防災対策

4 | 都市防災の将来ビジョン 147
都市防災マネジメント／複合災害リスクへの対処／巨大災害リスクと大都市防災／都市の復興とレジリエンス

7章 広域計画
——拡大・変化する都市圏の一体的な発展のために …… 153

1 | 広域計画の基本概念 153
広域計画の意義／広域計画の役割・機能／広域計画の要素と構成

2 | 広域計画の歴史と変遷 157
広域計画の歴史を学ぶ意義／戦前までの広域計画／高度成長期の広域計画／安定成長期の広域計画／低成長・成熟期の広域計画

3 | 広域計画の成果と課題 168
広域計画の評価の難しさ／国土計画と人口動態／広域計画の現代的課題

8章 計画策定技法

——都市計画はどのような方法や技術に支えられているのか ……172

1 | 計画策定技法を捉える視点 172
計画策定への期待／計画策定の三つの側面とそれを支える技法／計画策定技法の研究・開発の経緯

2 | 事例に見る成熟都市の計画策定技法 173
1980年代の米国諸都市のダウンタウン・プラン策定／ポートランド・セントラル・シティ・プラン（1988年）／ダウンタウン・シアトル土地利用・交通計画（1985年）

3 | 米国におけるプランニングの定義とプランナーに求められる技術 184
プランニングの定義とプランナー／プランナーに求められる技術／都市プランナーに求められる技術に関する文献

4 | 計画策定技法の日本の都市計画への適用 186
日本の都市マスタープランの計画策定技法／克服すべき日本の計画策定の現実

9章 職能論

——都市計画マインドを育む ……189

1 | 都市計画家という職業 189
国と自治体の都市計画職／民間の都市計画職

2 | 都市計画家を育成する教育 190
大学・大学院での都市計画の専門教育／マルチスケールの都市工学演習／社会人向けの大学・大学院／さまざまな都市計画の学びの場

3 | 先人たちにみる都市計画への志 194
草創期の都市計画技師たちの志／民間都市計画家のパイオニアたちの志／都市計画家に必要なものは何か

10章 ブックガイド

——都市計画を学ぶための72冊 ……199

索引 204

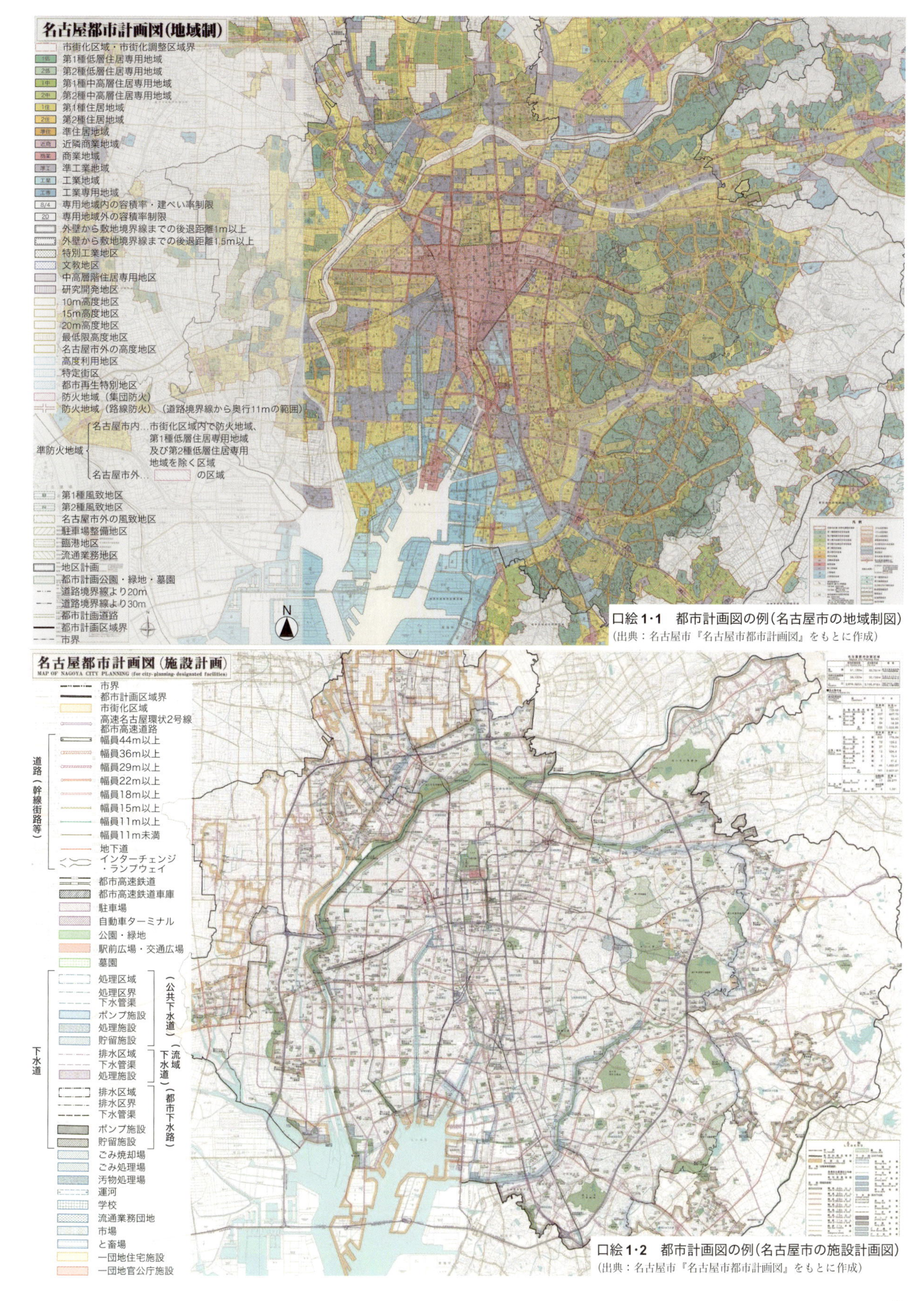

口絵1・1　都市計画図の例(名古屋市の地域制図)
(出典：名古屋市『名古屋市都市計画図』をもとに作成)

口絵1・2　都市計画図の例(名古屋市の施設計画図)
(出典：名古屋市『名古屋市都市計画図』をもとに作成)

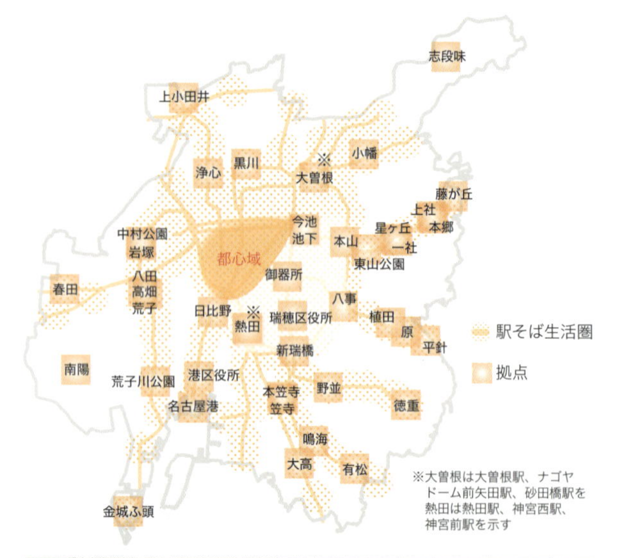

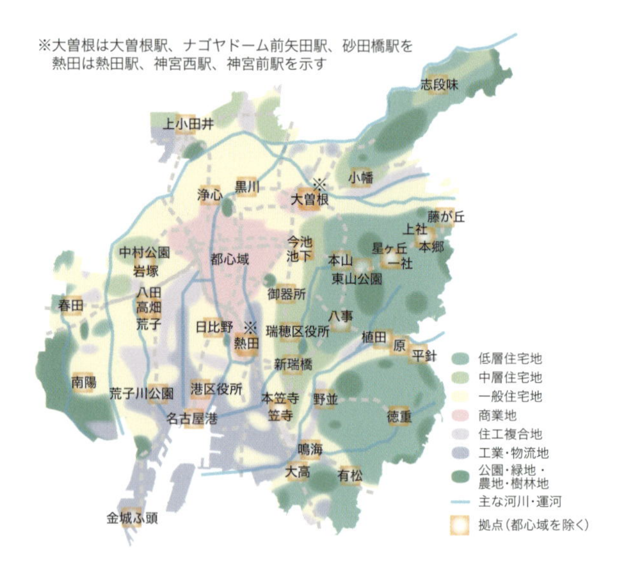

口絵 1･3（左上）　名古屋市都市計画マスタープランの「駅そば生活圏と拠点」（出典：名古屋市『名古屋市都市計画マスタープラン』）

口絵 1･4（右上）　名古屋市都市計画マスタープランの「土地利用方針図」（出典：名古屋市『名古屋市都市計画マスタープラン』）

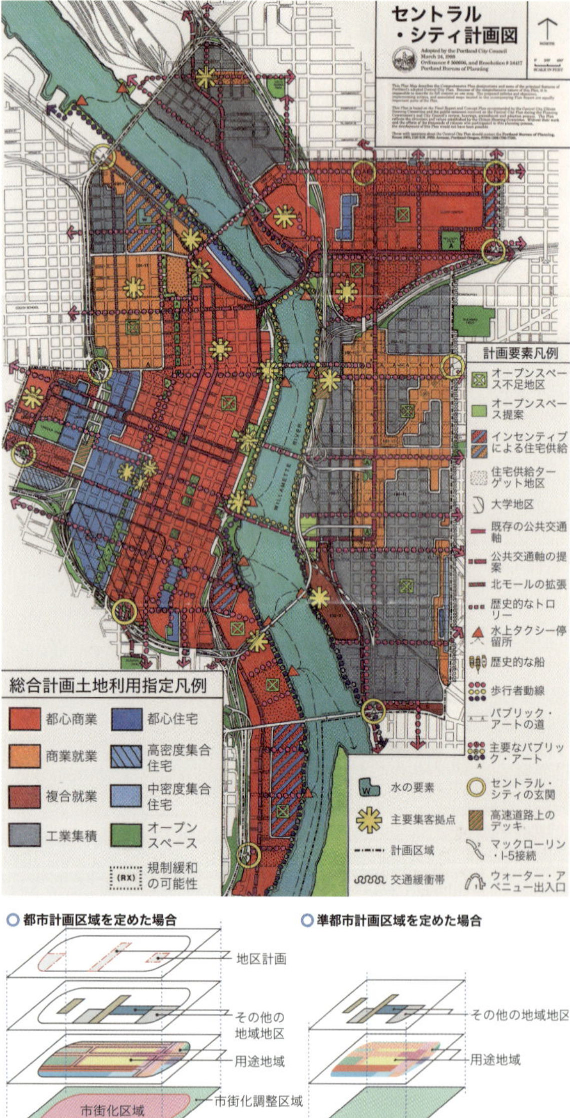

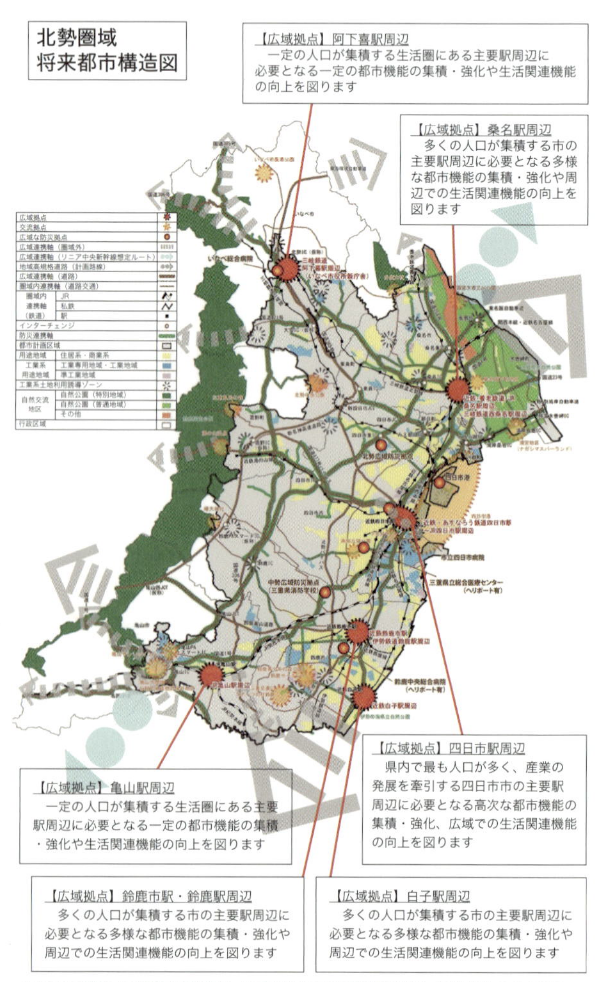

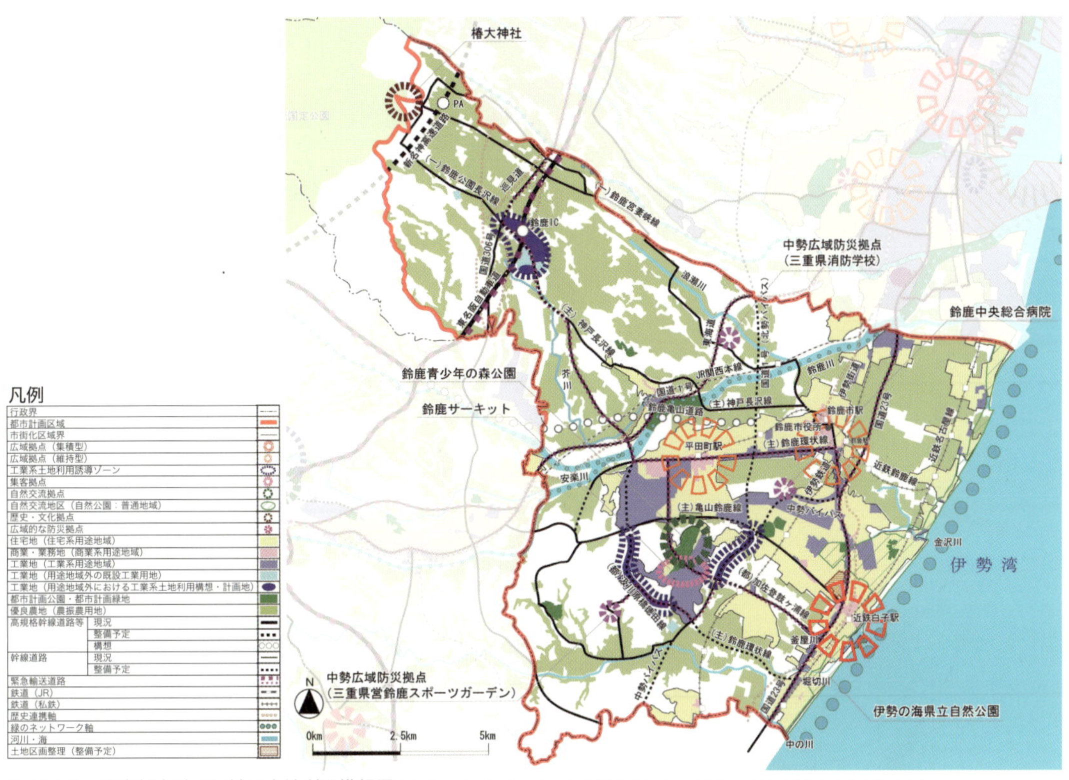

口絵 1·8　鈴鹿都市計画区域の土地利用構想図（出典：三重県（2012）『鈴鹿都市計画区域の整備、開発及び保全の方針計画書』）

口絵 1·5（前ページ中央）
都市構造図の例。ポートランド・セントラル・シティ・プラン（1988）のコンセプト図（出典：City of Portland(1988)Portland Central City Plan）

口絵 1·6（前ページ左下）
土地利用計画の構成（出典：国土交通省『土地利用計画制度の概要』）

口絵 1·7（前ページ右下）
都市構造図の例。三重県北勢圏域将来都市構造図（出典：三重県（2018）『三重県北勢圏域マスタープラン』をもとに作成）

口絵 1·14　鈴鹿市都市マスタープランの五つのテーマの方針図（口絵 1・9 〜 13）を統合した土地利用方針図（出典：鈴鹿市（2016）『鈴鹿市都市マスタープラン全体構想』）

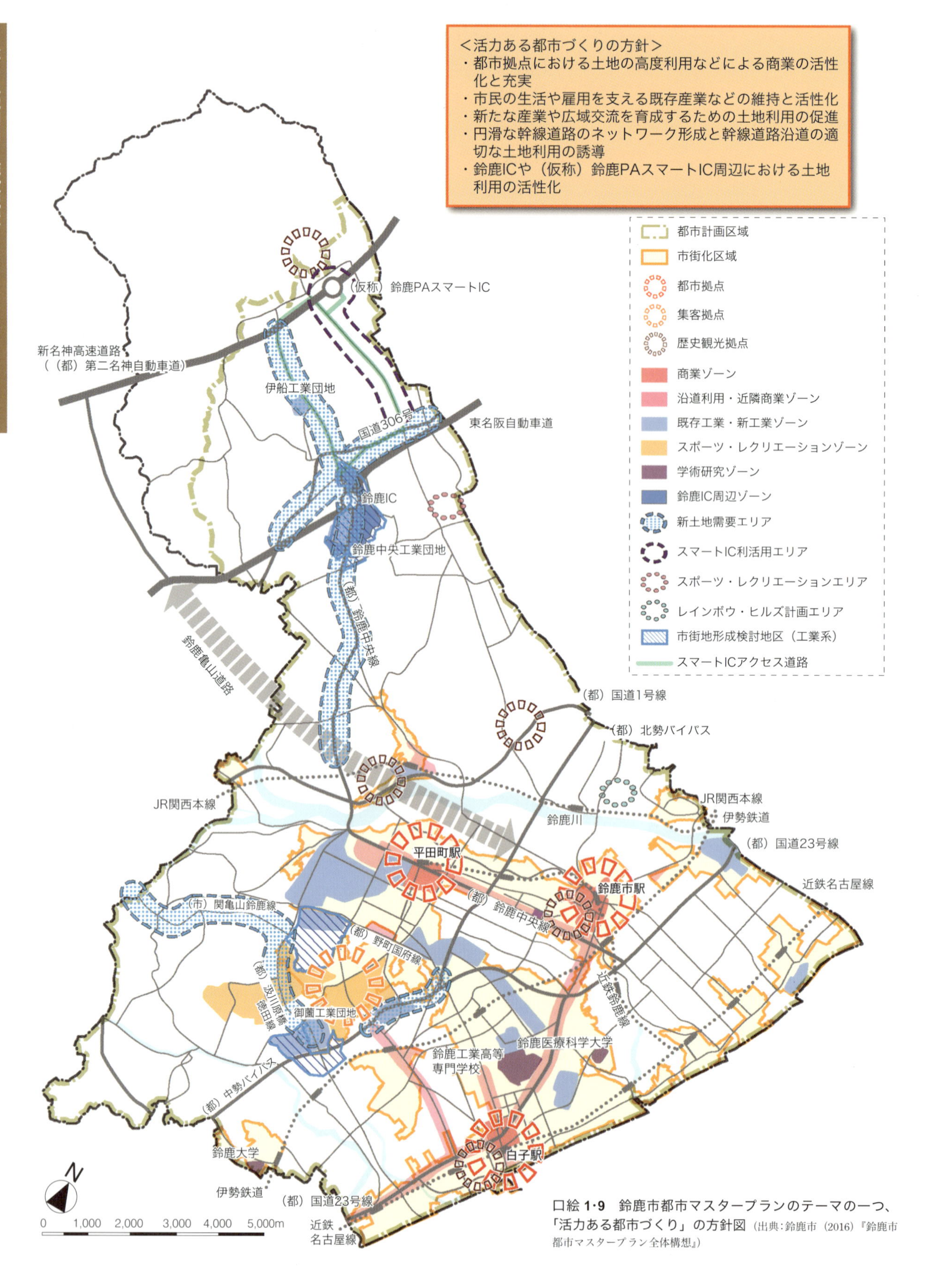

口絵 1·9　鈴鹿市都市マスタープランのテーマの一つ、「活力ある都市づくり」の方針図（出典：鈴鹿市（2016）『鈴鹿市都市マスタープラン全体構想』）

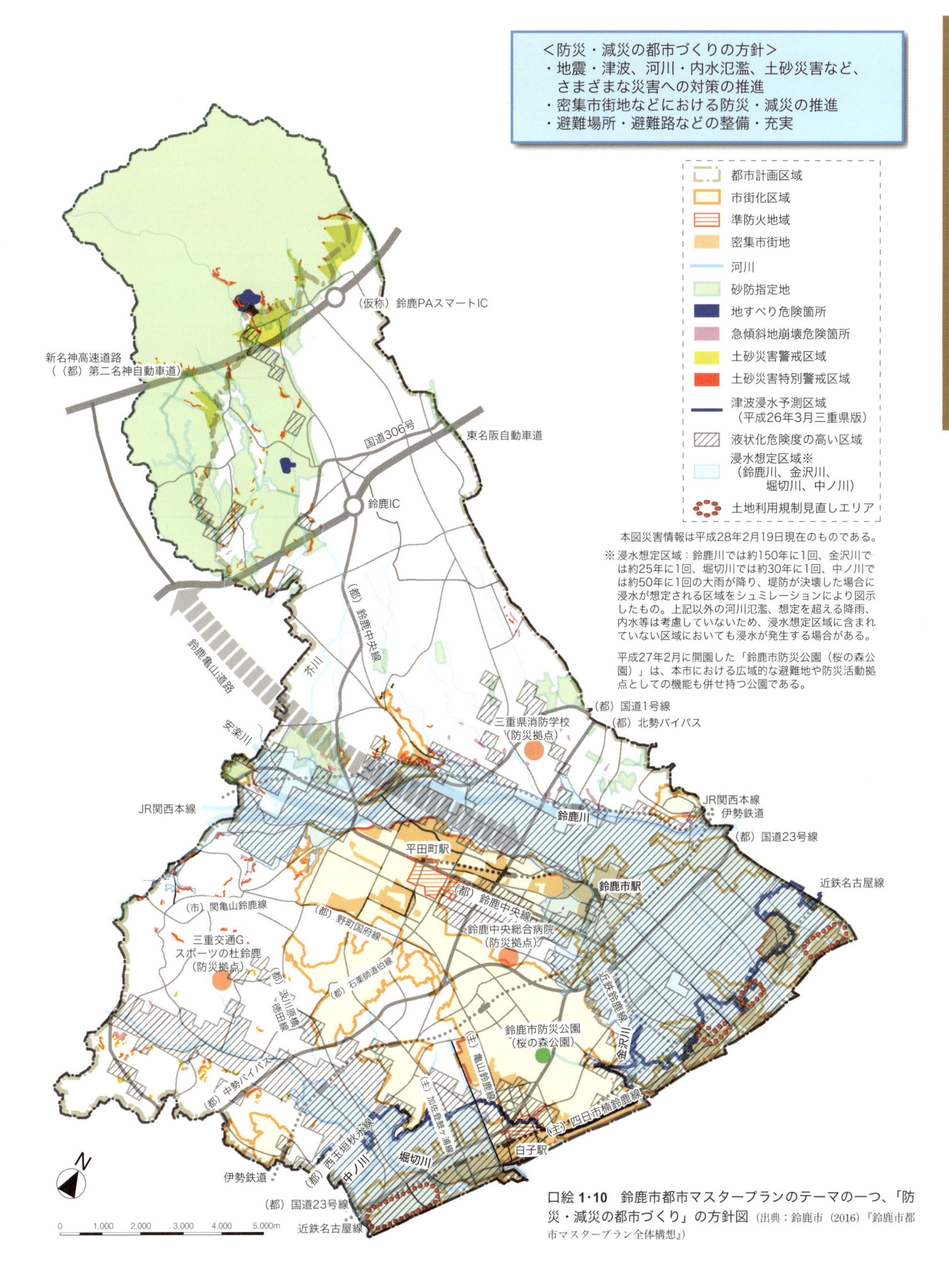

本図災害情報は平成28年2月19日現在のものである。

※浸水想定区域：鈴鹿川では約150年に1回、金沢川では約25年に1回、堀切川では約30年に1回、中ノ川では約50年に1回の大雨が降り、堤防が決壊した場合に浸水が想定される区域をシュミレーションにより図示したもの。上記以外の河川氾濫、想定を超える降雨、内水等は考慮していないため、浸水想定区域に含まれていない区域においても浸水が発生する場合がある。

平成27年2月に開園した「鈴鹿市防災公園（桜の森公園）」は、本市における広域的な避難地や防災活動拠点としての機能も併せ持つ公園である。

口絵 1·10　鈴鹿市都市マスタープランのテーマの一つ、「防災・減災の都市づくり」の方針図（出典：鈴鹿市（2016）『鈴鹿市都市マスタープラン全体構想』）

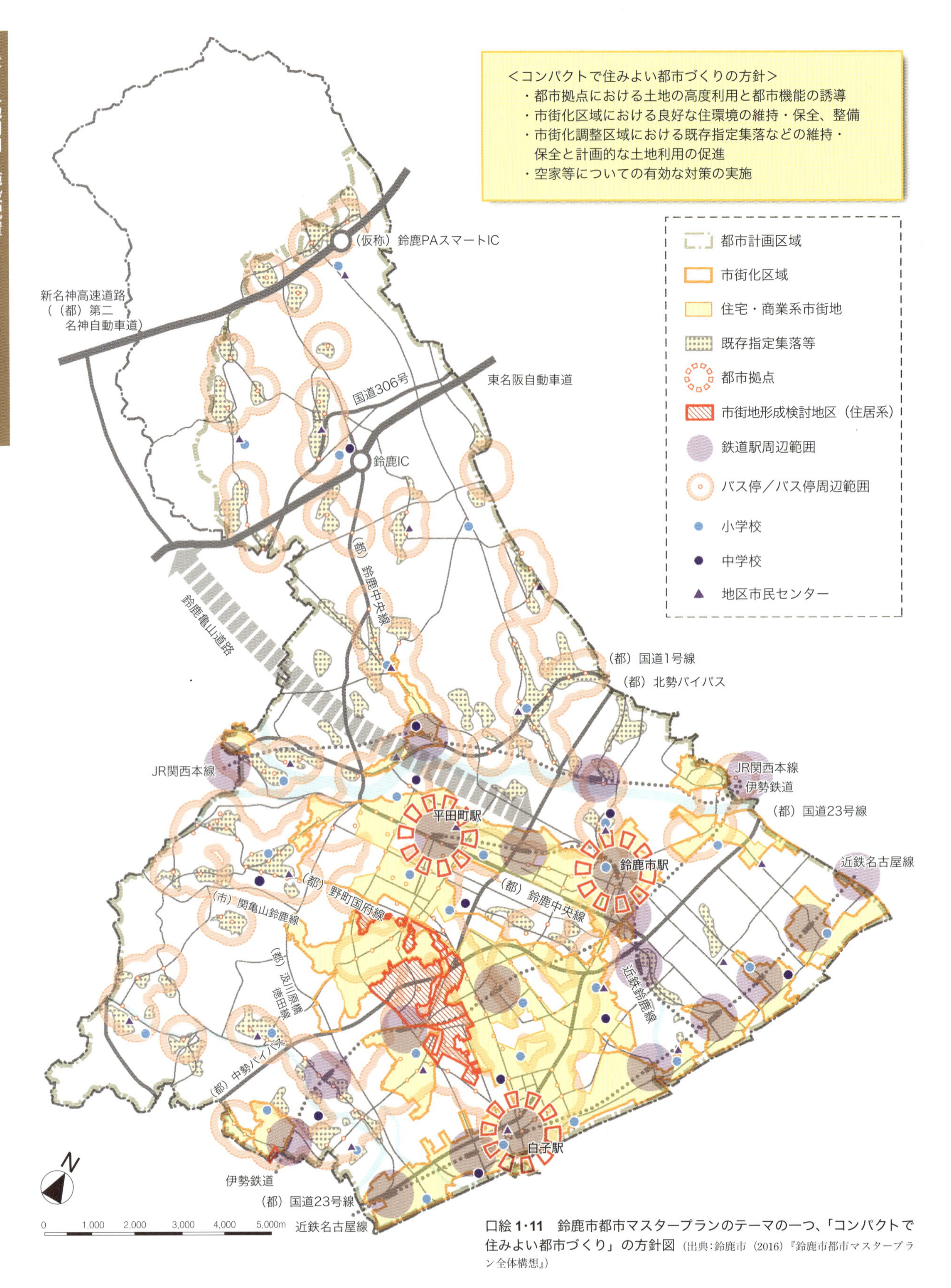

口絵 1·11　鈴鹿市都市マスタープランのテーマの一つ、「コンパクトで住みよい都市づくり」の方針図（出典：鈴鹿市（2016）『鈴鹿市都市マスタープラン全体構想』）

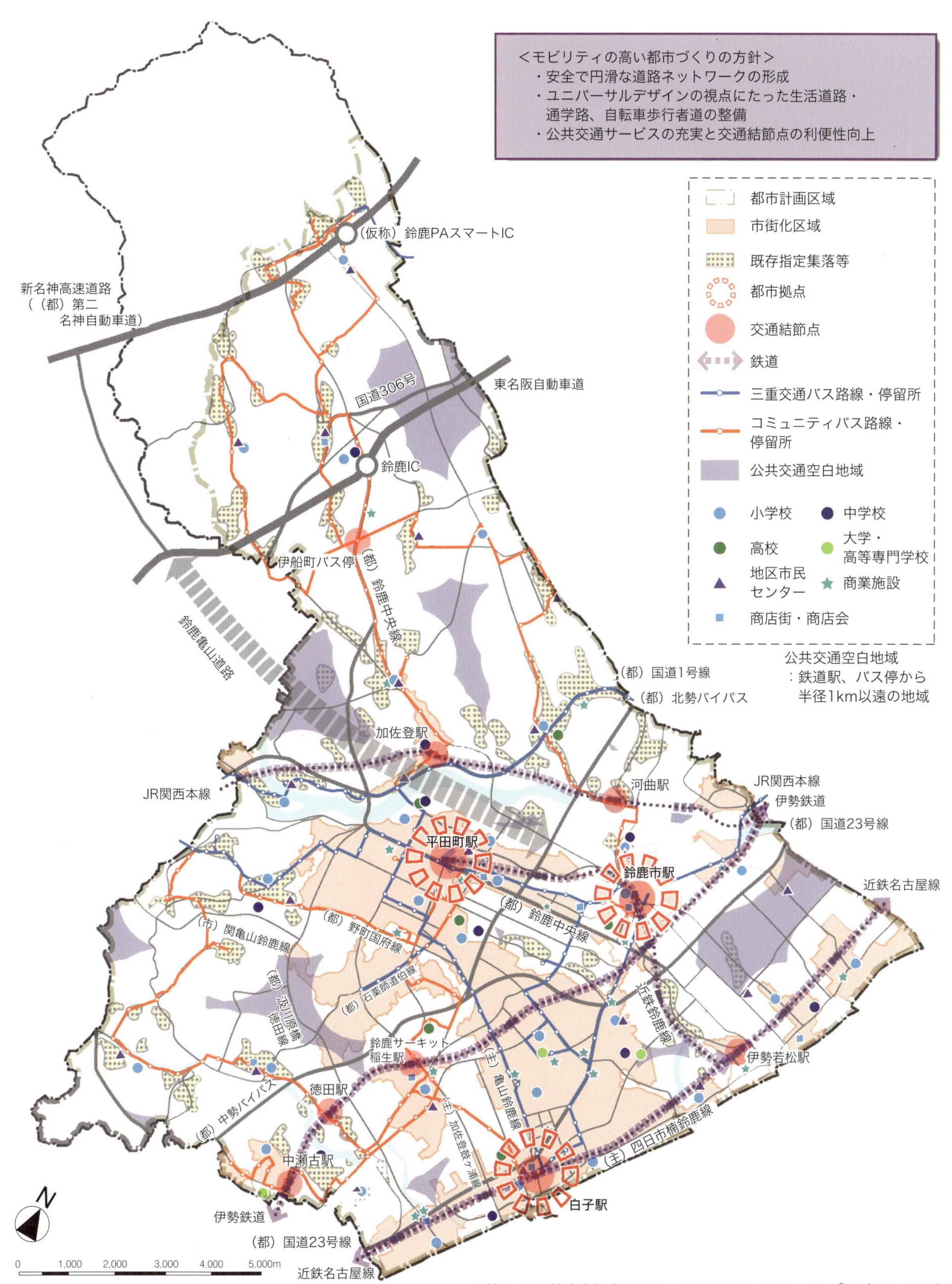

口絵 1·12 鈴鹿市都市マスタープランのテーマの一つ、「モビリティの高い都市づくり」の方針図（出典：鈴鹿市（2016）『鈴鹿市都市マスタープラン全体構想』）

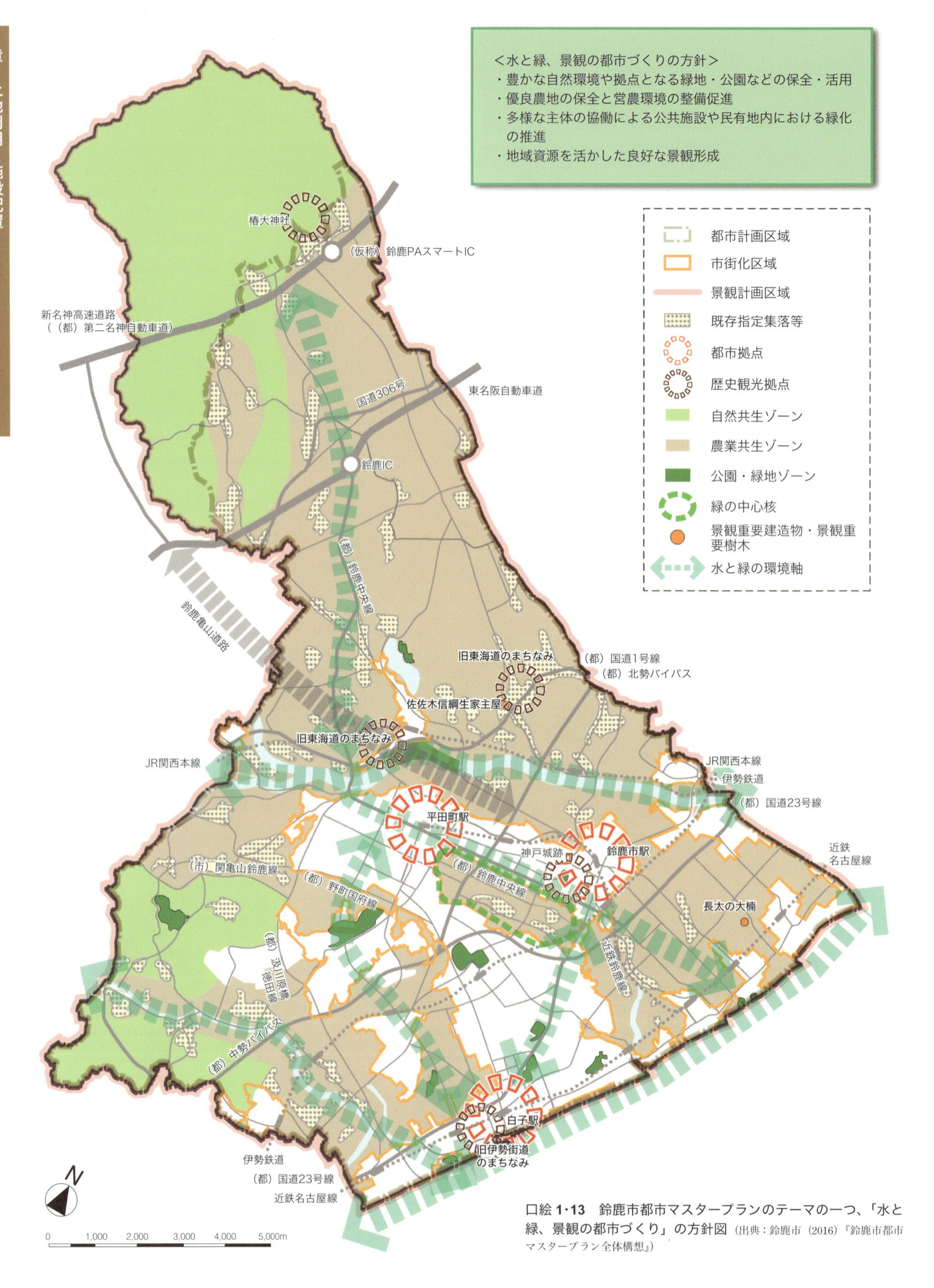

口絵 1·13　鈴鹿市都市マスタープランのテーマの一つ、「水と緑、景観の都市づくり」の方針図（出典：鈴鹿市（2016）『鈴鹿市都市マスタープラン全体構想』）

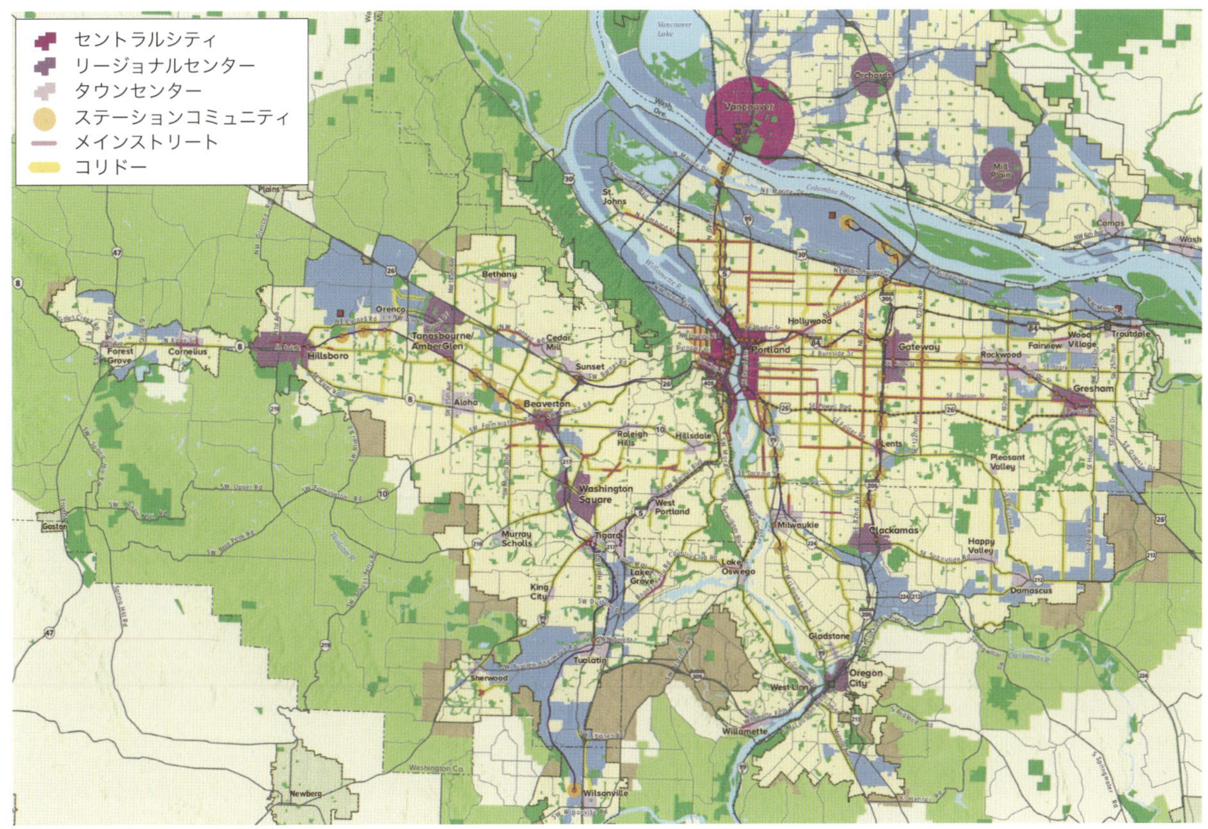

口絵 2·1　ポートランド都市圏の「2040 成長構想」。凡例にある 6 種類の区域で人口増加の 3 分の 1、雇用増加の 2 分の 1 を収容することが構想された。なお、図は 2014 年 9 月現在で、当初策定されてからの変更を含んでいる（出典：Metro 資料）

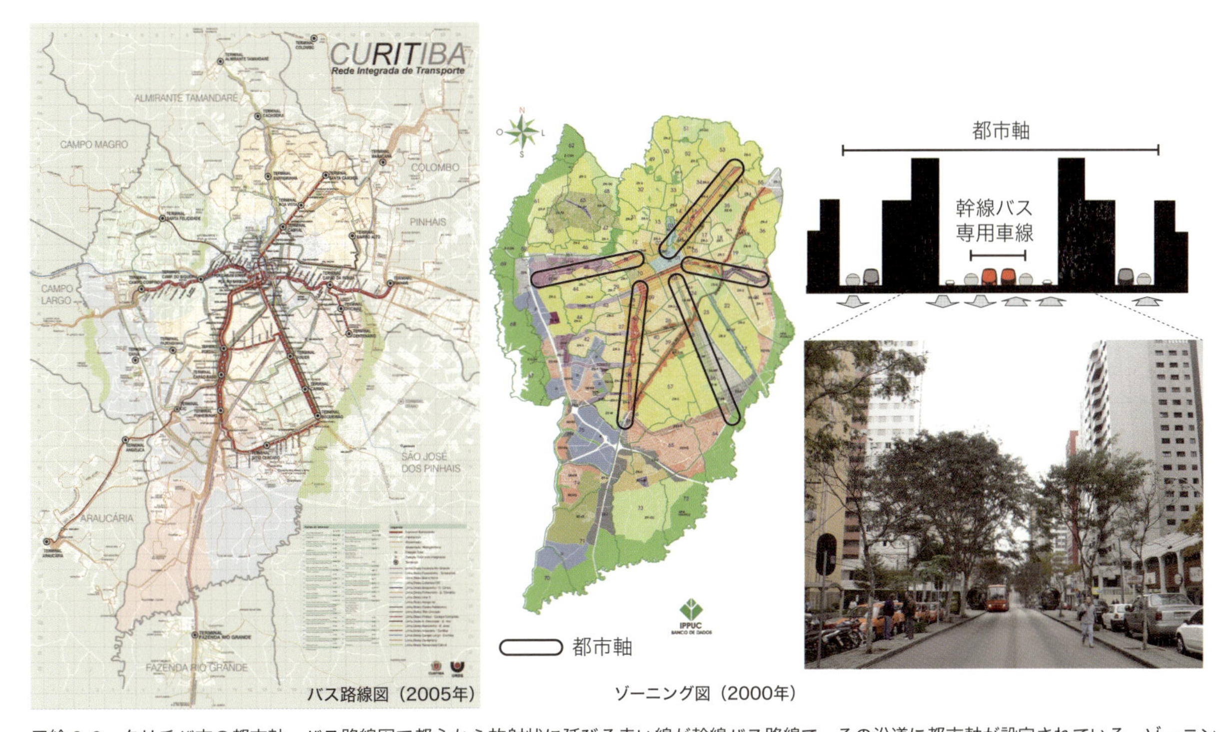

口絵 2·2　クリチバ市の都市軸。バス路線図で都心から放射状に延びる赤い線が幹線バス路線で、その沿道に都市軸が設定されている。ゾーニング図には、特に南南西方向や北東方向の都市軸内で指定容積率が高く、軸から離れるにつれて低くなることが示されている（出典：クリチバ都市公社（URBS）・クリチバ都市計画研究所（IPPUC）資料、写真は 2008 年に著者撮影）

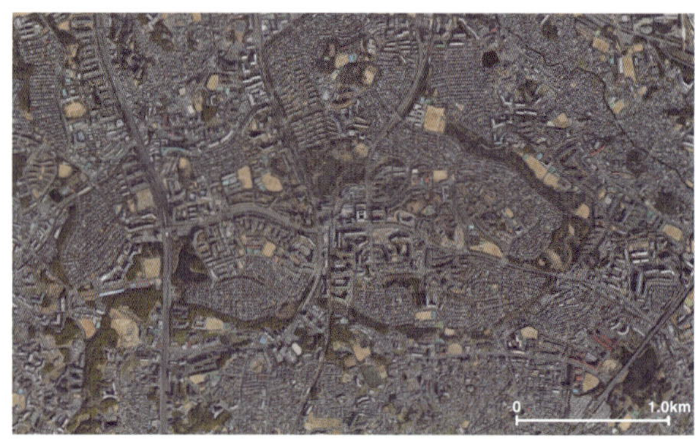

口絵 **3·1** 千里ニュータウン（大阪府）の竹見台スターハウスと周辺地域の航空写真。千里ニュータウンは吹田、豊中市にまたがる千里丘陵に位置する。総面積は 1160ha（撮影左：奥居武、写真右：Google）

口絵 **3·2** 多摩ニュータウン（東京都）の長池見附橋と周辺地域の航空写真。多摩ニュータウンは八王子、町田、多摩及び稲城の 4 市にまたがる多摩丘陵に位置する。総面積は 2853ha（写真右：Google）

口絵 **3·3** 青葉台ぼんえるふ (福岡県北九州市）の一街区と周辺地域の航空写真（写真右：Google）

口絵 **3·4** アーバイン（アメリカ·カリフォルニア州）の住宅地と周辺地域の航空写真。湖畔のよく管理された歩道のようすがわかる（写真右:Google）

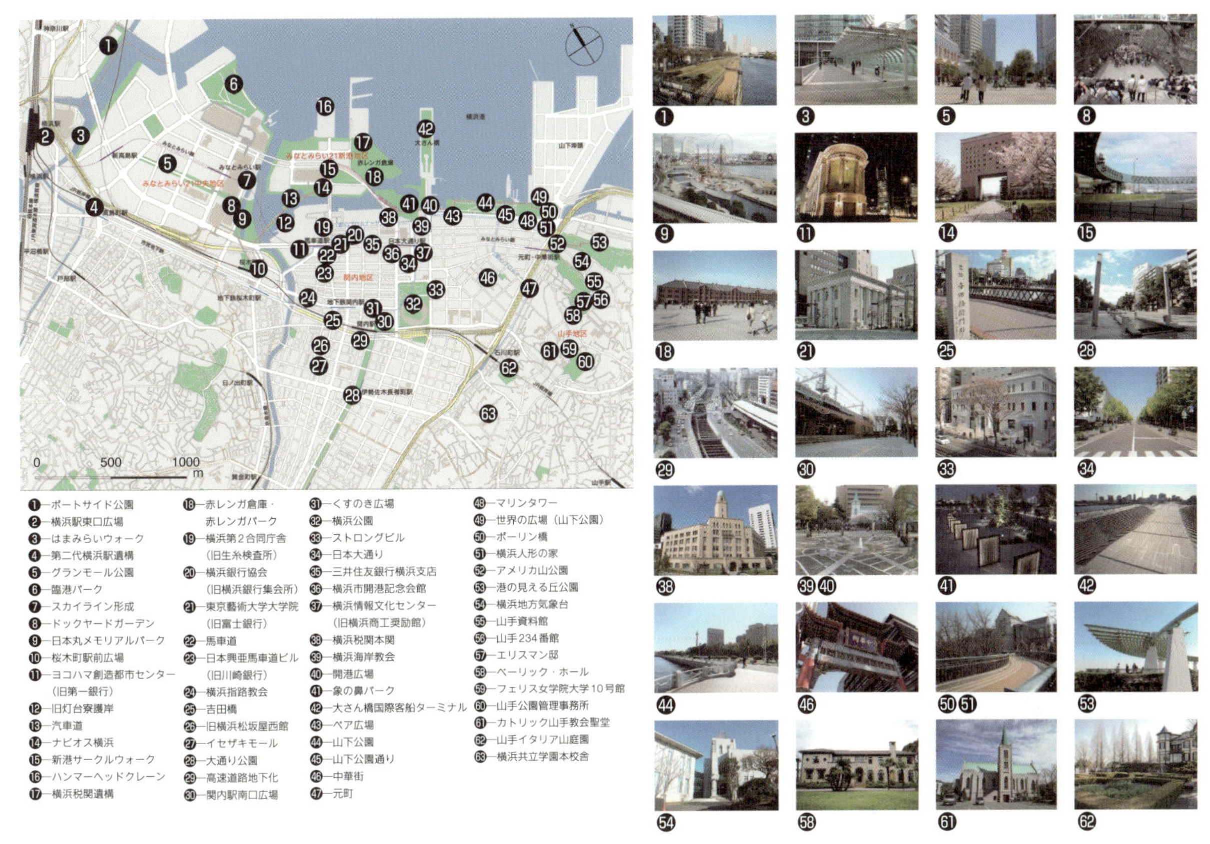

口絵 4･1 横浜市の都市デザインの成果（出典：横浜市都市整備局都市デザイン室（2012）『横浜の都市デザイン』）

口絵 4･2 公共空間改編のための社会実験例（高島平グリーンテラス（東京都板橋区））

■ 柏の葉アーバンデザイン戦略

①建物・道路・空地など「都市空間の骨格」の整備、②緑豊かなキャンパスと街が融和した「創造的環境」のネットワーク化、③最先端の知・産業・文化を育む「都市活動の場」の形成の3点を理念に戦略を策定。これに基づき、質の高い空間デザインを推進する。

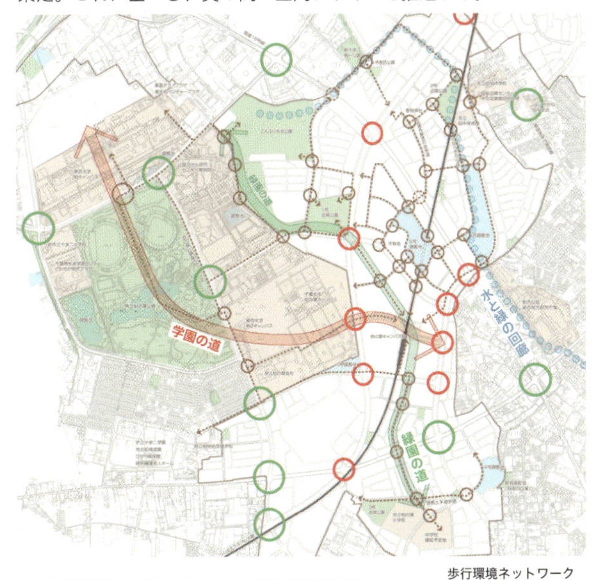

口絵 4･3 都市軸やネットワークによる都市デザインの戦略図例（柏の葉アーバンデザイン戦略、千葉県柏市）（出典：柏の葉国際キャンパスタウン構想委員会（2014）『柏の葉アーバンデザイン戦略』[概要版] の内容を抜粋して再構成）

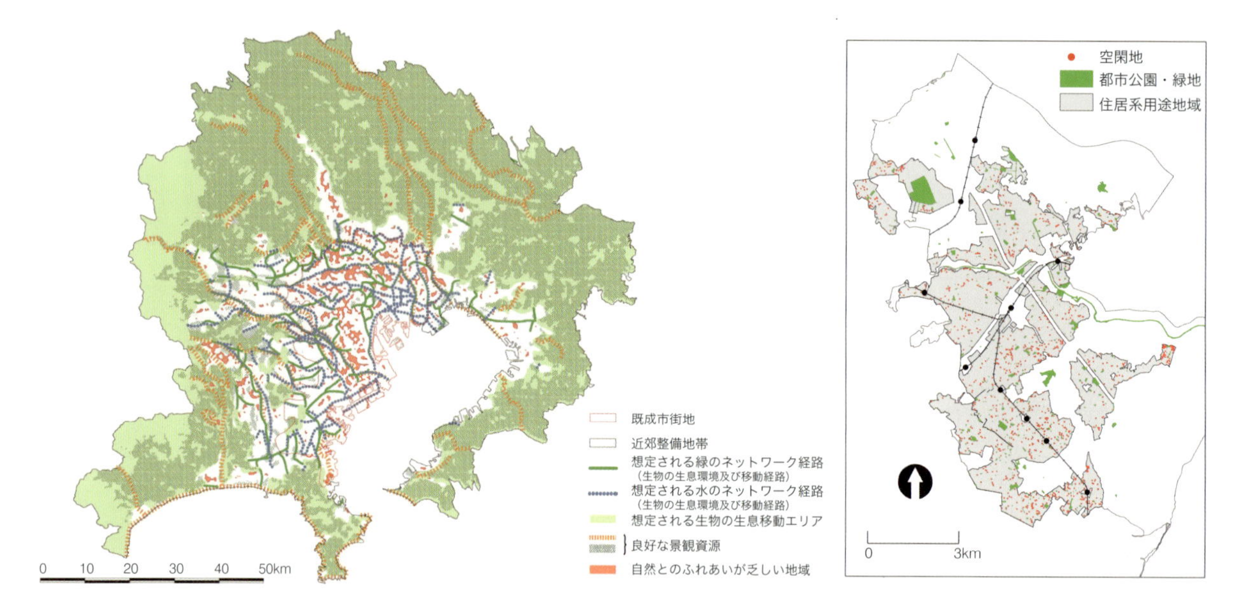

口絵 5･1 首都圏におけるエコロジカルネットワークの分析図。2001年に都市再生本部で決定された都市再生プロジェクト「まとまりのある自然環境の保全」を具体的に推進するため作成された（出典：自然環境の総点検等に関する協議会（2004）「首都圏の都市環境インフラのグランドデザイン―首都圏に水と緑と生き物の環を―」p.49

口絵 5･2 千葉県柏市の都市部における都市公園（恒久緑地）と住宅地内の空閑地（暫定緑地）の分布図。人口減少・都市縮退下においては、恒久緑地と暫定緑地の組み合わせによる柔軟な緑地マネジメントが求められる（出典：鈴木浩平（2012）「都市郊外における空閑地の農的利用の実態解明」東京大学大学院新領域創成科学研究科自然環境学専攻平成 23 年度修士論文、および柏市緑の基本計画策定のための基礎調査のデータを使用して作成）

口絵 5･3 京都岡崎の文化的景観全覧図（作画 北野陽子）。古代・中世は寺院群、中世・近世は都市近郊農業、近代は文教施設や園地等が展開した重層的な土地利用変遷を有する。琵琶湖疏水の引き込みにより独特の水系ネットワークを形成している（出典：奈良文化財研究所（2018）「文化的景観全覧図―鳥瞰図による文化的景観の表現―」奈良文化財研究所文化遺産部景観研究室、p.14）

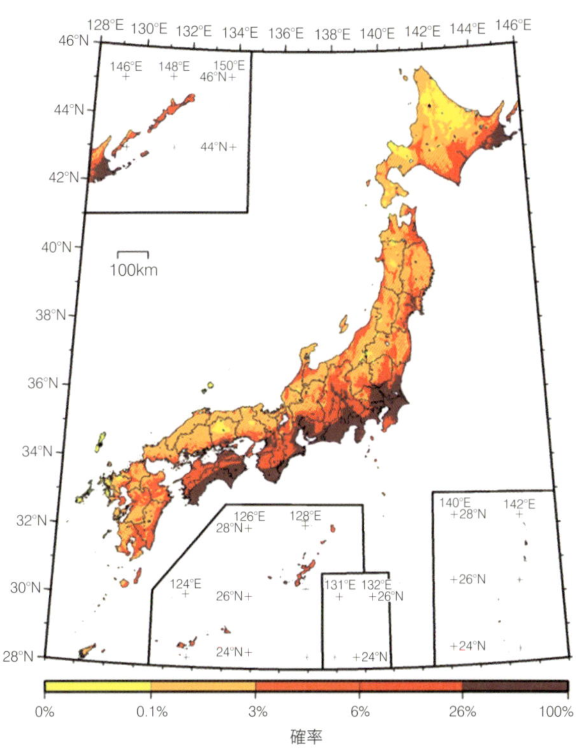

口絵 6･1（右上） ハザードマップの一例（確率論的地震動予測地図 2017 年度版：震度 6 弱以上が 30 年以内に発生する確率）（出典：地震ハザードステーション、防災科学技術研究所資料）

口絵 6･2（左上） 東日本大震災時の石巻における被災地（津波火災）

口絵 6･4（左中央） 天神の地下街（福岡市中央区）。19 世紀のヨーロッパの街並みを意識している

口絵 6･3 帰宅困難者対策を評価する 600 万人シミュレーション。一斉に帰宅することで、群衆なだれが発生する危険性が高まる（写真：Google）

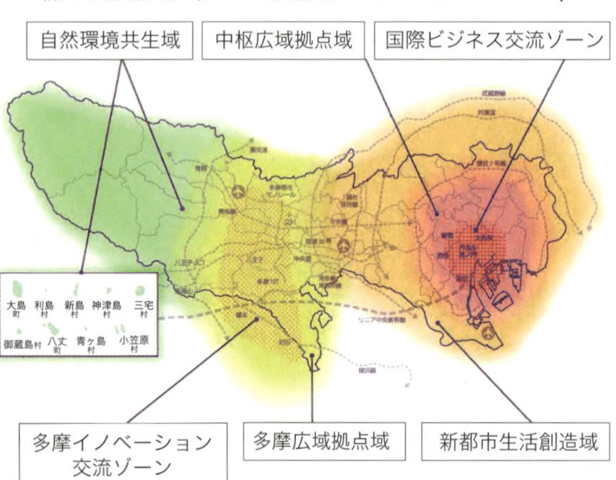

口絵 **8・1**（次ページ上） 都市構造の検討プロセス。静岡市の例（出典：静岡市（2015）『SHIZUOKA トシマス vol.4』）

口絵 **8・2**（次ページ下） イラスト化された将来都市構造図。静岡市の例（出典：静岡市（2016）『静岡市都市計画マスタープラン概要版』）

口絵 **7・1**（上） 東京都の計画におけるゾーン区分（出典：東京都（2017）「都市づくりのグランドデザイン」）

口絵 **7・2**（下） 業務核都市の整備による分散型ネットワーク構造（出典：国土交通省ウェブサイト、写真：Googleをもとに作成）

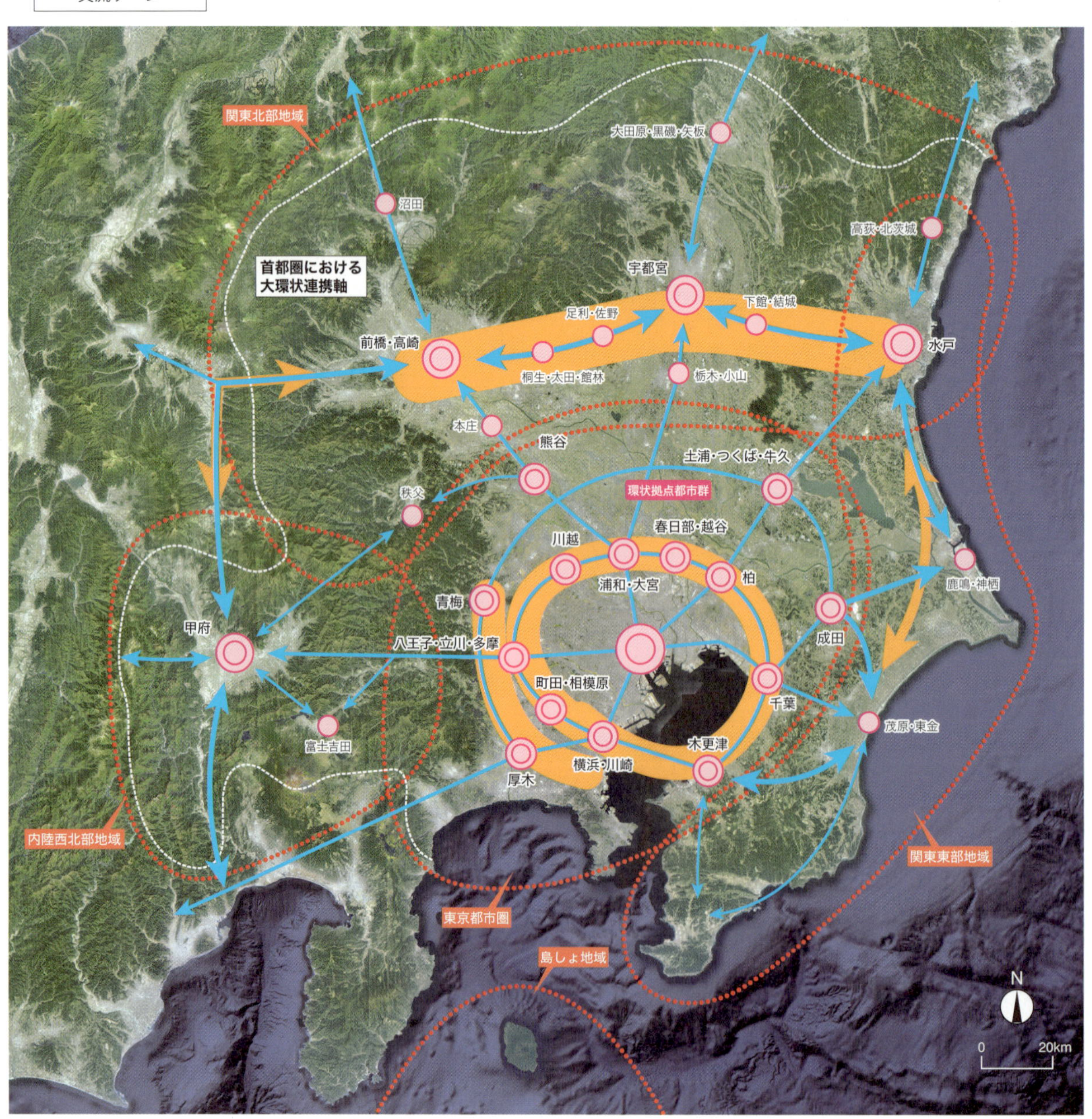

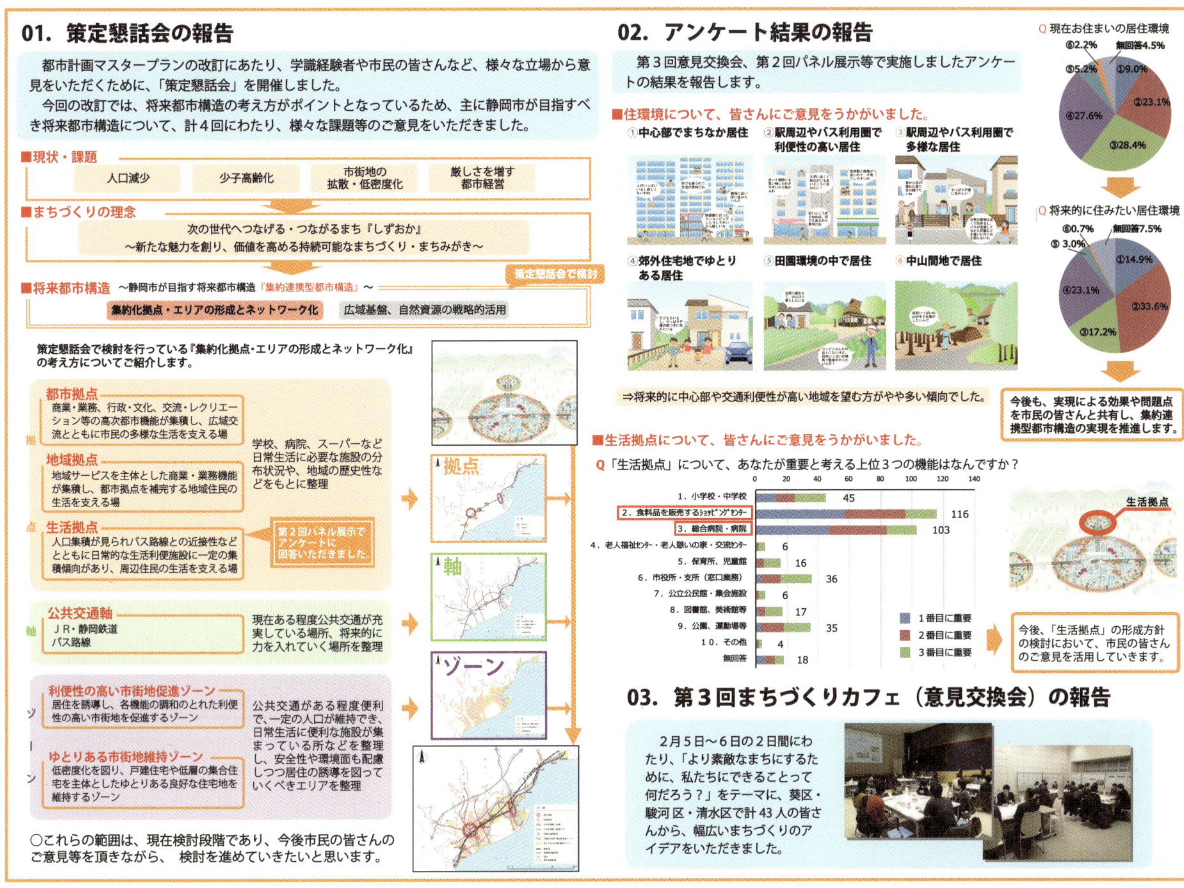

01. 策定懇話会の報告

都市計画マスタープランの改訂にあたり、学識経験者や市民の皆さんなど、様々な立場から意見をいただくために、「策定懇話会」を開催しました。

今回の改訂では、将来都市構造の考え方がポイントとなっているため、主に静岡市が目指すべき将来都市構造について、計４回にわたり、様々な課題等のご意見をいただきました。

■現状・課題

人口減少 / 少子高齢化 / 市街地の拡散・低密度化 / 厳しさを増す都市経営

■まちづくりの理念

次の世代へつなげる・つながるまち『しずおか』
～新たな魅力を創り、価値を高める持続可能なまちづくり・まちみがき～

■将来都市構造 ～静岡市が目指す将来都市構造『集約連携型都市構造』～　策定懇話会で検討

集約化拠点・エリアの形成とネットワーク化 / 広域基盤、自然資源の戦略的活用

策定懇話会で検討を行っている『集約化拠点・エリアの形成とネットワーク化』の考え方についてご紹介します。

拠点

- **都市拠点**　商業・業務、行政・文化、交流・レクリエーション等の高次都市機能が集積し、広域交流とともに市民の多様な生活を支える場
- **地域拠点**　地域サービスを主体とした商業・業務機能が集積し、都市拠点を補完する地域住民の生活を支える場
- **生活拠点**　人口集積が見られバス路線との近接性などとともに日常的な生活利便施設に一定の集積傾向があり、周辺住民の生活を支える場

学校、病院、スーパーなど日常生活に必要な施設の分布状況や、地域の歴史性などをもとに整理

第２回パネル展示でアンケートに回答いただきました。

軸

- **公共交通軸**　ＪＲ・静岡鉄道　バス路線

現在ある程度公共交通が充実している場所、将来的に力を入れていく場所を整理

ゾーン

- **利便性の高い市街地促進ゾーン**　居住を誘導し、各機能の調和のとれた利便性の高い市街地を促進するゾーン
- **ゆとりある市街地維持ゾーン**　低密度化を図り、戸建住宅や低層の集合住宅を主体としたゆとりある良好な住宅地を維持するゾーン

公共交通がある程度便利で、一定の人口が維持でき、日常生活に便利な施設が集まっている所などを整理し、安全性や環境面も配慮しつつ居住の誘導を図っていくべきエリアを整理

○これらの範囲は、現在検討段階であり、今後市民の皆さんのご意見等を頂きながら、 検討を進めていきたいと思います。

02. アンケート結果の報告

第３回意見交換会、第２回パネル展示等で実施しましたアンケートの結果を報告します。

■住環境について、皆さんにご意見をうかがいました。

①中心部でまちなか居住
②駅周辺やバス利用圏で利便性の高い居住
③駅周辺やバス利用圏で多様な居住
④郊外住宅地でゆとりある居住
⑤田園環境の中で居住
⑥中山間地で居住

⇒将来的に中心部や交通利便性が高い地域を望む方がやや多い傾向でした。

今後も、実現による効果や問題点を市民の皆さんと共有し、集約連携型都市構造の実現を推進します。

■生活拠点について、皆さんにご意見をうかがいました。

Q「生活拠点」について、あなたが重要と考える上位３つの機能はなんですか？

機能	合計
１．小学校・中学校	45
２．食料品を販売するｼｮｯﾋﾟﾝｸﾞｾﾝﾀｰ	116
３．総合病院・病院	103
４．老人福祉ｾﾝﾀｰ・老人憩いの家・交流ｾﾝﾀｰ	6
５．保育所、児童館	16
６．市役所・支所（窓口業務）	36
７．公立公民館・集会施設	6
８．図書館、美術館等	17
９．公園、運動場等	35
１０．その他	4
無回答	18

今後、「生活拠点」の形成方針の検討において、市民の皆さんのご意見を活用していきます。

03. 第３回まちづくりカフェ（意見交換会）の報告

２月５日～６日の２日間にわたり、「より素敵なまちにするために、私たちにできることって何だろう？」をテーマに、葵区・駿河区・清水区で計 43 人の皆さんから、幅広いまちづくりのアイデアをいただきました。

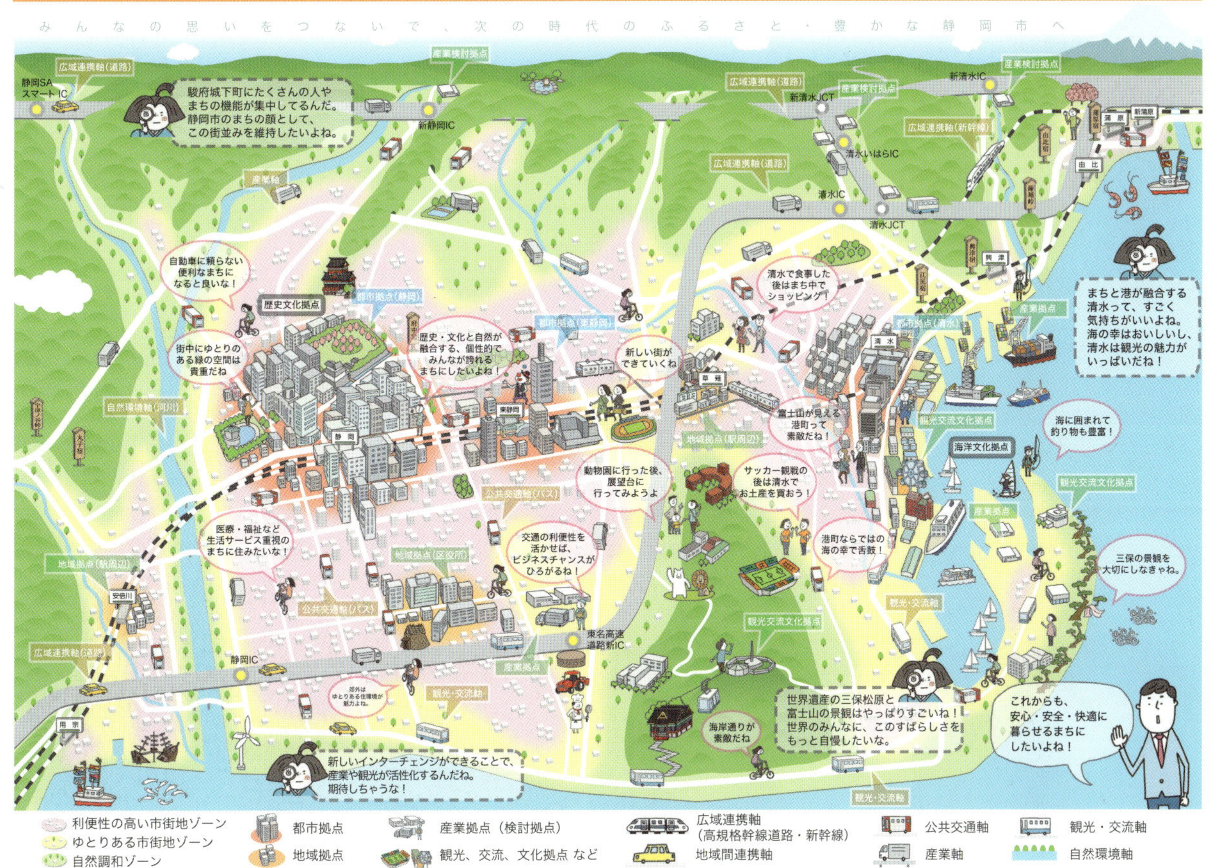

都市計画のパイオニアたち

石川栄耀（いしかわ ひであき、通称えいよう、1894 - 1955）

“社会に対する愛情、それを都市計画と云う”
――現場で奮闘しながら都市計画学の確立に尽力した、都市計画界の先導者

1918年東京帝国大学土木工学科卒業、1920年内務省入省、都市計画名古屋地方委員会技師、1923年欧米長期出張、IFHPアムステルダム会議出席、1933年市計画東京地方委員会技師、1943年東京都計画局道路課長、1945年東京都計画局都市計画課長、1948年東京都建設局長、東京の戦災復興計画立案に尽力。1951年早稲田大学理工学部教授。都市計画学会の実質的な創立者。著書に『新訂　都市計画及び国土計画』など多数。

写真出典：中島直人ほか（2009）『都市計画家石川栄耀―都市探究の軌跡』鹿島出版会

高山英華（たかやま えいか、1910 - 1999）

“都市工学で育てるべきなのは本当のプランナーだ”
――都市工学科設立に尽力した中心人物。都市再開発、地域開発、都市防災のプロジェクトなどを通して高度経済成長期の都市づくりを牽引

1934年東京帝国大学建築学科卒業、東京帝国大学建築学科助手、1938年同助教授、1949年東京大学第二工学部建築学科教授、1962年東京大学都市工学科教授、1969年「高蔵寺ニュータウン計画」で日本都市計画学会石川賞受賞、1971年東京大学定年退官、東京大学名誉教授。日本建築学会、日本都市計画学会、日本地域開発センター、再開発コーディネーター協会、森記念財団などで要職を務める。著書に『私の都市工学』など。

写真出典：高山英華・磯崎新「特集　近代日本都市計画史」『都市住宅』1976年4月号、鹿島出版会

浅田孝（あさだ たかし、1921 - 1991）

“小さなもの（業務）にも新しい課題の発見につとめ、大きなものにも環境問題からの視点を失わないように”
――真の都市計画を追究した民間都市プランナーの先駆け

1943年東京帝国大学建築学科卒業、1945年東京大学大学院特別研究生。丹下研究室の立ち上げに参画。以降、丹下研究室主任研究員、1956年南極大陸昭和基地の設計、1959年環境開発センター設立、1960年世界デザイン会議事務局長（メタボリズムグループの仕掛け人）、1961年「こどもの国」総括設計者、1962年香川県観光開発計画（※田村明も参画）、1963年横浜市から横浜の都市づくりの計画策定依頼を受ける。1964年大髙正人とともに坂出人工土地計画を推進。著書に『環境開発論』など。

写真出典：笹原克（2014）『浅田孝―つくらない建築家、日本初の都市プランナー』オーム社

田村明（たむら あきら、1926 - 2010）

“実践的に計画し、かつ実施に移してゆける新しきプランナーが必要なのである”
――自治体における都市計画家の可能性を証明した実践者

1950年東京大学建築学科卒業、東京大学法学部法律学科入学（その後、法律学科および政治学科卒業）、1951年運輸省依願免官。以降、大蔵省、農林省、労働省入省（短期退職）、1954年日本生命保険相互会社入社、1963年環境開発センター入社、1964年横浜市の都市将来構想提案、1968年横浜市入庁（飛鳥田一雄市長）企画調整室長（のちに企画調整局長・技監）、1981年横浜市退庁、法政大学法学部教授。著書に『都市ヨコハマをつくる―実践的まちづくり手法』など多数。

写真出典：鈴木伸治（2016）『今、田村明を読む―田村明著作選集』春風社

序章　時代認識

──都市計画はどこから来て、どこに向かっているのか

中島直人

1　なぜ、時代認識なのか？

「都市計画は単なる計画では意味がない、単なる青写真では正に絵に描いた餅である。都市計画の実施は、その本質からして通常長年月を要するのは当然であるが、それだけに自分で樹てた計画の実現した姿を自分の目で確かめることが、City Plannerの秘かな願望である。いわんや自分で発想し、自分で樹てた計画が、自分の在職中に次から次へと実現できたということは、City Plannerである私にとってはこの上もない歓びである。こんなことは、いつの世でも誰でもできるということではない。たまたま私が、日本の歴史が、そして日本の都市の歴史が急速に転回した35年の間に、それぞれのポストでそれぞれの任務に巡りあわせたに過ぎないが、この意味において、私はCity Plannerとして誠に幸運であったといわざるを得ない」

（山田正男（1973）『時の流れ　都市の流れ』*1）

都市計画が対象とする都市をとりまく状況は、時代によって変化していく。政治、経済、社会、科学・技術、環境など、いずれの分野においても、10年ひと昔といってもよいような速さで、時代の相は移り変わっていく。都市の実際の姿はもちろん、そこに見出される課題、その前提にある「望ましい都市」に関する価値観も、時代による遷移の中にある。都市計画が、都市の現実と都市に対する価値観との相互作用の中からかたちつくられるものだとすれば、都市計画を学ぶ、あるいは都市計画を学術的に議論するためには、まずは時代の変化を捉える歴史観、これからの都市のありようを展望していくための時代認識が必要となる。

一方で、変化だけでなく、持続や継承、蓄積に着目することで見えてくるものがある。というのも、現実の都市も都市に関する価値観も歴史的な生成物だからである。過去の都市の姿を前提として、現在の都市がある。これまでの都市に対する価値観の蓄積の先に、現在の都市に対する価値観がある。未来も同様である。現在の都市計画も、都市計画自体の経験の積み重ねがあって初めて存在している。都市計画を理解するための最も素直なアプローチは、都市計画の来歴を理解することである。

つまり、都市計画はどこから来て、どこへ向かっているのかについての考えを整理し、現代という時代に対する共通の認識を探ることから、この都市計画学を始めたい。

2　「つくる都市」から「できる都市」への転換

わが国の都市計画の起点は、法制度の整備を重視すれば、都市計画法（旧法）が制定された1919年となる。欧州を中心とした第一次世界大戦の勃発に伴う大戦景気の中での重化学工業の進展を背景として、東京や大阪、名古屋といった大都市への人口集中、結果としての郊外部での無秩序な都市化が顕在化し始めた時期であった。1919年に制定された旧法は都市計画を「交通、衛生、保安、防空、経済等ニ関シ永久ニ公共ノ安寧ヲ維持シ又ハ福利ヲ増進スル為ノ重要施設ノ計画」と定義し、都市計画事業を実施する都市計画区域の設定、道路や公園といった都市施設、土地区画整理事業などを規定した。建築物の用途や高さを規制する地域地区は、同時に制定された市街地建築物法で規定されることになった。この旧法を軸とした都市計画は、「重要施設ノ計画」という定義

都市計画COLUMN

都市計画の時代区分

都市計画はどこから来て、どこへ向かっているのか、その問いに直接向き合う研究分野は都市計画史である。都市計画の誕生から現在までの歴史的な展開を記述した通史は都市計画史研究の骨格をなすものであるが、わが国では都市計画史の通史と呼べる書籍は、石田頼房『日本近現代都市計画の展開　1868-2003』*[2]がほぼ唯一である。石田はこの書籍において、日本の都市計画の展開を計画制度の確立への道程として捉え、1)欧風化都市改造期(1868 - 1887)、2)市区改正期(1880-1918)、3)都市計画制度確立期(1910-1935)、4)戦時下都市計画期(1931-1945)、5)戦後復興都市計画期(1945-1954)、6)基本法不在・都市開発期(1955-1968)、7)新基本法期(1868-1985)、8)反計画・バブル経済期(1982-1992)、9)住民主体・地方分権期(1992-)という九つの時代に画期して論じている。

本書では、「つくる都市」、「できる都市」、「ともにいとなむ都市」というかたちで都市計画の歴史的展開を大掴みしてみるが、おおまかにいえば、「つくる都市」は石田の時代区分では1)～5)、「できる都市」は6)～9)、そして、「ともにいとなむ都市」は石田の通史(- 2003)が対象とした時代以降に対応している。

に端的に示されているとおり、都市の近代化を目指して、道路網をはじめとする都市施設を計画的に建設していくというものであった。旧城下町を初めとして近世以来の都市基盤を継承していた各地の都市の中心部や、まさに都市化の波にさらわれる前夜にあった周辺農村部に、近代都市の基盤としての都市施設が建設されていった。

旧法は、第二次世界大戦後の憲法改正を中心とした社会制度改革期においても、大幅に改正されることはなかった。しかし、高度経済成長を背景として、戦前をはるかに凌駕する急激な都市人口の増加によって都市問題の深刻度が次第に増していく中、郊外のスプロール化の抑止、既成市街地の更新等の必要性が強く認識されることになった。そして、1968年に都市計画法は全面的に改定された。都市計画法（新法）では、都市計画の基本理念として「農林漁業との健全な調和を図りつつ、健康で文化的な都市生活及び機能的な都市活動を確保すべきこと並びにこのためには適正な制限のもとに土地の合理的な利用が図られるべきこと」を謳った。旧法から引き継いだ都市計画区域を市街化区域と市街化調整区域とに区分し、後者での開発事業を抑制する線引き制度の設定や、従来の建物の高さ規制に替えて、開発量＝都市活動量を直接反映する容積率による形態規制への移行などがこの全面改訂で実現した。新法を軸とした都市計画は、民間の旺盛な建設行為をコントロールし、合理的な土地利用を目指すものであった。

旧法から新法への移行期、つまり高度経済成長期の最中に、東京都の首都整備局長（1960 - 67）、そして建設局長（1967 - 70）として辣腕を振るい、その権力の集中ぶりから時に「山田天皇」とも呼ばれた都市計画家の山田正男（1913 - 1995）は、都市は「つくる」ものではなくなり、「できる」ものになったという時代認識を示した。高度経済成長にともなう民間企業の活発な投資を背景として、都市空間形成、開発の主導力が官から民へと移行していることを感じ取った。そして、道路や公園などの公共施設計画に傾注していた従来の「つくる都市」での都市計画は、民間建設という需要＝中身を調整し、その需要に対応する受け皿として公共施設を供給していくという、「できる都市」に対応したコントロール型の都市計画へ転換していくべきだと説いたのである。

3 「ともにいとなむ都市」の時代へ

山田の「つくる都市」から「できる都市」へという見立ては、確かにわが国の都市計画の来し方を説明してくれる。そして、現在もコントロール型の「できる都市」の都市計画は健在である。むしろ、経済のグローバル化の進行を背景とした、2001年の日本版REIT（建築の金融商品化）や翌2002年の都市再生特別措置法に基づく都市再生特区の導入（大幅な容積率緩和が可能）により、一つの極点に達しているといってもよい。しかし一方で、こうした「できる都市」の都市計画が必要とされる地域は、かなり限定的になっていることに注意したい。すでに人口減少、都市縮退の局面に入ったわが国では、都市に対する積極的、前向きな民間投資、開発需要が全国に満遍なく存在している状況ではない。大都市圏でも都心を離れた周辺商業・業務地や郊外部、そして地方中小都市では、もはや民間の開発需要を前提に受け皿を用意する「できる都市」の発想は有効ではない。基本的には新しい都市開発や新たな建築物の建設が自ずと次々と生じる状況ではない、つまり「できない都市」の時代に突入している地域が多い。都市拡張のフェーズから都市縮退のフェーズに移行しているのである。

なお、「つくる都市」にせよ、「できる都市」にせよ、その背後には近代化、あるいはそれを支える近代的価値観への素朴とも言える信頼があった。技術の進展が都市の発展をもたらすというもので、その際には過去との切断、変化が最も望まれるものであった。そして、そうした技術を独占的に扱うのは専門家であるという合意もあった。しかし、1960年代には全国規模での工業開発の結果として公害問題が生じ、生活環境を脅かす事態が到来していたし、1970年代には「成長の限界」*3が指摘さ

表1　わが国における都市計画の展開と本書の各章の構成

<table>
<tr><th>時代認識</th><th colspan="2">つくる</th><th colspan="2">できる</th><th>ともにいとなむ</th></tr>
<tr><td>都市動態</td><td colspan="4">拡張</td><td>縮退</td></tr>
<tr><td>社会観</td><td colspan="2">近代化</td><td>高度成長</td><td>安定成長</td><td>成熟</td></tr>
<tr><td>都市計画の時代区分*2</td><td>欧風化都市改造期
(1868 - 1887)
市区改正期
(1880 - 1918)
都市計画制度確立期（1910 - 1935）</td><td>戦時下都市計画期
(1931 - 1945)
戦後復興都市計画期（1945 - 1954）</td><td>基本法不在、都市開発期
(1955 - 1968)
新基本法期（1968 - 1985）</td><td>反計画・バブル経済期
(1982 - 1992)
住民主体・地方分権期
(1992 - 2003)</td><td>都市経営・地域運営期</td></tr>
<tr><td>①土地利用・施設配置</td><td colspan="2">◎都市の骨格となる施設をつくる</td><td>◎市街地の拡大・拡散を抑えながら市街地を更新する</td><td>◎都市再生と都市構造再編を進める</td><td>◎マスタープランの策定を通じた都市構造の再構築とマネジメント
◎地区スケールの都市再生とそれを編集する都市プランニング</td></tr>
<tr><td>②都市交通</td><td colspan="3">トラディショナルな目標（交通安全・混雑緩和）と計画
◎都市道路網の計画
◎公共交通の計画</td><td>需要追随型アプローチからのパラダイムシフト
◎交通需要マネジメント
◎長期的なTDM施策としての都市計画</td><td>◎都市交通のユニバーサルデザイン
◎コンパクトシティ・プラス・ネットワークを支える公共交通
◎新しい交通手段と交通サービス
◎交通まちづくり</td></tr>
<tr><td>③住環境</td><td></td><td>◎三本柱による住宅供給</td><td colspan="2">◎住宅建設五箇年計画（1966 - 2005）
◎ニュータウンの建設
◎住宅の大量供給から「質」への転換</td><td>◎ストック重視の住宅政策へ
・住生活基本計画（2006 - ）
◎多様化する住まい方
◎住環境のマネジメント
◎超高齢化・人口減少時代の住環境
・郊外ニュータウンの衰退
・空き家問題
・高齢者の安定居住 / 地域参加</td></tr>
<tr><td>④都市デザイン</td><td colspan="2">◎源流としてのシビックアートとモダニズム</td><td>◎公共政策としてのアーバンデザイン</td><td>◎現代の都市デザインへ</td><td>◎景観の創造的コントロール
◎公共空間の再編成とリノベーション
◎アーバンデザインセンターの展開</td></tr>
<tr><td>⑤緑地</td><td colspan="2">◎公園からグリーンベルトへ（1870 - 1940年代）</td><td>◎市街地の拡大と緑地保全（1950 - 1970年代）</td><td>◎環境保全・グローバル化と緑地（1970 - 1990年代）</td><td>◎人間と緑地―マネジメントの時代へ（2000年代 - ）
・パークマネジメント―官民協働の公園経営
・文化的景観―成熟時代のランドスケープのみかた
・都市縮退マネジメント―空き地の暫定利用
・グリーンインフラの実装と展開</td></tr>
<tr><td>⑥防災</td><td>◎江戸の大火対策
◎基盤整備としての都市防災</td><td>◎都市の防空計画
◎相次ぐ風水害と都市不燃化の希求</td><td>◎災害を「予防」する都市づくり
◎地震火災対策の進展と不燃化まちづくり</td><td>◎建物の耐震化と住民参加の防災まちづくり
◎日常性を考慮した防災まちづくり
◎復興まちづくり</td><td>◎人間行動を考慮した防災まちづくり
◎巨大・複合災害リスクへの対処とソフト・ハードの連携
◎都市のレジリエンス</td></tr>
<tr><td>⑦広域</td><td colspan="2">◎大規模社会基盤の計画と整備
◎総合的な地域開発
・テネシー川流域開発（ＴＶＡ）（米国）
・琵琶湖疎水事業（日本）</td><td>◎経済振興と地域格差是正
・特定地域総合開発計画
・太平洋ベルト地帯構想
・全総と新産・工特、工業等制限法
・新全総と大規模プロジェクト</td><td>◎豊かさの向上と東京一極集中の是正
・三全総と定住構想、テクノポリス
・四全総と多極分散型国土、業務核都市
・五全総と国土軸・地域連携軸</td><td>◎計画制度の変更
・地域開発制度の見直し
・国土形成計画法の制定
◎新たな課題と可能性への挑戦
・グローバル化
・イノベーション、クラスター、創造産業
・新たな環境問題
・高齢化・少子化・人口減少問題</td></tr>
</table>

れ、科学技術が包含する普遍性や専門家のありかたに対する疑義も呈されるようになった。都市計画においても合理性の再検討が行われ、抵抗的な市民運動や市民参加の取り組みが登場するようになった。

そうした流れが次第に浸透していき、都市や環境を巡る価値観も大きく更新されてきた。とりわけ、環境、経済、社会のいずれの側面においても持続可能性が重視されるようになっている。地球環境問題に対応して、スマートなエネルギー、低炭素化が都市開発の主要なテーマとなり、全地球的な都市化にともなう災害リスクの増加を背景として、わが国ではとりわけ東日本大震災を経て、都市の回復力、復元力という意味でのレジリエンスが基本的な都市の要件として認識されるようになった。都市の交通手段という面では、もはや個々の自家用車一辺倒ではなく、公共交通、そして何よりも歩行者のための、歩ける都市のための環境整備がごく当たり前に目指されるようになった。この未来志向の回帰は、超高齢化社会において都市環境と健康との（ポジティブな）関係の構築がますます重視されてきていることとも関係している。

一方で、都市づくりの主体は、国や自治体、あるいはこれまで都市開発を主導してきた大手デベロッパーだけでなく、住民・市民組織やNPO、多様な規模の企業群や大学をはじめとする研究機関などがそれぞれの得意分野を活かして地域に参入するようになった。それらの連携のありかたが公民連携、あるいは公民学連携という枠組みのもとで実践的に模索され、都市の空間や土地、施設の管理・運営に関するイノベーションが強く求められるようになった。

新たな公共インフラの整備や容積率などの開発量規制の緩和よりも、既存の公共インフラを公民連携の枠組みのもとで再編・再生させることで、サービス水準を維持、向上させていき、それを周辺の既存の民間建物ストックのリノベーションにつなげ、地域・都市の課題を解決していく、そうした地域・都市経営の感覚が都市計画を基礎づけるようになっている。個々の都市開発プロジェクトも、単に高容積を探求することはリスクに過ぎず、むしろ質的にマネジメント可能な適正規模に収斂させていくことを前提とする。また、公民学連携といっても、行政や民間企業、大学研究室が単に寄り合うのではなく、地域共同体に根差した事業体を立ち上げ、新たな生活サービスの担い手として信頼を得ていく場面も増えている。そもそも多くの自治体では、都市計画以前に都市財政の逼迫した状況があり、高度経済成長期に整備された公共施設と公共サービスの再編が求められている。そして、各地で爆発的に増加しているのは空き地や空き家であり、かつて市街地が蚕食状にスプロールしていったのとは異なり、既成市街地に散在的に穴が開き、スポンジ化していくその現象、動態の背後にある構造に介入する組立てと、個々の低未利用地を意味のある場に転換していく手立てが模索されている。

以上のような状況に置かれている現代の都市計画を、山田の「つくる都市」「できる都市」という見立てを敷衍して表現するとすれば、「ともにいとなむ都市」における都市計画と呼ぶことができるのではないか。多様な主体の連携のもとで、従来的な建設でもコントロールでもなく、都市を丁寧にマネジメントしていく都市計画である。「つくる」や「できる」といった一点の変化に価値を置くのではなく、「いとなむ」という連続性のある時間軸を包含した持続に価値を置く都市計画である。とはいえ、「つくる都市」や「できる都市」の都市計画が必要とされる局面が失われてしまったわけではないし、都市計画という社会技術は「つくる都市」「できる都市」それぞれに対応するかたちで発展してきており、「ともにいとなむ都市」の都市計画もその発展の経路と深く関係しながらかたちづくられようとしている（表1）。

以下、1章から7章にかけては、「つくる都市」「できる都市」、そして「ともにいとなむ都市」へという歴史観、時代認識を共通の緩やかな枠組みとして用いながら、都市計画が対象とする各課題、都市計画学を構成する各分野の歴史的展開と現代的展望について、それぞれ解説を加えていく。そして、8章で社会技術としての都市計画の技法的な側面を解説、展望したのち、9章において、再び都市計画の全体性、総合性に立ち戻り、都市計画の職能や教育について講じることにする。10章では、読者の方々の継続的な学探究の手引きとして、ブックガイドを提供する。

【注・参考文献】

＊1　山田正男（1973）『時の流れ　都市の流れ』都市計画研究所

＊2　石田頼房（2004）『日本近現代都市計画の展開　1868 - 2003』自治体研究社

＊3　スイスのシンクタンク、ローマクラブが1972年に発表した研究。地球資源の有限性、人類の危機を指摘した

1章 土地利用と施設配置

──都市の構造をつくり、都市の変容をマネジメントする

村山顕人

1・1 都市を構成する要素と都市計画の基本的枠組み

◎都市の構成要素

都市計画は、都市における人々の様々な活動を支える物的環境（physical environment）あるいは建造環境（built environment）を計画・実現する社会技術である。ここで、社会技術とは、「自然科学と人文・社会科学の複数領域の知見を統合して新たな社会システムを構築していくための技術であり、社会を直接の対象とし、社会において現在存在しあるいは将来起きることが予想される問題の解決を目指す技術」*1である。都市計画は、社会技術の中でも、特に、個々の敷地の土地利用や建物の用途・形態、多数の敷地の集合体である都市を支える各種施設の配置を対象とする。なお、あくまでも、土地の利用や建物の用途・形態、施設の配置を計画するのであって、個々の土地や建物、施設の詳細まで設計するのではない。これらの詳細な設計は建築・土木・造園分野の専門家の仕事である。

都市計画の対象は、概念的には、表1・1のとおり、土地利用の計画と施設配置の計画に分けることができる。施設には公園などの点的施設と道路・鉄道などの線的施設があり、土地利用は面的であるので、都市計画は、都市の物的環境を構成する点的・線的・面的要素を対象としていると言える。また、都市計画の対象であるこれらの物的構成要素の設計主体、整備主体、所有者、管理主体、利用者などはそれぞれ異なり、こうした多様な主体も都市の構成要素であると捉えることができよう。

表1・1 都市計画の対象である都市の物的構成要素

土地利用計画	田、畑、山林、原野、水面、緑地、オープンスペース	
	住宅地、業務地、商業地、工業地、混合地、村落地	
施設配置計画	交通・通信施設	鉄道、道路、河川、港湾、空港、運河、通信施設
	供給処理施設	上水道、下水道、電気、ガス、資源管理・ごみ処理系統
	公園・レクリエーション施設	公園、運動場、広場、レクリエーション施設
	公共建造物	官公庁、教育文化施設、医療施設、社会福祉施設、公営住宅、市場・と畜場・火葬場、鉄道駅、保安施設
		インターチェンジ、貨物ヤード、橋梁、堤防、汚水処理場、ごみ焼却場

多様な主体が関わる多数の物的構成要素は、それぞれが個別に設計・整備・管理・利用されると、相互に悪影響を及ぼしたり、投資が非効率になるおそれがあるし、実際、そのような問題が生じている。そのため、都市の物的環境の構成要素間、それらに関わる主体間の調整を行い、全体として安全安心で、機能的で、美しく、持続可能な都市を効率的・効果的につくるための計画が必要なのである。

以上のことは、新しく都市を建設したり、新しい市街地を整備する局面だけでなく、既成の都市の施設を再編整備したり、既成の市街地の部分を更新（保全・改善・再開発）する局面でも重要である。都市の計画には、変容し続ける都市の物的環境の構成要素間を絶えず調整し、都市を全体として成立させるとともに、それらに関わる多様な主体の持続的な取り組みの羅針盤として明確な方向性を示す重要な役割がある。

◎「構想 - 計画 - 実現手段」という捉え方

都市計画は、都市の物的環境の構成要素、主に土地の利用や建物の用途・形態、施設の配置を計画するもので

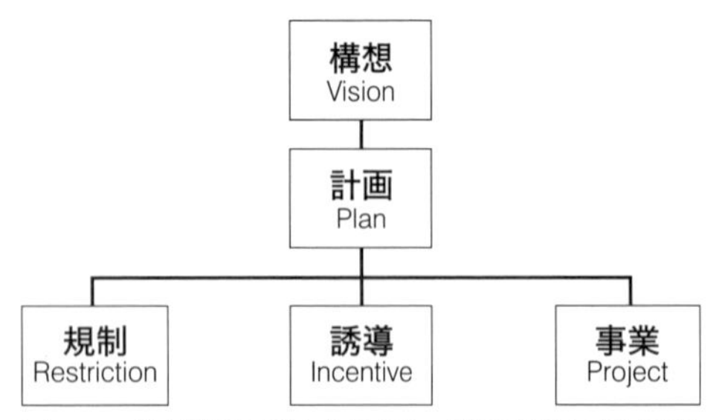

図 1・1　都市計画の基本的枠組み：構想- 計画- 実現手段

あり、その基本的枠組みは、図1・1で示される。そもそも「計画」は、どのような背景や目的の下でどのような物的環境を目指すのかを示す「構想」がなければ、作成できない。また、「計画」を実現させるためには、土地・建物・交通などに関わる「規制」「誘導」を適用し、民間・公共の「事業」を実施しなければならない。つまり、「計画」は、理念的には、「構想」を実現させるための具体的な「規制」「誘導」「事業」を都市のどこでどのように適用あるいは実施するのかを定めるものである。

ここで、「規制」には、土地利用・建築規制、交通規制、公共空間の使い方ルールなどがある。また、「誘導」には、デザイン・ガイドラインやそれに基づく協議、ボーナス・システム、補助金制度などがある。そして、「事業」には、都市施設・市街地開発の事業、民間企業や個別地権者の事業、NPOや社会的企業の事業がある。これらを統括する「計画」は、世界を見渡せば、基本計画（General Plan）、総合計画（Comprehensive Plan）、マスタープラン（Master Plan）、枠組み計画（Framework Plan）、開発計画（Development Plan）、戦略的計画（Strategic Plan）などと呼ばれることが多く、いずれにせよ、概略、総合、長期、枠組み、戦略といったところが「計画」の特徴を示すキーワードである。日本では「マスタープラン」と呼ぶことが多い。また、「構想」「計画」「実現手段（規制・誘導・事業）を含む全体を「計画」と呼ぶ場合もある。

1・2　都市計画図―土地利用と施設配置の計画を示す図

◎事例1：名古屋市（日本）

日本の都市の場合、都市計画の具体的内容は、自治体が発行する都市計画図（マスタープランに即して作成された都市計画の内容を示す図）に示されている。例えば、名古屋市の都市計画図*2は、土地利用計画を示す地域制図（口絵1・1）と施設計画を示す施設計画図（口絵1・2）の二つで構成されている。地域制図には、市街化を推進すべき区域と抑制すべき区域の区分、住宅地・商業地・工業地などの土地利用、建物の高さなどを定める地域地区が示されている。一方、施設計画図には、道路、公園・緑地などの計画が示されている。230万人を超える人々の暮らしと中部圏の社会経済活動を支える自治体の物的環境の構成要素が示されており、こうした物的環境を計画・実現してきたのが成長時代の都市計画であった。

過去の個別の規制・誘導・事業の都市計画決定の資料を見れば、なぜこのような土地利用計画・施設配置計画になっているかを理解することができるが、低成長時代の今、これからどのような都市構造をつくり、都市の変容をどのようにマネジメントしていくのかの構想については、現行の都市計画マスタープラン（2011年改定）を確認する必要がある。

この計画の特徴の一つは、集約連携型都市構造の実現を明確に唱っていることである。「駅そば生活圏」（駅から概ね800mの圏内、口絵1・3）における都市機能の更なる強化と居住機能の充実を通じた集約連携型都市構造の実現は、主に環境負荷の低減（CO_2排出量の削減など）、超高齢社会の到来、財政状況悪化などの長期的リスクへの対応から生まれた方針である。名古屋市は2025年までは人口が増加するので、その人口増加分を駅そば生活圏で受け入れ、2025年以降は、駅そば生活圏外の人口密度を秩序よく下げて行くという想定である。

このような考え方の下、土地利用方針図が作成されている（口絵1・4）。なお、プランの評価指標として、駅そば生活圏の将来（2020年）の人口比率の目標を設定している。

本来ならば、都市計画マスタープランの改定と同時に、集約連携型都市構造を実現するための土地利用計画や施設配置計画つまり地域制図や施設計画図の内容を見直すべきだが、実はそれができていない。一度決定した計画を見直すことが容易でない日本の都市計画の実態である。名古屋市の都市計画マスタープランの策定過程については、村山（2016）*3が詳しい。

◎事例2：デトロイト市（米国）

ピーク時には180万人以上の人口を有し、その後、人口減少と自治体の財政破綻を経験した米国ミシガン州デ

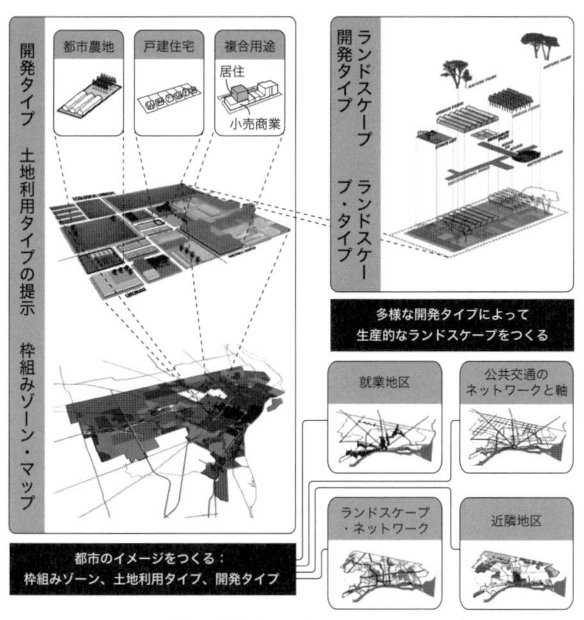

図 1·2　デトロイト市の土地利用要素（出典：Detroit Works（＊ 4））

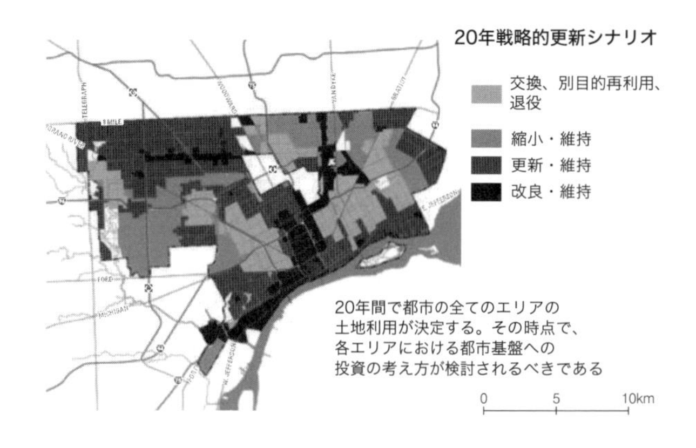

図 1·3　デトロイト市の都市システム要素（デトロイト戦略枠組み計画）（出典：Detroit Works（＊ 4））

トロイト市の民間主体によって作成された非公式の「デトロイト戦略的枠組み計画（2012 Detroit Strategic Framework Plan）」＊4には、経済成長、土地利用、都市システム、近隣地区、土地建物資産の五つの要素ごとに、変革のアイディアとそれを実現させる戦略・行動が示されている。土地利用要素では、現状分析に基づく敷地ごとの開発タイプと複数の敷地で構成される街区群の土地利用類型から、多数の街区群で構成される市全体の将来の枠組みゾーン・マップ（土地利用シナリオ）が作成されている（図 1・2）。都市システム要素では、水、エネルギー、廃棄物、道路・公共交通に関連する施設が、場所によって「改良・維持」「交換・維持」「縮小・維持」「維持のみ」「取り替え・転用・廃止」される戦略的な更新計画が示されている（図 1・3）。また、ブルー・インフラストラクチュア（水）およびグリーン・インフラストラクチュア（緑）をこれからの都市システムの要素として加えている。このように、人口減少下でも、都市の物的環境の計画は、土地利用を適正な規模と構成に転換し、それに見合う施設を再編整備することにおいて重要な役割を果たす。

◎事例 3：ポートランド都心部（米国）

都市の中心部を対象とする計画（ダウンタウン・プラン）のコンセプト図も、都市の物的環境の更新の方針を示し、土地利用や施設配置を方向づけるものである。革新的な環境都市として有名な、人口約 65 万人の米国オレゴン州ポートランド市の 1972 年のダウンタウン・プラン＊5は、それまで個別に対処して来た諸問題に対して、アクセスと交通の改善を基礎とした統合的な解決策を提案するものであった。そのコンセプト（図 1・4）には、公共交通によって支えられる高密度オフィス軸の形成、ウィラメット川沿岸とダウンタウン西部における低層の街並みの形成、トランジット・モールの整備（歩道拡幅、パブリック・アートや噴水、街路樹の設置、質の高いデザインと維持管理、全てのバスがトランジット・モールを通るようなルート設定）、川とダウンタウン中心部をつなぐ商業軸の形成、小売商業を支える歩道と公共交通の改善、川沿いの幹線道路の廃止とその跡地における公園の整備、駐車場に代わる中央公共広場の整備、歴史地区保全（保全プログラム、平面駐車場新規整備の禁止、ライト・レールによる公共交通サービスの提供）、住宅供給（新しい住宅地区の整備、州および自治体の助成プログラムの整備・活用、全ての所得階層向けの住宅供給）、デザイン・レビューの実施（全てのプロジェクトに対するレビュー、街路に沿った建物正面の配置、ダウンタウン中心部における地上階商業利用の義務付け）が含まれた。その後、この計画に従って様々なプロジェクトが実施され、その成果は高く評価されている。

次世代の計画であるセントラル・シティ・プラン＊6の策定は、1972 年の計画で提案された施策のほとんどが実現された後に開始された。これは、1972 年の計画の修正・拡張版であり、変化が起こりつつあったダウンタウンに隣接する 7 地区も対象とされた。セントラル・シテ

コンセプト計画

1．南北公共交通軸に沿った高密度オフィス
2．南北・東西公共交通軸の交点における強くコンパクトな小売商業拠点
3．主要アクセス・周縁部駐車場に関連した中密度オフィス
4．住宅、オフィス、コミュニティ施設を含む低密度な複合用途
5．特別地区
a．ポートランド・センター
b．ポートランド州立大学
c．行政センター
d．スキッドモア・ファウンテン/オールド・タウン（歴史地区）
e．工業

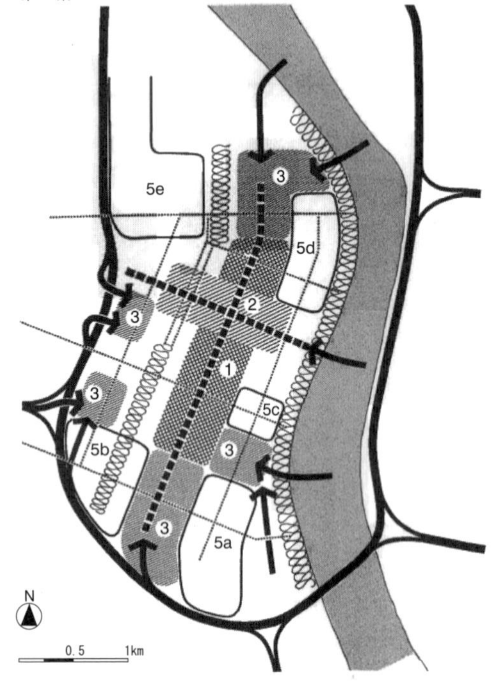

図1·4　ポートランド・ダウンタウン・プラン（1972）のコンセプト図（出典：City of Portland（＊5））

ィには、その後20年間で予想される成長を受け入れるために必要な量の9倍もの空地や低未利用地が存在しており、ダウンタウンの活力を維持し、発展する郊外のオフィス・商業地区と効果的に競争するために、秩序ある土地の開発が求められていたのである。計画のコンセプト（口絵1・5）は1972年の計画を発展させたもので、オープン・スペースの整備、公共交通軸に沿った中高密度市街地の形成、歩行者ネットワークの整備などが柱とされた。計画の内容は、ウィラメット川リバーフロント、住宅、交通、自然環境、公園とオープン・スペース、文化と娯楽、歴史保全、都市デザインなどの各分野の方針および施策と、ダウンタウンおよびそれに隣接する7地区の方針および施策で構成された。この計画は数多くの成果を残しているが、中でも注目されるのが、産業構造の変化によって衰退した工業地区であったリバー・ディストリクトにストリート・カーを導入し、集合住宅を中心とする複合市街地を形成した一連の取り組みであろう。

1·3　なぜ土地利用や施設配置の計画が必要なのか

◎都市計画法の目的と理念

日本の都市計画法の目的は、「都市の健全な発展と秩序ある整備を図り、もつて国土の均衡ある発展と公共の福祉の増進に寄与すること」（都市計画法第1条）であり、その基本理念は、「都市計画は、農林漁業との健全な調和を図りつつ、健康で文化的な都市生活及び機能的な都市活動を確保すべきこと並びにこのためには適正な制限のもとに土地の合理的な利用が図られるべきこと」（都市計画法第2条）である。つまり、農林漁業との調和と都市生活および都市活動の確保のためには、都市の土地を合理的に（あるいは計画的に）利用する必要があり、そのために土地利用に適正な制限を課すというのである。

◎土地利用の「自然性」と「社会性」

土地利用の計画の必要性は土地利用の「自然性」と「社会性」から説明される*7。

土地利用の「自然性」とは、「土地が本来有している自然としての生産力と環境制御能力という属性による制約」である。都市に人口が集中する現代の都市開発は、森林や農地といった自然的土地利用を住宅地、商業地、工業地といった市街地の都市的土地利用に転換するもので、これにより土地が本来有していた自然の力が低下する。都市開発（自然的土地利用から都市的土地利用への転換）が行き過ぎると、自然の力の低下による食料や木材の生産量の低下、土壌流失と植生破壊、生物の量と種類の減少、保水力低下と雨水流出増加、土砂災害と河床上昇、河川流出不安定による水害と水不足、自然浄化能力減退と水質汚濁などが起こり、せっかく開発した都市での生活が脅かされることとなる。また、都市的土地利用が集積する市街地の中でも、都市生活の安全性や快適性の維持・向上のために、日照や通風の確保、緑・水・生物とのふれあい、各種災害への対応などは必要であり、土地利用の「自然性」は無視できない。

一方、土地の利用は、それを支える施設の整備によって可能となる。例えば、道路、公園、上下水道などの施設がなければ、住宅地としての土地利用は成立しない。また、閑静な住宅地に隣接して騒音・振動・悪臭を伴う

工業地を開発したのでは、住宅地・工業地双方に問題が生じる。「一つの土地利用はその周囲の土地利用と関係しながら、土地利用を支える施設を共用」しており、これが土地利用の「社会性」である。

こうした土地利用の「自然性」と「社会性」を無視した都市開発によって発生する諸問題を回避あるいは軽減するには、土地の利用は完全に自由に行われるべきではなく、一定のルールに従って行われるべきである。そのルールを空間的に定めるのが土地利用の計画であり、ルールを適用するのが土地利用の規制である。

現代の都市には、既に都市計画法、建築基準法、その他関連法によって土地利用のルールが決まっているので、土地利用の計画や規制が「行政によって与えられたもの」「土地利用の自由を奪う邪魔なもの」として認識されることがある。しかし、現行の土地利用の計画や規制は、土地利用の「自然性」と「社会性」に関わる様々な要求が微妙なバランスで調整された結果であり、それらが存在するからこそ、これだけの人口を致命的な問題なく受容できる都市が成立していると言える。

ただし、時間の経過とともに、土地利用の「自然性」と「社会性」に関わる状況とそれに対する人々の認識・要求も変化するので、土地利用の計画と規制は、本来、一度決定したら変更しないのではなく、社会を構成する多様な主体の参加の下、十分な検討を経て、常に改定されるべきである。

◎建築規制から施設配置・土地利用計画へ

「都市計画、土地利用・建築規制はなぜ必要なのか」を日常的な語り口で分かりやすく説明した例とその要点は次のとおりである*8。

建物と人が密集した市街地には、歴史的に、火災と公衆衛生（伝染病の流行）の面で危険があり、それらの危険を防ぐために、建築規制が始まった。市街地が最低限備えるべき道路、下水道などの施設の確保を義務付け、敷地の大きさ・寸法、建物の配置・構造・形態を規制する制度は、火災・公衆衛生面で危険な市街地の発生を防ぐために必要であった。なお、現代の技術水準・生活水準は建築規制が始まった頃から格段に向上しているため、現代において一体どのような市街地が最低水準なのかは再検討が必要である。例えば、現代的な公衆衛生は、単なる伝染病の予防を超えて、人々の健康的な生活を支える環境を確保するという広い意味で捉え、それを実現する市街地（再）整備を検討すべきである。

市街地での生活を成立させるためには、市街地に道路・公園・上下水道・学校といった公共施設が適切に配置されている必要がある。都市全体の骨格を形成する幹線道路、鉄道、上下水道などは、効率的なネットワークの形成、これから整備する施設の用地の確保、市街地開発の誘導のために、その形を予め地図上に示す必要がある。一方、住宅地の中の道路や公園は、その形を予め地図上に示す必要はなく、民間の開発事業を実施する際に従うべき整備基準が定められていれば、開発事業に合わせて整備されることとなる。このように、市街地を支える公共施設の配置計画や整備基準は必要である。

密集した市街地の危険が防止され、市街地に必要な公共施設が整備されたとしても、土地・建物の用途や形態によっては、様々な問題が発生する。例えば、閑静な住宅地の中に突如として騒音・振動・悪臭などを発生する工場や賑やかな商業施設が立地すれば、閑静な環境を望む住民の生活の質が著しく低下するだけでなく、その住宅地の価値も下落し、生活権や財産権の侵害になる可能性がある。また、同じ住宅という用途であっても、低層の戸建住宅が並ぶ住宅地に高層の集合住宅が建つと、日照・通風・圧迫感などの問題が発生し、同様のことが起こる。様々な用途・形態の土地・建物が現れる可能性がある市街地では、隣接する土地利用が享受すべき環境を侵害しないよう、それぞれの土地・建物の用途や形態を制限する必要がある。

「地域制（＝ zoning）」（日本の都市計画制度では「地域地区」）という仕組みは、近接すると不都合な土地利用を分離する仕組み、換言すれば、近接しても不都合のない同種の、あるいは親和性の高い土地利用を許容する区域を、土地利用グループごとに予め指定し、問題を回避する仕組みである。さらに、親和性の高い土地利用グループを、一定のまとまりでくくり、都市全体を区分しながら適切に配置するのが土地利用計画で、この区分が守られるようにするのが土地利用規制である。

現代の都市では、これまでの土地利用計画・規制の下、既に市街地が形成されている。ただし、土地利用・建物は継続的に変容するので、土地利用計画は「完成予想図の計画」ではなく「継続的再配置の計画」、土地利用規制も「土地利用・建物の変容を通じて地区の環境をより良い状況へ誘導するための共同管理の規約」として捉えると、その意義が理解しやすい。

最後に、市街地においてこのような土地利用計画・規制が適用されても、その適用区域の外で都市開発が発生すれば、市街地は拡大・拡散し、公共施設整備の負担の増大、自動車への依存によるエネルギー消費およびCO_2排出量の増大、農地や森林の減少といった問題が発生する。そのため、土地利用計画・規制には、市街地だけでなく、その周辺の農地や森林も含めた都市田園全体を対象とし、市街地の拡大・拡散を制御し、都市的土地利用と自然的土地利用のバランスをとることが求められる。

1・4 日本の土地利用・施設配置計画の歴史

ここでは、日笠ほか（2004）*9の内容を要約・再構成し、最近の事柄を追記する形で、土地利用・施設配置を中心とする日本の都市計画の歴史を概観する。

◎都市の骨格となる施設をつくる

❖東京市区改正条例による近代国家の首都の改造

日本の近代都市計画は、明治維新以降の近代国家建設の要請を受け、欧米の近代都市計画技術を輸入して都市建設を進めたことに始まる。

日本最初の都市計画法制である東京市区改正条例（1888年公布）は、東京を近代国家の首都として改造することを目的に、東京の皇居を中心とする限られた範囲（皇居の周囲と上野・浅草から新橋までの区域および本所・深川の一部）を対象に、道路、橋梁、河川、鉄道、公園などの施設を建設する土木事業の計画であった。国家の事務として都市計画を行う点、土木事業を中心とする点などは、次の旧都市計画法に引き継がれた。

❖旧都市計画法による都市成長への対応

第一次世界大戦（1914 - 1918）は、日本の経済の急激な成長をもたらし、それにより、都市の環境も大きく変化した。江戸時代からの木造市街地を下地に、工場、役所、事務所、勧工場、百貨店、学校、兵営など煉瓦造の洋風建築物が建設され、また、こうした都市の諸機能が空間的に分化し、複合都市の形成が始まった。

1919年に公布された都市計画法（旧都市計画法と呼ぶ）および市街地建築物法は、こうした都市の成長を背景に、建築物の配置・構造の基準の適用、地域制による住居・工場・商業地域・工業地内特別地区・甲乙2種の防火地区・美観地区・風致地区・風致地区の区分と建築の制限、道路、公園、下水道などの都市施設の整備、耕地整理法の準用による土地区画整理事業の実施を可能とした。この法律は1920年から6大都市に、1926年から6大都市以外へも適用された。全国統一基準の画一的適用であった。

この頃、大都市への人口集中が顕著となり、内部市街地では住宅と工場の混在と過密、スラムの発生が問題となり、また、郊外では分譲住宅地開発の動きが始まった。

❖関東大震災と帝都復興計画

1923年の関東大震災は、10万人を超える死者と46万戸を超える住宅の滅失という大被害をもたらした。諮問機関としての帝都復興審議会と執行機関としての復興院（総裁：後藤新平、計画局長：池田宏、建築局長：佐野利器）が設置された。帝都復興計画の対象は、東京の都心部および下町を含む地域（芝、虎の門、市ヶ谷、飯田橋、本郷3丁目、上野、鶯谷、三の輪、浅草、錦糸町、南砂町を外縁とする地域）であった。計画では、道路、公園、橋梁などの都市基盤の整備、土地区画整理、復興小学校の整備、復興建築（鉄筋コンクリート造の建物）の建設、罹災者への住宅供給を行う財団法人同潤会の設立、社会事業による福祉施策を重ねた事業が実施された。

❖防空空地帯計画と戦災復興計画

第二次世界大戦（1939 - 1945）の時代になると、都市計画の目的に「防空」が追加され、防空のための空地帯の計画が東京と大阪で進められた。東京では、1939年の東京緑地計画が東京防空空地計画に形を変えた。行楽道路や景園地などレクリエーションを目的としていた計画が、途中で防空が目的に追加され、軍事色の強いものとなった。その後防空空地帯は、戦災復興計画における緑地計画につながった。

第二次世界大戦中の空襲により、主要都市の市街地は大被害を受け、115都市が戦災都市に指定された。戦災地復興計画基本方針では、過大都市の抑制と地方中小都市の振興が基本目標とされ、産業立地や人口配分、土地利用計画の指針、街路、広場、緑地などの主要施設の計画標準が示された。例えば、緑地面積は市街地面積の10％以上、主要幹線街路の幅員は大都市50m以上、中小都市36m以上とされた。また、各都市で復興計画が立案された。しかし、その後の財政赤字とGHQ（連合軍総司令部）による行財政改革により、復興計画の中心である土地区画整理や広幅員街路整備は縮小して実施された。

このように、東京およびその他の大都市では、都市成長への対応と大震災や戦災からの復興を通じて、道路、橋梁、河川、鉄道、公園などの都市の骨格となる施設が建設された。

◎市街地の拡大・拡散を抑えながら市街地を更新する

❖大都市圏の計画

第二次世界大戦後、首都圏をはじめとする大都市圏では、急激な人口の増加と流入が進んだ。大都市近郊では農地の無秩序な宅地化が進み、スプロール市街地が生まれた。首都圏では、首都圏整備法（1956）に基づき、東京都心から約100km、1都7県を対象とする首都圏整備計画が策定された。当初の計画では、計画区域が既成市街地（東京23区、武蔵野市・三鷹市、横浜市、川崎市、川口市の範囲）、近郊地帯（グリーンベルト）、周辺地域・市街地開発区域（工業団地、衛生都市）の三つに区分された。しかし、1965年の改定では三つの地域のうち近郊地帯は廃止され、東京都心から50km圏内は近郊整備地帯という逆に開発を促進する地域として位置づけられた。こうして近郊地帯のグリーンベルト化は実現せず、近郊地帯では戸建住宅やアパートの建設、団地の建設が進んだ。

❖都市の物的環境を整備・保全するための法制度の充実

1950年、戦前の市街地建築物法を受け、建築基準法が制定された。建築確認制度、準工業地域、特別用途地区などが導入される一方、建築線制度が接道義務に置き換えられた。その後、公営住宅法（1951）、土地区画整理法（1954）、都市公園法（1956）、宅地造成規制法（1961）、古都保存法（1966）、新住宅市街地開発法（1963）、首都圏近郊緑地保全法（1966）が制定され、都市の物的環境を整備・保全するための法制度が充実した。

1960年代になると、既成市街地の住環境の悪化や産業の停滞、防災といった課題に対して、既成市街地を更新する「アーバン・リニューアル」の考え方が広まり、例えば、丹下健三による「東京計画1960」など、建築家によって様々な空間像が提示された。住宅地改良法（1960）、市街地改造法（1961）、防災街区造成法（1961）などの法制度が整備され、各地でモデル的な再開発が実施された。その後、1969年に都市再開発法が制定され、権利者や開発業者の組合が権利変換を進めて再開発を行う仕組みが整い、民間主導の市街地再開発が盛んになった。

❖新都市計画法による都市計画制度の確立

高度経済成長に伴う急激な都市化による土地利用の混乱（既成市街地の高度利用、スプロール市街地の発生など）を背景に、新都市計画法の制定（1968）と建築基準法集団規定の全面改定（1970）が行われた。これにより、市街化区域と市街化調整区域の区域区分および各区域の整備・開発・保全の方針、区域区分に連動した開発許可制度、地域地区の細分化、容積率規制の全面的適用が行われた。その後、地区計画制度（1980）、市町村の都市計画に関する基本的方針（市町村マスタープラン）（1992）、都市計画区域マスタープラン（2000）の導入、地方分権への対応など、都市計画制度が充実した。そして、中心市街地の衰退など低成長時代・成熟時代の兆しが見えてくると、既成市街地の再構築、コンパクトシティ、集約型都市構造が重視されるようになり、2006年には、大型商業施設の適正立地や中心市街地の活性化を目指すまちづくり三法（大規模小売店舗立地法、都市計画法、中心市街地活性化法）が改正された。また、景観への関心の高まりを背景に、2004年には景観法が制定された。

◎都市再生と都市構造再編を進める

❖緊急経済対策としての都市再生

21世紀を迎え、都市の魅力と国際競争力の向上が国の重要な政策課題の一つとなり、2001年に経済対策閣僚会議で決定された「緊急経済対策」に基づき、環境、防災、国際化などの観点から都市の再生を目指す21世紀型都市再生プロジェクトの推進や土地の有効利用など都市の再生に関する施策を総合的かつ強力に推進するための都市再生本部が内閣に設置された。2002年には都市再生特別措置法が施行され、民間の活力を中心とした都市再生や官民の公共公益施設整備などによる全国都市再生が積極的に推進されるようになり、都市計画や税制の特例、民間都市開発推進機構による金融支援、都市再生整備計画事業、都市再生機構による支援などの施策が実施されている。

2007年には、地域の活性化に戦略的・総合的に取り組むため、地域活性化関係4本部（都市再生本部、構造改革特別区域推進本部、地域再生本部、中心市街地活性化本部）の事務局が「地域活性化統合事務局」に統合された。

❖分野課題別の都市構造再編

その後、2012年には、大規模な地震が発生した場合における安全を確保するための都市再生安全確保計画制度が、2014年には、民間施設整備に対する支援や立地を緩やかに誘導し、「コンパクトシティ・プラス・ネットワーク」型の都市構造への再編を目指す、都市再生特別措置法に基づく立地適正化計画制度が創設された。その後、多くの自治体で、市街化区域内に都市機能誘導区域および居住誘導区域を設定する立地適正化計画が策定されている。合わせて、総務省の指導により公共施設等総合管理計画の策定・実施、地域公共交通活性化および再生に関する法律により地域公共交通網形成計画・地域公共交通再編実施計画の策定・実施が進められている。この他、国際的ビジネス環境などの改善およびシティセールスへの支援、健康・医療・福祉のまちづくりの推進なども行われている。

このように、日本では、都市計画の根幹である都市計画法が大きく改正されないまま、分野ごとの課題に応じた計画制度が他の枠組みで次々と創設されている。

1・5 日本における現行の土地利用・施設配置計画制度

◎日本の都市計画制度の枠組み

都市計画は、それが制度として社会に実装されて初めて社会技術として機能し、都市計画の主体は、都市の物的環境の構成要素間、それらに関わる主体間の調整を行う、つまり介入することができる。

現在の日本の都市計画制度は、都市計画の基本法として1968年に制定された都市計画法を中心に、数多くの関連法（建築基準法、都市緑地保全法、文化財保護法、屋外広告物法などの土地利用の規制に関わる法律、土地区画整理法、都市再開発法などの都市計画の事業に関する法律、道路法、都市公園法、河川法などの都市施設の管理に関する法律の他、公害防止、環境保全、景観、住宅、防災、中心市街地活性化、国土利用などに関する法律がある）によって定められている。

表1･2は名古屋市の土地利用および施設配置を含む物的環境に関わる主要な計画とその根拠法の一覧である。都市の物的環境に関わる計画が一つに統合されていると分かりやすいように思うが、実際は、都市の物的構成要素一つひとつが複雑で、それぞれを管轄する法律や国および自治体の組織が縦割りであるため、分野別に計画が策定され、実現されている。当該分野の物的構成要素について詳細で効率的な対応ができるという長所がある反面、分野を超えた対応が円滑にできない、全体の方向性が分かりにくいといった短所がある。

表1･2　名古屋市の物的環境に関わる計画とその根拠法

計画	根拠法
名古屋市総合計画2018	地方自治法
水の環復活2050なごや戦略	
生物多様性2050なごや戦略	生物多様性基本法
低炭素都市2050なごや戦略・同実行計画	地球温暖化対策の推進に関する法律
名古屋市都市計画マスタープラン	都市計画法
名古屋市震災に強いまちづくり方針	災害対策基本法・都市計画法
なごや緑の基本計画2020	都市緑地法
なごや新交通戦略推進プラン	
なごや交通まちづくりプラン	
名古屋市住生活基本計画	住生活基本法
名古屋市景観計画	景観法
名古屋市歴史まちづくり戦略	
名古屋市歴史的風致維持向上計画	地域における歴史的風致の維持及び向上に関する法律
都市計画道路整備プログラム	都市計画法
長期未整備公園緑地の都市計画の見直しの方針と整備プログラム	都市計画法
名古屋市公共施設等総合管理計画（既存方針・計画で構成）	総務省要請
名古屋市上下水道構想	

日本の都市計画制度の枠組みは図1･5のように整理される。都市計画制度に基づく都市計画は、その適用範囲である都市計画区域を指定することに始まる。そして、都市計画の基本的方針を定める都市計画区域マスタープランと市町村マスタープランを策定し、土地利用計画、都市施設、市街地開発事業の内容を定め、それらを実現する土地利用規制、都市基盤施設整備、市街地開発事業を実施するという建前である。

なお、都市計画制度の詳細については伊藤ほか(2017) *10、都市計画法制研究会（2014）*11 などをご覧頂きたい。

◎都市計画制度の中心を担う土地利用計画

都道府県内の各都市計画区域および各市町村の目指す

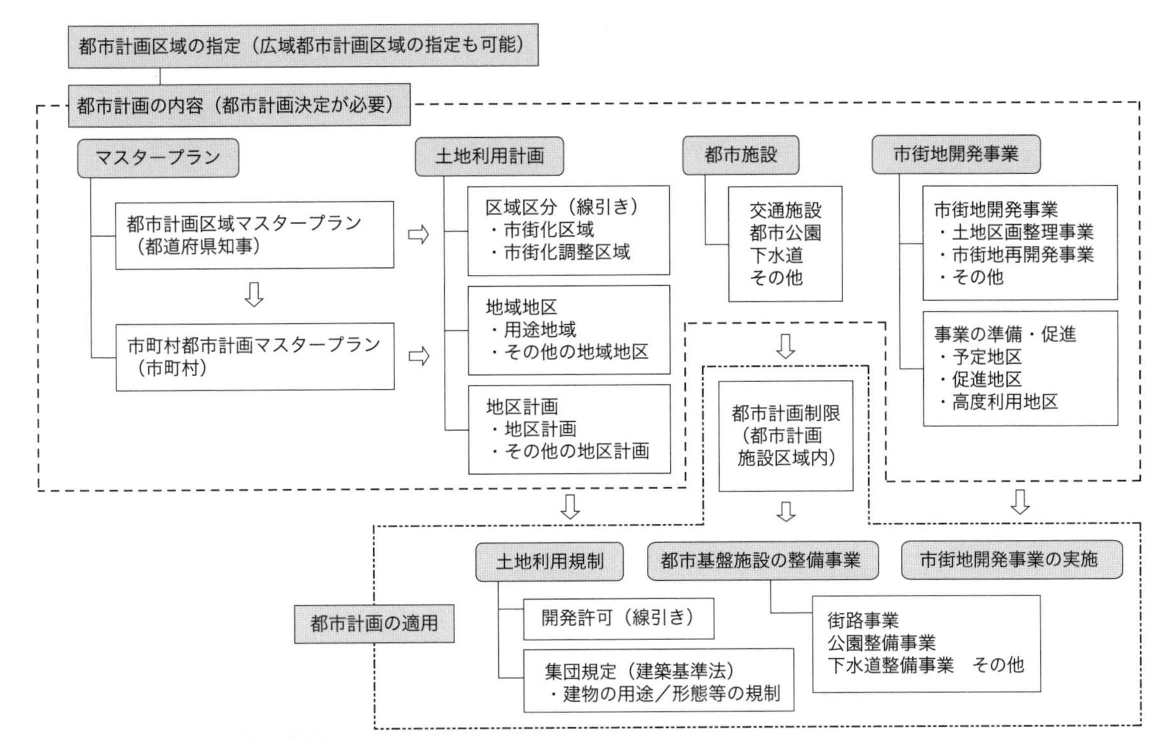

図 1･5　日本の都市計画制度の概要（出典：川上（＊ 12）p.115 の図）

べき都市の将来空間像を定めるのはマスタープランであるが、市町村と都市計画区域のマスタープランの策定義務付けが都市計画法に盛り込まれたのはそれぞれ 1992 年、2000 年の都市計画法改正時であり、現行の都市計画法が 1968 年に制定されたことを考えると、比較的最近の話である。歴史的に日本の都市計画は、都市の明確な将来空間像とそれに関する市民合意が不十分なまま、土地利用計画・規制、都市施設整備、市街地開発事業が個別的に展開されて来たというのが実情である。

このことについては、「誰もが了解し、そのためには心血を注ぎうるような都市ビジョンを、われわれは現在に至るまで持ち合わせていない」「大勢を決め勝利を得るような［戦略（Strategy）］を持ち得なかった」「局面ごとの［戦術（Tactics）］はあったが、一般大衆と夢を共有しうるような明確な都市戦略は持てなかった」という指摘もある＊13。

都市施設整備や市街地開発事業の計画は、言うまでもなく、土地利用計画との関係の中で検討される。また、都道府県による都市計画区域マスタープランも市町村による都市計画マスタープランも、都市施設が概ね整備あるいは計画されている現代では、土地利用の構想を中心に構成されていることが多い。財源不足などから未整備の都市施設の計画を見直す事例も出てきている。

日本の都市計画の土地利用計画制度の構成は、口絵 1･6 のとおりであり、都市計画区域および準都市計画区域の指定、市街化区域と市街化調整区域の区域区分、地域地区（用途地域とその他の地域地区）、地区計画で構成されている。また、土地利用計画の実現手段である土地利用規制は、土地利用計画と連動した開発許可と建築確認を通じて行われる。開発許可とは、開発基準を満たす開発行為について、許可権者が開発の許可を行う行政行為である。また、建築確認とは、建築基準法（単体規定・集団規定）に基づき、建築物などの建築計画が建築基準法令や建築基準関係規定に適合しているかどうかを着工前に審査する行政行為である。

このような土地利用計画の構成は、高度経済成長に伴う急激な都市化による土地利用の混乱（既成市街地の高度利用、スプロール市街地の発生など）を背景に 1968 年に制定された新都市計画法と 1970 年に全面改定された建築基準法集団規定、その後の改正によって確立されたものである。現在でも、都市の土地利用を規定し、都市の基本的な形態をつくる基本的な制度である。

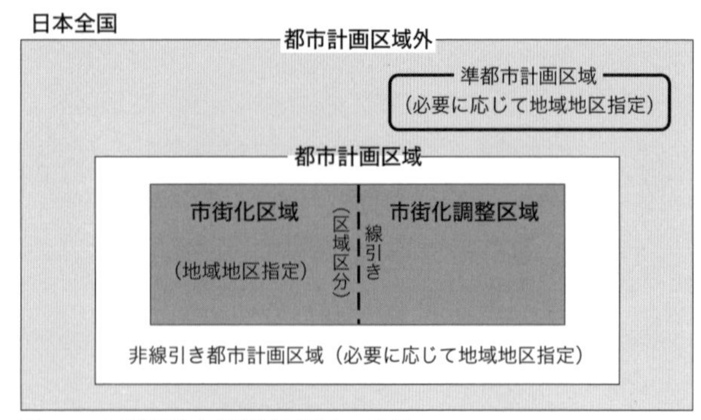

図 1･6　区域区分と地域地区指定の関係

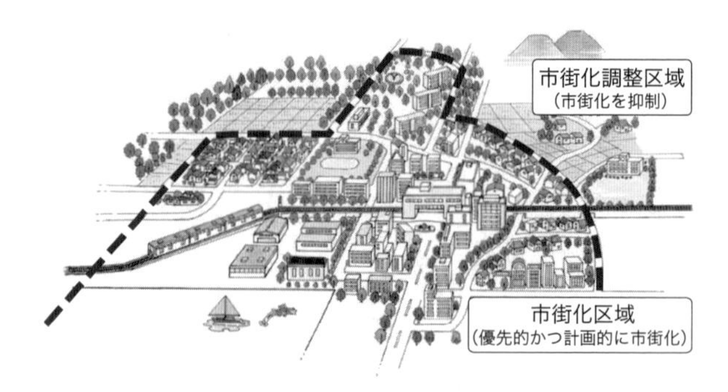

図 1･7　区域区分のイメージ（出典：国土交通省（＊14））

◎土地利用計画の構成＊14

❖都市計画区域および準都市計画区域の指定

都道府県は、自然的・社会的条件、人口、産業、土地利用、交通量などの現況とその推移を考慮して、一体の都市として総合的に整備・開発・保全する必要がある区域を都市計画区域として指定する。その際、必要に応じて、市町村の区域を超えて都市計画区域を指定することができる。また、都道府県は、都市計画区域外の区域のうち、相当数の建築物・工作物の建設や土地の造成が行われている、あるいは、将来行われる見込みがある区域、そのまま土地利用の整序や環境の保全の措置を講ずることなく放置すれば将来における一体の都市としての整備・開発・保全に支障が生じるおそれがある区域を準都市計画区域と指定することができる。例えば、新しく整備された高速道路のインターチェンジ周辺に準都市計画区域が指定されることがある。都市計画区域および準都市計画区域が都市計画法の対象となる。

なお、都市計画法が適用される都市地域（＝都市計画区域および準都市計画区域）は、日本の国土の約 26%に過ぎない。そもそも、日本の国土には、五つの法によって、一体の都市として総合的に開発・整備・保全する必要がある都市地域（都市計画法）、農用地として利用すべき土地があり、総合的に農業の振興を図る必要がある農業地域（農業振興地域の整備に関する法律（農振法））、森林の土地として利用すべき土地があり、林業の振興または森林の有する諸機能の維持増進を図る必要がある森林地域（森林法）、優れた自然の風景地で、その保護および利用の増進を図る必要がある自然公園地域（自然公園法）、良好な自然環境を形成している地域で、その自然環境の保全を図る必要がある自然保全地域（自然環境保全法）が指定されている。国土利用計画法に基づき都道府県知事が策定する土地利用基本計画では、個別の法律に基づくこれらの 5 地域が設定され、土地利用の調整などに関する事項が記されている。

❖市街化区域と市街化調整区域の区域区分

区域区分は、都市計画区域を市街化区域と市街化調整区域に区分するものであり、「線引き」とも呼ばれる。市街化区域は、都市計画区域のうち、既に市街地を形成している区域およびおおむね 10 年以内に優先的かつ計画的に市街化を図るべき区域であり、人々の密度高い活動を支える。市街化区域では、道路、公園、下水道といった都市基盤を積極的に整備するとともに、建築物の用途、密度、形態などをきめ細かく規定する地域地区（用途地域とその他の地域地区）が指定される。一方、市街化調整区域は、都市計画区域のうち、農地、森林、集落などを保全するため、市街化を抑制すべき区域である。市街化調整区域では、市街地としての都市基盤は整備されず、用途地域も指定されない（図 1・6、1・7）。

三大都市圏や政令指定都市では必ず区域区分が行われることになっているが、それ以外では都道府県が都市計画区域ごとに区域区分するかしないかを選択することができる。一般に、区域区分が行われている都市計画区域は「線引き都市計画区域」、区域区分が行われていない都市計画区域は「非線引き都市計画区域」と呼ばれている。非線引き都市計画区域では、必要に応じて用途地域を指定することができる。一般に、開発圧力が高い区域のみに用途地域を指定し、開発圧力が低いそれ以外の区域の土地利用規制が緩い状況となっており、用途地域が指定されていない区域で開発圧力が高まると、逆に、開発が進行してしまう事態となる。区域区分を行わない限り、あるいは、自治体の条例で土地利用調整を行わない限り、市街地の拡大・拡散は抑制できない。

第一種低層住居専用地域

低層住宅のための地域です。小規模なお店や事務所をかねた住宅や、小中学校などが建てられます。

第二種低層住居専用地域

主に低層住宅のための地域です。小中学校などのほか、150m²までの一定のお店などが建てられます。

第一種中高層住居専用地域

中高層住宅のための地域です。病院、大学、500m²までの一定のお店などが建てられます。

第二種中高層住居専用地域

主に中高層住宅のための地域です。病院、大学などのほか、1,500m²までの一定のお店や事務所など必要な利便施設が建てられます。

第一種住居地域

住居の環境を守るための地域です。3,000m²までの店舗、事務所、ホテルなどは建てられます。

第二種住居地域

主に住居の環境を守るための地域です。店舗、事務所、ホテル、カラオケボックスなどは建てられます。

準住居地域

道路の沿道において、自動車関連施設などの立地と、これと調和した住居の環境を保護するための地域です。

近隣商業地域

まわりの住民が日用品の買物などをするための地域です。住宅や店舗のほかに小規模の工場も建てられます。

商業地域

銀行、映画館、飲食店、百貨店などが集まる地域です。住宅や小規模の工場も建てられます。

準工業地域

主に軽工業の工場やサービス施設等が立地する地域です。危険性、環境悪化が大きい工場のほかは、ほとんど建てられます。

工業地域

どんな工場でも建てられる地域です。住宅やお店は建てられますが、学校、病院、ホテルなどは建てられません。

工業専用地域

工場のための地域です。どんな工場でも建てられますが、住宅、お店、学校、病院、ホテルなどは建てられません。

図 1･8　従来の 12 種類の用途地域。2017 年より「田園住居地域」が加わり、13 種目になっている（出典：国土交通省（＊ 14））

日本の国土の約 26％を占める都市計画区域・準都市計画区域に日本の総人口の約 93％が居住している。また、市街化区域は国土の約 4％にしか過ぎず、そこに日本の総人口の約 67％が居住している。

❖地域地区（用途地域とその他の地域地区）

地域地区は、都市計画区域・準都市計画区域内の各地域における建築物の用途、密度、形態、構造、防火性能などを規定するものである。地域地区の中でも基本となるのが、都市計画区域内の土地をその目標に応じて従来 12 種類に分け、建築基準法と連動して建築物の用途、密度、形態などに制限を加える用途地域である。2017 年には、13 種類目の用途地域として「田園住居地域」が加わった（図 1・8）。用途地域は、線引き都市計画区域の市街化区域内の土地には必ず指定するが、非線引き都市計画区域内の土地にも指定することができる。

建築物の密度を規定するのは、敷地に対する建築物の建築面積の割合を示す建蔽率と、敷地に対する建築物の延床面積の割合を示す容積率である。また、建築物の形態を規定するのは、斜線制限、道路幅員による容積率低減、日影規制である。斜線制限は、道路や隣地にかかわる採光や通風などを確保するため、敷地境界線から一定の勾配で建物の高さを制限するものである。道路幅員による容積率低減は、狭い道路のみに面する敷地について、局所的な交通負荷を回避するため、指定容積率にかかわらず、前面道路の幅員に一定率（居住系用途地域：0.4、その他：0.6）を乗じた容積率に制限する。日影規制は、住居系用途地域などにおいて日照を確保するため、条例により建築物が隣地に落とす日影の時間を制限するものである。

地域地区には、用途地域のほか、特別用途地区、特定容積率適用地区、高層住居誘導地区、高度地区・高度利用地区、特定街区、都市再生特別地区、防火地域・準防火地域、特定防災街区整備地区、景観地区、風致地区、駐車場整備地区、臨港地区、歴史的風土特別保存地区、第 1 種・第 2 種歴史的風土保存地区、緑地保全地域・特別緑地保全地区・緑化地域、流通業務地区、生産緑地地区、伝統的建造物群保存地区、航空機騒音障害防止地区・同特別地区などさまざまなものがある。

❖地区計画

都市計画法による一般的な基準や建築基準法による個々の建築物に関する基準は、必要最小限守るべき基準を定めたものであり、地区の実情に十分対応できない場合がある。そのため、1980 年に、ドイツの B-Plan（地区詳細計画）を参考に、地区計画制度が創設された。

地区計画は、都市の部分を構成する地区の特性に応じて、良好な都市空間の形成を図るために必要な事項を市

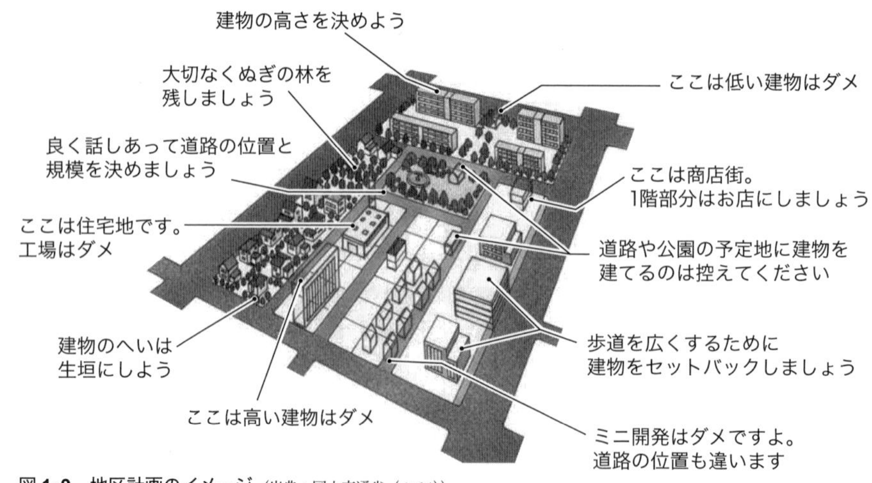

図1･9　地区計画のイメージ (出典：国土交通省（＊14))

町村が定める計画である。地区計画は、地区の目標や将来像を示す「地区計画の方針」と地区施設の配置、建築物の建て方や街並みのルールなどを具体的に定める「地区整備計画」で構成される。地区計画には、内容として、①地区施設（生活道路、公園、広場、遊歩道など）の配置、②建物の建て方や街並みのルール（用途、容積率、建ぺい率、高さ、敷地規模、セットバック、デザイン、生垣化など）、③保全すべき樹林地などを定めることができる（図1・9）。

地区計画には、その目的によって、防災街区整備地区計画（1997）、歴史的風致維持向上地区計画（2008）、沿道地区計画（1980）、集落地区計画（1987）、市街化調整区域での地区計画（1992）、再開発など促進区（2002）、開発整備促進区（2006）、誘導容積型地区計画（1992）、容積適正配分型地区計画（1992）、高度利用型地区計画（2002）、用途別容積型地区計画（1990）、街並み誘導型地区計画（1995）、立体道路制度（1989）などがある。

地区計画の案は、市町村が条例に基づき、土地所有者などの意見を求めて策定する。「地区計画の方針」が策定された地区内では、土地所有者などが協定を締結して、市町村に対して「地区整備計画」の策定を要請することができる。また、市町村の条例に基づき、地域から市町村に対して地区計画の案の提案ができる。地区計画の実現は、通常、届出・勧告による。ただし、地区計画で定めたルールを市町村が条例化すれば、強制力が付与される。さらに、特定の事項を定めた場合、特定行政庁の認定・許可により、用途地域の用途、容積率、高さの制限を緩和できる場合がある。

◎都市計画事業

❖土地利用計画と都市計画事業

土地利用計画制度（土地利用計画・規制）と並んで都市計画を実現するために重要な役割を果たすのが都市計画事業の計画と実施である。土地利用計画・規制がルールを通じて土地利用や建築を制御する、つまり、間接的に都市の物理的環境に介入するものであるのに対して、都市計画事業は、事業を実施して、つまり直接的に都市の物的環境に介入して、都市計画を実現するものである。

都市計画事業は、大きくは、道路、公園などの都市施設を目的に応じて整備する都市施設整備事業と一定の区域内を一体的に開発整備する市街地開発事業の二つに分けることができる。

都市施設が都市計画に定められると、その都市施設の区域内では、近い将来において都市施設を実際に整備する工事などが実行されることとなる。そこで、こうした将来の整備事業の実行に対して障害となる恐れのある行為(建築行為)は原則的に禁止しておくのが望ましい。このような理由により、都市計画決定後は、都市施設の区域では建築制限が適用される。この建築制限は、将来の都市施設の整備事業の障害にならない建築については必ず許可される。具体的には、次のどちらか一方に該当すれば必ず許可される。

・都市計画に適合すること（都市施設に関する都市計画に適合しているような建築は排除する必要がないので、許可される）
・建築しようとする建築物の主要構造部が木造・鉄骨造などで、階数が2階以下で地階を有しないものであり、かつ容易に移転しまたは除却できること（木造・鉄骨造などとは「木造、鉄骨造、コンクリートブロック造、その他これらに類する構造」を指す。すなわち移転除却が容易な構造のこと）

❖都市施設整備事業

都市施設には、交通施設（道路、都市高速鉄道、駐車場、自動車ターミナル、その他）、公共空地（公園、緑地、広場、墓園、その他）、供給施設（水道、電気供給施設、ガス供給施設、その他）または処理施設（下水道、汚物処理場、ごみ焼却場、その他）、水路（河川、運河、その他）、教育文化施設（学校、図書館、研究施設、その他）、医療施設(病院、その他)または社会福祉施設(保育所、その他)、市場、と畜場または火葬場、一団地の住宅施設（一団における50戸以上の集団住宅およびこれらに附帯する通路その他の施設）、一団地の官公庁施設（一団地の国家機関または地方公共団体の建築およびこれらに付帯する通路その他の施設）、流通業務団地などがある。

都市計画は、個別の都市施設の詳細まで設計するのではなく、都市施設の位置と概ねの仕様を定める。

❖市街地開発事業

一定の区域内を一体的に開発整備する市街地開発事業には、7種類ある。⑴土地区画整理事業は、区域内の土地の交換分合をして市街地の整備を図るもので、減歩（げんぶ）、換地などの手法を用いる。⑵新住宅市街地開発事業は、区域内の用地を事業者が取得し、そこへ住宅市街地を造成する。⑶工業団地造成事業は、区域内の用地を事業者が取得し、そこへ工業団地を造成して工業地帯とする。⑷市街地再開発事業は、既成市街地の区域について、建築物、その他敷地および公共施設の再開発を行う。⑸新都市基盤整備事業は、人口5万人以上の新都市の基盤整備を行うもので、用地買収と区画整理の手法を用いる。⑹住宅街区整備事業は、土地区画整理事業だけでなく、土地の権利を共同住宅の床へ変換するなどして住宅整備も行う。⑺防災街区整備事業は、密集市街地における防災性の向上のため再開発を行う。このうち、最も広く活用されているのが、土地区画整理事業と市街地再開発事業である。

土地区画整理事業は、「都市計画の母」とも呼ばれ、震災や戦災からの市街地復興でも多く利用されてきた。区域内にある土地の分割・合併と境界・位置・形状の変更を行い（「換地」という）、事業に必要な土地を地区内の地権者が少しずつ出す（「減歩」という）ことで、道路・公園などの必要な公共施設と宅地の整備を行うものである。土地が減歩されても、公共施設の整備で土地の評価が上がるとされているため、資産価値としては変化がないというのが原則である。地価が安定、または上昇期は事業が進めやすいが、下降期には、想定していた土地価格で保留地が売れない、売却先が見つからないといった事態が発生すると事業費が不足し、事業の遂行が困難となる場合がある。

一方、市街地再開発事業は狭い敷地を集め、一つの広い敷地とし、多くの床や道路・公園などの公共施設用地を生み出すものである。駅前や都心部で見られる再開発は、市街地再開発事業として行っている場合が多い。開発前の土地の所有者・借地権者・借家権者は、原則、もとの権利に応じた新しい床（これを「権利床」という）に置き換えられる。市街地再開発事業で建設される新しい建物の工事費などには、公的な補助金と新しく生み出された床（これを「保留床」という）を売却した資金があてられる。 立地・経済状況などにより保留床が売れない場合は、事業費が不足し、事業の遂行が困難となる場合がある。

市街地再開発事業には、以下の二つの方式がある。

①第1種事業「権利変換方式」：土地の高度利用によって生み出される新たな床（保留床）の処分（新しい居住者や営業者への売却など）などにより、事業費をまかなう。従前建物・土地所有者などは、従前資産の評価に見合う再開発ビルの床（権利床）を受け取る。

② 第2種事業「管理処分方式（用地買収方式）」：いったん施行地区内の建物・土地などを施行者が買収又は収用し、買収又は収用された者が希望すれば、その対償に代えて再開発ビルの床が与えられる。保留床処分により事業費をまかなう点は第1種事業と同様。

◎都市計画の手続きと財源

都市計画は、住民などの主体的な参画を通じてその案を作成するとともに、決定に当たっては、あらかじめ広くその内容を住民などに知ってもらい、その意見を反映させることが重要である。このため、都市計画の案の作成に当たって、必要に応じて公聴会の開催などを行うとともに、決定以前において公告し、公告後2週間公聴の縦覧に供し、住民などが意見書を提出することができるとされている。さらに、都市計画の決定に当たっては、都市計画審議会の議を経ることが必要である。また、土地所有者、まちづくりNPO、まちづくり協議会、まちづくりのための開発事業の経験と知識のある団体などによる提案を踏まえた都市計画を決定する手続きについても定めている。

都市計画の主な財源は、都市計画税である。これは、地方税法により都市計画区域内の土地・建物に対して、市町村が条例で課すことのできる税金である。区域区分制度を受け、1971年からは、原則として市街化区域だけに課すこととされている。都市計画税は目的税であり、徴収された税金は、道路事業、公園事業、下水道事業、土地区画整理事業、市街地再開発事業などに使用される。実際に課税を行うかどうかを決定するのは市町村であり、区域区分を行っている市町村でも、全てが課税しているわけではない。

また、PFI（Private Finance Initiative：プライベート・ファイナンス・イニシアティブ）も都市計画の財源に関わる手法として注目を浴びている。これは、公共施設などの建設、維持管理、運営などを民間の資金、経営能力および技術的能力を活用して行う新しい手法である。民間の資金、経営能力、技術的能力を活用することにより、国や自治体が直接実施するよりも効率的かつ効果的に公共サービスを提供できる事業について、PFI手法で実施する。PFIの導入により、国や自治体の事業コストの削減、より質の高い公共サービスの提供が目指される。日本では、「民間資金活用による公共施設等の整備等の促進に関する法律」（PFI法）が1999年に制定され、その後、PFI事業の枠組みが設けられた。

1・6 マスタープランの策定を通じた都市構造の再構築とマネジメント

◎マスタープランの都市計画制度への導入

1992年の都市計画法改正によって、概ね10～20年後の各市町村の都市の将来像や、それを実現していくための都市計画の基本的な方針を定める「都市計画マスタープラン」（市町村マスタープラン）が都市計画法で位置づけられた。そして、2000年の都市計画法改正によって、従来の「市街化区域および市街化調整区域の整備、開発または保全の方針（整開保）」を拡充し、都市計画区域を対象にした「都市計画区域マスタープラン」が都市計画法で位置づけられた。

都市計画区域マスタープランは、市町村の枠を超えた広域的な見地から、その都市の将来の目標を設定して、それを実現するための基本的な方針を、都道府県が定めるものである。 都市計画区域マスタープランに定めるべき内容は、都市計画の目標、区域区分（市街化区域と市街化調整区域の区分）の決定の有無および当該区分を決める時はその方針、土地利用、都市施設の整備および市街地開発事業に関する主要な都市計画の決定の方針である。中には、三重県のように、複数の都市計画区域をまとめて「圏域」と呼び、「圏域マスタープラン」も策定している県もある。

都市計画マスタープラン（市町村マスタープラン）は、市町村の都市計画に関する基本的な方針をその市町村が定めるもので、市町村の総合計画（地方自治法に基づく市町村運営の根幹的計画）や都市計画区域マスタープランに即したものでなければならない。また、各市町村が計画・実施する都市計画に関わる各種規制・誘導・事業は、都市計画マスタープランに即することが義務づけられた。計画の策定においては、公聴会の開催など住民の意見を反映させるために必要な措置を講ずることとされ、ワークショップ、インターネット活用、アンケートなどの住民参加手法が開発・適用されている。

◎低成長時代のマスタープランの事例

都市計画マスタープランは、多くの自治体において、初代の計画が策定された後、何回かの改定を経て進化している。

国土交通省は、「集約型都市構造の実現」と「計画プロセスなど時間軸を意識」に着目した特色のある都市計画マスタープラン（市町村マスタープラン）をウェブサイトにて紹介している*15。

「集約型都市構造の実現」については、夕張市、柏市、横須賀市、浜松市の4市の計画が紹介されている。夕張市の計画は、段階的な集約化のプロセスを記載していることが特徴的で、長期的には既存ストックが集積している南北軸に市街地を集約し、その他の地区では自然環境共生型のライフスタイルなどが展開する場としての活用などを検討し、短期的には地区ごとに市営住宅の再編・集約化を図る方針が示されている。柏市の計画は、低炭素まちづくりを推進するため、「省 CO_2 まちづくり計画」による対策、具体的には、アクションエリアの設定、環境配慮計画の義務付け、金銭的インセンティブの検討について記載している。横須賀市の計画は、縮退が見込まれる地域を低密度化や縮退による空地などを活用した修復・改善を図る地域として、土地利用誘導方針図上に具体的に示していることが特徴である。浜松市の計画は、市街化調整区域に「郊外居住地域」を設定し、その地域内での集約と域内から市街化区域など市街地への移転を促すとともに、他都市への既存工場移転を防ぐため、郊外地に工業系土地利用を担保する「郊外産業地域」を設定し、これらを開発許可制度や地区計画制度で実現していくことを記載している。

「計画プロセスなど時間軸を意識」については、文京区、武蔵野市、名古屋市、京都市の4市区の計画が紹介されている。文京区の計画は、建築物の高さに関する方針において「都市型高層市街地」、「低中層市街地」などの市街地の類型を区分し、類型ごとに建築物の高さに関わる方針を定め、それがその後の高度地区の都市計画決定につながっている。武蔵野市の計画では、大規模な企業用地や公共公益施設を「特定土地利用維持ゾーン」として設定し、当該ゾーンでは現状の土地利用の維持を図るが、これが維持できず土地利用の転換が起こりそうになった場合は、まちづくり条例に基づき、市が地権者などに協議を求め、周辺のまちづくりに貢献するよう誘導することが記載されている。名古屋市の計画は、集約連携型都市構造を目指しているが、駅そば生活圏（駅から概ね800km圏）の全市人口に占める割合を評価指標として設定するとともに、交通、緑・水、住宅・住環境、低炭素・エネルギーの関連分野の計画の達成目標を参考に表示し、PDCA（Plan：計画、Do：実施、Check：評価、Action：見直し）サイクルを回ることが記載されている。京都市の計画は、地域ごとのまちづくり構想については、全体計画と合わせて策定するのではなく、地域のまちづくりの熟度に応じて随時追加・見直しを行うことが示されている。

筆者も2000年以降、深谷市、亀山市、長久手市、犬山市、名古屋市、鈴鹿市、横須賀市、静岡市、豊田市の都市計画マスタープランの策定に携わった。また、都道府県の都市計画区域マスタープランについては、三重県の都市計画方針、複数の都市計画区域をまとめた圏域のマスタープランなどの策定に携わっている。

以下では、三重県および鈴鹿市の事例を詳細に紹介したい。

◎三重県都市計画方針（2017年策定）

三重県では、2018年3月時点で、2016年に策定した三重県地震・津波被害の低減に向けた都市計画指針および2017年に策定した三重県都市計画基本方針に基づき、圏域マスタープランの策定を完了し、その後、都市計画区域のマスタープランの改定に取り組む*16。圏域とは、複数の都市計画区域をまとめたもので、北勢、中南勢、伊勢志摩、伊賀、東紀州の五つがある。

三重県都市計画基本方針は、県全体における総合的、一体的観点から概ね共通する都市づくりの方針を示すもので、2020年に改定時期を迎える都市計画区域マスタープランや市町村の都市計画マスタープランの方針となる。

人口減少・少子高齢化社会の進展、大規模自然災害の発生、産業のグローバル化の進展といった主な社会情勢の変化、関連する諸計画や法整備の動向とそれからみた課題、そして、現行マスタープランの検証に基づく課題を受け、「地域の個性を生かした魅力の向上」「都市機能の効率性と生活利便性の向上」「災害に対応した安全性の向上」「産業振興による地域活力の向上」「県民と共に考える地域づくり」を「都市づくりの方向」として定めている。また、こうした方向を実現するための主な取り組みを例示している。

さらに、前述の「都市づくりの方向」に沿って、将来都市像と現状の乖離を解消するために、都市構造の変革の観点を三つ提示している。一つ目の「都市経営の観点：効率的で利便性が高く、持続可能な都市構造の形成」は、市街地の人口密度が低下すると医療、子育て支援、商業などの生活サービスの提供が困難となり1人あたりの行政コストが増大することを背景としている立地適正化制度を活用する。生活サービス施設を市街地の中心部などへ立地誘導し、その周辺および公共交通沿線地域などへの居住誘導を促進することにより、一定エリアにおける人口密度の維持を図るという観点である。居住誘導区域内の人口割合の増加が目標とされる。

二つ目の「都市防災の観点：大規模自然災害の被害低減に向けた都市構造の形成」は、大規模災害発生の懸念を背景に、土地利用・施設配置については災害リスクが低い場所で市街地を形成することを基本とし、災害リスクが高い場所における土地利用についてはその用途に考慮しながら建築物の構造強化などを促進するという観点である。大規模災害リスクの高い区域（土地利用検討区域）内の人口割合の減少が目標とされる。

三つ目の「都市活力の観点：地域経済の活力維持・向上に向けた都市構造の形成」は、新たに整備が進む高規格道路ネットワークやリニア中央新幹線などの産業振興に資するインフラを活用し、産業機能の集約に向けた土地利用を促進し、観光や農林水産を含む全ての産業活力を支える新たな都市基盤の検討・整備を進めるという観点である。工業系土地利用誘導ゾーンへの工業施設立地割合の向上と幹線道路などの早期供用が目標とされる。

◎三重県北勢圏域マスタープラン（2018 年策定）

三重県では、広い県土を北勢、中南勢、伊勢志摩、伊賀、東紀州の五つの「圏域」に分け、それぞれのマスタープランを策定している。各圏域には複数の都市計画区域が存在し、それぞれの都市計画区域でマスタープランが策定される。都市計画区域マスタープランで定めるべき項目のうち「都市計画の目標」については、生活圏として結びつきが強い複数の都市計画区域を一括し、都市計画区域外も含め「圏域」として設定し、概ね 20 年後の将来像を「圏域マスタープラン」として提示している。ここでは、三重県の北端に位置し、四日市市、桑名市、鈴鹿市、亀山市、いなべ市、木曽岬町、東員町、菰野町、朝日町、川越町の 5 市 5 町を含む北勢圏域のマスタープラン*17 を取り上げる。

北勢圏域は、三重県の中核的圏域として、わが国屈指の産業集積と地域の自然環境や歴史・文化を基盤にし、県内の経済をけん引し続けるとともに、住みたくなる都市環境を創出し、持続的に発展する都市を目指す。三重県都市計画基本方針には「都市づくりの方向」ごとに、圏域・都市計画区域において都市計画が担うべき中心課題と都市計画の目標が記述されている。

圏域・都市計画区域の将来都市構造は、口絵 1・7 で示される。各種の拠点、広域連携軸（圏域外およびリニア中央新幹線想定ルート）、地域高規格道路（計画路線）、広域連携軸（道路）、圏域内連携軸（道路交通）、圏域内連携軸（鉄道）、インターチェンジ、防災連携軸、都市計画区域、用途地域（住居系・商業系）、工業系用途地域（工業専用地域・工業地域、準工業地域）、工業系土地利用誘導ゾーン、自然交流地区（自然公園の特別地域・普通地域、その他）、行政区域が示されている。

広域拠点は、多様な生活サービス施設などが集積し、市町を越えた公共交通などの結節点となる地区のうち、集約型都市構造の要として、さらに居住や都市機能を誘導する地区である。交流拠点は、自然、歴史、文化、レクリエーションなどの交流活動が行われる拠点的な地区であり、アクセスの向上などが図られる。広域的な防災拠点は、広域的な防災機能を備えた施設や災害時に拠点となる医療機関などであり、市街地整備や緊急輸送道路沿道の建築物の耐震化を進めるなど拠点周辺地域の防災性向上が図られる。

一体の圏域形成に向け、①都市計画区域の再編と②都市計画区域の指定について、方針が記載されている。①は、いなべ市にある三つの都市計画区域のうち、北勢および大安都市計画区域の統合を検討する方針である。②は、開発圧力が高まりつつある都市計画区域外の一部に都市計画区域を指定する方針である。

◎鈴鹿都市計画区域マスタープラン（2012 年策定）

2018 年 4 月時点で、北勢圏域内の都市計画区域のマスタープランは、まだ改定されていない。ここでは、2012 年に策定された鈴鹿都市計画区域の現行の計画*18 を紹介する。計画の第 1 章は、「北勢圏域における都市計画の目標」であり、これは、鈴鹿都市計画区域がある北勢圏域のマスタープランそのものである。

第 2 章の「土地利用規制の基本方針」では、「区域区分の要否」として、区域区分の適用を継続することが記されている。この背景には、人口が過去 10 年にわたって増加傾向で、今後しばらくは微増した後、減少傾向に転じることが見込まれるが、広域拠点における都市機能の維持や集約、高規格幹線道路や幹線道路の整備に伴う市街地の拡散を抑制し、都市計画区域内の自然環境を保全する必要がある。また、「区域区分の方針」では、当該都市計画区域の概ねの人口および産業の規模について、現況および今後の見通しを勘案し、目標年次における市街化区域の概ねの規模を想定している。

第 3 章の「主要な都市計画の決定方針」では、土地利用、都市施設の整備、市街地開発事業に関する都市計画の決定方針が示されている。

土地利用については、区域における拠点的土地利用、主要用途の配置方針（住宅、商業･業務地、工業地)、市街地における建築物の密度構成に関する方針（広域拠点は容積率400％・建ぺい率80％を基本、工業系の土地利用を図る地域では容積率200％・建ぺい率60％を基本、その他の区域では現状の密度の維持)、市街地における住宅建設の方針（広域拠点における都心居住、歴史的景観の保全と調和した住宅)、市街地において特に配慮すべき問題などを有する市街地の土地利用の方針（土地の高度利用、用途転換、用途純化または用途の複合化、居住環境の改善又は維持)、市街化区域内の緑地又は都市の風致の維持)、市街化調整区域の土地利用の方針（優良な農地との健全な調和、防災の観点から必要な市街化の抑制、自然環境形成の観点から必要な保全、秩序ある都市的土地利用の実現）が示されている。

都市施設の整備については、交通施設の都市計画の決定方針（交通体系の整備方針、主要な施設の配置方針、主要な施設の整備目標)、下水道および河川の都市計画の決定方針（下水道および河川の整備方針、主要な施設の配置方針、主要な施設の整備目標）が示されている。

市街地開発事業については、主要な市街地開発事業の決定方針と市街地整備の目標が示されている。

自然的環境の整備又は保全については、基本方針、主要な緑地の配置方針（環境保全系統、レクリエーション系統、防災系統、景観構成系統)、実現のための具体の都市計画制度の方針が示されている。

さらに、地域の特性に応じて定めるべき事項として、都市防災、自然環境・広域交流、歴史・文化・景観の保全および利活用に関する方針が示されている。

以上は、土地利用構想図（口絵1･8）として空間的に表示されている。

◎鈴鹿市都市マスタープラン（2016年策定）

人口20万人程度の三重県鈴鹿市の都市マスタープラン*19は、鈴鹿市総合計画と三重県都市マスタープラン（鈴鹿都市計画区域マスタープラン（2012年策定)）を上位計画とし、検討中であった三重県都市計画方針の考え方を参照しつつ、鈴鹿市の産業活性化、環境、道路整備、緑、都市再生、景観、地域防災、公共施設など総合管理、住生活、水道などの分野別計画と整合し、地域地区、都市施設、市街地開発事業、地区計画といった法定都市計画を規定する都市計画に関する基本的な方針である。都市の成り立ちから国土交通省が推進する教科書的な「コンパクトシティ・プラス・ネットワーク」の都市構造は合わず、地区別会議、市民アンケート、オープンハウスなどを通じて収集した市民の意見も基づき、課題を特定し、課題に対応する空間計画を検討した都市マスタープランである。

都市づくりのテーマとして、産業を支える土地利用やインフラなどの整備推進に関わる「活力ある都市づくり」、災害からまちや地域を守る防災・減災都市づくりの展開に関わる「防災･減災の都市づくり」、市民生活を持続するための生活拠点の形成に関わる「コンパクトで住みよい都市づくり」、市内モビリティの充実に関わる「モビリティの高い都市づくり」、水と緑のネットワークづくりや地域資源を活かした景観づくりの促進に関わる「水と緑、景観の都市づくり」について、図面上で空間的な整理が行われ（方針図が作成され)、文章で方針と取り組みが記述されている（口絵1・9～13)。「地域力を活かした都市づくり」と「ライフサイクルコストを縮減する都市づくり」は、方針図はないが、都市づくりのテーマを支える視点として取り組みが記述されている。

土地利用方針図は、五つのテーマの方針図を重ね合わせ、調整の上、統合されたものである（口絵1・14)。

1･7 目指す都市の構造に関する論点

◎「コンパクトシティ」や「集約型都市構造」の流行

日本においては、成長時代から低成長時代・成熟時代に移行するに当たり、過去に決定した都市計画の内容が必ずしも現代の社会経済状況に合わないことが分かってきて、都市の将来空間像を改めて検討し、都市計画の内容を見直す機運が高まっている。特に、「コンパクトシティ」や「集約型都市構造」の流行は、それを示している。

ここで強調したいのは、成長時代に確立した土地利用計画・規制、都市施設整備、市街地開発事業の「道具」の多くは、汎用性の高いものであり、低成長時代・成熟時代においても、使用方法を誤らなければ、有効である。問題は、それらの「道具」をどのように使用するかである。もちろん、新しい「道具」の開発も大事で、特にこれからの課題に応える、市街地の幸せな低密度化を支える「道具」の開発が急務である。これについての詳細は8章で触れる。

◎「コンパクトシティ」と「間にある都市」*[20]

2006年5月にまちづくり三法（大規模小売店舗立地法、都市計画法、中心市街地活性化法）が改正された頃から、都市計画分野で「コンパクトシティ」という言葉が頻繁に使用されるようになった。同時期に、国土交通省の社会資本整備審議会では新しい時代に対応した都市計画のあり方が議論され、「集約型都市構造」という言葉が登場した。以降、多くの自治体の都市計画マスタープランでは、この二つの言葉が当たり前のように多用されている。

「集約型都市構造」とは、「都市圏内の中心市街地及び主要な交通結節点周辺等を都市機能の集積を促進する拠点（集約拠点）として位置づけ、集約拠点と都市圏内のその他の地域を公共交通ネットワークで有機的に連携することで、都市圏内の多くの人にとっての暮らしやすさと当該都市圏全体の持続的な発展を確保するもの」（社会資本整備審議会答申2007.7）である。従来の都市計画で容認していた「拡散型都市構造」が生じさせた公共交通の維持、超高齢社会の移動、環境負荷の増大、中心市街地のさらなる衰退、財政の圧迫などの諸問題の解決に向け、都市構造の転換を推進するものである。

日本において「コンパクトシティ」や「集約型都市構造」への関心が高まる契機となったのは、海道清信氏の著作「コンパクトシティ」（2001）*[21]であろう。EUおよび欧州各国のコンパクトシティ政策、米国における都市スプロールへの抵抗、欧米におけるコンパクトシティ論争を整理した上で日本型コンパクトシティを提案している。その続編「コンパクトシティの計画とデザイン」（2007）*[22]は、理念や政策の紹介を超えた実践的な内容になっている。

ところで、「コンパクトシティ」が指す具体的な都市形態（urban form）については、原則や特徴はあっても定義はない。英国のケイティ・ウィリアムズらは、著書『*Achieving Sustainable Urban Form*（持続可能な都市形態を達成する）』*[23]において、持続可能な都市形態は、多様な形態でのコンパクトさ、用途の複合、相互に連結された街路配置などの特徴を有し、それらは強力な公共交通ネットワーク、環境コントロール、高い水準の都市マネジメントによって支えられると分析している。さらに、各都市で目指すべき都市形態を描く際には、多様な形態の様々な長所・短所を理解した上で議論し、意思決定する高度な過程が必要であると述べている。そもそも「コンパクトシティ」ではなく「持続可能な都市形態」という言葉を使用していることも特筆すべきであろう。

一般に「コンパクトシティ」と言うと、欧州の都市の形態を想起しながら、文明と文化の中心として歴史的に形成された中心都市およびその周辺にある複数の中小都市と、それらの間を埋める田園で構成されるものとして認識する人が多いだろう。しかし、ドイツの建築家トマス・ジーバーツは著書『「間にある都市の思想」（*Zwischenstadt*）』（2001）*[24]において、経済・社会のグローバル化や交通・物流・情報技術の革新により産業構造と生活様式が激変し、従来の認識に基づく枠組みでは都市・田園の区分を超えて広がった現代の生活圏を適切に捉えることができず、その質を高めることができないと主張している。世界中で見られる「田園地域の海に群島のように浮かぶ多数の都市」を「間にある都市」と定義し、その生成過程と特徴を分析した上で、「間にある都市」の改善に向けたデザインの手法およびデザインを通じた社会的合意形成の手法、広域計画のあり方を提案している。

「コンパクトシティ」も「間にある都市」も持続可能な都市形態を模索する取り組みの中で使用されている言葉で、前者は目指すべき都市の将来像を、後者は都市の現実に重きを置いたものであると言え、真っ向から対立するものではない。重要なのは、各都市でその具体的な形態を認識することである。

1・8 これからの土地利用計画：地区スケールの都市再生とそれを編集する都市のプランニング*[25]

低成長時代・成熟時代の日本の都市計画は、産業の持続的成長に貢献しつつ、人口減少・超高齢社会への適応、環境負荷の低減、防災・減災といった課題に応答しなければならない。それも、新しい都市や街を更地からつくるのではなく、成長時代に形成された都市の物理的・社会的環境をこれからの時代に見合うものへと再構成していくのである。国が推進する「コンパクトシティ・プラス・ネットワーク」、そして、立地適正化計画制度や地域公共交通網形成計画制度は、それを支援するものかもしれない。しかし、「コンパクトシティ」という言葉とそのイメージを伝えるための単純化された図に囚われ、現状趨勢や課題・可能性を十分に踏まえた丁寧なプランニング（目指す将来像の提示とそれを実現する規制・誘導・事業手段の確保）ができていない都市が少なくない。

人口減少・超高齢社会の具体的な課題は何か。まず、生産年齢人口の減少により、産業活動が停滞気味になる一方、労働者一人ひとりの負担は増大し、ストレスや子育て困難の問題が生じる。それでも何とか前向きに暮らして行ける環境をつくる必要がある。また、超高齢社会では、高齢者を支える中高年・若者が破綻しないように、健康寿命を長期化させ、介護がしやすい都市や街をつくることも重要である。そして、人口減少から世帯数減少の時代になると、必要な住宅戸数が減少し、空き家・空き地の問題が深刻化する。老朽化した住宅は人気がないので引き続きマンションや戸建住宅の新築が進み、新陳代謝が維持される住宅地と空洞化が進む住宅地の格差が顕在化し、後者をどう秩序良く低密度化していくかが課題となる。様々な都市基盤も老朽化する。財政難により全てを維持管理することができないので、人口に見合った規模やサービス水準の都市基盤システムに再構築するとともに、それを維持できるような人口配置を中長期的に誘導しなければならない。こうした課題の解決には、土地利用・施設配置のみならず交通や水・緑、都市デザインなどの諸要素をも含む総合的なプランニングが必要だ。

世界的に見れば、持続可能性やレジリエンスの向上が都市計画の共通目標である。国連の「持続可能な開発目標（SDGs：Sustainable Development Goals）」（2015）の一つは、「都市と人間の居住地を包摂的で安全、レジリエントで持続可能にすること」である。ロックフェラー財団によると、都市のレジリエンスとは「いかなる進行性のストレス（高い失業率、公共交通システムの不備、食糧や水の不足など）や突発的なショック（地震、浸水、病気の発生、テロなど）があっても都市内の個人、コミュニティ、機関、事業者、システムが生き残り、適応し、成長する能力」を指す。持続可能性やレジリエンスの向上に都市計画はどう応答すれば良いのか。現代都市計画の挑戦である。

最後に、都市は多数の地区で構成されている。「コンパクトシティ・プラス・ネットワーク」のように都市全体の構造を鳥の目で俯瞰的に見て対応するだけでなく、都市を構成する各地区の物理的・社会的環境の現状趨勢やそこで展開されている都市再生活動を虫の目で見て応援する必要がある。そして、各地区の将来像とその実現手段を都市全体としてもうまく成立するように編集するとともに、それらの地区をつなぐ都市基盤システムを持続的に維持できるかたちで再構築する丁寧なプランニングが必要だ。そのためにも、この分野の人材・資金不足の問題を解消しなければならない。

[注・参考文献]

* 1 日本学術振興会社会技術の研究開発の進め方に関する研究会（座長：吉川弘之）（2000）『社会技術の研究開発の進め方について』
* 2 名古屋市『名古屋市都市計画図』
* 3 村山顕人（分担執筆）（2016）「都市マスタープランの現在地- 都市マスタープランの見直しから見た名古屋市空間戦略の課題（第8章8.2）」小泉秀樹編『コミュニティデザイン学：その仕組みづくりから考える』東京大学出版会、pp.196-205
* 4 Detroit Works （2012） Detroit Future City: Detroit Strategic Framework Plan
* 5 City of Portland （1972） Portland Downtown Plan
* 6 City of Portland （1988） Portland Central City Plan
* 7 水口俊典（1997）『土地利用計画とまちづくり：規制・誘導から計画協議へ』学芸出版社
* 8 大方潤一郎（2000）「都市計画、土地利用・建築規制はなぜ必要なのか」（蓑原敬ほか『都市計画の挑戦：新しい公共性を求めて』学芸出版社、pp.94-114）
* 9 日笠端・日端康雄（初版1刷1977・第3版37刷2004）『都市計画』共立出版
* 10 伊藤雅春・小林郁雄・澤田雅浩・野澤千絵・真野洋介編（2017）『都市計画とまちづくりがわかる本（第二版）』彰国社
* 11 都市計画法制研究会（2014）『コンパクトシティ実現のための都市計画制度：平成26年改正都市再生法・都市計画法の解説』ぎょうせい
* 12 川上光彦（2008）『都市計画』森北出版
* 13 内藤廣（2008）「都市戦略としてのデザイン」『都市計画』Vol. 57、No. 6、pp.7-11
* 14 国土交通省『土地利用計画制度の概要』 http://www.mlit. go. jp/toshi/city_plan/toshi_city_plan_fr_000041.html（2018年4月30日最終閲覧）
* 15 国土交通省『住民に理解しやすい形で都市の将来像を示す特色ある市町村マスタープランの事例』（2012年12月27日公表） http://www.mlit.go.jp/common/000234002.pdf（最終閲覧2018年4月30日）
* 16 三重県（2017）『三重県都市計画基本方針』
* 17 三重県（2018）『三重県北勢圏域マスタープラン』
* 18 三重県（2012）『鈴鹿都市計画都市計画区域の整備、開発及び保全の方針計画書』
* 19 鈴鹿市（2016）『鈴鹿市都市マスタープラン全体構想』
* 20 村山顕人（2012）「建築の争点：『コンパクトシティ』と『間にある都市』」『建築雑誌』vol. 127、No. 1632, 2012年5月号、p.45
* 21 海道清信（2001）『コンパクトシティ：持続可能な社会の都市像を求めて』学芸出版社
* 22 海道清信（2007）『コンパクトシティの計画とデザイン』学芸出版社
* 23 Williams, Katie with Elizabeth Burton and Michael Jenks（2000）*Achieving Sustainable Urban Form,* E & FN Spon
* 24 トマス・ジーバーツ著・蓑原敬監訳（2017）『「間にある都市」の思想：拡散する生活域のデザイン』水曜社、pp.89-107
* 25 村山顕人（2016）『これからの都市計画を考える：地区スケールの都市再生とそれを編集する都市のプランニング』日刊建設産業新聞、2016年12月16日

2章 都市交通

——都市の機能と暮らしを支える

高見淳史

2・1 都市交通の計画とは

◎都市における交通の基本的な捉え方

交通とは「人間の意思に基づく人と物の空間的移動」と定義される。物の移動も交通の重要な側面であるし、広義の交通には情報の移動（通信）も含まれるが、本章ではもっぱら人の移動としての交通に重点を置く。大多数の人にとって、住む・働く・憩うという生活上の基礎的な活動の場は空間的に離れているだろう。これらの場所の間の移動、すなわち交通は、都市生活者の暮らしを支え、都市を機能させる上で極めて重要な存在である。

最初に、マンハイム*1による交通システム分析の枠組み（図2・1）に基づき、交通と都市ならびにそれらに関する計画の相互関係について簡単に説明しよう。人の移動には、移動した先で仕事や買い物など何らかの活動を行うことを目的とするものと、散歩やドライブのように移動自体を目的とするものがある。前者は、人が行いたいのはあくまで活動で、そこから派生して移動の需要が生じることから派生需要としての交通と呼ぶ。後者は本源的需要としての交通と呼ばれる。

人の移動の多くは派生需要としての交通である。言い換えれば、住む場所・働く場所・憩う場所が都市内のどこにどれだけあるか、週に何日出勤して何時から何時まで働くのが一般的な慣習か、などの社会・経済・活動に関する要因（以下「社会経済活動システム」と呼ぶ）によって交通需要のかなりの部分が規定されている。

この需要に対し、道路・自動車、鉄道、路線バスなどからなる交通システムが交通サービスを供給し、人の移動を可能にしている。わが国では都道府県や市町村が都市計画に道路（都市モノレール専用道、路面電車道、交

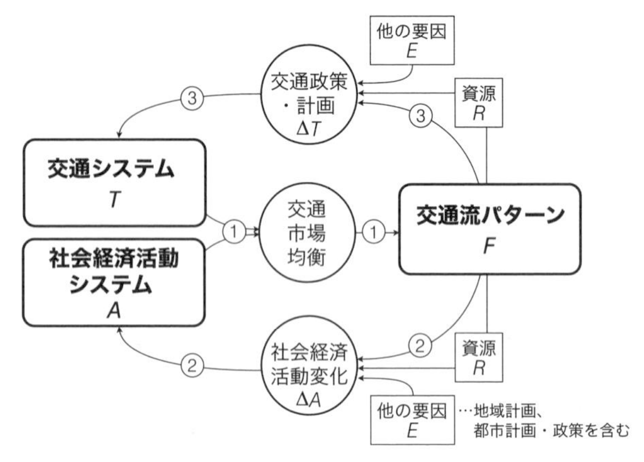

図2・1　交通システム分析の枠組み（出典：太田（＊2、p.52）をもとに著者作成）

通広場なども含む）、都市高速鉄道、駐車場、自動車ターミナルなどの都市交通施設を定めることができる。その上で、道路法上の道路は国土交通大臣、都道府県または市区町村が道路管理者としてハードの整備や維持管理を担い、交通管理者としての都道府県公安委員会が信号制御を含む交通管制や交通規制を行うことでサービスが供給される。公共交通は、行政による補助が行われる場合もあるが、4節で述べるように原則として民間や公営の事業者による独立採算で供給されている。しかし、都市計画における位置付けは概して明確と言えない。

これら需要と供給が影響しあい、いつどの地区にどれだけの人が集まってくるとか、どの道路の自動車交通量が何台でどの程度混むといった現実の（短期的な）交通流のパターンが決定され、発現している（図2・1①）。そして短期的な交通流パターンは、例えば交通利便性の高い場所に世帯が住み企業が立地するというように、長期的に社会経済活動システムを変容させる（図2・1②）。ここで都市計画が社会経済活動システムの形成に影響を与えることは明らかである。この社会経済活動システム

の長期的な変容を織り込みつつ、交通流パターンが現在から将来にかけて問題とならないように、またはより望ましい姿になるように交通システムを変化させていくことが、狭義の都市交通政策・都市交通計画の役割である(図2・1③)。

◎都市交通計画の施策ツールと目標

追って説明するとおり、今日の都市交通施策の対象は交通システムのみにとどまらない。それは供給側－需要側の軸、短期（およそ数年以内）－長期の軸、さらには施策を実施し実現するための制度・フレームワークという視点によって表2･1のように分類できる。都市交通計画は、都市圏から地区までの空間スケールを対象に、こうした多種の施策を駆使して、望ましい交通環境のあり方を探求し実現を図ろうとする分野である。

ここで、あり方の探求とは何を目指しての探求であろうか。従来から変わらず重要な交通安全や混雑緩和に加え、現代はもっと多様な目標をバランスよく達成することが求められている。また昨今は、都市経営コストを抑えつつ住民の生活を支えるために交通サービスを効率的に供給することや、低炭素化への貢献など、社会的な要請も移り変わっている。さらに、交通や輸送、通信に関わる技術の進化は、新しい交通手段の登場、人が移動することなく活動のニーズを満たしうる方法の普及、高度な技術による輸送の効率化などを可能にしている。

上で述べたのは近年から将来へ向けた時代感の一端であるが、より過去を振り返っても内容こそ異なれ、目標と課題は拡大・変遷し、技術は進展してきた。そしてそれに対応すべく都市交通計画の諸概念が作られ、計画立案に資するデータの収集・分析技術が開発され、計画を実現するための施策ツールや制度が整備されてきた。

❖モビリティとアクセシビリティ

本章の副題にある「都市の機能と暮らしを支える」ことを考える上で、政策目標概念としての「モビリティ」と「アクセシビリティ」が大事である。

モビリティとは「人の移動のしやすさ」を指す。例えば、足の不自由な人より健常者、自由に使える自動車を持たない人より持つ人、公共交通の不便な地域の住民より便利な地域の住民の方が、それぞれモビリティが高いと一般には解釈される。アクセシビリティとはもともと「ある特定の場所への到達しやすさ」のことであるが、より拡張して「ある種類の活動を行う場所への到達しやす

表2･1　都市交通の施策体系（具体の施策は例示）

	供給（交通システム）	需要（社会経済活動システム）
短期	■交通管理・運用の改善 ・既存施設の有効利用（バスレーン、HOVレーン*など） ・交差点の改良、信号制御の改善 ・交通規制 ■代替交通手段の改善 ・公共交通サービス、パーク&ライド ・歩行環境、自転車利用環境の整備 ■情報案内サービスの改善 ・VICS**による道路情報提供 ・公共交通の経路検索、リアルタイム運行情報の提供	■交通需要マネジメント （TDM：Transportation Demand Management） ・ピークの分散やカットの促進（時差出勤、テレワーキングなど） ・自動車からのモーダルシフトの促進（ロードプライシングなど） ・乗用車やトラックの効率的利用（相乗り、共同集配送など） ■啓発・教育 ・コミュニケーション施策を通じた行動変容の促進（トラベル・フィードバック・プログラムなど）
長期	■交通インフラの整備 ・道路　・公共交通　・交通結節点 ■新技術の開発・導入・普及 ・車両単体の技術的改善（低燃費化、低排出化） ・高度道路交通システム（ITS***）	■都市計画・地域計画・国土計画 ・土地利用の規制・誘導、成長管理、分散化 ■就業・労働・社会政策 ・勤務形態やライフスタイルの変容

制度・フレームワーク	
■市場化	・受益者負担　・社会的費用の内部化、道路課金　・規制緩和、民間活力の導入
■基準・規制	・交通アセスメント　・燃費規制や排出ガス規制の強化
■計画	・総合計画　・都市圏での環境／交通／都市の一体的計画
■制度	・分権化　・自治体ベースでの計画策定、実施体制と財源確保

*HOVレーン（High-Occupancy Vehicle Lane）：所定の人数（運転者を含め2～3人であることが多い）以上が乗車する車両のみが通行可能な車線

**VICS（Vehicle Information and Communication System）：渋滞や交通規制などの道路交通情報をFM多重放送やビーコンを使ってリアルタイムにカーナビに届けるシステム

***ITS（Intelligent Transport System）：人と道路と自動車の間で情報の受発信を行い、事故や渋滞、環境対策などの課題を解決することを目指した道路交通システム

（出典：東京大学交通ラボ（＊3、p.344）を参考に著者作成）

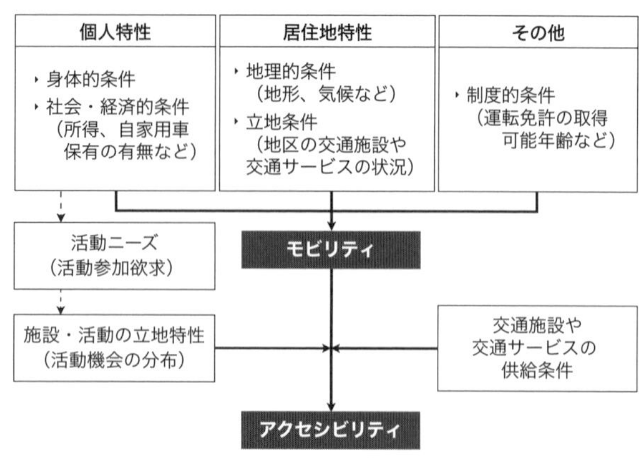

図 2・2　モビリティとアクセシビリティの関係、影響要因（出典：太田（＊2、p.103）をもとに著者作成）

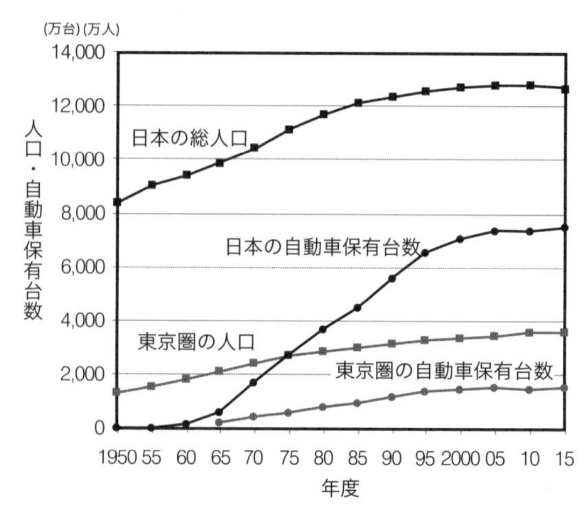

図 2・3　日本と東京圏（一都三県）の人口と自動車保有台数の推移。自動車保有台数には乗用車、トラック、バスを含む（データ出典：国勢調査、自動車検査登録情報協会統計情報、日本交通政策研究会（＊4））

さ」や「ある種類の活動の実行しやすさ」をも含む。特定の「○○内科医院への到達しやすさ」から「内科の診療を受けられる医療機関への到達しやすさ」、「内科の診療の受けやすさ」まで含まれうると考えれば良い。

モビリティは移動の目的地を特定せずに定義される概念であるが、アクセシビリティは目的地（活動機会）の分布を特定しなければ定義できない。例えば、道路整備の効果を「混雑が緩和した」とか「30分で行ける範囲が広がった」という側面で捉えればそれはモビリティの向上であり、「30分以内で総合病院に到達できるようになった」と捉えればアクセシビリティの向上である。

これらを維持し高めることは都市交通計画の重要な目標である。図2・2に示すようにモビリティは個人特性、居住地特性、制度その他の影響を受けるとともに、アクセシビリティに影響を及ぼす。しかしアクセシビリティには活動機会の分布も影響するため、モビリティが高ければアクセシビリティが高いとは限らないことに留意を要する。

2・2　トラディショナルな目標と計画

◎高度成長期からの主要な目標と供給側の交通施策

交通安全と混雑緩和は都市交通計画の古くからの大きな目標である。前者について、人命を危険に晒す交通事故を減らすことが最も重要なのは論をまたない。後者について、混雑は人や車両が移動に要する時間を長くし、到着時刻の不確実性を高めたり、満員電車での通勤・通学のように移動時間の質を低下させたりといった形で、人の生活や都市の社会経済活動に負の影響をもたらす。

国土交通省の試算によると、全国の自動車の総走行時間のうち混雑のために延びている渋滞損失時間はおよそ4割の年間約50億人・時間（2012年度）に上り、貨幣換算すると年間で10兆円を超える渋滞損失額が発生しているとも言われる。

戦後のわが国を振り返ると、全国の自動車保有台数は1965〜95年度にかけて毎年約200万台の増加で推移してきた（図2・3）。この間の人口増加は全国で毎年平均約88万人、東京圏一都三県で約39万人というペースであった。当時の日本や現在の発展途上国のように人口増加と都市化、モータリゼーションが急速に進む時代には、人口とともに交通需要が増大しても都市の社会経済活動を機能させ続けることと、増加する自動車交通を都市の中にうまく受け入れて安全で快適な環境をつくることが大きな目標となる。ただし、これは自動車のための空間を広げることだけを意味しない。各交通手段には移動の距離帯や需要の量といった特性によって向き・不向きがあり、多様な移動需要を賄うには単一の交通手段に偏らず、移動環境を総合的に向上させる視点が重要である。

これらの目標の下で、絶対的に不足する道路や公共交通などの交通インフラの整備、交通サービスの改善をバランスよく図る供給側の施策は必須である。かつ、この種の施策は実現まで長い期間を要するものが多く、長期の計画を適切に立案し着実に実施することが肝要である。

表 2·2　都市計画道路の分類と機能

道路の区分		道路の機能等
自動車専用道路		都市間高速道路、都市高速道路、一般自動車道等の専ら自動車の交通の用に供する道路で、広域交通を大量でかつ高速に処理する。
幹線街路	主要幹線街路	都市の拠点間を連絡し、自動車専用道路と連携し都市に出入りする交通や都市内の枢要な地域間相互の交通の用に供する道路で、特に高い走行機能と交通処理機能を有する。
	都市幹線街路	都市内の各地区または主要な施設相互間の交通を集約して処理する道路で、居住環境地区等の都市の骨格を形成する。
	補助幹線街路	主要幹線街路または都市幹線街路で囲まれた区域内において幹線街路を補完し、区域内に発生集中する交通を効率的に集散させるための補助的な幹線街路である。
区画街路		街区内の交通を集散させるとともに、宅地への出入交通を処理する。また街区や宅地の外郭を形成する、日常生活に密着した道路である。
特殊街路		自動車交通以外の特殊な交通の用に供する次の道路である。 ア．専ら歩行者、自転車または自転車及び歩行者のそれぞれの交通の用に供する道路 イ．専ら都市モノレール等の交通の用に供する道路 ウ．主として路面電車の交通の用に供する道路

（出典：日本都市計画学会（編）（＊6、p.28））

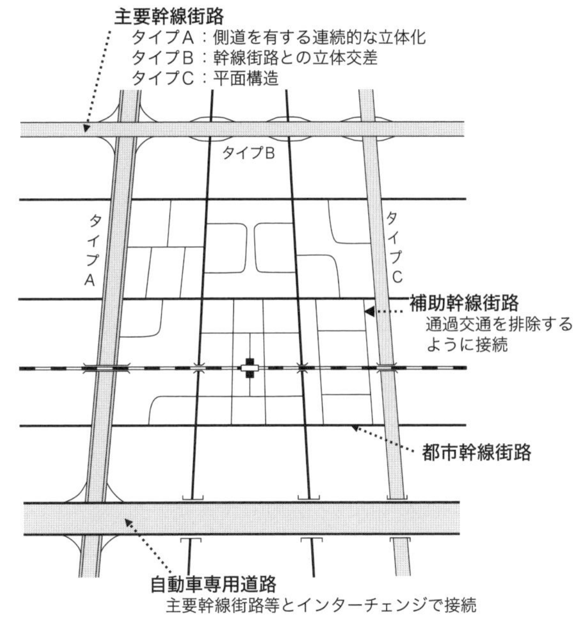

図 2·4　道路の相互の接続・交差の考え方（出典：日本都市計画学会（編）（＊6、p.34）に著者加筆）

◎都市道路網の計画

❖道路の機能と段階構成

都市において道路が担う機能は、交通機能、空間機能、市街地形成機能に大別される*5。交通機能とは人や車両のための空間としての役割のことで、次の段落以降で解説する。空間機能とは、通風や採光を確保して環境を改善する役割、火災時に延焼を防止する役割、電気や上下水道などの公益施設を上空や地上・地下に収容する役割などを指す。市街地形成機能は、市街化の方向を規定して都市の骨格や街区を形成する役割や、人々の日常コミュニティ空間としての役割である。交通機能はもとより空間機能や市街地形成機能の面でも、道路が都市やコミュニティに与える影響は大きい。

交通機能は、人や車両を滞らせずに「流す」ためのトラフィック（通行）機能と、沿道の敷地や建物への出入りを可能にするためのアクセス機能に分けられる。これらは相反する機能で、幅員の限られた道路が両方を十分に担うことは難しい。そこで、自動車専用道路のようにトラフィック機能のみを担う道路や、住宅地内の区画街路のようにアクセス機能が重視される道路など、機能のバランスによって道路を分類・性格付けし（表2・2）、性格の異なる道路を段階的に組み合わせて道路網全体を計画することが望ましい。これを道路の段階構成と呼ぶ。

道路に求められる横断面構成はその道路の性格によって異なる。わが国では、必ずしも上述の段階構成に対応するわけではないが、その一般的技術的基準が道路構造令という政令や自治体の道路構造条例で定められている。道路構造令では、道路の種類（高速自動車国道・自動車専用道路／その他）、存在する地域（都市部／地方部）、地形（平地部／山地部）、計画交通量の多寡により分類された種別・級別ごとに、車線数の決定の基準となる設計基準交通量、車道・中央帯・路肩の幅員、自転車道・歩道・植樹帯などの設置と幅員などが規定されている。道路構造令は元来もっぱら自動車のトラフィック機能を重視した基準であったが、今日ではコミュニティ空間としての役割を含む多様な機能を重視する計画・設計思想への移り変わりを反映し、柔軟な運用が図られるようになっている。

段階構成に基づく道路網の計画では、図2・4のような考え方で、各段階の道路を隣接段階の道路と接続させ、補助幹線街路や区画街路は相互に通り抜けにくいように接続させるのが基本である。これは、地区内に用事のない車両（通過交通という）が下位の道路へ進入して地区の環境や安全を脅かすことや、逆に地区内で完結する交通が上位の道路へ流出し、上位の道路が本来担うべき広域的なトラフィック機能を阻害することを避けるためである。

通過交通の排除に関して、古くはC. A. ペリーの近隣住区理論（3章「都市計画コラム」を参照）にもその発想が見られるが、都市交通計画の分野では英国のコリン・ブキャナン卿らによる1963年の報告書『Traffic in Towns』（邦訳：八十島・井上（共訳）*7）が殊に有名である。この通称「ブキャナン・レポート」は、道路の段階構成とともに、居住環境が守られるべきひとまとまりの地区を「居住環境地区（Environmental Area）」と位置づけた上で、それを避ける形で幹線道路（幹線分散路や地区分散路と呼ばれた）を計画することを主張した。この考え方は市街地における自動車交通の扱いに関して世界的に大きな影響を及ぼした。

❖地区スケールの道路の計画

地区スケールでの道路のあり方を考える時、自動車によるアクセスと地区の安全や環境はどちらも大事であり、相矛盾する目標である。そのため特に自動車と歩行者の折り合いをうまく付けることが重要となる。ポイントは、通過交通を極力排除しながらも必要な車両のアクセスは確保することを大前提として、歩行者と自動車の分離や共存を、ハードの計画・設計とソフトの運用・交通規制をどう使って実現するかにある。

通過交通排除の定石は、ブキャナン・レポートが唱えるとおり地区を通過する必要がないよう幹線道路網を整備するとともに、物理的に、または交通規制によって進入や通り抜けのできない・しにくい道路網を実現することである。通り抜けを不可能にする点ではグリッド（格子）型の街路パターンよりクルドサック（cul-de-sac：袋小路）やループを使用した街路パターンが優れる。米国ニュージャージー州のラドバーン・ニュータウンの計画では、住宅をクルドサックに面して配置し、各住宅にはクルドサック側に自動車用出入口、反対側に歩行者用出入口を設け、歩行者側を完全な歩行者専用空間とし、さらに歩行者専用道と車道の交わる箇所の一部を立体交差させるという徹底的な歩車分離が行われた（図2･5）。結果的にもっぱらクルドサック側の出入口を使うようになった住民が多いとされ、意図された使われ方がなされているとは言えないが、このような歩車分離の方法はラドバーン方式と呼ばれ、わが国のニュータウンを含む多数の住宅地開発で採用された。

図2･5　ラドバーンのレイアウト（一部）（出典：Stein（＊8、pp.42-43）に著者加筆）

中心地区や商業地区でもそれぞれの空間を適切に計画し運用する必要性は高い。とりわけ人と車両の両方が集中する場所や時間帯においては、歩車を平面的または立体的に分離させたり、曜日や時間帯を区切って街路を歩行者専用化したりした上で、歩行空間を連続的にネットワーク化し、人が安全で快適に回遊できる環境を整えることが求められる。

商業地区の歩行者専用・優先のみち空間はモールとも呼ばれる。車両進入が原則禁止のフルモール、公共交通車両のみ進入できるトランジットモール、一方通行化や車線数の削減によって歩行者空間を拡大（道路空間の再配分という）したセミモールに分類され、それぞれ規制される車両の種類や曜日、時間帯によりバリエーションがある。許可車両のみ進入を認めるための装置として自動昇降式の車止めであるライジングボラードがあり、欧州都市の都心部では多く見られる。

中心地区の交通体系の基本形とされるトラフィックセル方式（またはトラフィックゾーン方式、図2・6左）は、環状道路を整備して通過交通が地区外周を迂回できるようにするのと併せて、環状道路内を歩行者専用空間

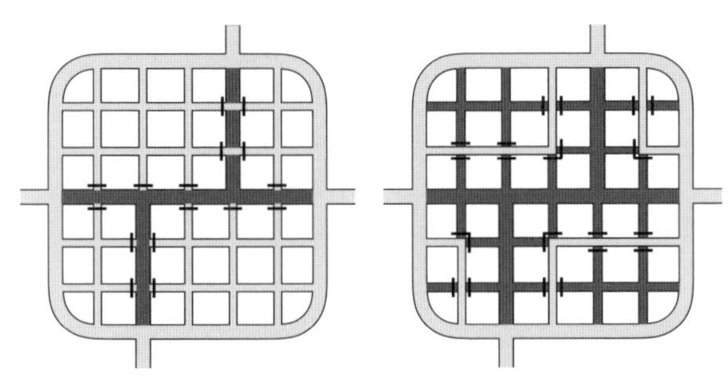

図 2·6　中心地区の交通体系（模式図）。トラフィックセル方式（左）とループ路方式（右）

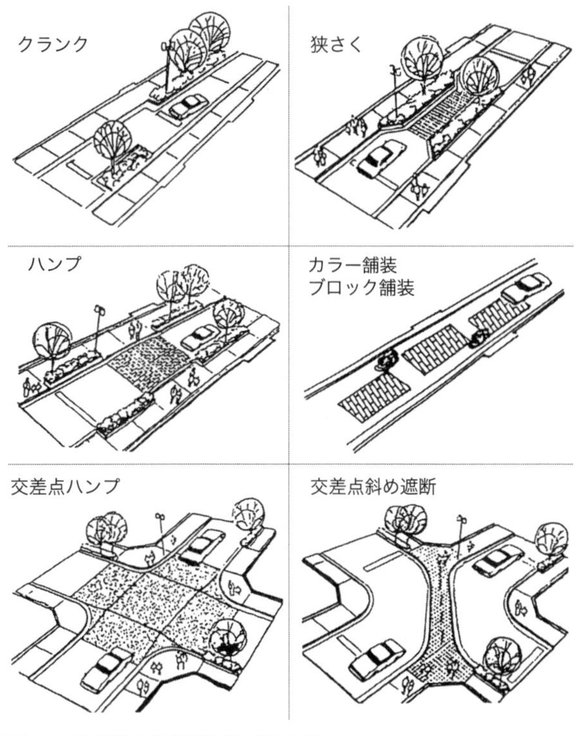

図 2·7　物理的な交通静穏化手法の例（出典：土木学会（編）（＊9、p.108）から抜粋）

などで複数のセル（ゾーン）に分割し、セル間の車両横断を規制して、セル内に用事のない車両の進入を防ぐものである。ドイツのブレーメンやスウェーデンのヨーテボリの事例が知られる。フランスのストラスブールなどで見られる方式（図 2・6 右）はより制限的で、外周道路から進入可能な道路を少数のループ路のみに限定し、その他は面的に歩行者専用空間やトランジットモールにしている。こうした交通体系では駐車場を外周部に配置し（フリンジパーキングという）、地区に用事のある来訪者の車両であっても進入を抑制することが多い。ただしその場合でも障害者用の車両は進入を認め、アクセスを確保することが大事である。

一方で、末端まで全ての道路を完全に歩車分離することは空間などの制約もあり現実的でない。そこで、さまざまな工夫によって自動車の進入や走行速度を抑制し、安全と環境を守りながらの歩車共存が図られることが通常である。これらの取り組みを交通静穏化という。

1970 年代にオランダのデルフト市で誕生したボンエルフ（Woonerf：オランダ語で「生活の庭」の意）は、車道と歩道を同一平面上で区分せず、駐車スペースや植栽などの配置を工夫して車両の走行空間を蛇行させることで車両の速度を低下させて歩車共存を図る、画期的な街路設計の実践であった。より一般的には、物理的な交通静穏化デバイスによるハード的手法（図 2・7）と速度規制などのソフト的手法を組み合わせた面的な交通静穏化の取り組みが各地で進められている。欧州にルーツをもつ「ゾーン 30」は、一定区域の規制速度を 30km/h に下げるとともに、区域の入口に専用の標識を立て、区域内に各種の交通静穏化デバイスを配置するもので、多くの都市で普及している。わが国でも 1996 年から「コミュニティ・ゾーン」という同様のゾーン対策の制度が導入された。2003 年にはさらに「くらしのみちゾーン」、「あんしん歩行エリア」へと展開している。

近年は、道路上の信号や標識をなるべく撤去し、歩車道の区分を意図的になくすことを通じて、逆に歩行者と車中の運転者の注意とコミュニケーションを喚び起こし、安全な歩車共存空間をつくろうとする考え方も登場してきている。このような空間はシェアド・スペースと呼ばれる。

❖駐車場の計画

自動車が多く集中する地区や施設で駐車空間が不足していると、路上での違法駐車や駐車待ちを招き、道路が本来の機能を発揮できなくなる。また、中心商業地区において利用しやすい駐車場の不足は自動車での来訪者に敬遠されることにつながり、地区の不振や衰退の一因と見なされてきた。駐車場法（1957）は主に大都市部を意識した法律であるが、自治体が自動車交通の輻輳する区域を駐車場整備地区に指定し、地区の駐車場の需給を検討した上で、駐車場の整備方針と目標量、整備方策などを定めた駐車場整備計画を立案できることとなり、量的

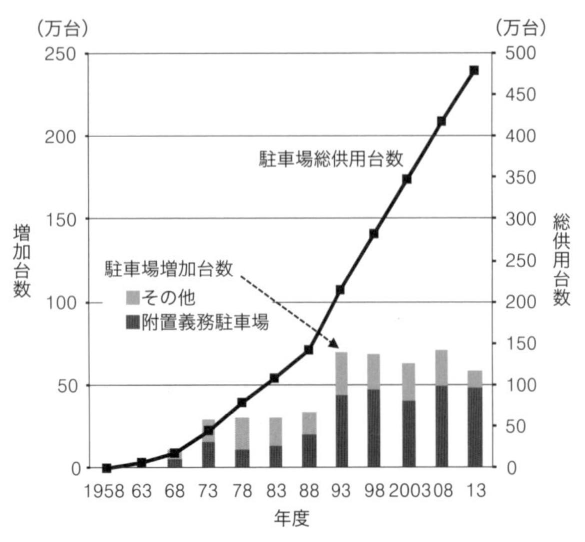

図 2・8　駐車場台数の推移（全国）（出典：国土交通省都市局（＊ 11））

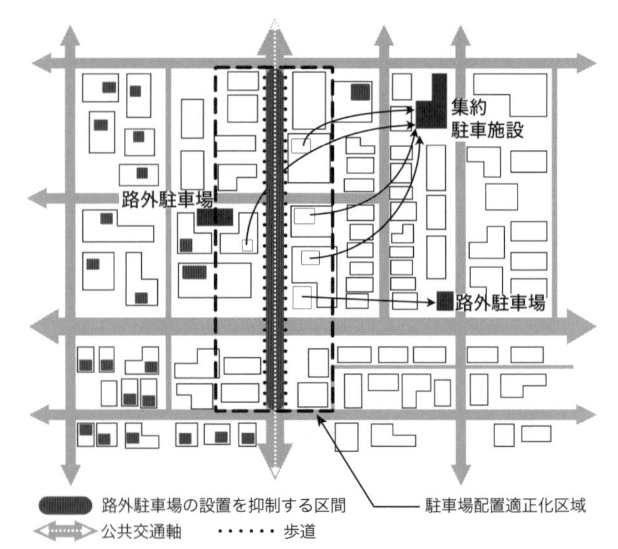

図 2・9　駐車場配置適正化区域のイメージ（出典：国土交通省都市局（＊ 12））

充足を目指した整備が推進されてきた。

駐車場法上の駐車場は一般公共の用に供するもので、道路上に設置される路上駐車場（公安委員会が設置するパーキングメーター、パーキングチケットとは異なる）と、道路外に設置される路外駐車場に大別される。路外駐車場はさらに、公共的な都市計画駐車場、駐車部分面積 500m² 以上の有料駐車場を設置する場合に届け出が義務付けられる届出駐車場、一定面積以上の建築物を新増築する場合に用途と規模に応じた水準（条例で定められる）で設置が義務付けられる附置義務駐車施設、その他がある。また附置義務に類似して、大規模小売店舗立地法（1 章 4 節参照）に基づき、店舗面積 1,000m² 以上の大規模小売店舗の設置者に対し立地や規模に応じた必要駐車台数を確保することを求める制度もある *10。

施策が進められた結果、全国で供用される駐車場の台数は図 2・8 に示すとおり大きく増えてきた。特に、附置義務を課す床面積の基準が切り下げられた 1991 年以降の伸びが著しい。増加の多くを占めるのは附置義務駐車場で、この傾向は大規模建築物の建設の多い東京 23 区のような大都市ではより顕著である *11。

附置義務駐車施設に関して、駐車需要の発生の原因が開発者や土地利用者にあると考えれば、駐車場整備の負担を彼らに求めることは合理的である。しかし、①大都市都心部など公共交通が極めて便利な地域では、条例で一律に定められる附置義務台数が需要に対し過大なことがある、②基本的に同一敷地内での駐車施設の確保を求める制度であるため、狭い敷地では確保が難しく建て替えが進まない、③駐車場出入口が敷地ごとに設けられると街並みの連続性が阻害される、といった問題が指摘されてきた。また、中心部の空洞化と並行して、空地を暫定的に利用した青空駐車場が増加し、街並みや地域の活力が損なわれる問題も多くの地方都市などで見られる。

これらに対し、条例の制定や「地域ルール」その他の手法で対処しようとする動きが現れてきた。例えば、東京・大丸有地区のように条件を満たす建物の附置義務を緩和または撤廃する事例、東京・銀座地区や渋谷地区のように身障者用や荷捌き用を除く附置義務駐車施設を隔地に設けることを積極的に認める事例、金沢市のように条例でまちなかでの路外駐車場の設置に届出を義務付け、所定の基準に適合しない場合に助言・指導を行う制度を設けた事例、札幌市のように景観規制の枠組みで駐車場出入口の位置の制限を図る事例などがある。

国も 2012 年の低炭素まちづくり法では低炭素まちづくり計画の中に駐車機能集約区域を、2014 年には立地適正化計画（1 章 4 節参照）の都市機能誘導区域内に駐車場配置適正化区域を、自治体がそれぞれ指定できる制度を創設した。両区域では附置義務駐車施設を隔地の集約駐車施設に設けるよう義務付けることが、また駐車場配置適正化区域では路外駐車場に関する上述の金沢市の条例と同様の制度を導入することが、それぞれ可能となっている（図 2・9）。このように、駐車場の全体的な量の充足は進んできた反面、配置をどうコントロールすべき

図 2・10　LRT の例：富山ライトレール。1 編成の定員は 80 名

図 2・11　BRT の例：ブラジル・クリチバ市の統合交通ネットワーク（幹線バス）。定員 230 名の二連節バス

か・できるかは未だ大きな課題であり、まちに“質的に”貢献する駐車場施策の推進が求められている。

◎公共交通の計画

個人や世帯が保有し任意の時刻に任意の地点間を移動する自動車、二輪車、自転車といった私的交通手段に対し、不特定多数の人が利用する交通機関を公共交通と呼ぶ。本章では鉄軌道や路線バスなど、都市圏内の移動に用いられ、同時間帯の同方向の移動需要を集約して輸送する乗合輸送の陸上公共交通に対象を限定する。

人口規模や空間的規模の大きな都市の移動需要を全て私的交通手段で賄おうとすることは、車両の走行や駐車に莫大な空間を要し非効率である。私的交通手段を利用できない人のモビリティが著しく制約される点でも望ましくない。さらに、移動を自動車に依存すると市街地が拡散する方向への社会経済活動システムの変化が生じる、環境に大きな負荷がかかる、などの問題もある。これらの理由から、公共交通を適切に計画し運営することは都市にとっておよそ不可欠である。

なお、公共交通を計画・整備し運営・運行する主体は国や都市によって異なり、言い換えればさまざまなオプションがある。この項では鉄道事業者やバス事業者の多くが民間というわが国の事情を意識しつつ、公共の立場から計画を立案する上での基礎的な考え方を概説する。

❖公共交通の種類

公共交通の分類軸の一つとして定時定路線型と需要応答型がある。定時定路線型は決められたルートと時刻表に従って運行するタイプのサービスで、軌道上を走行するか否かによって軌道系と非軌道系に大別される。前者には鉄道、新交通システム、LRT（Light Rail Transit：ライトレール）、路面電車など、後者には BRT（Bus Rapid Transit：バス高速輸送システム）や路線バスなどの種類がある。おおよそ先に挙げたものほど表定速度が高く、輸送力が大きく、整備費が高い傾向がある。

LRT は路面電車の発展形に位置付けられる公共交通で、欧米を中心に多数導入されている。国内では富山市の富山ライトレール（図 2・10）や宇都宮市・芳賀町の宇都宮ライトレール（建設中）のほか、数都市で導入の計画や構想がある。定時性と速達性を向上させる方策を盛り込んだ新世代のバスシステムである BRT は、導入費用が軌道系より低廉なこともあって先進国のほか新興国都市にも見られる。大量輸送も目的とされ、大定員の連節バス車両（図 2・11）や、数台の車両が連なって走り発着するコンボイ運行を採用する例もある。

また、1995 年に東京・武蔵野市で登場したムーバスを先駆けとして、通常の路線バスでは道路が狭くて入れない地域や採算が成り立たない地域でいわゆるコミュニティバスのサービスも普及している。コミュニティバスの一般的な定義はないが、公共交通サービスの全く存在しない空白地域や、存在しても利便性の低い不便地域を対象に自治体が計画し運営するものを指し、定員 20 ～ 30 名程度の小・中型の車両で運行されるものが多い。

需要応答型交通（DRT：Demand-Responsive Transport、デマンド交通とも呼ばれる）は利用者からの予約に応じてルートや時刻表を設定して運行するタイプのサービスで、需要の疎な地域で乗客を時間的・空間的にこまめに拾うことが意図されている。いわゆる（オン）デマンドバスや乗合タクシーなどが該当し、使用される車両やルート・時刻表の柔軟性にはバリエーションがある。

❖公共交通の特性と計画のポイント

公共交通の計画において検討すべき項目は、採用する公共交通の種類や車両のほか、路線（網）、運行頻度とダイヤ、走行空間、停留所間隔、結節点や停留所の設え、運賃の体系と収受方法など多岐にわたる。各種の公共交通がもつ特性は異なることから、沿線地域の特性やその都市・地域で公共交通に求められる役割に照らして適切なものを選び、必要ならば複数のそれらを組み合わせて全体を計画することが望ましい。

重要なトレードオフの一つは走行空間についてである。鉄道や新交通システムは専用の軌道上を走る。LRTやBRT、路線バスは専用または優先の走行空間を走る場合も、道路空間を自動車と共用して走る場合もある。専用走行空間を走る方が速達性と定時性を高めることができるが、路線の柔軟性は低くなる。また、運行頻度の少ない公共交通のために専用や優先の走行空間を設けることは高コストであるうえ、自動車の走行空間と競合する場合もある。よって、一般に速達性と定時性、利用者を「待たせない」という意味の利便性（フリークエンシー＝運行頻度の多さ）や輸送力が求められる場面には専用や優先の走行空間をもつ種類の公共交通が適する。逆に需要をこまめに拾いたい場面にはコミュニティバスやDRTが適する。

同様に、路線の経由地を増やしたり、停留所間隔を短くしたりすることは公共交通とまちの接点をきめ細かく配置することを意味し、細かな需要にサービスすることを可能とする。自宅から停留所や停留所から目的地への端末の移動で長い距離を歩くことに抵抗のある高齢者などの利用を見込む場合にも適する。その反面、迂回や停車回数が多くなるため速達性や定時性を損なう要因になるし、鉄道やLRTなどでは駅や停留所を数多く設置するコストも無視できない。

以上のように、大きくは、輸送力・速達性・定時性が求められる場面と末端までサービスを届けることが求められる場面とで適する公共交通の種類は異なり、両方を1種類の公共交通で全てカバーすることは必ずしも適当でない。そこで前者を幹線、後者を支線（フィーダー路線ともいう）とし、複数種類の公共交通の組み合わせでネットワークを組む提案や実践がなされてきた。東京のような大都市圏であれば幹線が鉄道、支線が路線バスという構成は一般的であるし、地方都市でも、例えば盛岡市では基幹バスと支線バスを組み合わせたゾーンバスシステムが導入されている。

複数種類の公共交通を組み合わせる場合に限らず、端末の自動車や二輪車などによる移動を含めて、全体をシームレスに移動できる環境を整えることは極めて重要である。すなわち、①乗り継ぎの際の水平・垂直移動が少ないという物理的な連続性、②乗り継ぎの待ち時間が短いという時間的な連続性、③乗り継ぐたびに初乗り運賃が生じたり改札を通ったりする煩わしさがないという運賃支払い面の連続性、④乗り継ぎの案内情報が提供されていて分かりやすいという心理的な連続性、の四つの連続性ができるだけ確保され、利用や乗り継ぎに伴う抵抗が軽減されるよう、結節点の設え、ダイヤの設定、運賃の体系・収受方法などを工夫することが必要である。

◎都市交通計画の立案のための調査・分析手法

道路や公共交通の整備を含む都市交通施策・都市交通計画を科学的・計量的に立案するために、人や車両の移動実態のデータを収集し分析することが行われている。この項では主要なデータ収集方法であるパーソントリップ調査と、代表的な交通需要予測手法である4段階推定法、ならびに非集計行動モデルについて概説する。

❖パーソントリップ調査

パーソントリップ（PT：Person Trip）調査は、人の1日の移動をトリップという単位（図2・12）に分け、ある日の全トリップの起点・終点（Origin・Destinationの頭文字をとってODと呼ばれる）、出発・到着時刻、目的、利用交通手段などの情報を収集する調査である。

1950年代半ばに米国のデトロイトやシカゴで行われた調査を嚆矢とし、わが国では1967年に広島都市圏で本格的なPT調査が始まった。それ以前の道路計画・鉄道計画は、前者は自動車のみのODデータを、後者は定期利用者の駅間ODデータなどを用いて、独立して検討されてきた。しかし、道路と公共交通を総合的にバランスよく整備する必要性が認識されるに至り、あらゆる交通手段による移動を把握するPT調査とそれを用いた分析手法が開発され、確立してきた経緯がある。

PT調査は、大都市圏で概ね2〜3%、地方都市圏では

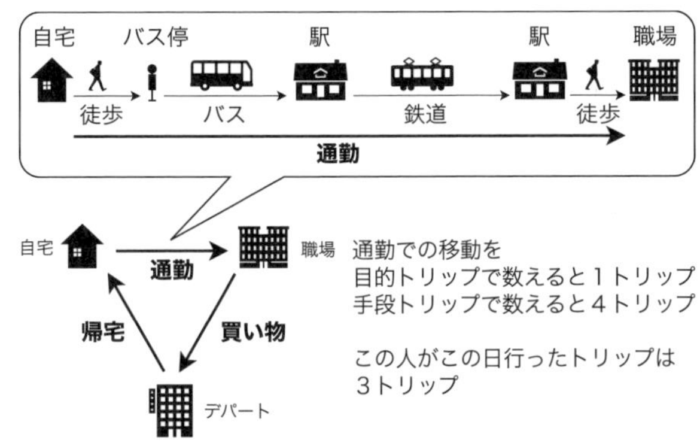

図 2・12　トリップの概念

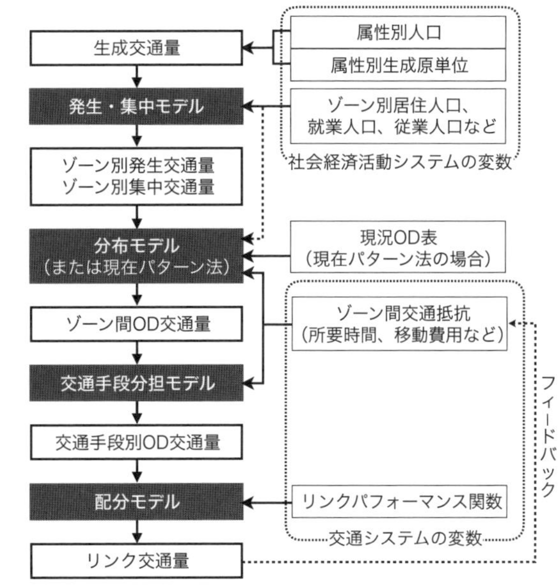

図 2・13　4段階推定法による交通需要予測の一般的な流れ

10％程度の抽出率で世帯サンプルが抽出され、アンケート形式で行われる。内容は、①世帯構成員の個人属性（性別、年齢、職業、勤務先など）や世帯の自動車・二輪車保有状況などを尋ねる世帯票、②各世帯構成員のある1日の各トリップの情報を尋ねる個人票、の二つから構成されるのが典型的であり、さらに、③それらから得ることのできない情報（②では把握しきれない行動、意識など）を得るための付帯調査が行われることもある。これらから、性・年齢階層別にどの目的のトリップがどれだけ行われているか、どのOD間のどんなトリップが多い／少ないか、どのODやどの目的のトリップでどの交通手段が何％使われているか（交通手段分担率という）、など人々の交通行動・交通流パターンの現況が把握されるほか、後述する交通需要予測モデルの構築にも活用される。

近年は低コスト化や調査環境の変化への対応のため、家庭訪問調査から郵送調査やWeb調査への移行などの工夫が行われている。人の移動全体を捉えることのできる調査・データとして有用性が高く、2017年3月時点でおおよそ地方中核都市圏以上の64都市圏で延べ137回実施されてきている。

❖ 4段階推定法による交通需要予測

都市交通施策はその影響・効果を事前に予測してから実施されるのが通常である。とりわけ長い期間と多額の費用を要する道路や鉄道などのインフラ整備は、整備効果を適切に評価した上で計画を立案し決定することが求められる。

評価の前提として施策実施後の交通量を予測することが必要であるが、まず図2・1の現況の交通システム・社会経済活動システムとPT調査などから把握された現況の交通流パターンの関係を記述した交通需要予測モデルを構築し、このモデルに施策実施後（将来）の交通システム・社会経済活動システムの変数を入力して、施策実施後の交通流パターンの予測値を得る、という流れで行われる。

4段階推定法は、分析対象区域を複数のゾーンに分割し、交通システムの変数としてゾーン間の所要時間や移動費用などを、社会経済活動システムの変数としてゾーンの人口や床面積などを用い、次のように段階を追って交通量を推計する手法である（図2・13、詳しくは新谷・原田（編著）*13などを参照されたい）。

①発生・集中：分析対象区域全体でODや交通手段を問わず1日に行われるトリップ数（生成交通量）を推計したのち、各ゾーンを出発（発生）・到着（集中）するトリップ数を推計する。当然ながら、人が多く住むゾーンは発生トリップが、オフィスの集積したゾーンは通勤目的での集中トリップが多いというように、発生・集中交通量は各ゾーンにある活動機会の量と関連が強い。そこで、ゾーンの居住人口や従業人口などを説明変数、発生・集中交通量を被説明変数とする重回帰モデルなどが用いられる。

②分布：ゾーンiからjへのトリップ数T_{ij}をij間の分布交通量（またはOD交通量）と呼ぶ。現況の分布パターンに基づく現在パターン法や統計モデルを用いたモデル法によりOD交通量を推計する。一般に発ゾーン・着ゾーンの活動機会集積が多いほど、またゾーン

都市計画COLUMN

都市交通の調査とデータの革新

高度な測位技術や情報通信技術が発展した近年では、パーソントリップ調査を含む従来型の調査では収集できなかった情報を得ることのできる調査・データ収集手法が登場している。これらは今後の都市交通計画における分析や立案される計画、そしてその一連のプロセスに大きな影響を与える可能性がある。

プローブパーソン調査は、スマートフォンや専用の移動端末に搭載されたGPSによって個人の時々刻々の詳細な位置情報を捉える調査である。時間的・空間的な正確性が高く、「どの道路を通ったか」などPT調査では得られない移動経路の情報を得ることができる、被験者の負担が小さく複数日にわたる調査の実施可能性が高まるなどの利点がある。反面、プライバシーの保護、多くの被験者を集めることの難しさ、サンプルのランダム性の確保といった課題もある。

また最近は、SuicaやPASMOなどの交通系ICカードの利用履歴情報、ETC2.0からの情報、携帯電話の基地局エリア情報などの「交通関連ビッグデータ」も注目を集めている。長期・時々刻々かつ大量のデータが、被験者が調査として意識することなくパッシブに収集・蓄積されている点が特徴である。一方、交通系ICカードの例では乗車前・降車後の移動や切符での乗客の移動など、収集されない情報やサンプルが必然的に欠落するという限界がある。プローブパーソン調査と同様にプライバシー面での課題もある。

間の所要時間が短く移動費用が安いほどOD交通量は多い。モデル法ではこれらの関係を記述した重力モデルや集計ロジットモデルなどが用いられる。

③分担：②で求めたOD交通量 T_{ij} をOD間で利用可能な複数の交通手段に分け、交通手段別OD交通量を推計する。一般には複数の交通手段のうち所要時間や費用の面で優れたほうがより選ばれやすく、したがって分担率が高くなる。そこで、この関係を記述した集計ロジットモデルなどが用いられる。

④配分：③の交通手段別OD交通量を道路や公共交通の区間（リンク）に割り振り、リンク単位の交通量を推計する。自動車交通を例に挙げると、リンクにある量の自動車が通る時に速度がどれだけになるかは車線数、道路幅員、リンク上の交差点数などに影響され、速度が高いほど性能（パフォーマンス）が高いリンクであると言える。推計においては、このように交通量に対して各リンクが発揮するパフォーマンスが勘案される。自動車交通の場合、「利用される経路の所要時間は全て等しく、利用されないどの経路の所要時間よりも短い」というWardropの第1原理（等時間原理）に基づいて、道路リンク交通量を数理最適化問題の解として求める利用者均衡配分が広く用いられている。

❖非集計行動モデル

4段階推定法は特に大規模な交通インフラの整備が交通流パターンに及ぼす影響を評価する実用的な手法として現在も有用である。しかし、因果関係の記述が不十分であることや段階間の不整合があることなど、4段階推定法の構造的問題は早くから指摘されてきた。また、詳細な地点や状況によって本来異なるはずの交通システム変数を粗いゾーン単位で平均化しているため、例えば公共交通の料金や運行頻度の変更といった細かな施策の影響を分析しづらいという限界もある。これらに対し、個人レベルのデータをゾーンで集計せず、個人の行動選択を直接記述する非集計行動モデルが開発されてきた。

非集計行動モデルは「個人などの意思決定主体は利用可能な選択肢集合の中から最も望ましい（効用の高い）選択肢を選択する」という合理的選択理論に依拠している。鉄道と自動車が利用可能な状況における交通手段の選択を例にすると、いずれも所要時間が短く、費用が安いことが一般に望ましい。また、鉄道には乗り換えや車内混雑といったデメリットがある反面、読書や睡眠など自動車運転中にはできない活動ができるメリットもある。合理的選択理論では、人はこれらのメリット（効用）とデメリット（不効用）を総合的に判断して最も望ましいものを選択していると考える。この理論に基づき、個人レベルで選択に影響する要因を入力し、各選択肢の選択確率を出力するモデルが非集計行動モデルである（詳しくは新谷・原田（編著）*13、交通工学研究会（編）*14などを参照されたい）。

非集計行動モデルは、確かな理論的基盤をもつのに加え、個人レベルの交通サービス変数で個人の選択を説明するためゾーン単位の集計により情報が損なわれることがない点で、ゾーンに集計されたモデルの限界を克服している。4段階推定法の分担段階（交通手段選択）や分布段階（目的地選択）に非集計行動モデルを組み込んで適用する例が見られるほか、これを応用して4段階全てを統一的に記述し、段階間の不整合の問題を理論的に解決したモデルも開発されている。

2・3 需要追随型アプローチからのパラダイムシフト

◎都市交通施策のパラダイムシフト

人口増加に伴い交通需要が増大する時代に、交通インフラの整備や有効活用によって供給を拡大する施策が必須であることは疑いがない。しかし、このような需要追随型のアプローチは1990年頃から限界が叫ばれるに至った。代表的な事例として、1989年に英国で発行された『繁栄のための道路』白書*15とそれにまつわる論争がある。

この白書は、予測された自動車交通需要の増加を賄いうる大々的な道路整備を実施することを目論んで発行された。しかし目論見は外れ、それだけの大事業をもってしても交通量の増加には追いつかないことや、事業を実施するための財政的・空間的な限界の存在が広く認識される結果となった。当時高まりつつあった地球環境問題への関心を背景に、道路整備によって交通量の増加に拍車がかかり、それによる環境への影響が甚大なことも問題視された。これが転機となって英国の交通政策は従来の「予測して供給する(Predict and Provide)」手法から「予測して回避する（Predict and Prevent）」手法へ転換することとなる。すなわち、自動車交通需要の増加が予測された時、それに追いつくだけの道路整備だけでなく、需要の増加や集中を抑える施策と合わせて一つのパッケージとしての施策群を立案するという統合パッケージ型アプローチへの転換である。

社会経済活動Aと交通サービスTのバランスをシーソーで表した図2・14の模式図でさらに説明しよう。Tの供給がAに対して過少であることが現状や趨勢的将来の問題である。需要追随型アプローチではこのバランスをもっぱらTの拡大によって回復しようとするが、それでは受容される水準（環境制約）を超える環境への影響が生じかねない。統合パッケージ型アプローチは、Tも控えめに拡大はするが、同時にAの形を変え（自動車の交通需要は縮小させ)、かつバランスに関わる制度・フレームワークも見直すことによって、環境制約内でのバランス回復を目指す考え方である*3。

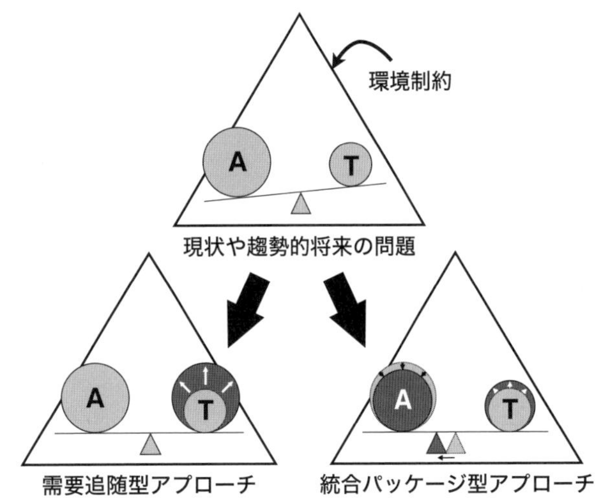

図2・14 需要追随型アプローチと統合パッケージ型アプローチ（出典：東京大学交通ラボ（＊3、p.343）をもとに著者作成）

こうした動向や考え方は時をおかずわが国にも紹介された。当時の施策の重点は変わらず道路整備推進にあったと言えるが、1992年の『平成4年版建設白書』には次の項で説明する交通需要マネジメントに関する記述が道路交通円滑化の文脈で登場し、新渋滞対策プログラム（1993～97年度）にも施策として盛り込まれている。

◎交通需要マネジメント

統合パッケージ型アプローチに含まれる施策群のうち、表2・1の需要側・社会経済活動システムに働きかけて交通需要を変容させる施策を総称して交通需要マネジメント（TDM：Transportation Demand Management または Travel Demand Management）施策と呼ぶ。ここで言う交通需要の変容には、①時間帯の変更（時差出勤など）、②交通手段の変更、③経路の変更、④自動車の効率的利用（相乗りによる1人乗り自動車の削減など）、⑤交通の発生源の調整（テレワークや圧縮勤務による通勤日数の削減など）が含まれる。「いつ、どの交通手段で、どこを通って移動する」といった交通行動に関する意思決定の主体に何らかの働きかけをすることで、交通行動を①～⑤の方向へ変化させ、需要の過度な時間的・空間的集中を分散または抑制させようというのがTDMの考え方である。

❖経済的メカニズムを用いたTDM施策

行動変化を促す手法の一つは、上記①～⑤に適う選択の費用を相対的に低くすることである。例えばロンドンで見られるように、オフピーク時間帯の公共交通運賃をピーク時間帯に比べて安く設定すれば、①を通じて需要を時間的に分散させることが期待できる。⑤のテレワークは通勤交通の削減ばかりでなくワークライフバランスの向上などの観点からも望まれており、わが国ではその推進や環境と受け皿の整備を促す税制措置が政府により導入されてきている。

自動車交通は、温室効果ガスや大気汚染物質の排出、騒音などの面で環境に負の影響を与える。また、混雑した道路を走る個々の自動車はそれ自身も混雑の悪化に加担し、他の自動車利用者に負の影響を与えている。このような負の影響を外部不経済といい、これを費用として見たものを外部費用という。経済学的には、自動車利用者が自分の自動車利用に伴う費用（燃料代、有料道路の通行料金、所要時間の機会費用など）のみを負担し、自らに起因する外部費用を負担していないことが過度な自動車利用の原因と解釈される。裏を返すと、自動車利用者から外部費用を金銭として徴収できれば（外部費用の内部化という）、過度な自動車利用は抑制される。1990年代は、炭素税や後述のロードプライシングなど、外部費用の内部化に寄与する制度・フレームワークの改変が欧州などを中心に行われた時期でもあった。

ロードプライシングは道路混雑の激しい時間帯や地区における自動車の走行や入域に課金する施策である。一定区域内での走行に課金する方式をエリアプライシング、コードンラインと呼ばれる課金区域境界線を通過するごとに課金する方式をコードンプライシングという。前者はロンドン（図2・15）の、後者はシンガポールやストックホルムの事例が代表的である。①〜⑤を通じて自動車交通需要の集中の緩和や抑制が期待できるのに加えて、課金から得られた収入を交通インフラ整備や他の交通施策を実施する財源として活用できる可能性もある。この点も、多様な施策を組み合わせる統合パッケージ型アプローチの長所である。

❖モビリティ・マネジメント

自動車利用が選択されるのはそれが意思決定主体にとって経済的に合理的な場合だけに限らない。例えば「車が好きだ」といった態度、「自動車による環境への影響は問題でない」といった意識、「バスで何分かかるか正確には知らない」といった認識（の誤り）なども選択に影響し、結果として個人や社会にとって不合理な、過度な利

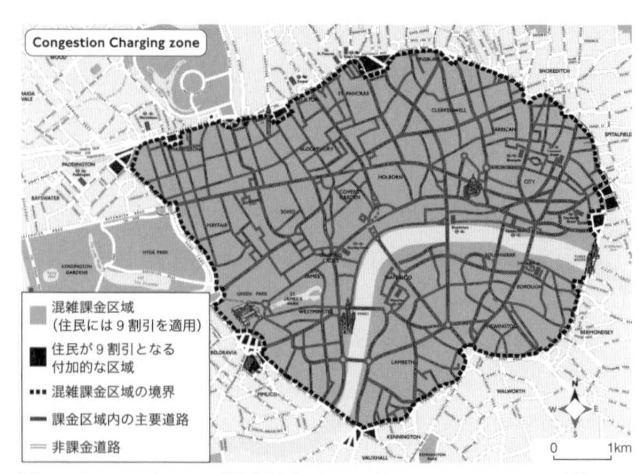

図2･15　ロンドンの「混雑課金（コンジェスチョン・チャージ）」区域。平日の日中（7〜18時）に破線の区域内を走行すると、1日あたり11.5ポンドを支払わなければならない（2018年7月現在。ただし割引やペナルティもある）（出典：ロンドン交通局（Transport for London）資料）

用に至ることもある。およそ2000年代以降になると、このような意思決定主体のもつ考えを変容させることを通じて行動変化を促す施策の有効性が広く理解され、各地で適用されるようになった。

考えの変容を図るには、例えば「クルマのかしこい使い方」など、何らかの情報を提供して気づきを与えることが必要である。その手法として、ニューズレターやマスコミを通じたキャンペーンなどの啓発、ワークショップや学校の授業などでの教育、個人への個別的な働きかけなどがある。個別的働きかけの代表的な手法であるトラベル・フィードバック・プログラムは、参加者に日頃の交通行動の情報を提出させ、それに基づいて、例えば当人の自動車利用による環境への悪影響や交通手段を変えた場合の健康への効果など、個別にカスタマイズされた情報を返す手法である。

これらはいずれも意思決定主体とのコミュニケーションを通じて考えと行動を変容させることがねらいであり、短期的なTDM施策の一種と見ることができる。また、そのような位置付け方とは別に、コミュニケーション施策を中心に他のTDM施策や供給側の施策を組み合わせることで自主的な行動変容を促し、過度の自動車利用からの脱却を目指す一連の取り組みを指してモビリティ・マネジメントという*16。

◎長期的なTDM施策としての都市計画

本章の冒頭で、図2・1の交通システムを変化させることが狭義の都市交通政策・都市交通計画の役割である

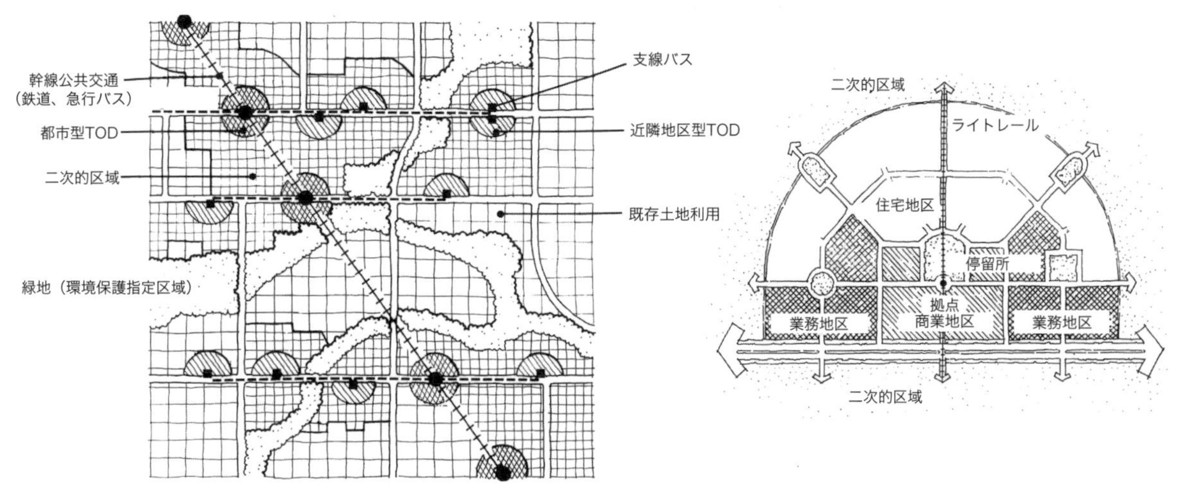

図 2・16　公共交通指向型開発。左図は公共交通との位置関係を、右図は都市型 TOD の空間的コンセプトを示す（出典：Calthorpe（＊17、p.57、p.62））

と述べた。一方、都市計画などを通じて土地利用や都市構造を制御し社会経済活動システムを変化させることも、望ましい交通流パターンの実現を目指す長期的な TDM 施策の一種に位置付けられる。

❖自動車利用の少ない都市のかたち

都市の成長過程において増加する人口の居住地や経済活動の場がどこにどう広がっていくかは、交通流パターンへ非常に大きな影響を及ぼす。例えば、現在の東京圏は鉄道を軸とした都市構造が実現している。この背景には、人口増加率が特に高かった高度成長期にはまだ自動車の普及水準が低かったこと（図 2・3）や幹線道路の整備が遅れていたことに加え、郊外鉄道の整備とその沿線への機能集積を図る都市計画・交通計画が立案され、さらに鉄道整備の財源や空間を確保するための制度が整えられ、実施されてきたことがある。結果として東京圏では、鉄道の車内混雑の問題は著しいものの、自動車の利用は先進国の都市の中で非常に少ない。

裏を返すと、自動車の普及はその利便性の反面、郊外の開発圧力を高め、自動車利用の増大とともに公共交通の利用者減少とサービス低下、大気汚染、温室効果ガスの排出、中心市街地の衰退、郊外緑地の喪失などの問題を招いてきたと見ることができる。1990 年代はそのような認識から、開発圧力を適切に制御しようとする都市開発コンセプトや政策・計画事例が世界的に展開され、注目を集めるようになった時期でもある。

建築家ピーター・カルソープ＊17 が提唱した「公共交通指向型開発（TOD：Transit Oriented Development）」（図 2・16）は、従来の開発パターンに対するアンチテーゼとして、公共交通の駅や停留所の周辺に多様な機能・用途を高密に集積させる都市開発のコンセプトである。より広義に、公共交通の利用を促進するような工夫を含んだ都市開発や都市構造を指して TOD と呼ぶことも多く、東京圏の鉄道沿線開発も先進的な TOD と見なされることがある。

米国・オレゴン州のポートランド都市圏で 1995 年に策定された「2040 成長構想（2040 Growth Concept）」＊18 およびそれに続く一連の計画と実践は TOD を都市圏スケールで展開する事例である。2040 成長構想の策定プロセスでは、1990 年代に入って急速な人口増加が予測されたことを背景に、来たる 50 年間の人口増加を都市圏内のどこでどのように収容すべきかが検討された。その結果、①都市成長境界線の（すなわち開発を認める区域の）拡大を最小限に抑える、②ポートランド市都心部のセントラルシティ、ならびにサブセンターとしてのリージョナルセンターとタウンセンターの 3 階層から成るセンターを強化し、サブセンターとその圏域の自立性を高める、③ LRT や高輸送力のバス路線を整備し、沿線に TOD のコンセプトを導入して人口と雇用の増加の多くを収容する、といった将来像が描かれた（口絵 2・1）＊19。

ブラジルのクリチバ市は BRT を軸に据えた都市計画を早くから進めてきた都市である。この方針を打ち出した 1966 年のマスタープランは都心から郊外に向けて五つの都市軸を設定している（口絵 2・2）。一つの都市軸は並行する 3 本の道路から構成され、真ん中の道路の中央に設けられた専用車線には二連節の幹線バスが高頻度で運行される。都市軸内では高密度の混合用途開発を認め、軸から離れるにつれて密度が低くなるようゾーニングがなされている。人口増加に伴い開発が進んだ現在は都市軸沿いに高層建築物が建ち並ぶ姿が見られる*[20]。

英国・イングランド中央政府が地方計画庁に向けて発出した「計画方針ガイダンス13・交通（PPG13、Planning Policy Guidance Note 13: Transport）」*[21]は、自動車による移動の距離と数の増加を減らすなどの目標のもと、既成市街地や既存のセンター、公共交通利便性の高い場所での混合用途開発など、望ましい開発立地のあり方に関する指針を含んだ文書である。これは上述した同国の交通政策の転換と軌を一にし、土地利用政策の側も従来の郊外開発重視から転換させるものであった。

以上のような開発コンセプトや政策・計画で指向される都市のかたちは共通した要素をもっている。その一つ目は新規の開発を既存の拠点地区や公共交通利便性の高い場所に集めることである。需要側から見ると、活動場所や公共交通までの移動距離が短くなり、徒歩・自転車や公共交通を利用することが便利になる。開発者の側から見ると、居住者や潜在的な顧客が周辺に多くいればいろいろなサービスが経済的に成り立つ可能性が高まる。公共交通の供給者側から見ても、交通の発生源と集中先が路線に沿って集積していることは移動需要が空間的に束ねられていることを意味し、潜在的な利用者の確保の点でメリットがある。

共通する要素の二つ目は地区や個別開発を混合用途化・多機能化させることで、これにより活動場所間の距離を縮めて徒歩や自転車での移動を促すとともに、1回の来訪で複数の異なる用事を足しやすくし、移動の必要性を減らせるようにしている。三つ目は拠点地区を階層的に設定し、特に下位のローカルな拠点を維持・充実させることである。これによって活動のニーズを自宅の近隣で自動車を利用せず、または短距離の利用で満たせる可能性が高まる。

❖交通アセスメント

国や都市によっては、個別の新しい都市開発が交通流パターンに与える影響を評価して、供給側である交通インフラ・交通サービスの改善や、需要側である開発計画の見直しを図ったり、行政が開発の可否を判断する際の参考にしたりするしくみが採用されている。これは開発に伴う短期的な需給バランスの悪化を回避して、交通と土地利用の長期的な調和を漸進的に実現しようとするしくみであり、交通インパクトアセスメントや交通アセスメントなどと呼ばれる。

交通インパクトアセスメントは欧米などで1980年代から展開されてきた。開発者は開発の用途と規模（例えば、床面積や住戸数など）をベースとして、自動車交通がどの方面から開発敷地へ何台やって来るかを予測し、周辺道路の混雑への影響を評価する。影響が大きい場合には自治体が開発者に対し、開発計画の見直しや、影響を緩和するための交通インフラの整備またはその費用負担（インパクトフィーという）を求める、というのが一般的な流れである。

英国では2000年代以降、大規模な都市開発を行おうとする開発者に対して、自動車以外も含む各手段の交通への影響を評価する交通アセスメントが要求されるようになった。開発の可否がケース・バイ・ケースで判断される同国の計画許可制度の下で、この交通アセスメントの結果は計画許可の判断材料の一つとして加味される。

わが国では、大規模な都市開発に先立って地方自治体または開発者が立案する関連交通計画*[22]が交通アセスメントに相当する。先に述べた、大規模小売店舗立地法の下で大規模小売店舗の設置者が駐車需要の充足などのために求められる検討*[10]も、一種の交通インパクトアセスメントと見ることができる。

2・4 都市交通計画のこれから

◎低炭素社会、超少子高齢・人口減少社会における課題と目標

時代の要請である低炭素化と超少子高齢・人口減少社会への対応は、都市交通計画に何を求めるであろうか。

低炭素化に関しては、CO_2排出量の約2割が交通部門に由来し、さらにその約9割が自動車に起因している。したがって交通部門からの排出を削減する努力は不可欠であり、それも車両単体や燃料に関わる技術革新に頼るばかりでなく、都市計画や交通計画を通じた削減への貢献が必要である。

人口減少に伴う移動の減少は、交通からのエネルギー消費量とCO_2排出量を減少させ、混雑を緩和させる方向に働く要因ではある。しかし、公共交通事業者にとっては運賃収入の減少に直結し、今までと同等のサービス水準の維持が難しい場面も出てくるだろう。

超少子高齢社会において、子供を育てやすい環境づくりに都市交通計画が寄与しうる面は少なくない。また、一般にモビリティの低い高齢者が増加する時代にあって、そのモビリティを確保することや、生活する上で必須の活動、必須ではないが行いたい活動へのアクセシビリティを維持・向上させることも重要な課題となる。

こうした背景の中で都市交通計画は、従来目指してきた事柄に加え、あらゆる年代の人が自動車に依存せず便利で快適に暮らしていくことを可能にし、かつそうした生活スタイルを促すような都市を実現することを、これまで以上に重要な目標として捉え直すことが要請されている。これを交通システムの改善だけで実現するには限界があり、社会経済活動システムの改善、すなわち活動機会を都市の中に適正に配置する役割を担う都市計画との連携の必要性は、これまで以上に高い。

◎都市交通のユニバーサルデザイン

高齢者や身体障害者、また妊産婦や怪我を負っている人の一部は、移動に際してさまざまな困難があったり、介助を要したりといった制約を受けている。こうした移動制約者と呼ばれる人々のモビリティやアクセシビリティを確保するための環境整備は、移動に制約のない健常者の移動環境の改善にもつながる重要な課題である。

移動制約者にとって、起点から終点までの間全てにバリアが一つもない経路がなければ、その2点間の移動はできない。2006年に施行された「高齢者、障害者等の移動等の円滑化の促進に関する法律」、通称バリアフリー法は建築物の内外における移動全般のバリアフリー化を促進することを目的とした法律である。同法の下で、不特定多数または主として高齢者・障害者などが利用する特別特定建築物（百貨店、病院、福祉施設など）、旅客施設などの新設や大規模改良などを行う建築主や公共交通事業者は、それらを移動等円滑化基準に適合させることが義務付けられ、既存施設についても適合させる努力義務が課される。また、市町村が定めるよう努めるものとされるバリアフリー基本構想において、旅客施設、官公庁施設、福祉施設など高齢者・障害者などが生活で利用する施設（生活関連施設）を含む重点整備地区が指定されるが、生活関連施設相互を結ぶ生活関連経路のうち多数の高齢者・障害者などが通常徒歩で移動する特定道路は移動等円滑化基準を満たさなければならない。

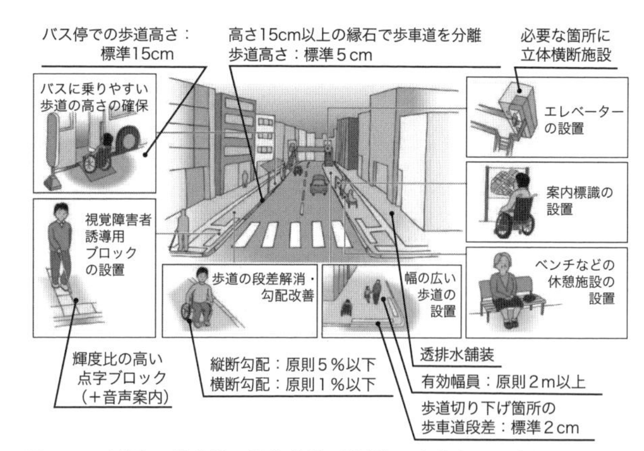

図2·17　道路の移動等円滑化基準（抜粋）。歩道高さは車道に対する高さ。有効幅員とは通行を妨げる工作物や物件のない幅員（出典：国土交通省・警察庁・総務省資料に著者加筆）

移動等円滑化基準は政令や国土交通省令で定められている。例えば、道路に関する基準として図2・17に示す項目などが定められている。同様に旅客施設では乗降場ごとに円滑に通行できる経路を一つ以上設けることとされ、その経路の幅員は140cm以上で、階段や段差があってはならない。これらの制度と基準は歩道の広幅員化やエレベーター、エスカレーター、スロープなどの設置を促し、移動制約者でない人も便利で快適に移動できる環境の整備に貢献していることは言うまでもない。

以上のほか、要介護者や身体障害者など通常の公共交通を利用することが困難な特定少数の人々を輸送する公共交通（スペシャルトランスポートサービス、STサービスなどと呼ばれる）が国内外でさまざまに展開されてきている。わが国では道路運送法で自家用自動車による有償での運送、いわゆる白タク行為が禁止され、STサービスは例外や「黙認」としての扱いを長く受けてきたが、2006年の同法改正でNPO法人などによる福祉有償運送が自家用有償旅客運送の一つに位置付けられ、制度化された。

◎コンパクトシティ・プラス・ネットワークを支える公共交通

現在わが国の多くの都市が目指す「コンパクトシティ・プラス・ネットワーク」を都市交通計画の観点から見ると、先述のように移動需要を公共交通沿線に空間的に束ねることで潜在的な利用者を確保し、公共交通の持続可能性を高められる利点がある。さらに、自動車を使えない・使わない人でも商業施設や医療施設をはじめとする

図2･18　コンパクトシティ・プラス・ネットワークを支える公共交通の構成と目標

さまざまな活動機会へ公共交通や徒歩、自転車で容易に到達しうるというアクセシビリティ面の利点もある。いずれにせよ公共交通はコンパクトシティ・プラス・ネットワークの不可欠な要素であり、適切に計画され運営される必要がある。

❖公共交通ネットワークの“かたち”

コンパクトシティ・プラス・ネットワークを支える公共交通ネットワークは、求められる機能や需要の多寡によって2節で説明したような異なる種類の公共交通を組み合わせて構成されることが多い（図2･18）。すなわち、速達性・定時性やフリークエンシーを重視する幹線系と、コミュニティバスやDRTなどを活用して需要が疎な地域の末端にまでサービスを届けることを重視する支線系の組み合わせである。さらに、中心市街地内での移動を支援し回遊性を向上させるための公共交通が求められる場合もある。

従来、地方都市では路線バスが主要な公共交通の役割を担い、同じ車両であらゆるサービスを供給していたところが多い。しかし、土地利用にメリハリを付けようとするコンパクトシティ政策にそのようなサービス供給の仕方は必ずしも馴染まない。サービス供給側から見ると、末端の郊外部から都心部へ路線バスを全て直通させると、都心部で乗客のごく少ないバスが何本も連続して走るという非効率な状況が起こりがちである。幹線系と支線系を分けてそれぞれに適したサービスを設計し提供することはこうした状況を改善するもので、幹線系の効率化で生じた余力を支線系の改善に投入できる可能性もある。これらにより、幹線系の沿線地域では自動車からの転換や居住と都市機能の集積を促進し、支線系の沿線地域では重要な活動へのアクセシビリティを維持することが期待される。

❖公共交通ネットワークを実現する“しくみ”

公共交通の種類や車両、路線網、運行頻度など公共交通サービスの“かたち”をうまく計画することができても、それが適切に運営・運行されるかどうかは別の問題である。わが国の公共交通は原則として事業者ごとの独立採算で運営されてきたため、過度の事業者間競争の結果として利用者にとっては使いづらいサービスになったり、重要な路線であるにもかかわらず赤字のために廃止や減便になったりしたケースも見られる。しかし、公共交通はもっぱら利用者にのみ便益をもたらすのではなく、移動制約者の移動の確保や自動車利用に伴う外部不経済の軽減をはじめ、地域住民に広く効果を及ぼしていると見ることができる。このことを考えると、不採算であっても社会的に必要なサービスや望ましいサービスを実現し維持するために、地域が一定の負担と関与を行うという発想があって良い。

では、その負担と関与はどのような“しくみ”の下に行われるのが良いだろうか。これを考える上で、公共交通サービスの計画・運営・運行の三つの場面に分けて議論することが有効である*20。「計画」とは供給するサービスの内容を決定することで、前述の“かたち”を決めることに相当する。「運行」は車両と人員を管理して実際に車両を走らせ、サービスを供給することである。「運営」は収支のバランスをとってサービスを維持することを意味する。

わが国の従来の路線バスでは一般に計画・運営・運行の全てをバス事業者が行ってきた。多くが民間企業であるバス事業者は採算を優先せざるを得ず、行政が公共の立場を計画に反映させることは難しかった。海外では行政が計画に主体的に関与し、その計画をもって運行を担う事業者と契約を行い、運行事業者が契約に則って運行を行う、というしくみによって公共の立場を反映させることが典型的である。同様のしくみはわが国でもコミュニティバスの導入の際にはよく取られてきた。新潟市で2015年に運行が開始されたBRTもこれに類似したしくみで計画・運営・運行が行われている。

立地適正化計画とともに2014年に創設（前制度から再編）された地域公共交通網形成計画の制度は、地域にとって望ましいまちづくりと連携した公共交通ネットワー

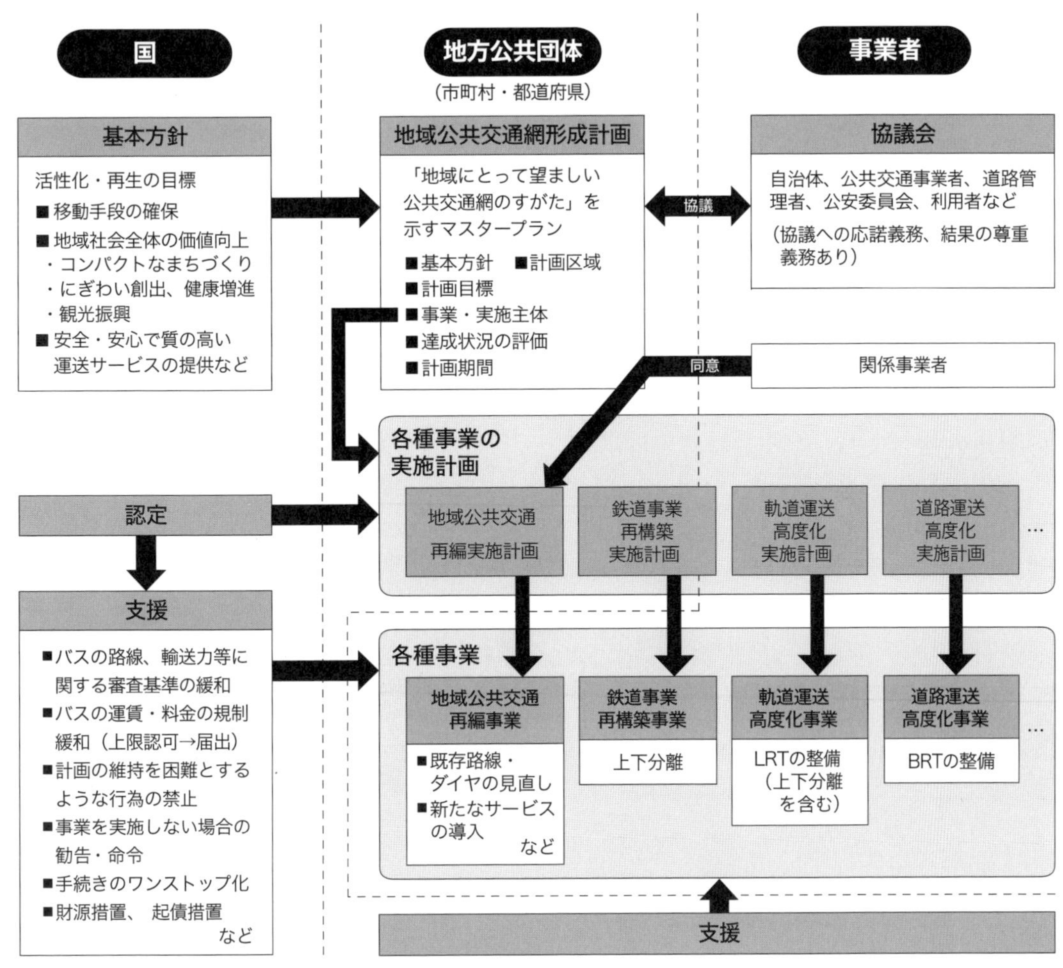

図 2·19　地域公共交通活性化・再生に関わる制度枠組みの概要

クの“かたち”を明確にすることと同時に、その実現に向けた実施の“しくみ”を整備することを意図している。この制度によって、自治体は主体的に計画の策定と実施にあたり、自治体や公共交通事業者のほか道路管理者、公安委員会、利用者らによって組織される協議会と協議し、より具体的な内容については関連事業者の同意を得ながら、また国による支援を受けながら、個別事業の実施計画を立案して公共交通ネットワークの再構築を推進する体制が整えられた（図 2・19）。

◎新しい交通手段と交通サービス

近年の情報通信技術や自動運転技術の進化は革新的な交通手段・交通サービスを登場させ、あるいは近い将来の登場を予感させる。

わが国ではかつて高齢者の運転免許や自家用車の保有水準は低かったが、現在は若い頃に免許や自家用車を保有するようになった世代が高齢期に差し掛かり、高齢層の自動車利用は増加している。一方で現代の若者は物の所有に執着しない傾向があると言われ、特に大都市圏の若者で「クルマ離れ」が顕著である。またわが国を含む近年の先進諸国では、全体として自動車の保有や利用が頭打ちになるピークカー現象も見られる。

こうした中で、自転車共同利用（コミュニティサイクル）やカーシェアリングなど車両の私有によらないモビリティが各地で展開されてきている。欧州では公共交通や乗合タクシー、カーシェアリングなど多種類の交通サービスの利用権をパッケージで提供する Mobility as a Service（MaaS、サービスとしてのモビリティ）の概念が提案され、実際にフィンランドのヘルシンキを起点としてサービス展開が始まっている。スマートフォンアプリなどを通じて登録ドライバーと同乗希望者をマッチングし、ドライバーが自家用車を使って希望者を相乗りで輸送する自家用車ライドシェアのサービスも成長している。

自動運転技術に関し、日本政府は「官民ITS構想・ロードマップ2018」*[23]において、限定地域での無人自動運転サービスは2020年までに、高速道路での完全自動運転は2025年を目途に、それぞれ市場化されると見込んでいる。運転に人間が関与しなくなることで交通事故の削減に寄与するか否かは意見が分かれるところであるが、自動車を運転できない人や公共交通サービスの不便な地域のモビリティの確保に大きな役割を果たすことが期待される。

これらの技術やサービスは、ドアツードアの利便性の高い移動を低廉な費用で可能にするポテンシャルをもっている。一方、自家用車ライドシェアや自動運転車は、利用者が相乗りをして効率的に運行されないと車両の総走行距離が延びる可能性が高い。また、これまで交通サービスが不便だった地域であっても諸機能へのアクセシビリティが高まって「住み続けられる」ようになることは、地域での生活やコミュニティを維持する観点からはメリットであるが、居住地域の誘導・コンパクト化を図る観点からは相反する効果をもたらす可能性も指摘される。これらを都市の中へどう受け入れていくかは都市交通計画と都市計画の大きな課題である。

図2・20　交通まちづくりの「三つの知」

◎交通まちづくり

以上で解説してきたように都市交通計画が対処すべき課題は広がっている。言い換えれば、都市問題の解決やまちの価値の創造に対して都市交通計画がより積極的に貢献することが要請されている。それはすなわち交通を主要な軸に据えたまちづくりでもある。都市交通計画におけるこの新しい思想・潮流を「交通まちづくり」と呼ぶ*[24]。

交通まちづくりの特徴として挙げられるのは、従来の交通整備・交通施策よりも幅広い目標を指向している点や、その達成のために土地利用や医療・福祉をはじめとする関連分野との連携が強調される点である。これらは本章で既に述べてきたところであるが、重要な特徴がもう一つある。

❖交通まちづくりと住民参加

もう一つの重要な特徴とは、計画の立案・実施プロセスにおいて、住民を含む多主体の参加と協働を基本に据えている点である。

もちろん、従来の都市交通計画で住民参加が行われていなかったわけではない。広くは1960年代からの空港や新幹線、高速道路などの大規模プロジェクトへの反対運動も住民の参画と捉えられる。しかし、交通インフラ整備の遅れが問題だったわが国では、特定地区の住民の意向に応えるよりも広域的視点から不特定多数の利益を優先して交通網を形成する必要性が高く、行政主導での事業遂行が優先されがちであった。都市スケールや地区スケールの交通施策への住民参加の事例が増えてきたのは1980年代頃からで、交通まちづくりはその流れを汲んでいる。

交通まちづくりでは、地域の住民やNPO、企業などがもつ地域知、行政やコンサルタントなどの実務者がもつ実務知、大学や研究機関の研究者がもつ専門知という三つの知（図2・20）を融合することが大事である*[25]。実務者は制度の使いこなし方や実際の計画・実践プロセスの進め方に詳しく、研究者は問題解決に資する知見をもっている（ことがある）。しかし、地域で実際に起こっている問題を最もよく知るのはその地域に暮らす人たちである。この意味で住民参加の意義は大きく、特に地区スケールの交通まちづくりでは非常に大きい。ただし、不特定多数の来訪者や通過するだけの人々を含む広範な主体に影響を及ぼす交通施策も多いことを鑑みれば、施策効果を科学的・客観的に評価する研究者の役割や、多主体間の調整を行って合意を取りまとめる実務者の役割の重要性は繰り返すまでもない。

住民参加の形式は、計画が固まってからの住民説明会やアンケートによる意見収集といった受け身的なものから、住民による協議会、社会実験、ワークショップなどへと多様化している。社会実験は施策効果の検証、地域でのPR、合意形成などを目的として、新しい施策を場所と期間を限って試行的に導入する手法である。始まりは1969年の旭川市・旭川買物公園に遡り、1999年から国の支援制度が用意されたこともあって全国に広がった。交通まちづくりに限らずまちづくり活動で一般的に行われるワークショップも三つの知相互のギャップを埋めるのに有用である。

❖ "Decide and Act Together" の時代へ

超少子高齢・人口減少社会に突入した今日、交通まちづくりに利用できる財源や資源は限られており、幅広い目標を達成するには資源を効果的に投入することが必須である。そのためには、都市やまちが目指すビジョンを明確にするとともに、その実現に向けた各主体の負担に関して住民・市民が広く合意することが必要となる。住民の参画は、かつてそうであったように単に交通施設整備が円滑に進むよう沿線住民らの理解を得るためだけでなく、地域知を反映させて人々のニーズに的確に応える施策を組み立てるためにも、ビジョンや負担への合意を形成するためにも、そして民主主義社会における当然のプロセスとしても、いまや不可欠となった。

現在は、誰かが計画を立案してサービスを提供してくれる時代から、そこに暮らす人たちが自らの意思と責任で地域の姿を考え、実現に向けて多くの主体と協働し、未来を選び取る時代への転換点と言っても過言でない。この「意思決定し、ともに行動する（Decide and Act Together）」*26という新しい時代に都市交通計画に携わる実務者と研究者には、変化する社会的要請と技術的進化の中でそれぞれの専門性を高めることと同時に、三つの知の、さらには異なる分野の知との相互理解と協働を進めることが求められていよう。

［注・参考文献］

* ＊1　Manheim, M. L. (1979), *Fundamentals of Transportation Systems Analysis, Vol. 1 Basic Concepts*, The MIT Press
* ＊2　太田勝敏（1988）『交通システム計画』技術書院
* ＊3　東京大学交通ラボ（家田仁編集代表）（2000）『それは足からはじまった －モビリティの科学－』技報堂出版
* ＊4　公益社団法人日本交通政策研究会（2017）『自動車交通研究 環境と政策 2017』日本交通政策研究会
* ＊5　国土交通省（2018）「都市計画運用指針 第9版」による分類。ほかに、市街地形成機能を空間機能に含める分類もよく見られる。
* ＊6　社団法人日本都市計画学会（編）（2003）『実務者のための新・都市計画マニュアルII【都市施設・公園緑地編】6　都市交通施設』丸善
* ＊7　八十島義之助・井上孝（共訳）（1965）『都市の自動車交通 －イギリスのブキャナン・レポート－』鹿島研究所出版会
* ＊8　Stein, C. S. (1957), *Toward New Towns for America*, Reinhold Publishing
* ＊9　社団法人土木学会（編）（1992）『地区交通計画』国民科学社
* ＊10　経済産業省（2007）「大規模小売店舗を設置する者が配慮すべき事項に関する指針」
* ＊11　国土交通省都市局（2017）「駐車場の附置義務制度」社会資本整備審議会 都市施設ワーキンググループ資料
* ＊12　国土交通省都市局（2014）「都市再生特別措置法に基づく駐車施設の配置適正化に関する手引き」
* ＊13　新谷洋二・原田昇（編著）（2017）『都市交通計画 第3版』技報堂出版
* ＊14　一般社団法人交通工学研究会（編）（2013）『やさしい非集計分析（第1版第6刷）』交通工学研究会
* ＊15　Department of Transport (1989), *Roads for Prosperity*, HMSO
* ＊16　藤井聡・谷口綾子（2008）『モビリティ・マネジメント入門 －「人と社会」を中心に据えた新しい交通戦略－』学芸出版社
* ＊17　Calthorpe, P. (1993), *The Next American Metropolis: Ecology, Community, and the American Dream*, Princeton Architectural Press
* ＊18　Metro (1995), *The 2040 Growth Concept*
* ＊19　髙見淳史（2000）（萩原清子編著）「土地利用コントロールを通じた自動車利用削減」『都市と居住 －土地・住宅・環境を考える－』東京都立大学出版会、pp.203-236
* ＊20　中村文彦（2006）『バスでまちづくり －都市交通の再生をめざして－』学芸出版社
* ＊21　Department of the Environment and Department of Transport (1994), *Planning Policy Guidance Note 13: Transport*, HMSO
* ＊22　国土交通省都市局都市計画課（2014）「大規模開発地区関連交通計画マニュアル 改訂版」
* ＊23　高度情報通信ネットワーク社会推進戦略本部・官民データ活用推進戦略会議（2018）「官民ITS構想・ロードマップ2018」
* ＊24　太田勝敏（編著）（1998）『新しい交通まちづくりの思想 －コミュニティからのアプローチ－』鹿島出版会
* ＊25　交通まちづくり研究会（編）（2006）『交通まちづくり －世界の都市と日本の都市に学ぶ－』交通工学研究会
* ＊26　太田勝敏（2017）「自動運転時代の都市と交通を考える」『IBS Annual Report 研究活動報告 2017』計量計画研究所、pp.5-12

3章 住環境
——都市居住の礎を築く

樋野公宏

戦後、国は都道府県とともに住宅建設を計画的に推進し、やがて量的不足が解消されると、住環境などの質を追求した。地区レベルにおける豊かな住環境の実現に向けては、公団や民間企業など各供給主体による住宅地計画手法が発展した。現在は、地方分権が進むとともに超高齢化・人口減少時代に入り、地域の実情に即した計画主体として市町村の役割が大きくなるとともに、住民による住環境マネジメントの重要性が高まっている。

3・1 住宅政策と人々の住まい

戦火による焼失、海外からの引揚げ、復員により、終戦直後の日本では約420万戸の住宅が不足した。国は応急簡易住宅の建設補助などの対策を行うものの、住宅数は依然不足し、1950年代に入って後述する公営、公庫、公団といった住宅政策の「3本柱」の設立などを通じて、住宅難の解消を図った。国、都道府県によって定められる住宅建設五箇年計画は、公的資金による住宅建設を推進した。

その後、昭和50年代（1975 - 84）に入り「量」の不足が解消されると、規模や住環境などの「質」が重視されるようになった。公団などの建設主体は、住棟や施設の配置手法を発展させつつ、計画的にニュータウンなどの宅地開発を進めた。ただし、公的主体が関わる開発は全体から見ると少数であり、民間も含めた住宅地開発と都市計画との連携は必ずしも十分と言えなかった。

そして市場重視の住宅政策が進んだ現在、「3本柱」の役割は市場の補完へと変化し、住宅ストックの活用が重視されている。本節の最後では、ポスト高度成長期における国民の新築・持ち家志向からの転換、それに伴う住まいの多様化について述べる。

◎住宅の大量供給と「量から質」への転換

❖住宅政策の3本柱による住宅供給

3本柱のうち、まず1950年に住宅金融公庫法が制定された。これは、低金利で住宅建設、購入資金を融資して持ち家政策を進めるとともに、融資基準の設定を通じて住宅の居住水準向上を図るものであった。1951年には公営住宅法が制定され、国および地方公共団体が協力して、住宅に困窮する低額所得者に対して低廉な家賃で賃貸することとされた。さらに住宅を短期間で大量に供給するため、「51C型」（図3・1）などの公営住宅の標準設計が整備された。

1955年には、日本住宅公団が設立された。大都市部における勤労者のための住宅建設が目的とされ、低所得者向けの公営住宅、持ち家階層向けの公庫融資と合わせて、階層別に住宅供給を行う体制が整備された。耐火性能を有する集合住宅の建設、行政区域にとらわれない広域圏の住宅建設、大規模かつ計画的な宅地開発も公団の使命とされ、大都市郊外を中心に設立から10年で30万戸を建設した*1。

なお1965年には地方住宅供給公社法が制定され、大都市のみならず地方でも、地方公共団体が設立する住宅供給公社を通じて住宅が供給された。主として勤労者向けの積立分譲住宅制度を通じて、上記三本柱を補完する役割を果たした。

❖住宅建設五箇年計画

3本柱による住宅供給は一定の成果を挙げたものの、昭和40年代（1965 - 74）に入っても、都市への人口集中により住宅需要は増大の一途をたどり、厳しい住宅事情が続いた。そこで1966年、国および地方公共団体が、住宅の需要と供給に関する長期見通しに即して、住宅事情の実態に応じた住宅施策を総合的かつ計画的に実施する

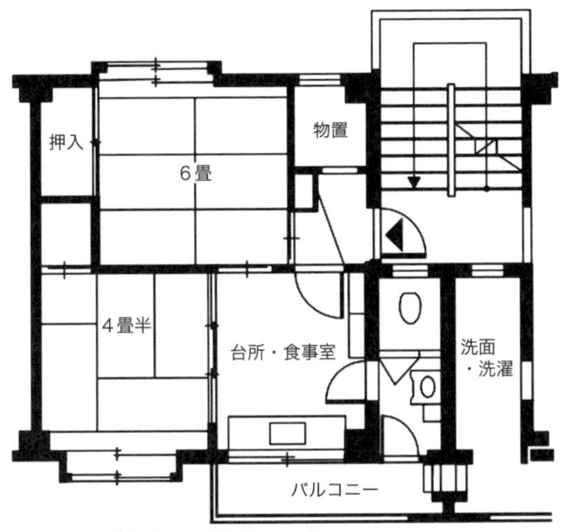

図 3・1　公営住宅 51C 型（40.2 m²）（出典：鈴木成文ほか（＊2））

表 3・1　住宅建設五箇年計画の主な目標の変遷

期	計画年度	主な目標
第 1 期	1966—1970	「一世帯一住宅」の実現
第 2 期	1971—1975	「一人一室」の規模を有する住宅の建設
第 3 期	1976—1980	1985 年を目途にすべての国民が最低居住水準（4 人世帯で 50 m²）を確保
第 4 期	1981—1985	住環境水準を指針とした良好な住環境の確保
第 5 期	1986—1990	2000 年を目途に半数の世帯が誘導居住水準（都市居住型 4 人世帯で 91 m²）を確保
第 6 期	1991—1995	大都市地域における住宅問題の解決、高齢化社会への対応
第 7 期	1996—2000	安全で快適な都市居住の推進と住環境の整備
第 8 期	2001—2005	住宅性能水準の設定

（出典：国土交通省（＊3））

ために「住宅建設計画法」が制定された。閣議決定される住宅建設五箇年計画（五計）に基づき、10 の地方単位、都道府県単位でも計画が策定されるのが特徴である。五計は 1966 年を開始年度とする第 1 期から 5 年ごとに第 8 期まで策定された。それぞれの主な目標を表 3・1 に示す。

第 1 期の主な目標は「1 世帯 1 住宅」の実現であった。1963 年の住宅統計調査によると、総世帯数 2182 万世帯に対し住宅総数は約 73 万戸不足し、狭小な住宅も多かったことから、670 万戸の適正な質を備えた住宅の建設が目標とされた。公的資金による住宅を含め、結果として計画期間中に 674 万戸が建設され、1968 年の住宅統計調査では住宅総数が総世帯数を上回った。期間中には全人口が 1 億人を突破し（1967）、経済成長により GNP が世界第 2 位（1968）となった。

第 2 期の主な目標は「1 人 1 室」の規模を有する住宅の建設であった。一般世帯においては 12 畳以上（小世帯は 9 畳以上）の規模、構造、設備を有する住宅の確保と、1 人 1 室の規模を有する住宅を 958 万戸建設することが目標とされ、結果的に 828 万戸が建設された。

第 3 期になると、住宅の質の向上に重点がおかれ、1985 年を目途に全ての国民が確保すべき最低居住水準と、平均的な世帯が確保する平均居住水準が設定された。住宅規模に関しては、4 人世帯の場合、最低居住水準が 50 m²、平均居住水準は 86 m² とされた。マンションの増加に伴う近隣紛争の発生を受け、建築基準法に日影規制が加えられたのもこの時期である（1976 年）。

第 4 期では低水準の住環境の解消と、良好な住環境の確保を目標に、基礎水準と誘導水準からなる住環境水準が指針とされた。基礎水準では災害に対する安全性や日照、通風など、誘導水準では加えてコミュニティ施設の確保などが示された。

第 5 期の主な目標は、できる限り早期に全世帯が最低居住水準を確保すること、また、2000 年を目途に半数の世帯が誘導居住水準を確保することとされた。誘導居住水準の住戸規模は、4 人世帯の場合、一般型は 123 m²、都市居住型は 91 m² とされ、都市部の状況を鑑みつつも第3期よりも高水準とした。1985 年のプラザ合意を発端とするバブル景気（1986 - 91）が始まると、不動産は必ず値上がりするという“神話”のもと、都心部では高層マンションブームが引き起こされた。一方で、不動産投機の過熱により、地価や住宅価格が高騰して持ち家の取得は困難になっていった。

そこで第 6 期では大都市地域の住宅問題の解決が目標とされ、土地の有効・高度利用などにより良質な住宅・宅地供給が促進された。1985 年に高齢化率が 10％を超え、第 6 期以降は高齢（化）社会への対応が目標とされるようになった（3 節参照）。

第 7 期は、1995 年に発生した阪神・淡路大震災を受けて、安全で快適な都市居住の推進と住環境の整備が目標とされた。具体的には、老朽住宅密集市街地の整備が推進されるべき施策とされた。

第 8 期には、住宅に求められる基本性能の指針として住宅性能水準が設定された。耐震性、防火性など、住宅

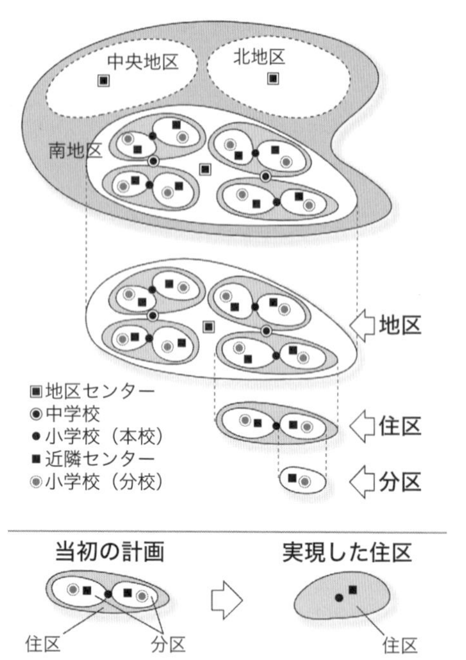

図 3・2　千里ニュータウンにおける地区・住区・分区の考え方（出典：ディスカバー千里（＊ 7））

図 3・3　高蔵寺ニュータウン

性能に関わる水準を明示されたほか、バリアフリー化については、「手すりの設置」「広い廊下」「段差の解消」を備えた住宅を 2015 年までに全住宅ストックの 2 割にするという定量的目標が示された。

このように、当初は住宅の絶対的な不足の解消が最重要課題であり、各期に掲げた公的資金による住宅建設戸数目標はおおむね達成されてきた。一方、量の問題が解消されてくると、住宅規模や住環境の確保、高齢社会への対応など、各時代の要請に対応した目標を掲げ、民間事業者の取り組みも促して、住宅の質の向上に一定の役割を果たした。

❖ニュータウンの建設

1955 年以降、2014 年 3 月までに、約 2 千地区、面積にして全国の市街化区域の約 13％にあたる約 19 万 ha のニュータウンが建設された*4。5 年ごとの内訳を見ると、1970 ～ 1974 年に地区数（526）、面積（約 5 万 ha）とも最も多く、その後減少している*5。

なかでも「三大ニュータウン」と呼ばれるのが、千里、高蔵寺、多摩の各ニュータウンである（口絵 3・1、3・2）。1962 年に入居開始された千里ニュータウン（吹田市、豊中市）は、わが国初の大規模ニュータウンとして知られる。近隣住区理論（72 ページ「都市計画コラム」参照）に基づき、分区（5 千人）、住区（1 万人）、地区（5 万人）、都市（15 万人）と明快に段階構成され、各段階に応じて商業、教育、医療、福祉施設、公園緑地が配置される計画であった（図 3・2）。これに対し、1968 年入居開始の高蔵寺ニュータウン（春日井市、図 3・3）は、近隣住区理論ではなく、一つの中心地区と開放的なコミュニティで形成される「ワンセンター・オープンコミュニティシステム」に基づいて計画された。背景には、人々の行動圏が拡大することにより、近隣住区という空間構成単位の意味が薄れたことがある。1971 年に入居開始された多摩ニュータウン（稲城市、多摩市、八王子市、町田市）は開発面積 2,880ha、計画人口 30 万人といずれもニュータウンの中でも最大規模である。事業手法として、土地を全面買収して造成し、公共公益施設を完備した住宅地を計画的に整備する新住宅市街地開発事業（新住）が区域の約 8 割に用いられた。いずれも未開発の丘陵地に土地造成され、高水準な公共公益施設、インフラを備えたニュータウンで、新しい都市的ライフスタイルの実現を目指すものであった。しかし、同世代が一斉入居したことにより現在では「オールドタウン」とも揶揄される状況にある（後述）。

全国のニュータウンを事業手法別に見ると、土地区画整理事業（1 章 5 節参照）が地区数、面積とも約 2/3 を占めるが、新住は地区数 2.5％ながら面積割合は 8.4％と大規模開発の多いことが分かる。事業主体別に割合を見ると、地区数では土地区画整理組合（32％）、面積では市町村（24％）が多く、公団（現在の UR 都市機構）は面積で約 2 割を占める。

❖住棟配置手法

住宅不足の時代においては、日照条件に有利な中層住

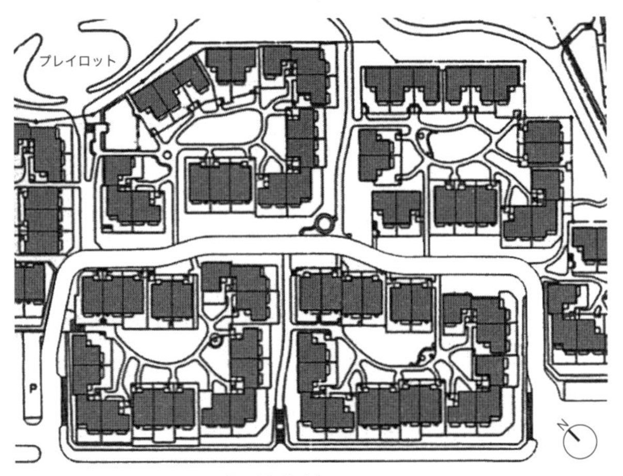

図 3・4　タウンハウス永山（多摩市）（出典：木下庸子・植田実（＊8））

棟の平行配置が採用されたが、その単調さを緩和するため、公団の団地では各住戸が三面の採光面をもつスター型やボックス型のポイント住棟が配置されることもあった（例えば公団住宅第1号の金岡団地：1956）。昭和40年代（1965 - 74）には、大量供給の要請に応じて容積率の高い板状の高層住棟、さらには吹き抜けの両側に廊下と住戸を配置したツインコリドーなどが計画され、団地は大規模化、高密化した（例えば高島平団地：1972）。一方で、コミュニティ形成を促すために、角度をつけて住棟を配置（囲み配置）し、数棟をグルーピングした団地などが見られる（例えば西上尾団地：1968）。

昭和50年代（1975 - 84）には、住宅の量的不足が解消され質が重視されるようになり、公団住宅は「高・遠・狭」とも揶揄された。そこで、専用庭付き住戸が共用庭（コモン）を囲む低層接地型、3階建てメゾネットの準接地型（例えばタウンハウス永山：1980、図3・4）、プライバシーに配慮しつつ片廊下型の廊下側に居間を設けたリビングアクセス型（例えば葛西クリーンタウン：1984）などが採用された。一方で、自動車が大衆化して駐車場設置率が高まると、住棟間の空間が圧迫されるようになり、一部では立体化、機械化された。昭和60（1985）年以降は、マスターアーキテクト方式を採用したベルコリーヌ南大沢（1989）など、積極的に景観が創出されるようになった。同地区などでは、景観形成や賑わい創出のため、街路沿いに離れ（αルーム）を配置した住戸も供給された。

戸建て住宅地においても、背割2列配置をグリッド状の区画道路が取り巻く画一的な街区構成だけでなく、クルドサック（2章参照）や曲線道路を使った特色ある街

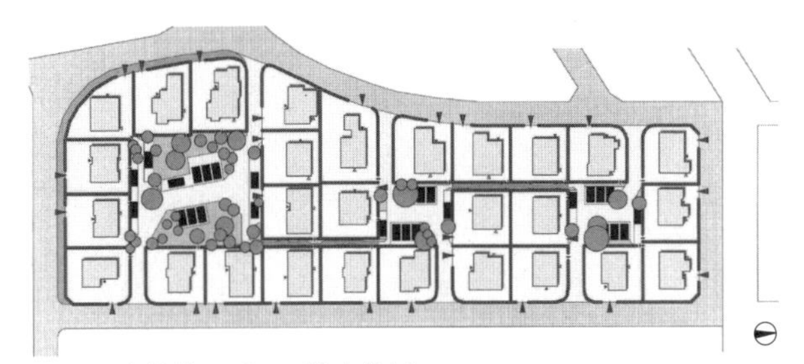

図 3・5　高須ボンエルフ（北九州市）（出典：住宅生産振興財団（＊9））

並みが形成されるようになった。宮脇檀は中間（セミ・パブリック）領域としてのコモンを住宅地に取り入れた。代表的事例として、全国で初めてコモンの概念がもち込まれた高須ボンエルフ（北九州市、1982、図3・5）、筑波研究学園都市の歩車分離の文脈を踏まえて道路をコモンとしたつくば二の宮（つくば市、1991）、ループ道路と5～10戸で囲まれたコモンが特徴的な青葉台ぼんえるふ（北九州市、1994、口絵3・3）などが知られる。しかし、地価が高騰したことにより、こうした特徴的な住宅地が多く誕生することはなかった。

◎ストック重視の住宅政策へ

❖公共住宅政策3本柱の役割の転換

バブル景気後は小さな政府論（民活論）と規制緩和を背景として、公共住宅の役割は市場の補完（セーフティネット）に重点化され、新規建設は減り、高度成長期のストックの建替え、リニューアルが中心となっていく。

1996年、公営住宅法が一部改正され、1種・2種の種別の廃止により収入基準が切り下げられた（カバー率33%→25%）。また、工事費を原価とする従来の法定限度額家賃制度に代わり、立地条件、規模など個々の住宅の便益に応じた応能応益家賃制度が導入された。2012年4月からは、公営住宅法の改正によって入居基準の設定が自治体の裁量となり、収入基準のカバー率を50%まで引き上げることが可能になった。加えて、低所得者だけでなく、新婚世帯や子育て世帯なども対象者に含めることが可能となった。これにより、自治体は低所得者よりも、将来的に自治体財政に寄与する可能性の高いこれらの世帯を積極的に入居させられる。こうして、生活に困窮する高齢者の増加や所得格差の拡大にも関わらず、低所得者の入居は徐々に困難になってきている。なお、公営住宅の建築戸数は1970年代前半をピークに減少しており、2015年3月時点で築後30年以上経過したストッ

都市計画COLUMN

近隣住区理論

1920年代のアメリカは、自動車の普及に伴い交通事故が多発するなど、既成市街地の住環境が悪化していた。そこでC. A. ペリーは、住区内における安全性、利便性、快適性を確保するため、以下の六つの原則を骨子とする近隣住区理論を1929年に提案した。

①規模：一つの小学校を必要とする人口規模

②境界：通過交通を排除するため、住区周囲は十分な幅員の幹線街路で区画

③オープンスペース：公園・レクリエーション用地を体系的に配置

④住区施設用地：住区中央に小学校、教会、コミュニティ施設などを配置

⑤店舗：住区周囲の交差点近くに、隣接住区のそれと近接する形で1か所以上配置

⑥内部街路：住区内の循環交通を容易にし、通過交通を防ぐ街路体系

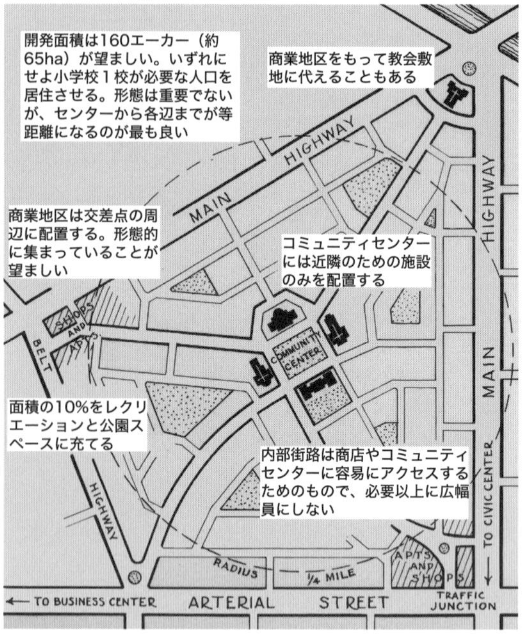

図　C. A. ペリーの近隣住区（出典：Perry, Clarence（＊6））

こうした物理的特徴は、明確な境界がなく、空間的に特色のない住宅地では地域コミュニティが十分に機能しないという社会的側面も考慮されたものである。

その後、近隣住区理論は各国で郊外住宅地の計画基準に採用された。米国では歩車完全分離で知られるラドバーン（ニュージャージー州、2章参照）、英国では近隣住区─地区─都市という3段階の市街地構成をとるハーロウ（ロンドン北東約50km）などが知られる。

クが全体の約6割を占める＊10。近年の建築戸数の大半は建替えであり、建替え時に住戸数が削減されるため、公営住宅ストックは2005年以降微減傾向にある。

日本住宅公団を継承した住宅・都市整備公団（1981 - 99）、都市基盤整備公団（1999 - 2004）は1997年に新規の分譲住宅供給から撤退、さらには2001年には新規の賃貸住宅供給からも撤退した。2004年には特殊法人改革の一環として都市基盤整備公団を廃止、都市再生機構（UR都市機構）が設立され、大都市圏での住宅供給という旧公団の役割を終えた。現在は賃貸住宅の維持管理のみならず、大規模な基盤整備を伴う事業や密集市街地整備などの都市再生、被災地の復興や都市の防災機能強化支援などを主な業務としている。

住宅金融公庫も同様に2005年に廃止され、住宅金融支援機構となった。従来の一般個人向け融資は原則廃止され、民間金融機関の長期・固定住宅ローンの安定的な供給を支援する証券化支援事業に特化するようになった。近年では、子育て支援、UIJターン、コンパクトシティ形成、空き家対策など地方公共団体の施策推進に対して、融資制度を通じた連携・協力を行っている。

なお、地方住宅供給公社は全都道府県及び10政令指定市に57団体が設立されたが、バブル崩壊後の土地価格の下落による経営状態の悪化などにより、2015年4月までに16団体が解散している＊11。

❖住生活基本計画

住宅の量的充足や少子高齢化の進展、国民の居住ニーズの多様化など住宅事情の変化を受け、2006年に住宅建設計画法は廃止されて住生活基本法が制定された。10年間における国民の住生活の安定の確保および向上の促進に関する基本的な計画として、住生活基本計画（全国計画）が閣議決定される。

2006年9月に閣議決定された初めての全国計画（2006 - 2015年度）では、ストック重視、市場重視などの基本的な方針のもと、「良質な住宅ストックの形成及び将来

世代への承継」「良好な居住環境の形成」「国民の多様な居住ニーズが適切に実現される住宅市場の環境整備」「住宅の確保に特に配慮を要する者（高齢者、低額所得者、子育て世帯、障害者、被災者等）の居住の安定の確保」の四つの目標と、その目標の達成状況を示すアウトカム目標が設定された。例えば、2003 年から 2015 年にかけて、住宅の新耐震基準適合率を 75％から 90％に、既存住宅の流通シェアを 13％から 23％にするなど定量的な目標が設定された。

この全国計画は、社会経済情勢の変化および施策の効果に対する評価を踏まえて、おおむね 5 年ごとに見直しされることとされていた。しかし、リーマンショック（2008）などの社会経済情勢の急激な変化を受け、2009 年、緊急的かつ重点的に推進すべき対策として、長期優良住宅の普及促進、リフォームの促進が同計画に追記された。

その後は、2011 年 3 月、2016 年 3 月と、それぞれ 5 年ごとに新たな全国計画が閣議決定された。前者（2011 - 2020 年度）では、ソフト面の充実による住生活の向上、住宅ストックの管理・再生対策、既存住宅流通・リフォーム市場の整備がポイントとされた。後者（2016 - 2025 年度）は、少子高齢化・人口減少社会を正面から受け止め、若年・子育て世帯や高齢者が安心して暮らすことができる住生活の実現、住宅ストック活用型市場への転換、住生活産業の活性化がポイントとされた。

地方分権が進むなか、国が計画を定める必要性としては、安全、健康など地域特性によらず満たすべき水準の整備（ナショナルミニマムの設定）、省エネ政策、少子化対策など国策としての施策推進、特定の自治体の負担が過剰にならないための福祉政策の整備が挙げられる*[12]。全国計画に即した都道府県計画と任意の市町村計画（住宅マスタープラン）は全国計画を補完するものであり、地方自治体には地域特性に応じた計画の策定と、適切な指標の設定が求められる。市町村の住生活基本計画には、都市計画マスタープランを上位計画としたり、整合を謳ったりするものが多い。しかし、人口減少下での新規マンション開発あるいは住宅地開発は、同一自治体内で学校やインフラなど公共施設の不足と余剰を引きおこすなど、今も住宅計画と都市計画の連携は課題である。

◎多様化する住まい方

高度成長期には、木造アパートや公営住宅を経て、子どもの成長とともに賃貸マンション、分譲マンション、最後に庭付き郊外一戸建て（マイホーム）を購入して「あがり」となる「住宅双六」（図 3･6）が住まいのステップアップのモデルとされた。国は住宅金融公庫の個人向け融資など、数々の政策を通じてそれを後押しした。しかしバブルが崩壊し、経済の先行きが不透明化すると負債を抱えることへの人々の抵抗感が高まった。また、郊外のマイホームから都心に通勤するライフスタイルは若い世代に支持されず、住宅に対する嗜好も多様化し、共通の「あがり」はなくなった。

図 3･6　住宅双六（出典：朝日新聞（＊13））

❖持ち家・新築からの転換

それを示すように内閣府「住生活に関する世論調査」（2015 年実施）では、住宅を「所有する必要はない」という回答者が 16.5％で、2004 年調査の 12.1％より有意に増加した。住宅を購入する場合、新築でなく「中古が良い」という回答者も戸建て、マンション合わせて約 1 割を占めた。このように、まだ少数ではあるが、若い世代を中心に「持ち家・新築」に拘らない人が増えている。経済面の理由はもちろんのこと、賃貸や中古の選択肢の方が多く、立地を選びやすいこともこうした嗜好の変化の理由として考えられる。

中古住宅の流通に関して、近年では、時代の変化に合わせた大規模なリノベーションを施したマンションが人気を博している。中古住宅は性能面が不安視されがちだったが、「住宅の品質確保の促進等に関する法律（品確法）」に基づく既存住宅の性能評価や、耐震性がありインスペクション（建物状況調査）が行われた「安心 R 住宅」

都市計画COLUMN

コレクティブ、コーポラティブ

コレクティブハウスとは、集住のメリットを生かすために共用施設を充実させた、住民主体で運営される住居の集合である。欧米の一般的事例は20-50世帯の集合住宅で、各住戸面積を削って豊かな共用空間を創出している。居住者の自主性も特徴であり、さまざまなコミュニティ活動が展開されるのに加え、当番制で食事を作り一緒に食べるコモンミールが重視される。所有形態は地域により異なり、スウェーデンでは賃貸や組合所有、北米では区分所有や持ち家型が一般的とされる[*15]。日本では「コレクティブハウスかんかん森」(荒川区)が、初めての本格的コレクティブハウスと言われる。シェア居住への関心の高まりとともに、今後の普及が期待される。

コーポラティブとは、居住を希望する複数の人で結成した組合が、土地の取得から建物の設計、工事の発注までを行い、完成した住宅(コーポラティブハウス、コープ住宅)を取得･管理する方式である。コーポラティブが普及した理由として、自由設計が可能なことが挙げられる。その他の特長としては、建設に関する手続きを自ら行うため価格を抑えられること、建設に至るプロセスを通じて入居前から人間関係を築けることなどが挙げられる[*16]。事例には、COMS HOUSE(千代田区)、ヴィレッジ浄瑠璃14(八王子市)、メソードつくば(つくば市)などがある。

の標章などを参考にでき、購入後の欠陥に対しては既存住宅売買瑕疵保険が利用できるようになっている。また、住宅支援機構の適合基準をクリアすれば、住宅ローンの優遇金利を利用でき、所得税の住宅ローン取得控除を受けることもできる。このように、中古住宅もようやく新築同様の措置を受けられるようになってきた。

日本の住宅の寿命は30年と言われ、英国の77年、米国の55年と比べて短い[*14]。これは、住宅が資産ではなく耐久消費財として見なされ、リフォームなどの適切な維持管理がなされないままスクラップ・アンド・ビルドが繰り返されてきた帰結である。資源の有効利用、CO_2排出量や廃棄物の削減といった環境面からも、中古住宅の流通促進が要請される。

❖シェア居住

2000年代以降、特に東日本大震災後において、個室を

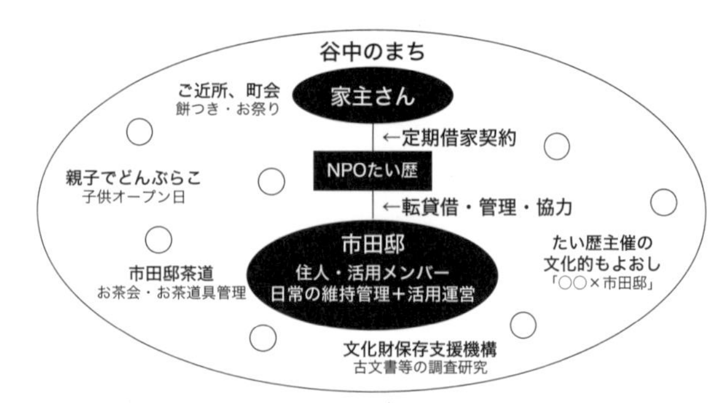

図3･7　歴史的建造物「市田邸」をめぐる関係図(出典：NPO法人たいとう歴史都市研究会(＊17))

確保した上で、一つの住宅に家族でない複数人が住むシェア居住が注目を集めている。その長所としては、金銭面のほか、災害時や急病時あるいは犯罪に対する安心感が挙げられる。また、居住者同士の交流も魅力とされており、「1世帯1住宅」「1人1室」が実現されることで薄くなった人とのつながりを取り戻そうとする動きとも考えられる。共用空間における交流が重視される点は、コレクティブハウス(本ページ「都市計画コラム」参照)とも共通する。

台東区では、地域の景観や生活文化を守るため、NPOが歴史的建造物を借りてシェアハウスや店舗としてサブリースする事例が見られる(図3・7)。横須賀市では、高齢化が進む谷戸地域の空き家を市の助成で改修し、学生たちが家賃補助を受けてそこに住みながら、清掃や防犯パトロールなどの地域支援活動を行う事例がある。両者ともシェアハウスと組み合わせて地域課題の解決を目指す事例である。ほかにも、高齢者やシングルマザーが支え合いながら暮らすシェアハウスも見られる。一方で、多数の人が居住する寄宿舎に該当する場合、建築基準法や条例で一般の住宅より高い安全性能が求められ、シェアハウスの普及と安全性とのバランスが課題である。

ホームシェアは、持ち家所有者が、空き部屋に単身者を住まわせるもので、独立した子どもが使っていた部屋を高齢者が学生に賃貸する事例などが見られる。欧米では高齢者福祉の一環としてホームシェアが制度化されており、米国では高齢者と若者を仲介するNPOが発達している[*15]。また、フランスの仲介NPOには、自治体などから運営費の半分程度の補助金を受けるものが多く、在室条件によって家賃が無償化されることもある[*18]。単身世帯の増加と高齢化が進む日本でもホームシェアの普及が期待される。

3・2　住環境の理念とマネジメント

前節で述べたように、戦後から続いた住宅の「量」の不足が解消されると、住環境などの「質」が重視されるようになった。本節では、住環境を構成する主要な理念を概説した後、特に、近年関心の高まる防犯性、買い物の利便性、ウォーカビリティについて詳細に論じる。

人口減少時代を迎えたいま、開発許可（1章5節参照）などを通じて望ましい住環境を新たに創出することよりも、既成市街地において、住民自らが住環境を維持・向上させることの重要性が高まっている。本節の後半では、そうした住環境のマネジメントについて、事例を挙げつつ論じる。

◎住環境の理念

❖四つの理念とその概要

世界保健機関（WHO）は1961年に基本的な生活要求の理念として、安全性（safety）、保健性（health）、利便性（convenience）、快適性（amenity）の四つを挙げた。

まず安全性とは、生命や財産が守られていることであり、大きく日常安全性と災害安全性に分かれる。日常安全性はさらに防犯性（後述）、交通安全性、生活安全性（転倒・転落など）に分かれる。災害安全性は、風水害や地震などの自然災害や人的な要因による火災などに対して、災害発生防止面の安全性と、被害の拡大を防ぐ災害対応面の安全性に大別される。

二つ目の保健性とは、肉体的・精神的健康が守られていることであり、その因子は、温湿度、騒音、照度、電磁波などの物理的環境、光化学スモッグなど化学物質による化学的環境、有害生物や細菌・ウイルスなどの生物学的環境、そして医療、保健など上記の因子を総合的に補完する社会的環境に区分される*19。英国では、産業革命以降劣悪化した労働者の住環境の衛生水準向上が、19世紀中期の住宅関連法（1851年シャフツベリー法）の動因となり、その後の田園都市構想や田園郊外の開発にもつながった。日本では、公害対策基本法制定（1967）により高度成長に伴う公害型の環境影響はかなり克服されたが、大量消費型の社会経済活動により都市の大気汚染や水質汚濁は慢性化している*20。

三つ目に利便性は、敷地内およびそのごく周辺の日常生活利便性、医療施設、公共・公益施設などの施設利便性、交通利便性、物流・情報などの社会サービス利便性から評価される*21。施設利便性について、望ましい誘致距離は施設の種類によって異なり、公園の場合、街区公園は250m、近隣公園は500m、地区公園は1kmとされている。一般に、施設までの距離が短ければ住民の満足率は100%に近く、長くなれば逓減するが、これも施設によって異なる（買い物の利便性については後述）。

最後に快適性とは、美しさや文化性、レクリエーションの機会などが確保されていることであり、空間の性能に関わる要素、空間の構成に関わる要素、自然との共生に関わる要素、地域に蓄積された意味(歴史・文化など）に関わる要素、住まい方に関わる要素に分けることができる*19。快適性を維持するためには、近隣住民がその価値を認識し、維持管理のための組織をつくったり、住まい方のルールを定めたりして、一人ひとりが住環境に関わっていくことが求められる。

❖住宅建設五箇年計画における住環境の理念

先述の住宅建設五箇年計画で住環境水準目標が設定されたのは第4期計画(1981 - 85)からである。住宅の「量」から「質」に焦点が移り、基礎水準と誘導水準を定めて低水準の住環境の解消と、良好な住環境の確保を目指した。例えば、安全性に関する項目として「自然災害による危険性のある区域にない」こと、保健性に関する項目として「公害による住環境の阻害がない」こと、利便性に関する項目として「福祉、教育、厚生、購買等の各種生活関連施設の接近性の確保」、快適性に関する項目として「住戸および住棟がその地域の気候、風土、文化等に即して周辺地域と調和」していることなどが誘導水準として明記されている。

第8期計画（2001 - 05）では、住環境水準の項目として、安全性、利便性、快適性、持続性が示されている。持続性は「良好なコミュニティ及び市街地の持続性」「環境への負荷の低減の持続性」に区分され、それぞれ定量的な指標が定められている。後者の環境持続性は、地球環境問題の深刻化とそれに対する意識の高まりを反映したものである。これは安全性や利便性などと異なり、不動産価値に直接反映されないという特徴があるため、広範な地域で発生する価値や、将来発生する価値を補助金や税の形で予め内生化する必要がある*19。なお、都市の環境性能を評価するツールとして、建築環境・省エネル

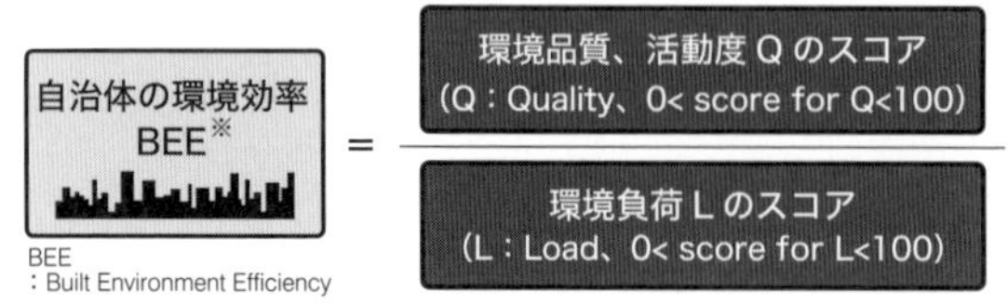

図 3・8 CASBEE 都市の評価の枠組み(出典:建築環境・省エネルギー機構(＊22))

表 3・2 都政への要望の上位項目

年	1位	2位	3位	4位	5位
'04	**治安**	高齢者	医療・衛生	環境	交通安全
'05	**治安**	防災	高齢者	医療・衛生	環境
'06	**治安**	高齢者	防災	医療・衛生	環境
'07	**治安**	高齢者	医療・衛生	防災	環境
'08	**治安**	高齢者	医療・衛生	消費生活	防災
'09	**治安**	医療・衛生	高齢者	防災	環境
'10	**治安**	高齢者	医療・衛生	防災	環境
'11	防災	高齢者	**治安**	医療・衛生	環境
'12	防災	**治安**	高齢者	医療・衛生	環境
'13	防災	**治安**	高齢者	医療・衛生	環境
'14	防災	**治安**	高齢者	医療・衛生	消費生活
'15	高齢者	**治安**	医療・衛生	防災	交通安全
'16	高齢者	防災	**治安**	医療・衛生	行財政
'17	防災	**治安**	高齢者	医療・衛生	行財政

(出典:各年の東京都「都民生活に関する世論調査」より作成。2004 年は 24 項目、2005~07 年は 25 項目、2008 年以降は 27 項目から 5 項目を選択する形式の設問)

ギー機構の「CASBEE 都市」が挙げられる(図 3・8)。環境、社会、経済のいわゆるトリプルボトムラインから自治体単位で環境性能を評価するもので、都市計画や施策立案への活用が期待されている。

◎防犯性

住環境の防犯性を評価するために、警察が認知した犯罪件数、住民の体感治安が一般に用いられるが、これらは結果による指標である。犯罪の起こりにくさの指標としては、物理的、社会的な自然監視性と領域性、住民などによる自主的な防犯ボランティアの活動状況が考えられる。

❖犯罪件数と体感治安

高度成長期に 130 万件前後で安定していた刑法犯認知件数は 1980 年頃から増加、特に 1990 年代後半から急増し、2002 年には 285 万件に達した。国は犯罪対策閣僚会議を設置し、各種の指針や計画を策定してさまざまな対策を講じた。そして、身近な地域でも防犯ボランティアが活動するようになった。

さまざまな対策の結果、その後の刑法犯認知件数は減少の一途をたどり、2015 年には 110 万件と戦後最少を記録した。主要 4 か国(フランス、ドイツ、英国、米国)と比較しても、殺人、強盗、窃盗および強姦の発生率(人口 10 万人当たりの認知件数)は最も低い[*23]。

それでも、2017 年の内閣府「治安に関する世論調査」によると、最近の治安が「悪くなったと思う」人が 6 割を超える。また、東京都民の都政への要望においても、「治安対策」は 2004 年から 2010 年まで 7 年連続 1 位で、その後も上位に位置している(表 3・2)。ただし、体感治安は必ずしも犯罪件数だけで説明されず、地域のソーシャル・キャピタル(社会関係資本)の高さも影響することが知られている[*24]。

❖自然監視性と領域性

犯罪は、犯罪者、標的となる人や物、そして犯罪の遂行に適した空間が揃って発生する。そして、犯罪の起こりにくい空間は、自然監視性(Natural surveillance)と領域性(Territoriality)を高めることで実現される。

自然監視性の考え方はジェイン・ジェイコブズ(1961)[*25]が発祥とされる。彼女は 1950 年代のニューヨークの観察を基に“Eyes on the street(街路への視線)”によって都市の安全が保たれていることを看破し、自然監視性の高い多様性を重視した都市計画の必要性を主張した。自然監視性は、見通しや夜間照明の確保といったハードと、多数の人の目を提供する都市活動によって実現される。警備員などによる組織監視、防犯カメラによる機械監視はいずれも自然監視の補完措置として位置づけられる。

領域性はオスカー・ニューマン(1972)[*26]に端を発する。彼は犯罪の温床となって解体されたプルイット・アイゴー団地を契機とした研究で、犯罪に強い集合住宅を実現するため、物理的・心理的障壁による領域の明示の必要性を提示した。公的領域から私的領域に至る中間領域の創出、コミュニティ意識の醸成などが領域性確保の具体的手法である。些細な秩序の乱れが犯罪や地域の崩壊につながるとする割れ窓理論(Broken windows theory)

も領域性で説明できる。

これらを組み合わせた対策が求められるが、監視性、領域性もそれぞれ防犯カメラや物理的障壁など分かりやすい対策に矮小化されて捉えられがちである。その最たる帰結が、地区全体を高い塀で囲み、警備員や防犯カメラが配された少数のゲートに出入り口を絞り込んだゲイテッド・コミュニティである（図3・9）。ゲイテッド・コミュニティに対して、地域コミュニティを分断する、外部空間に視線や関心が届かず危険になる、住民の防犯意識低下を招くといった批判も少なくない。防犯まちづくり関係省庁協議会（2003）*[27]は「防犯に特化した活動だけが重要であるのではなく、むしろ、日頃から快適で活力のあるまちをつくることが防犯にも効果を有するとの観点に立って幅広い視野から取り組むことが望ましい」としている。防犯に偏ったまちづくりを進めることは要塞化、監視社会化を招くおそれのあることに留意し、コミュニティ形成を促す配置計画などによる「開いた防犯」を選択肢に含める必要がある*[28]。

図3・9　米国のゲイテッド・コミュニティ

◎買い物の利便性

住環境の利便性を計る一指標に、買い物のしやすさがある。買い物は単に物品を入手するためだけでなく、日々の食生活を通じて健康にも影響する行為である。また、高齢者にとって買い物は主要な外出目的の一つであり、買い物しやすい住環境は閉じこもり防止、介護予防につながる。買い物の利便性低下は、特に高齢者への影響が大きいが、障がい者、妊産婦、共働き世帯などにも関係する普遍的な問題である。ここでは買い物の利便性に関する問題として、「買い物弱者」とフードデザート（食の砂漠）を取り上げる。

❖「買い物弱者」問題

経済産業省は、アンケート調査で「日常の買い物に不便」と回答した人の割合に60歳以上人口を乗じて2014年の買い物弱者の数を700万人と推計している*[29]。これは2008年の推計から約100万人の増加である。農林水産政策研究所は、自宅から生鮮食料品店までの距離が500m以上で自動車を持たない人口が2010年時点で382万人存在し、2025年には598万人に達すると推計している*[30]。このように、自宅から店舗までの距離に加え、高齢化率、自動車保有率などで地区の買い物弱者の状況を評価することができる。一方、店舗に対する満足度に着目し、店舗の選択肢がなく不満を抱きつつ買い物をしている潜在的な買い物弱者の存在も指摘されている*[31]。

買い物弱者増加の背景には、本格的な高齢社会の到来だけでなく、身近な店舗の減少がある。大型店の出店を調整する大規模小売店舗法（1974年施行）が米国の外圧などにより1991年に規制緩和、2000年に廃止されたことで、郊外への大規模店舗の出店が増加した。競争に敗れた小規模店舗は数を減らし、小売業事業所数は1982年の172万か所をピークに2014年には102万か所まで減少している（経済産業省・商業統計）。これにより、高齢化が著しい過疎地だけでなく、商店街が衰退する地方中心市街地でも買い物弱者が発生するようになった。郊外ニュータウンの近隣センターは、車社会の進展、人口減少と高齢化に伴う購買力低下により、核店舗のスーパーが撤退するなどして空洞化した。商店街や近隣センターなど身近な店舗の喪失により、住民は買い物の場と同時に互いに交流する機会も失った。これは目先の損得を追った利用者側にも原因があり、身近な店舗を積極的に選ぶ「買い支え」の必要性が示唆される。

問題解決のためには、サービスの受け手（人）を動かすか、必要とされる商品（物）を動かすかのいずれかが必要である。前者の典型例としては移送サービスや買い物バス、後者には宅配サービスや移動販売が挙げられる。都市計画的には、「人」と「物」を近接させるコンパクトシティが一つの目標像となり得る。このように、買い物弱者問題は商業だけでなく、福祉、交通、都市計画、コミュニティなど幅広い分野にまたがる問題である。ただし、郊外の高齢者を利便性の高い中心部に転居させることは、それまでに育んだ社会的繋がりを失わせることに

図 3・10　地域住民が運営する共同店舗「熊野学区ふれあい広場クローバー」（福山市）（出典：福山市（＊ 32））

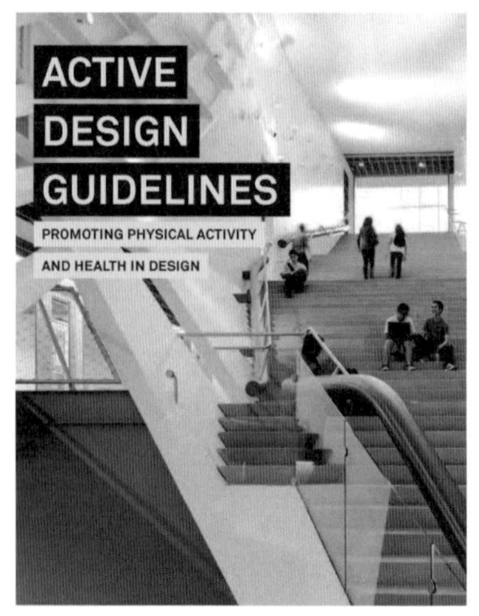

図 3・11　ニューヨーク市の身体活動を促す都市デザインの指針 “Active Design Guidelines”

もなる。住民の共助により、移送サービスや買い物代行、青空市の開催や共同店舗（図 3・10）の設置が行われる地区も多く、むしろ共助が弱い都市部の方が孤立し、買い物弱者に陥りやすい可能性もある。行政には市場任せでない支援が求められる。

❖フードデザート問題

フードデザート（食の砂漠）とは英国で使われ始めた用語で、生鮮食料品へのアクセスが悪いインナーシティ内の地区を指す。先述の日本の状況と同様に、規制緩和に伴う郊外大型店の出店によりインナーシティの店舗が廃業し、生鮮食料品を入手できない地区が増えた。郊外に脱出できない低所得者層は、安価なファストフードなどの高カロリー食を偏食し、肥満やそれによる疾患の増加を招いている。こうした地区において食料品の入手は問題の一側面に過ぎず、医療・福祉などへのアクセスも同様に困難であることが多い。

こうしたフードデザート問題の根源は社会的排除（social exclusion）にあり、問題解決に当たっては、店舗との物理的距離だけでなく、教育、雇用、福祉といった社会的側面に目を向け、排除された人々の社会的包摂（social inclusion）を目指す必要がある。よって地区のフードデザート問題の状況を評価する際には、店舗までの距離だけでなく、所得や人種などの社会的状況も測定する必要がある。フードデザート問題は、格差拡大や高齢者などの孤立が進行するわが国にとっても対岸の火事とは言えない。空間と社会の両方を扱う都市計画がこの問題解決に果たすべき役割は大きい。

◎ウォーカビリティ

ウォーカビリティとは、そこに暮らし、働き、学ぶ人々の歩行を促す都市や地区の性質を表す指標である。歩行は生活習慣病の発症予防や、高齢期の日常生活動作障害の初期予防に有効であるが、国民の平均歩数は 2008 年まで減少した後も横ばいであり、「健康日本 21（第 2 次）」（厚生労働省）の定める目標値は遠い。予防医学分野では、疾患発生リスクの高い少数の対象に介入するハイリスク・アプローチと合わせて、多数の集団に介入するポピュレーション・アプローチが必要とされている。ウォーカビリティの高い都市環境の整備は、このポピュレーション・アプローチの一手法として期待される。

ニューヨーク市は “Active Design Guidelines（活動的な生活のための設計指針）”（図 3・11）を公表し、身体活動を促す都市デザイン戦略を進めている。同市では、19 世紀後半から 20 世紀前半にかけての急激な人口増加により結核やコレラ、黄熱病といった感染症が繰り返し発生したが、水道システムや地下鉄の整備、建築規制などの都市政策により 1940 年には感染症の抑制に成功した。これに対し、現在は肥満と慢性疾患といった非感染症に問題が移り、2030 年にはその経済損失が全米で 8,600 ～ 9,600 億ドルになると推計されている [＊33]。肥満や慢性疾患の防止に有効な身体活動を促進するため、1 世紀を経て再び都市政策に期待が集まっているのである。

歩数に影響する都市環境要素としては五つの D、すなわち密度（Density）、土地利用の多様性（Diversity）、歩行者志向のデザイン（Design）、目的地へのアクセス性（Destination accessibility）、公共交通への距離（Distance to transit）が挙げられる。人口密度などの高さは、それ自体が直接歩行を促すのではなく、残りのDが中間因子になっていると考えられる。二つ目と四つ目のDは互いに関係しており、徒歩圏内に商店や公園などがあると、それらが目的地となって歩行が促される。歩行者志向のデザインとは、歩きやすい歩道整備、歩きたくなる景観形成などである。公共交通の利便性が高い地区では、駅周辺の施設を利用したり、公共交通を使って遠出したりできることが歩行を促すため、モビリティ・マネジメント（2章）の動機づけに健康面の効果が示されることもある。一方、犯罪や交通事故の多さも歩行を妨げる要因となる。このように、ウォーカビリティは安全性、保健性、利便性、快適性の全ての理念に関係する総合的住環境指標と言える。

ウォーカビリティを高めるために、中長期的には駅周辺で用途複合型のコンパクトシティを目指すことが支持されるが、それに至る過程では、高度成長期に斜面地につくられた住宅地など、歩行環境として不利な地域で、特に環境要因の影響を受けやすい高齢者の外出を促す仕組みづくりが課題となるだろう。

◎住環境マネジメント

マネジメントとは「運用、経営、管理」を意味し、主に商業地において良好な環境や地域の価値を維持・向上させる取り組みは「タウンマネジメント」「エリアマネジメント」と呼ばれる。一方、住環境マネジメントは住宅地を対象とするもので、住民自らが主体となり、地域の価値と住環境を維持・向上させる取り組みである。ここでいう価値とは、市場での資産価値と、生活上の利用価値を指す。住環境マネジメントの主な目的は、住宅の増改築や植栽管理に関するルールの策定、運用、住民の共有財産の保有、管理、美化活動などによる公共的空間の維持・管理、防犯や防災をはじめとする地域課題への対応などハード、ソフトの両面にわたる。

❖住環境マネジメントの主体

しかし、日本の住宅地でこうした役割を担う主体が存在することは稀である。一方、米国では多くの住宅地で住宅所有者組合（Homeowners Association：HOA）が設立され、住環境マネジメントを行っている。

HOAが初めて導入されたのは、自動車社会に対応して歩車分離の交通システムを採用したことで知られるラドバーン（1928年建設開始、ニュージャージー州（2章参照））である。スーパーブロック開発で生まれる広大な緑地を維持・管理するため、住民から共益費を集めたり、各敷地の利用に規制をかけたりした。その後、60年代に緑地、プール、ジム、ゴルフコースなどのコモンを有する開発（Common Interest Development：CID）が普及すると、HOAは全米の新規郊外開発に採用された。カリフォルニア州など、CID開発時のHOA設立を州法によって義務化している州もある（図3・12、口絵3・4）。一般的なHOAは、コモンの維持・管理に加えて、それを使ったレクリエーションを提供したり、建築や生活に関するルール（CC & R）を運用したりする。住環境マネジメントを管理会社に委託したり、専門のマネージャーを雇用したりするHOAも多い。

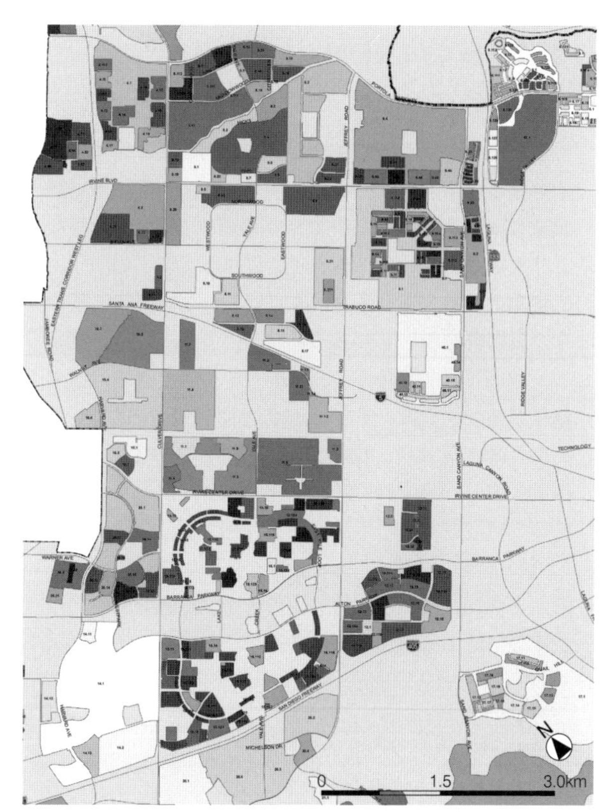

図3・12　アーバイン市のHOAマップ（一部）（出典：アーバイン市（＊34））

日本の戸建住宅地には、任意の自治会や町内会が存在することはあっても、財源や人員が限られており、上述した役割のごく一部しか担わない。多くの場合、各敷地の権利が強く、地区単位で住環境を維持・向上させることは困難である。加えて、中古の戸建住宅市場が未成熟

都市計画COLUMN

住環境価値の評価

住環境またはその形成要素の経済的価値を貨幣単位で評価する手法には、ヘドニック価格法や仮想市場評価法(CVM)がある。ヘドニック価格法では、住環境など非市場財の価値が、地価や家賃など代理市場の価格に資本化するというキャピタリゼーション仮説に基づき、重回帰分析により非市場財の価値を求める。例えば、地価を目的変数とし、駅までの距離と近隣の植樹量などを説明変数とすれば、100mの距離、1本の街路樹の価値が求まる。CVMは、受益者にその支払意思額(WTP: Willingness to Pay)を尋ね、対象とする環境自体の価値を求める手法である。例えば、住民の負担で近隣公園が整備されると仮定して、いくら負担できるかを尋ね、その平均値や中央値を受益者数あるいは世帯数に乗じて整備の価値を求める。

なため、資産価値の向上が住環境マネジメントの動機になりづらいことも主体が育たない要因と言える(本ページ「都市計画コラム」参照)。一方、区分所有法に基づくマンション管理組合は、管理費や修繕積立金を徴収して建物を管理したり、管理規約や細則などのルールを運用したりする点でHOAに近い。住環境マネジメントを担う主体形成は、日本の戸建住宅地の大きな課題である。

❖住宅地のルール

住環境の維持・向上のために定められるルールとして、都市計画法に基づく地区計画や、建築基準法に基づく建築協定がある。地区計画は、既存の都市計画を前提に、地区の実情に合ったよりきめ細かい規制を行うための制度で、その内容を建築物制限条例に定めることにより建築確認の審査対象とし、実現を担保することができる。

建築協定は、土地所有者の全員合意によって建築基準法による最低基準を上回る制限を定め、市町村の認可を受けて住民による運営委員会が運用するものである。公法上の権利制限ではないため、違反に対しては運営委員会が、是正措置請求や提訴などを行う。必ずしも専門性を持たない住民にとってこうした運用の負担は大きく、協定の期限到来時に更新しないまま失効させてしまう地区も多い。住民による運用を支援するため、複数の運営委員会が情報交換を行う連絡協議会が設置されている自治体もある。一方で、更新時に建築協定から、条例による制限が可能な地区計画への移行を目指す地区もある。地区計画は市町村が定めるものであるため、運営に関わる住民の負担は小さくなるが、その分住民の当事者意識が育ちにくいという難点がある*[35]。

なお、地区計画や建築協定を補完するために、任意のルールを定める地区もある。例えば、田園調布(大田区)では1991年に地区計画を策定した後も、「環境保全及び景観維持に係わる規定」を定め、田園調布会(町会)で新増改築や外構工事などの際に審査を行っている。日常の騒音や空き地・空き家の管理など、ソフトに関する項目も含むのが特徴である。自治体によっては、法に基づかないこうしたルールを条例で公定するところもある(横浜市など)。

こうしたルールに基づく住環境マネジメントは、当初の住環境の固定化が目標とされがちである。転売を前提とした資産価値維持を目指すのであれば合理的だが、終の棲家にする要望の高い日本では、利用価値向上のためにルールを柔軟に運用したり、改定したりすることも必要である。前節で紹介した青葉台ぼんえるふ(北九州市、1994)では、家族の成長に伴う駐車スペース増設や、住宅アプローチのバリアフリー化といった要望と、街並みの維持というトレードオフに対し、専門家の支援を受けつつガイドラインを作成するなどしている*[36]。高齢化や人口減少という大きな変化に柔軟に対応する住環境マネジメントが求められている。

3・3 超高齢化・人口減少時代の住環境

日本の人口は2009年をピークに減少しており、2018年1月時点で1億2771万人となった。65歳以上の人口割合(高齢化率)は27.7%と世界で最も高い水準に達し、2036年には3人に1人を上回ると推計されている。各自治体においては、生産年齢人口の減少に伴う税収減、モビリティが低い高齢者の増加などを受けて、居住誘導を通じたコンパクトなまちづくりが求められている。その一方で、居住誘導区域外においても一定の生活の質を確保する必要がある。

さらに、近い将来には世帯数も減少に転じると推計されている。世帯数の減少と住宅数の止まらない増加は空き家問題を深刻化させており、その対策が求められる。一方で、高齢者が住み慣れた地域で安心して暮らし続け

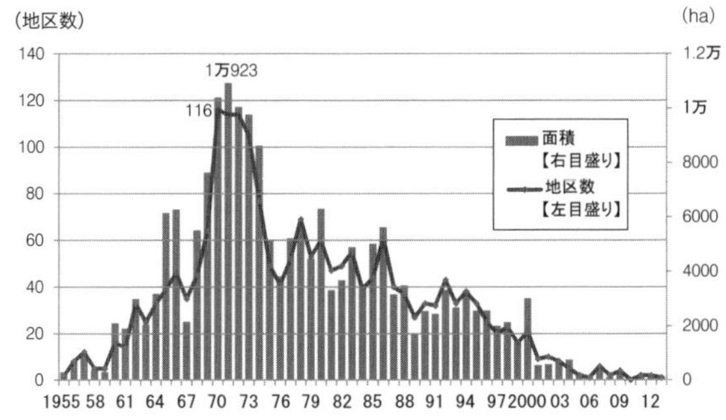

図3･13　年度別ニュータウン事業開始地区数および面積（出典：国土交通省（＊5））

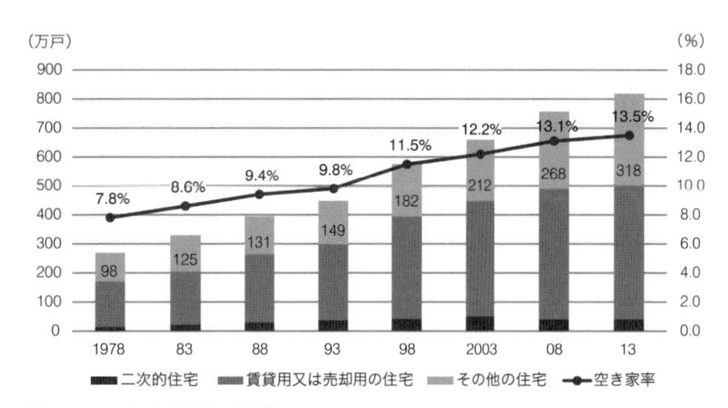

図3･14　空き家数の推移（出典：総務省（＊38））

られるよう、住宅、都市および福祉などの政策を連携させ、地域包括ケアシステムを構築することも急務である。こうした課題への対応は、住民に近い市町村が主体となり、地域の実情に即して進めることが期待されている。

本節ではまず、上述した課題が顕在化している郊外のニュータウンについて考察する。

◎郊外ニュータウンの衰退

英国の1946年ニュータウン法以降、各国で大規模かつ計画的なニュータウンが建設されてきた。わが国でも住宅の量の確保と質の向上をはかり、1955年以降2000地区を越える数のニュータウンが建設されてきた（図3･13）。その多くは大都市圏郊外部での開発で、都心に通勤・通学するベッドタウンとしての特徴をもつ。

こうしたニュータウンのうち、昭和40年代(1965 - 74)に事業着手されたものは全体の約4割を占め、首都圏30km以遠、近畿圏20km以遠の丘陵地での開発が多い。建設当初からその均一性、画一性などが批判されてきたこれらのニュータウンは、それからほぼ半世紀を経て、住民の高齢化とインフラの老朽化という「二つの老い」に直面し、「限界団地」「オールドタウン」などと揶揄される。同一時期に大量かつ画一的な住宅が供給されたため、世代の偏りが著しく、一斉に世帯分離、少子高齢化、人口の自然減が進む。近隣住区理論に基づいて計画的に配置された近隣センターは、人口減少や高齢化に伴う購買力の低下、ロードサイド大型店の隆盛などによって衰退し、買い物弱者の発生が課題となっている。さらに学校も少子化により統廃合が進められている。丘陵地開発による急勾配道路や階段、空き家・空き地の増加、住宅のバリアフリー未対応と老朽化、単身世帯の増加と孤立なども少子高齢化に伴う課題として顕在化している。分譲団地の場合、建替事業を目指しても、高齢化により合意形成が難しく、住宅需要が減退する中、利便性の低い地区ではその採算が取れない。バブル崩壊後の都心回帰の流れも、郊外ニュータウンの衰退に拍車をかけた。

一方で、豊かに育った緑、スプロール住宅地とは異なり高水準に整備されたインフラ、多様な経験をもつ高齢者の存在を地域資源と捉え、多くの団地やニュータウンが再生事業に取り組んでいる。中層住宅へのエレベーター設置、住戸のリニューアル、共助による交通弱者の移動支援や高齢単身世帯の見守りなどの事例が見られる。郊外住宅地の将来像としては、高齢者の生活の質を追求したリタイアメント・コミュニティ、近居促進などにより若い世代の流入を目指すミクスト・コミュニティが考えられる[＊37]。

◎空き家問題

❖空き家問題と対策の現状

周囲に景観、衛生、防災・防犯面などで悪影響を与える空き家の増加が懸念されている。空き家が発生する理由は、世帯数と住宅ストック数の不均衡にある。日本の世帯数は近く減少に転じるが、依然として住宅数は着工戸数が滅失戸数を上回る状況が続いている。この背景には、その経済波及効果の大きさから、住宅建設が景気対策としても促進されてきたことがある。2013年の住宅・土地統計調査（総務省）によると、空き家の総数は853万件と、25年前の1988年の2倍以上であり、その内訳は別荘などの「二次的住宅」41万戸、「賃貸用又は売却用の住宅」460万戸、「その他の住宅」318万戸である（図3･14）。「その他の住宅」とは、入院などで長期不在の住宅、取り壊し予定の住宅が含まれ、高齢化率が高く人口増加率が低い都道府県でその割合が高い。地方の親の家を大都市圏に住む子が相続したものの、遺品とともにそのまま放置しているケースが多いと考えられる。この「その他の住宅」は、敷地が幅員 4m 未満の道路にしか接道していない割合が 45%と高く、その場合は建替えや増改築が困難なこともあって、腐朽・破損のある割合が 25%と他の類型より高い。近年の増加率が他の類型より高いことから、問題のある空き家の大幅な増加が懸念される。

空き家の増加を受けて、2010 年 10 月の所沢市を嚆矢として各市区町村が空き家の適正管理に関する条例を施行し、独自に対策を進めていた。それを追う形で、2015 年に「空家等対策の推進に関する特別措置法」(以下、特措法) が施行された。これにより、保安、衛生、景観などの点で外部不経済をもたらす「特定空家等」に対し、市町村長は必要な処置をとるよう助言・指導、勧告、命令、さらには代執行を行うことが可能となった。ただし、所有者から解体費用を回収できない場合や、所有者を確知できない場合は、市町村が負担することとなり、増加する全ての空き家に対応するのは困難である。また特措法施行により、かねてから空き家増加の一因として問題視されていた固定資産税および都市計画税の特例措置 (一戸当たり 200m² 以下の小規模住宅用地の場合、各税の課税標準がそれぞれ 1/6、1/3 になる) について、特定空家等が対象から除外されることとなった。

ただし、外部不経済を及ぼすような空き家でなければ良いという訳ではない。空き家が増加すると地域から活気がなくなり、住民自治にも悪影響が出ることが想像される。特に都市部においては、多少古くても、小さくても、賃貸でも良いから住みたいという人が多く、空き家の放置は大きな機会損失でもある。外部不経済、機会損失のそれぞれに対応して、空き家の除却と活用が車の両輪として進められる必要がある。国の「空き家再生等推進事業」は、居住環境の整備改善と地域活性化に資するため、空き家の除去、活用に助成するもので、空き家の跡地におけるポケットパーク整備 (福井県越前町) や、長屋住宅の店舗兼交流スペースへの改修(広島県庄原市) などの事例が見られる。各自治体は空き家物件情報を集めてホームページなどで紹介する「空き家バンク」を運用しているが、国もこれらの情報を集約したサイトを立ち上げており、中古住宅の流通を促進することが期待される。

図 3･15　空き家跡地に整備された住民が管理する広場 (長崎市)

❖空き家対策の展望

自治体財政が厳しいなか増えゆく空き家に対応するには、自治体だけでなく地域住民にも対策の一端を担うことが求められる。地域住民が空き家 (あるいは予備群) の状況を日常的に見守ったり、適正管理の必要性を啓発したり、有償で植栽の手入れなどの管理を行ったりする事例が見られる。さらには、自治体の補助により改修した空き家を、地域住民が高齢者の居場所などコミュニティのための施設として管理・運営したり、空き家が除却された跡地に自治体が整備した広場などを、地域住民が維持・管理したりする事例も見られる (図 3・15)。京都市は、地域の自治組織が専門家 (不動産事業者等) や行政と連携して主体的に空き家対策を図る「地域連携型空き家対策促進事業」において、活動費助成やコーディネーター派遣などの支援を行っている*[39]。

空き家をこれ以上増やさないため、住宅ストック数に歯止めをかける住宅政策の必要性は言うまでもないが、逆線引き、開発許可の適正化、敷地分割の抑制などの都市政策も求められる。また、自然条件、インフラの状況、人口動態などの地域性を踏まえて、住宅政策と都市政策を連携させる必要もある。居住誘導すべき中心市街地や公共交通結節点における重点的な空き家の活用と除却、そうした区域への転居に対する助成、税制や借入金利の優遇、災害の危険性が高い区域における住宅の新増築制限などが考えられる。

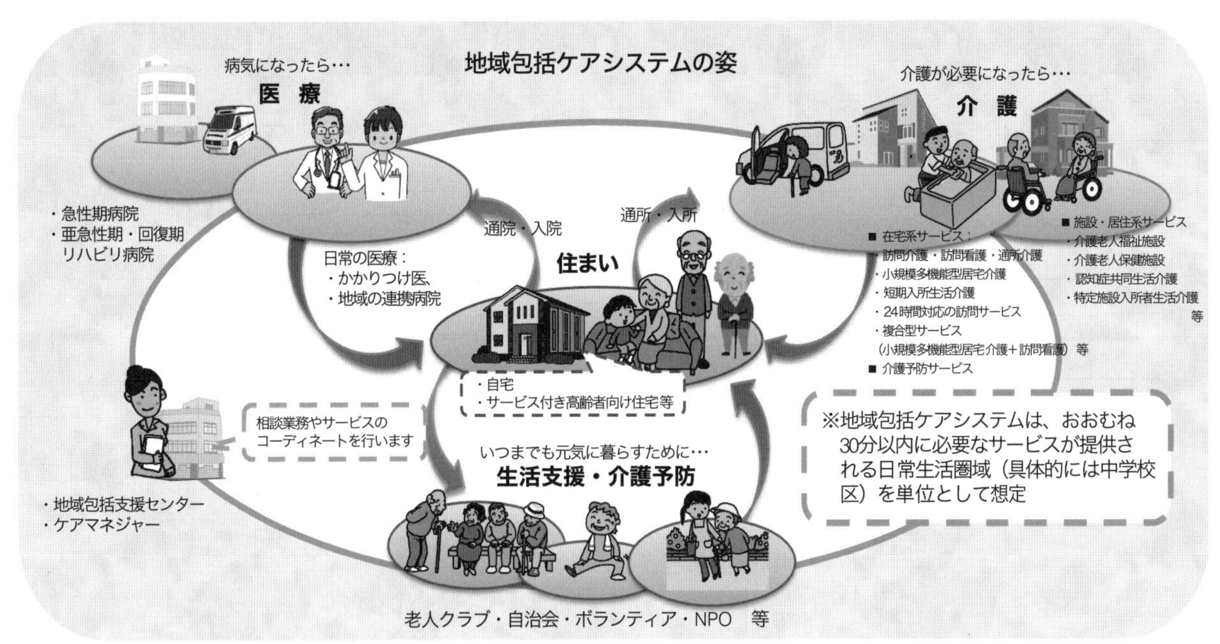

図 3･16 地域包括ケアシステムの姿（出典：厚生労働省（＊ 40））

◎高齢者の安定居住

❖地域包括ケアシステム

増大する医療や介護の需要を受け、国は、団塊の世代が 75 歳以上となる 2025 年を目途に、重度な要介護状態となっても住み慣れた地域で自分らしい暮らしを人生の最後まで続けること（Aging in Place）ができるよう、住まい・医療・介護・予防・生活支援が一体的に提供される地域包括ケアシステムの構築を進めている（図 3･16）。これは「施設ケア」から「地域ケア」への転換であり、まちづくりにもその構築への寄与が求められる。ただし、高齢化率やその進展速度は地域によって異なるため、各自治体が、地域の特性に応じて進めていく必要がある。

地域包括ケア実現に向けて、自治体は地域包括支援センターなどが主催する「地域包括ケア会議」で地域のニーズや社会資源を把握、共有し、3 年ごとの介護保険事業計画を策定し、医療・介護の連携、生活支援（配食・見守りなど）や介護予防といった対応策を決定、実行する。介護予防や生きがいづくりのためには、後述する高齢者の地域参加の推進が求められる。例えば、元気な高齢者が生活支援を必要とする高齢者を支えるといった循環的な仕組みが考えられる。

UR 都市機構も、居住者の高齢化を受けて地域包括ケアシステムの構築を目指した「地域医療福祉拠点」の形成を推進している。具体的には医療福祉施設などの充実、多様な世代に対応した居住環境の整備、若者世帯・子育て世帯などを含むコミュニティ形成などが主な取り組みとして挙げられている。建替事業が進む UR 豊四季台団地を含む、柏市豊四季台地域はその一例である。柏市、東京大学高齢社会総合研究機構、UR 都市機構の三者が、2010 年に三者協定を締結し、「地域包括ケアシステムの具現化」「高齢者の生きがい就労の創成」を施策の 2 本柱とする取り組みを進めている。

❖高齢期の住まい

ここで高齢期の住まいに関する政策を振り返る。1985 年に日本の高齢化率は 10%を超え、その前後の住宅建設五箇年計画は、「公的資金住宅の供給に当たっては、老人・母子・障害者等の世帯に特に配慮」（第 4 期、1981 年〜）、「設計、設備等の面で高齢者や障害者等に配慮した住宅の開発・普及。医療・福祉施策との適切な連携」（第 5 期、1986 年〜）、「民間活力を活用し、高齢者が安心して居住できる住宅市場の環境整備を推進」（第 6 期、1991 年〜）と、高齢化対応に言及している。

1994 年には高齢化率が 14%を超え、「高齢社会」に突入した。1998 年には、高齢者に配慮した良質な賃貸住宅ストックを増やすため高齢者向け優良賃貸住宅（高優賃）制度が創設された。その後 2001 年には、高齢者住まい法（高齢者の居住の安定確保に関する法律）が制定され、高優賃に加え、高齢者の入居を拒まない高齢者円滑入居

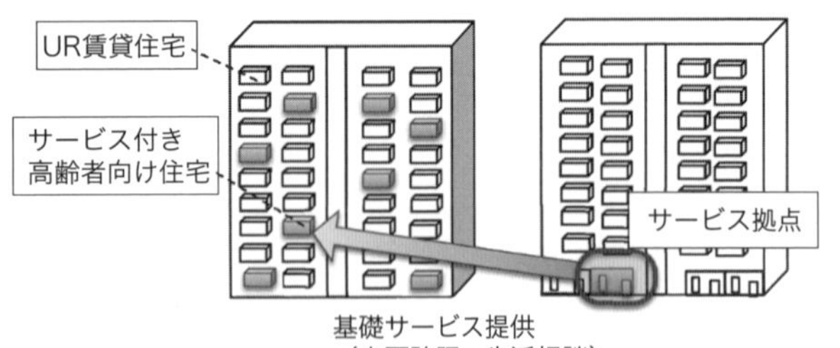

図 3・17　分散型サ高住のイメージ（出典：UR 都市機構（＊ 41））

賃貸住宅（高円賃）、専ら高齢者を賃借人とする高齢者専用賃貸住宅（高専賃）が位置付けられた。一方、2000 年に開始された介護保険制度では在宅介護の充実を目指し、手すりの取り付けや段差の解消などの住宅改修費が支給されるようになった。

2007 年には高齢化率が 21％を超え、「超高齢社会」に突入した。同年、高齢者を含む住宅確保要配慮者に対する賃貸住宅の供給促進のため、住宅セーフティネット法が公布、施行された。地方公共団体、不動産関係団体、居住支援団体（NPO 法人、社会福祉法人）などで構成される「居住支援協議会」が各地に設立され、居住支援に関する情報共有や、必要な支援措置が行われるようになった。2011 年には高齢者住まい法が全面改正され、高円賃、高専賃、高優賃が国交省と厚労省の共管する「サービス付き高齢者向け住宅」（サ高住）に 1 本化された。サ高住は一定基準の規模・構造・設備を満たし、安否確認・生活相談サービスを提供する住宅で、自立期から入居し、必要になれば訪問介護サービスを選択することができる。2016 年には供給数が 20 万戸を超えたが、地価が安く利便性の低い郊外部に立地することが多く、要介護高齢者の割合が約 9 割で、介護サービスの過剰な提供や、事業者による「囲い込み」が問題視されている。地域包括ケアシステムの一翼を担うというねらいを達するためには、自立期の高齢者にも選ばれるような立地誘導が課題である。

❖ UR 高島平団地の「分散型サ高住」

UR 高島平団地（板橋区）は、1971 年度管理開始、22.2ha の敷地に 30 棟約 8,300 戸が並ぶ大規模団地である。小中学校などの教育施設、商業施設、医療施設の利便性が高く、都心へのアクセスも良い。また、豊かな緑地などゆとりあるオープンスペースに恵まれている。一方で、住戸面積はほとんどが 33m² または 47m² と狭く、子育て世帯の入居が進まず高齢化率が 4 割を越えている。

図 3・18　分散型サ高住のサービス拠点（ゆいま～る高島平）

一方、UR は高島平団地においても先述の地域医療福祉拠点形成に向けた取り組みを推進している。その取り組みの一つが、特定住棟の一部の既存住宅を住戸単位で民間事業者に賃貸し、その事業者が必要な改修を行って転貸する分散型のサ高住である。事業者は団地内に拠点を置いて各種のサービスを提供する（図 3・17、3・18）。当初（2014 年 12 月）供給した 30 戸の 1/3 程度は団地内の転居であり、地区内での居住継続に寄与していると言える。

さらに、2016 年 4 月には、訪問看護ステーション、在宅ケアセンター（居宅介護支援事業所）、地域包括支援センター、療養相談室（在宅医療連携拠点事業）の機能が集約された「板橋区医師会在宅医療センター」が移転開所された。こうして、住戸、団地の各レベルで高齢化対応が進められている。

高島平団地や先に述べた豊四季台団地（柏市）は、アメリカの CCRC（85 ページ「都市計画コラム」参照）のような高齢者のみの独立完結型の施設とは異なり、既成市街地内で社会とつながりをもちながら、高齢者の安定居住を目指す点が特徴である[*42]。

◎高齢者の地域参加

高齢者にとって地域参加は、友人関係の構築、充実感の獲得、主観的健康感の向上・保持、外出頻度の増加、地域に対する満足度向上、生活機能障害や抑うつのリスク低減などのメリットがある。要介護状態にある人は 65 ～ 74 歳ではわずか 3.0％（平成 28 年版高齢社会白書）に過ぎず、元気なうちから地域参加して健康寿命を延ばす人が増えれば、社会保障費が抑制できるという社会的

図 3・19　元医院を活用した高齢者の居場所（土浦市）

メリットもある。先に紹介した豊四季台地域でも、生きがい就労に加え、ボランティア、NPO 活動、学習、趣味活動、健康づくりなどの多様な選択肢の提示とコーディネートを 行う「セカンドライフプラットフォーム事業」が行われている。

レイ・オルデンバーグ（1989）は、第一の場所である家、第二の場所である職場とともに、家庭や職場での役割から解放され、個人としてくつろげる「サードプレイス」の必要性を論じた*43。多くの高齢者は退職し、子供も巣立っているため、相対的に「第一の場所」「第二の場所」の役割は低下し、サードプレイスの必要性が高まる。ここではサードプレイスを空間（居場所）と活動に分けて、それぞれの課題と可能性を整理する。

❖高齢者の居場所づくり

高齢者を始めとする地域住民が気軽に立ち寄れる「居場所」が各地でつくられている。高齢者が居場所をもつことにより、外出や家族以外との会話が促進され、閉じこもりや孤立が防止されるなど、心身の健康が維持・増進されることも期待される。

ただし、ひとくちに居場所と言っても設置主体（民間／公共）もそこで行われる活動内容（生涯学習／趣味／食事・喫茶）も多様である。高齢者自身が居場所の運営側に回ることも少なくない。いずれにせよ、高齢者が気軽に立ち寄り、居心地良く時を過ごせる場所が、自宅から徒歩あるいは自転車で行ける範囲に求められる。しかし、都市中心部と比べて低密で、土地・建物用途の多様性が低い郊外住宅地においては、相対的に居場所のない高齢者の割合が高く、その確保と運営が課題である*44。

自治体が、空き住戸を活用して居場所を設置する事例も見られる。神戸市は、高齢化率の高い公営住宅の空き住戸などを地域包括支援センターの出先機関となる「あんしんすこやかルーム」として活用している。各ルームには有資格の見守り推進員が滞在して見守り支援などを行い、地域の高齢者の安心感や孤立防止に役立っている。土浦市は、介助の必要がない高齢者を対象に、地域のボランティアが各種講座、趣味活動などのサービスを提供する「生きがい対応型デイサービス事業」を実施している。中学校区単位で地域団体などが空き家・空き店舗などを探して申請し、市が初年度設備費と運営費を補助する（図 3・19）。自治体の住宅部局と福祉部局が連携することで、こうした事例が増えるだろう。

❖高齢者の地域貢献活動

高齢化の進展は、社会保障費の増大と重ねて悲観的に論じられることが多いが、地域で過ごす時間が多く、地域のさまざまなことに関心の向く住民が一貫して増加するということでもある*45。近年では、高齢者を地域社

都市計画 COLUMN

CCRC（コンティニュイング・ケア・リタイアメント・コミュニティ）

米国では 1946 - 64 年生まれのベビーブーマー世代の高齢化により、自立期から要介護期まで連続したサポートとケアを受けられるコンティニュイング・ケア・リタイアメント・コミュニティ（CCRC)の数が、近年増加している。自立期には、レストランやジムなどの共用空間で行われる多様な活動やイベント、健康増進プログラムなどを楽しむことができる。さらに、簡単な介護を必要とする高齢者向けのアシステッド・リビング(AL)から、認知症や記憶障害のある高齢者向けのメモリー・サポート（MS)、医療を含む重度の介護を要する高齢者に 24 時間体制の医療ケアを提供するスキルド・ケア(SC)までの機能が同一敷地に集約されている。CCRC のなかには、大学が運営したり、大学と連携したプログラムを提供したりするユニバーシティ・ベースト・リタイアメント・コミュニティ(UBRC)と呼ばれるものもある。

まち・ひと・しごと創生法（2014 年施行)に基づく基本方針は、「日本版 CCRC 構想」(移住支援と高齢者の社会参加、コミュニティづくり)に言及しており、CCRC は日本でも終の棲家のモデルとして期待されている。

会の担い手として捉える「プロダクティブ・エイジング」の考え方が普及し、高齢者が地域を支える活動が各地で見られるようになってきた。本章に関連する具体例としては、美化活動や防犯パトロール、買い物弱者などの移動支援、植栽剪定を通じた空き家の適正管理などが挙げられる。これらの活動は、これまで行政が担うべきと考えられてきた役割を代替するだけでなく、行政が担いきれなかった役割を補完する「新しい公共」の活動領域に位置づけられる。こうした状況を踏まえると、「高齢者を支える地域社会」と同時に「高齢者が支える地域社会」を目指すべきだろう。

しかし、地域活動に関心があっても、さまざまな理由で実際には参加していない高齢者が多い。特に、長年の会社生活を終えて定年退職した男性にとって、それまでの経歴を脱ぎ捨てて「地域デビュー」するハードルは高いだろう。多くの地域活動団体は高齢化に悩んでおり、自治体などが仲介役となって、そうした団体と、関心があっても参加していない高齢者のミスマッチを解消していく必要がある。

このように、超高齢化時代においては、福祉政策と連携したハード・ソフト両面にわたる住環境の整備が求められる。

[注・参考文献]

＊1 林新太郎「公団住宅から UR 賃貸住宅まで、60 年の住まいづくり」UR 調査研究期報 162 号
＊2 鈴木成文ほか（2004）『「51 C」家族を容れるハコの戦後と現在』（平凡社）
＊3 国土交通省（2005）「住宅建設計画法及び住宅建設五箇年計画のレビュー」社会資本整備審議会住宅宅地分科会基本制度部会（第 4 回）配布資料 7
＊4 1,000 戸（3,000 人）以上の住宅・宅地開発事業の集計。国土交通省「全国のニュータウンリスト」より。
http://tochi.mlit.go.jp/shoyuu-riyou/takuchikyokyu（最終閲覧 2017/1/26）
＊5 国土交通省「ニュータウンの分析」
http://www.mlit.go.jp/common/001205570.pdf（最終閲覧 2018/7/18）
＊6 Perry, Clarence (1998) *The Neighbourhood Unit*, Routledge
＊7 ディスカバー千里 HP
http://senrinewtown. xsrv. jp/（最終閲覧 2018/7/18）
＊8 木下庸子・植田実（2014）『いえ　団地　まち一公団住宅設計計画史』住まいの図書館出版局
＊9 住宅生産振興財団（2000）『コモンのある街　宮脇檀建築研究室による 5 つの住宅地』
＊10 国土交通省（2015）「我が国の住生活をめぐる状況」社会資本整備審議会住宅宅地分科会（第 36 回）資料 7
https://www. mlit.go.jp/common/001087737. pdf（最終閲覧 2017/1/24）
＊11 一般社団法人全国住宅供給公社等連合会 HP
http://www. zenjyuren. or. jp/chihou. html（最終閲覧 2017/3/17）
＊12 浅見泰司（2006）「住生活基本計画における目標・指標・水準」『住宅』55（7）、pp.24-29
＊13 朝日新聞 1973 年 1 月 3 日、東京、朝刊 15 面
＊14 国土交通省「住生活基本法の概要〈平成 18 年 6 月 8 日公布・施行〉」
http://www.mlit.go.jp/jutakukentiku/house/singi/syakaishihon/bunkakai/14bunkakai/14bunka_sankou04. pdf（最終閲覧 2017/1/24）
＊15 小林秀樹（2012）「新しいシェア居住の可能性」『居住環境整備論』放送大学教育振興会
＊16 関真弓（2003）「NPO による地域コミュニティの構築と再生を目的とした共同建替え・コーポラティブ住宅の取り組み」『住宅』52（10）、pp.38-43
＊17 NPO 法人たいとう歴史都市研究会 HP
http://taireki.com/（最終閲覧 2018/7/18）
＊18 菊地吉信（2013）「地方都市における高齢者所有住宅の空き室を活用した新たな下宿事業の提案」平成 24 年度国土政策関係研究支援事業研究成果報告書
＊19 佐藤由美・浅見泰司（2001）「住環境概念」浅見泰司（編）『住環境一評価方法と理論』東京大学出版会
＊20 浅見真理（2001）「保健性の評価」浅見泰司（編）『住環境一評価方法と理論』東京大学出版会
＊21 伊藤史子（2001）「利便性の評価」浅見泰司（編）『住環境一評価方法と理論』東京大学出版会
＊22 一般社団法人建築環境・省エネルギー機構 HP
http://www.ibec.or.jp/（最終閲覧 2018/7/18）
＊23 法務省（2016）「平成 28 年版犯罪白書」
＊24 Kimihiro Hino, Masaya Uesugi, and Yasushi Asami（2016）“Official Crime Rates and Residents' Sense of Security Across Neighborhoods in Tokyo, Japan", *Urban Affairs Review*
＊25 Jacobs, Jane（1961）*The Death and Life of Great American Cities*, Random House
＊26 Newman, Oscar（1972）*Defensible Space: Crime Prevention Through Urban Design*, Collier
＊27 防犯まちづくり関係省庁協議会（2003）『防犯まちづくりの推進について』
＊28 樋野公宏・石井儀光・渡和由・秋田典子・野原卓・雨宮護『防犯まちづくりデザインガイド 〜計画・設計からマネジメントまで』建築研究資料第 134 号、2011 年 5 月
＊29 経済産業省（2015）『買物弱者・フードデザート問題等の現状及び今後の対策のあり方に関する報告書』
http://www.meti.go. jp/press/2015/04/20150415005/20150415005. html
＊30 薬師寺哲郎（2014）『食料品アクセス問題と高齢者の健康』農林水産省農林水産政策研究所研究成果報告会
http://www. maff. go. jp/primaff/meeting/kaisai/2014/pdf/20141021. pdf
＊31 関口達也・樋野公宏・石井儀光「店舗の質・距離に対する満足度を用いた高齢者の食料品の購買行動分析」『日本都市計画学会学術研究論文集』no. 51-3、pp.372-379、2016 年 11 月
＊32 福山市『広報ふくやま』2012 年 9 月号
＊33 City of New York（2010）*Active Design Guidelines: Promoting Physical Activity and Health in Design*
＊34 アーバイン市 HP
http://www.cityofirvine.org/（最終閲覧 2018/7/18）
＊35 樋野公宏（2010）「建築協定」都市計画・まちづくり判例研究会（編著）『都市計画・まちづくり紛争事例解説　法律学と都市工学の双方から』ぎょうせい、pp.374-376
＊36 柴田建（2014）「ワークショップによる街並みの共同編集」『家とまちなみ』69
＊37 樋野公宏「郊外住宅地の現況と展望」『建築雑誌』133(1708)、pp.25-27、2018 年 3 月
＊38 総務省（2013）住宅・土地統計調査
＊39 樋野公宏「空き家問題を解くパートナーシップ」『住宅』67(5)、pp.2-8、2018 年 5 月
＊40 厚生労働省 HP
https://www.mhlw.go.jp/index.html（最終閲覧 2018/7/18）
＊41 UR 都市機構 2014 年 11 月 26 日プレス発表資料
＊42 藤井さやか・樋野公宏「アメリカにおける CCRC の現状と日本での展開可能性」『住宅』64（3）、pp.57-66、2015 年 3 月
＊43 Ray Oldenburg: *The Great Good Place*, Marlowe & Company, 1989（忠平美幸訳（2013）『サードプレイス— コミュニティの核になる「とびきり居心地よい場所」』みすず書房）
＊44 樋野公宏・石井儀光「高齢者における居場所の利用実態と意義」『日本建築学会計画系論文集』no. 705、pp.2471-2477、2014 年 11 月
＊45 広井良典（2013）『人口減少社会という希望』朝日選書

4章 都市デザイン

――魅力的な都市空間をつくる

中島直人

4・1 都市デザインとは何か？

わが国で都市デザイン行政を先頭に立って牽引してきた横浜市の都市デザイン室は、都市デザインの目標として、「(1)歩行者を擁護し、安全で快適な歩行者空間を確保する。(2)人と人とのふれあえる場、コミュニケーションの場を増やす。(3)街の形態的、視覚的美しさを創る。(4)地域の自然的特徴を大切にする。(5)市街地内に、緑やオープンスペースを豊かにする。(6)海、川、池など水辺空間を大切にする。(7)地域の歴史的、文化的資産を豊かにする。」*1 を掲げている。

都市デザインは、都市の用途や密度を扱う土地利用計画や都市空間内の移動を扱う都市交通計画などと密接な関係をもちつつ、都市空間の具体的な構成やそのデザインを扱う分野である。実空間の構想や意図、そして何よりその体験や認識といった人間側の感覚を大事にする。また、人間活動の蓄積としての都市空間の歴史性や文化性、人間活動を取り巻く自然環境との応答を重視し、結果として、一般解や普遍的な知見よりも各都市、地域の固有性に着目する分野でもある。都市デザインは、多様な自然と多様な人間が生み出す個性豊かな都市という観点を基本に据えて、それぞれの都市の将来像、ビジョンを描き、実現させる創造的な実践行為であり、そうした行為を支える思想や技法の発展を目指す学問分野である。本章では、都市デザイン思潮の歴史を概観した上で、都市デザインの視点と技法、そして最近の動向について解説を加えていく。

なお、「都市デザイン」と近い用語として、「アーバンデザイン」「都市設計」がある。実務あるいは学術界においてこれらの語が厳密に使い分けられているわけではないが、ニュアンスの違いとしては、表4・1のような区別が指摘できる。

表4・1 「都市デザイン」とその類似用語の意味

都市デザイン	平面的な都市計画の限界を乗り越えるべく、立体的な空間像を手がかりとして総合的、戦略的に展開される取り組み
アーバンデザイン	人間性を具えた都市空間の創造のためのハード、ソフトを交えた取り組み
都市設計	都市空間の物的構成（ハード）に限定した図面作成を主体とした取り組み

（出典：西村幸夫（＊2））

4・2 都市デザイン思潮の歴史的展開

◎源流としてのシビックアートとモダニズム

都市デザインは都市空間の具体的な空間構成や設計を扱うが、「何が良い空間構成なのか」「何を手掛かりに設計を行うのか」については、デザインする側の思想が価値判断の根底にあり、そうした思想は特定の時代と結びついた思潮として捉えることができる。都市計画という社会技術が生み出された都市の近代化の過程において、主に二つの都市デザインの思潮が見出された。一つは、中世の町並みやルネサンス期のモニュメンタルな都市設計など過去の都市空間、経験をデザインの規範、根拠としたシビックアート（図4・1)、もう一方は自動車時代の到来を前提として、過去の都市とは大きく異なる秩序と機能を近代科学の知見を土台に実現しようとしたモダニズムである。

❖シビックアート―経験に根差す都市デザイン

19世紀に入り、産業革命の進展、国民国家の形成を背景として、主要都市への人口集中が始まっていた欧州では、都市空間の大胆な変革が主要な課題となった。具体的には、従来の都市域を規定していた城壁を取り除く形

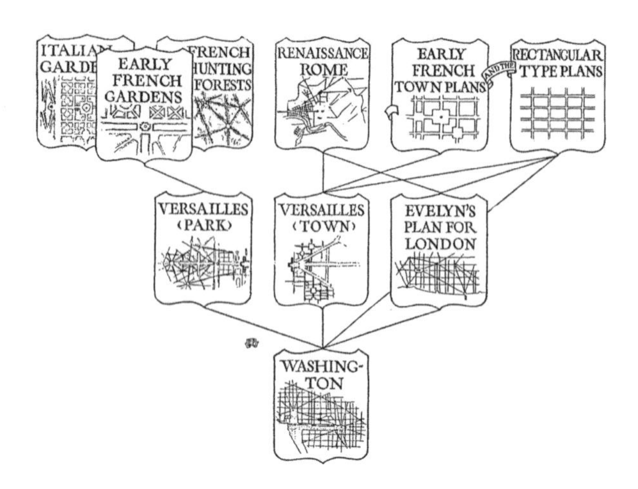

図 4・1　イギリス・フランス・イタリアなどの過去の都市空間・設計事例を規範としたシビックアートのデザイン技法（例：ワシントン DC のプランの系譜学解読）（出典：Paul D. Spreiregen（＊ 3））

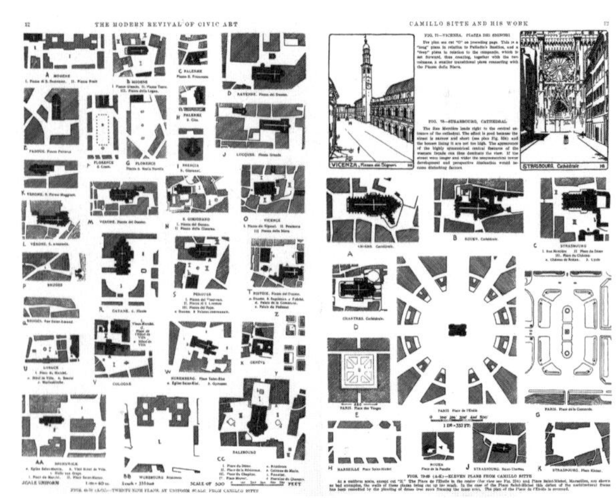

図 4・2　カミロ・ジッテによる広場の再発見（出典：Wener Hegemen and Elbert Peets（＊ 4））

での市街地の拡張と、中世由来の既成市街地の改造が必要であった。そうした中で、皇帝ナポレオン 3 世治世下のパリでは、セーヌ県知事に抜擢されたジョルジュ・オスマン（1809 - 1891）が超過収用制度を巧みに駆使して都市内街路道路や公園、上下水道、墓地などの近代都市施設の整備を断行した。その都市改造は、ルネサンス期のローマにおけるモニュメントを透視図法的に結ぶ直線街路の敷設を彷彿とさせるものであった。街路や公園の具体的な設計にあたったのは県公園局長・公共事業局長のジャン＝シャルル・アルファン（1817 - 1891）であり、過去の庭園芸術の分析をもとに、公園、街路をデザインしていった。続いて、フランツ・ヨーゼフ 1 世（1830 - 1916）治世下のウィーンでも、都心部の再開発コンペに基づき、古い城壁の跡にリングシュトラーセと名付けられた環状道路とその周辺での歴史主義様式を採用した公共建築物、アパートメントハウス、公園などの大規模で一体的な整備が実施された。

パリやウィーンに代表される都市改造は、それぞれの都市の抱える都市問題を解決するための特殊解であったが、次第にそのデザインのみが欧州各都市に伝播していった。モニュメントを結ぶ対角線上の広幅員街路や起終点の広場などを各都市や地域の個性を無視して純工学技術的、効率重視で建設するという画一的な都市改造は、「オースマニゼーション」と称されるようになった。こうした「オースマニゼーション」が既存の都市組織（urban tissue）を破壊することに警鐘を鳴らし、新しい都市デザインの方向性を提示したのが、オーストリアの建築家のカミロ・ジッテ（1843 - 1903）であった。ジッテは代表的な著作『芸術原理に基づく都市計画』（1889、邦題『広場の造形』）において、ルネサンス、中世、古代へと遡り、都市の広場を再発見し、都市組織、都市美の回復を主張した（図 4・2）。ジッテの著書はすぐにフランス語、スペイン語、ロシア語などへ翻訳され、大きな影響力をもつことになった。

ジッテの仕事を英語圏に紹介したのは、イギリスの都市計画の父と称されるレイモンド・アンウィン（1863 - 1940）であった。アンウィンは、機械化・工業化社会に対するアンチテーゼとして、中世ゴシックギルドの創造的労働観や製品の美の復活を目指したジョン・ラスキン（1819 - 1900）、自ら作り手としてアーツ＆クラフツ運動の実践に身を投じたウィリアム・モリス（1834 - 1896）からの影響を受けつつ、エベネザー・ハワード（1850 - 1928）が提唱した田園都市の構想に賛同し、最初の田園都市レッチワースの設計（1904）、ハムステッド田園郊外（1907）の設計を手がけた。代表的な著作『実践の都市計画』（1909）では、従来の条例住宅地（バイローハウジング）の単調さからの脱却のために「都市生活の表現としてのシビックアート」という考え方を提示し、ジッテの仕事に言及しながら中世以来の都市や農村の街路風景（イレギュラーな美）をモデルとしたアメニティアプローチ（低層低密郊外）を提唱した。

こうした欧州での都市美を探求する動きは、南北戦争（1861 - 1865）を終えて、植民地都市（グリッド）の退屈さに問題意識を向ける余裕が出てきたアメリカにも伝播

Plan of Chicago, 1909. Plate CXXXVII. *Chicago. View of the Proposed Development in the Center of the City, from Twenty-Second Street to Chicago Avenue, Looking Towards the East over the Civic Center to Grant Park and Lake Michigan.* Jules Guerin.

図 4·3　ダニエル・バーナムによるシカゴ・プラン（1909）（出典：Ely Chapter ed.,（＊5））

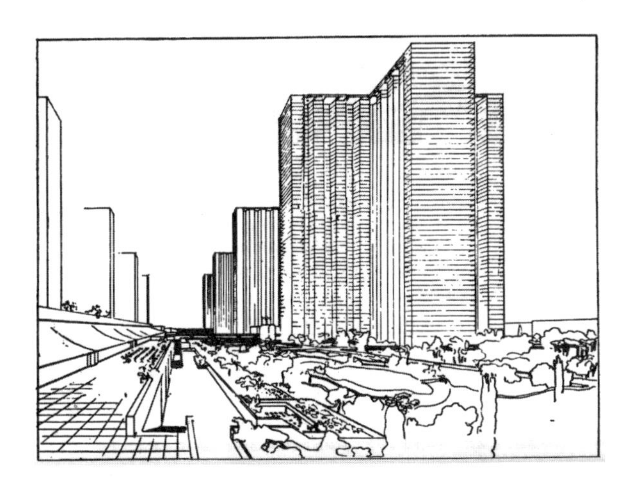

図 4·4　ル・コルビュジエによる「人口 300 万の現代都市」（出典：ル・コルビュジエ（＊6））

した。造園家のフレデリック・ロー・オルムステッド（1822 - 1903）らによる公園、パークシステムの計画・設計、市政改革運動（都市の新中間層市民、愛市心・市民精神）とも連動した都市の美化運動が各地で展開された。これらが 1893 年にシカゴで開催されたコロンビア博覧会を契機とした彫刻設置、公共建築物の美化を目指す都市芸術運動、農村美化（散歩道建設、芝生手入れ、街路改良など）から都市改良へ向かった都市改良運動、自然風景の保全、公園用地確保を目指した屋外芸術運動を喚起し、19 世紀末から 20 世紀初頭にかけてシティ・ビューティフル運動の大きな潮流が形成された。ジャーナリストのチャールズ・マルフォード・ロビンソン（1869 - 1917）が 1903 年に出版した『現代のシビックアート、または美しい都市』がそうした運動を総覧している。

具体的な都市の計画では、ワシントン遷都 100 年改良計画（1902）、サンフランシスコのシヴィックセンター計画（1905）、フィラデルフィアのベンジャミン・フランクリン・パークウェイ（1909）、シカゴプラン（1909、図 4・3）がある。いずれもオスマンのパリを思わせる直線の公園街路やモニュメンタルな公共建築物、水辺のレクリエーション公園などを備えた規制都市の大改造計画であった。こうした都市美を標榜した都市デザインは、1910 年代に入ると、都市の効率、都市の実用を打ち出した近代都市計画の新たな潮流によって相対化され、運動としては下火になっていった。

しかし 1922 年にはドイツ人都市計画家ワーナー・ヘゲマン（1881 - 1936）とアメリカ人造園家エルベルト・ピーツ（1886 - 1968）による『アメリカのヴィトルビウス　建築家のためのシビックアートのハンドブック』が出版され、欧州、米国のシビックアートが総覧され、カミロ・ジッテの再評価が試みられた。この書籍に、経験主義の都市デザイン思潮としてのシビックアートのエッセンスが集大成されている。

日本でもアンウィンをはじめとするシビックアートの思想と設計例は同時代の都市計画家たちに一定の影響力をもった。関東大震災後の東京で、建築家の石原憲治、造園家の井下清（いのしたきよし）、ジャーナリストの橡内吉胤（とちないよしたね）らを中心に設立された都市美協会を中心として展開された都市美運動は、宮城内濠周辺の景観保全や丸の内美観地区の指定・運用などの実績を残し、わが国の都市デザインの出発点となった。

❖モダニズム―革新に向かう都市デザイン

ヘゲマンらの著作が発表されたのと同じ 1922 年に、パリのサロン・ドートンヌでは、ル・コルビュジエ（1887 - 1965）による「人口 300 万の現代都市」が展示された。コルビュジエは過去を想起させるエレメントから自由になって、長方形グリッド、16 棟のオフィス・タワー（60 階建て）とその周囲の庭園、交通ターミナルを特徴とした自動車時代の新鮮な都市像を描いた（図 4・4）。1924 年に『ユルバニズム』を著した後、1925 年には既存のパリの高級住宅街のクリアランスを前提とする「ヴォアザン計画」を発表した。既存の市街地をあえて「タブラ・ラサ」（tabula rasa ＝白紙）とみなすという考え方で、自動車をはじめとする 20 世紀の諸技術の発展を背景とした、近代合理主義に基づく革新的な都市のありかたを提起した。1935年に出版された『輝く都市』で、広々としたスーパーブロックに超高層が屹立するタワー・イン・ザ・パーク型の都市像が完成された。

一方で、ドイツにおいては、1919年に設立された建築学校であるバウハウス初代校長に就任したヴァルター・グロピウス（1883 - 1969）が、近代建築運動を推進していた。1925年には『国際建築』を著し、「造形は機能に従う」というテーゼを示し、住戸ブロックの配置の科学的検証と美学的ビジョンに基づいた集合住宅地ジートルングの設計を通じて近代的な都市像を探求していった。

コルビュジエ、グロピウスらは、1928年に近代建築国際会議（CIAM：Congres Internationaux d'Architecture Moderne）を設立し、新たな都市デザインについて議論を重ねていった。1933年にマルセイユとアテネを往復する船の中で開催された第4回会議では、都市計画に関する一連の宣言（「アテネ憲章」）が採択された。ここで、都市の四つの機能、すなわち「住居」「レクリエーション」「就業地」「交通」を設定し、高層ビル（空地、日照確保）、近隣住区の採用、道路の等級分け、高速交通などが具体的に決まった。こうした都市の機能に基づく都市像は、ブラジリアやチャンディガールなどの新都市で実現した他、とりわけ第二次世界大戦以後の都心部復興の都市像に大きな影響を与えた。CIAM自体はその後も継続して都市の問題に取り組み、都市のコア、歴史的街区の扱いなどに視点を広げていった。また、グロピウスは1937年に渡米し、ハーバード大学の建築学科の学科長となったが、その後、1953年にやはりCIAMの重要メンバーであったホセ・ルイ・セルト（1902 - 1983）がその職を引き継ぐなど、欧州発のモダニズムの思想の中心地は、次第にアメリカに移っていった。

日本でも、建築家たちを中心にCIAMへの関心は高く、とりわけ戦後になると、丹下健三（1913 - 2005）が都市のコアの一例として広島ピースセンターの計画（図4・5）をCIAMで発表するなど、世界的な都市デザインの議論に参画するようになった。その延長線上に、1960年に日本で開催された世界デザイン会議を機会に結成されたメタボリズムグループによる海上都市や空中都市といった未来都市像の提案、東京大学丹下研究室による「東京計画1960」の公表など、高度経済成長期の日本の都市を舞台とした革新的な都市像の議論があった。

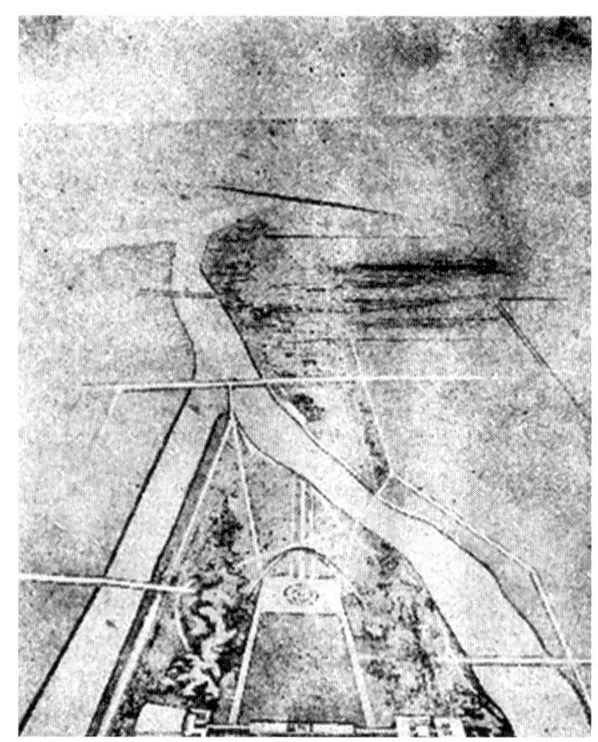

図4・5　丹下健三による広島ピースセンター設計競技1等案（1949）
（出典：丹下健三・藤森照信（＊7））

◎アーバンデザインの誕生と都市デザイン論の展開

1953年にハーバード大学に着任したセルトは、建築教育の改革を図り、「アーバンデザイン」コースを設置した。さらに1956年からは毎年1回、実践者や研究者を集めてアーバンデザイン会議を開催した。こうした試みの中で「アーバンデザイン」（urban design）という新しい言葉の内実が生み出されていった。当時のアメリカの都市では、郊外化にともなう都心部の衰退とそれへの対処としての都市再開発がかつてない規模で進行しつつあった。従来の建築デザインを超えたスケールで、複数の建築物や屋外空間を含むトータルなデザインを担うことが期待されたのがアーバンデザインであり、建築、ランドスケープ、都市計画の協働の領域として構想された。草創期の代表的なプロジェクトとしては、都市計画家エドモンド・ベーコン（1910 - 2005）が主導したフィラデルフィアの都心部の貨物高架線の跡地を中心に新たな軸の形成を図った再生プロジェクトがあげられる。ベーコンは1967年には『都市のデザイン』を出版し、ゾーニング制度による土地利用コントロールに留まらず、積極的に都市の形態、空間構成をデザインすることの重要性を説いた。

ハーバード大学が主催したアーバンデザイン会議は

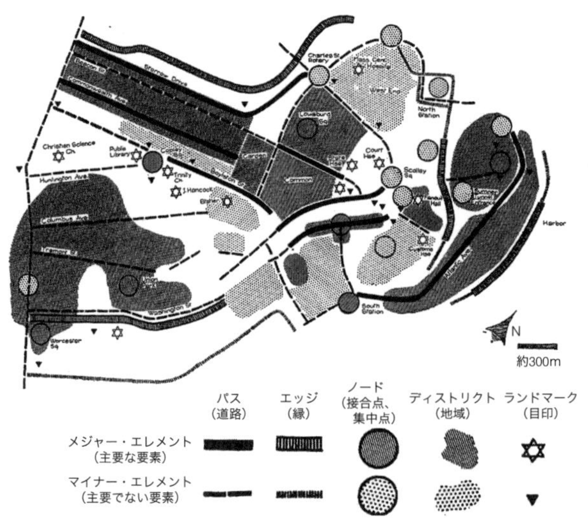

図4·6　ケヴィン・リンチによるボストンのイメージマップ（出典：ケヴィン・リンチ（＊8））

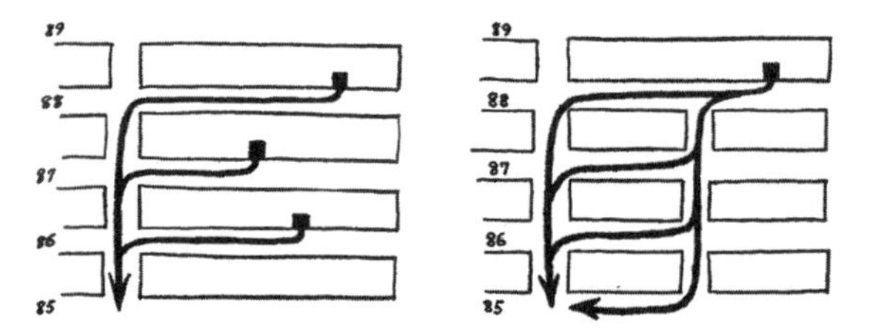

図4·7　ジェイン・ジェイコブズは「ほとんどの街区は短くないといけません。つまり街路や、角を曲がる機会は頻繁でなくてはいけないのです」と説いた（出典：ジェイン・ジェイコブズ（＊9））

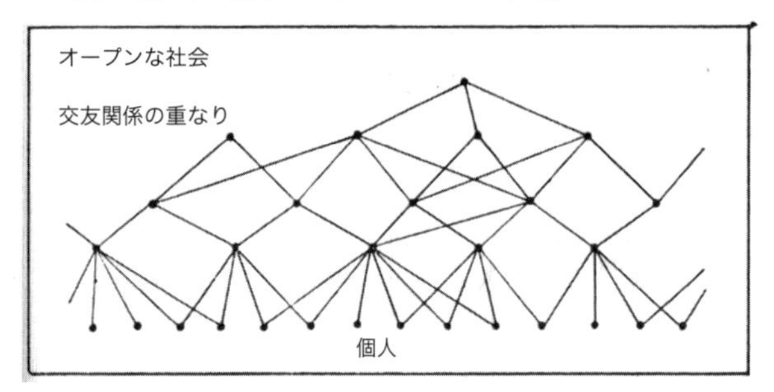

図4·8　クリストファー·アレグザンダーが提示したセミラチス構造の例（友人のシステム）（出典：クリストファー・アレグザンダー（＊10））

1970年まで、合計13回開催された。この会議ではアーバンデザインの実践のみならず、その基盤にある都市の認識やデザイン方法論に関する議論が活発に行われた。1960年代は、過去の物的形態をそのまま参照したシビックアートや、都市を機能の集積として分析、構築したモダニズムの都市像を超えた、革新的な都市の認識論が生み出された時代でもあった。

マサチューセッツ工科大学に所属する研究者であったケヴィン・リンチ（1918 - 1984）は、専門家ではなく、都市で暮らす人々による都市空間の認知の重要性を説いた。リンチの代表作『都市のイメージ』（1960）では、ボストンを中心とした調査に基づき、人びとが都市景観を認知する際の五つの空間要素（パス、エッジ、ノード、ディストリクト、ランドマーク）が明らかにされ、その後の都市デザインの実践に大きな影響を与えた（図4・6）。

『都市のイメージ』の翌年に『アメリカ大都市の死と生』（1961）を出版した、ニューヨーク・グリニッジビレッジに拠点を置いたジャーナリストのジェイン・ジェイコブズ（1916 - 2006）は、リンチと同じく、専門家の信念（思い込み）を根拠にした都市デザイン、とりわけモダニズムが指向したタブラ・ラサ型の再開発や自動車中心のインフラ整備を批判し、既存の都市の実態から都市デザインの原理を導き出すことの重要性を説いた。特に、ジェイコブズが指摘した「多様な用途」「小さな街区」「古い建物（新旧混在）」「高い密度」という都市的多様性を生み出す四つの要素は、ある種の普遍的な知見として現在も継承されている（図4・7）。

数学的な知見から設計プロセスを再構築しようとした『形の合成に関するノート』（1964）を出版したクリストファー・アレグザンダー（1936 - ）も、都市デザイン論の革新に重要な貢献を果たした。アレグザンダーもまた、都市デザインが包含する恣意性、単純な計画思考を批判し、都市デザインの新たな方法論を模索した。計画都市の都市構造の過度の単純性を指摘した「都市はツリーではない」（1965）では、生き生きとした都市にはセミラチス構造が備わっていることを指摘し、ツリー構造を志向したモダニズムの都市像に対する批判のための重要な足掛かりを提供した（図4・8）。アレグザンダー自身は、1970年代に入ると自然言語をモデルとした設計方法論に関心を展開させ、都市空間の「名付けえぬ質」を実現する手法としてのパタン・ランゲージを開発し、都市デザインの実践にも大きな影響を与えるようになった。

さらに1970年代には、より建築デザインに近いところでも、建築がそれ自身として独立して存在するのではなく、都市空間に関係付けられた全体構成の部分として知覚されることを指摘したロバート・ヴェンチューリ『建築の多様性と対立』（1966）、記号論を援用し、建築の作り手ではなく大衆の価値観や関心を建築形態の象徴作用として指摘した同じくヴェンチューリらによる『ラスベガス』(1972)、素朴な機能主義を批判し、時間とともに機能が変化したり失われてしまっている「都市的創成物」の重要性を説いたアルド・ロッシの『都市の建築』(1966)、内部にさまざまな矛盾を抱えた現代都市を理解するためのツールとしての「コラージュ」を提唱し、都市のコンテクストに応じて建築の理想形を変形させ、漸進的に都市の全体を改変していくコンテクスリュアリズムを提起することになるコーリン・ロウ『コラージュ・シティ』(1978) など、シビックアートでもモダニズムでもない、都市を理解するための理論的探求が試みられた。

以上のように、実践的課題と理論的課題の両方の領域でアメリカを中心に進行したアーバンデザインは、建築家の芦原義信 (1918 - 2003)、槇文彦 (1928 -) らをはじめとするアメリカ留学経験者たちを通じて日本にもたらされた。メタボリズムグループを嚆矢とする未来都市像の提案などの1960年代の都市論ブームの中で、アーバンデザインは実際的な職域の構築や既存の都市計画との整合よりは、現代都市を理解する方法、都市論として受容された側面が大きかった。リンチやジェイコブズ、アレグザンダーらの書籍や論考は、ほぼ同時代的に翻訳がなされ、共有された。各地の歴史的な集落を対象として集落全域の実測、図面化が試みられたデザイン・サーヴェイ、日本の伝統的な都市空間構成の中から現代都市デザインの技法を導き出そうとした都市デザイン研究体の『日本の都市空間』(1963) なども、都市デザイン論の世界的な動向と共振したものであった。なお、わが国では、「Urban Design」の訳語は、当初より「アーバンデザイン」「都市デザイン」「都市設計」などが混在していた。

◎公共政策としてのアーバンデザイン

建築群や街区のデザイン領域として提起され、現代的な都市の認識論の生成をともなって誕生していたアーバンデザインの次なる展開は、実際の都市空間の生成への関与であった。その舞台は、やはり1960年代末から1970年代にかけてのアメリカ、とりわけニューヨーク市とサンフランシスコ市という自治体による取り組みにおいてであった。単に望ましい都市空間像を絵として描くだけではなく、それを実現するための仕組み、ルールをデザインすることで、望ましい都市空間を誘導していくことがアーバンデザインの新たな役割として設定された。自治体が主導することで、仕組みやルールの公共性が担保された。つまり、アーバンデザインは公共政策として取り組まれるようになった。

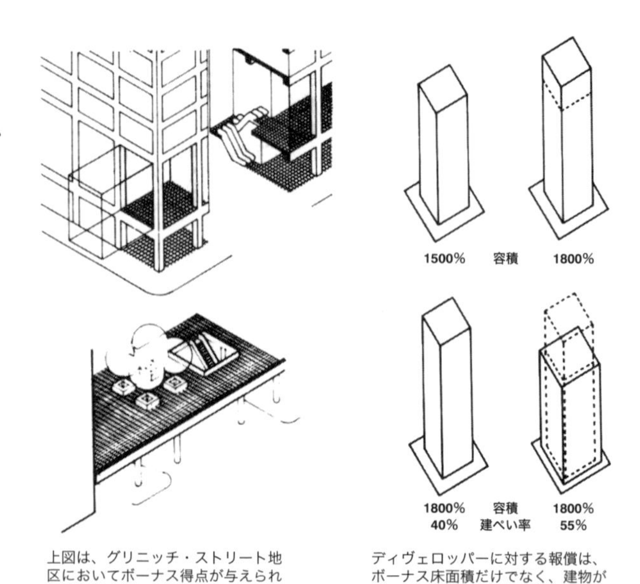

図4･9　ニューヨーク市の特別ゾーニング制度の内容 (出典:ジョナサン・バーネット (＊11))

ニューヨーク市では、1967年に市長に就任したジョン・リンゼイ (1921 - 2000) のもと、市内部組織としてアーバンデザインチームを創設し、都市空間の構成、設計に都市政策として主体的に取り組んだ。とりわけ、開発圧力が高いニューヨークの都心部において、特別ゾーニング制度や空中権移転制度といったインセンティブを含む都市計画制度を積極的に使い、民間による旺盛な開発需要を利用しつつ、空間デザインのガイドラインを定めることで、望ましい都市空間を実現していくことに取り組んだ (図4・9、4・10)。その中心にいた都市デザイナーのジョナサン・バーネット (1937 -) は、こうした取り組みを「建築をデザインすることなく、都市をデザインする」と表現した。

サンフランシスコ市では、都市計画局長アラン・ジェイコブス (1928 -) が主導し、都市域全体をアーバンデザインの発想のもとで保全していく取り組みが行われた。リンチの『都市のイメージ』に習い、サンフランシスコ市全体の都市のパターンの保全が都市政策の重要な目標とされ、都市の構造分析を素地としたアーバンデザインプラン (図4・11) と、建築物の高さやタイプを規定するゾーニングが駆使された。都市のパターンの保全は、サンフランシスコ市の特異性の保全、市民の都市生活の

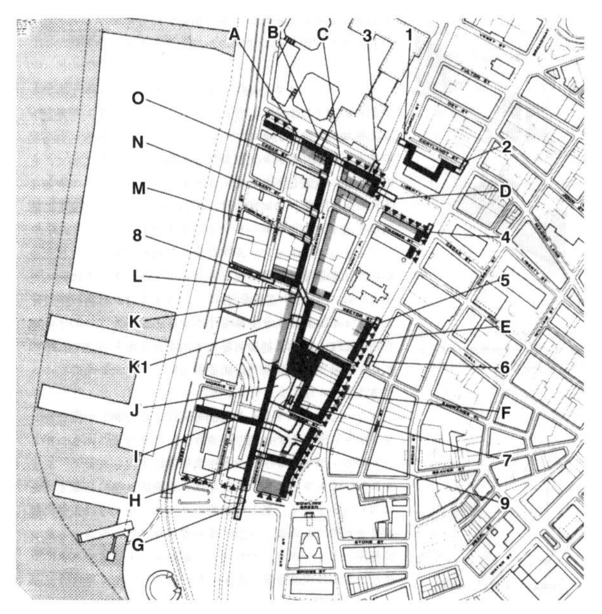

1-▭ 自由選択のペデストリアン・サーキュレーション（歩行者の循環）改良工事
A-▭ 必須ペデストリアン・サーキュレーション改良工事
▬ 必須区画内改良工事
▾▾ 建物をストリート・ライン（道路境界線）にぴったり沿わせる
▬ 区画内改良工事が望ましい

図4·10　ニューヨーク市グリニッチ・ストリート特別ゾーニング地区のデザイン・プラン　（出典：ジョナサン・バーネット（＊11））

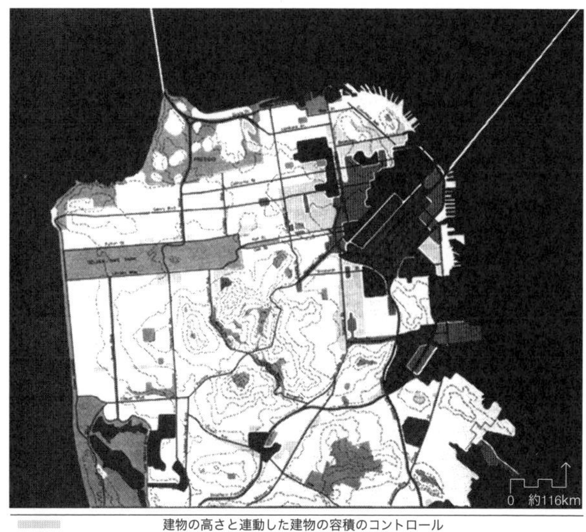

	建物の高さと連動した建物の容積のコントロール					
		40フィート		110フィート		125フィート
	これらの高	80フィート	平面におけ	110フィート	平面におけ	125フィート
	さ以上に適	40フィート	る最大辺の	110フィート	る最大対角	140フィート
	用されるガ	150フィート	長さに対す	170フィート	線長さに対	200フィート
	イドライン	40フィート	るガイドラ	250フィート	するガイド	300フィート
		60フィート	イン	250フィート	ライン	300フィート
		150フィート		250フィート		300フィート

オープン・スペース：いかなる開発行為も審査の対象

図4·11　サンフランシスコ市の建物の高さと容積に関する都市デザイン・ガイドラインの例　（出典：ジョナサン・バーネット（＊12））

ストレスを軽減する組織と安定した関係性の提供、個々の界隈に対するアイデンティティ、プライド、自治の構築に結びつくとされた。

こうした自治体が主導して進める公共政策としてのアーバンデザインは、日本では横浜市が先駆的に展開した。1963年に市長に就任した飛鳥田一雄（あすかた いちお）(1915 - 1990)は、都市計画家の浅田孝（1921 - 1990）が主宰する環境開発センターに依頼して、横浜市がこれから取り組むべき六大事業を打ち出した。環境開発センターの調査担当者であった田村明(1926 - 2010)が横浜市に入庁し、実際にこれらの事業を推進していくことになった。とりわけ、戦後、長く続いた接収の影響もあり、復興が遅れていた都心部の強化事業を展開するにあたって、アーバンデザインの考え方を採用し、実践することになった(口絵4·1)。

横浜市では、ハーバード大学でアーバンデザインを学んだ岩崎駿介（1937 - ）をはじめとした専門性の高い人材を自治体職員として採用した。1971年には田村が率いる企画調整局内に都市デザイン担当を置き、くすのき広場（1974）や馬車道商店街（1976）などの公共空間デザイン、山下公園周辺地区開発指導要綱（1973）や山手景観風致保全要綱（1972）などの民間建築物コントロールを手始めにして、行政主導の都市デザインを進めていった。横浜市の取り組みは、人間性のある都市空間の創造のためのアーバンデザインのみならず、既存の都市計画を補完、乗り越え、都市づくりの幅広い活動全体を包含する都市デザインを標榜した。1982年の機構改革により都市計画局内に都市デザイン室が設置され、現在は都市整備局に移動している。

一方で世田谷区は、1975年に区長公選制の復活にともない区長に就任した大場啓二（1923 - 2011）のもと、基本構想、基本計画を策定し、都市づくりの方針を築き上げていったが、そうした方針に基づき、1980年に都市美委員会を設置し、公共施設の設計・運営の改善に取り組み始めた。1982年にはその取り組みの一環として都市デザイン室を設置した。都市デザイン室にはドイツで地区詳細計画を学んだ卯月盛夫（1953 - ）が専門職員として採用され、公共事業における建築、土木、造園の各職能の調整を皮切りに、次第に世田谷区の地域特性に合わせて、住民参加のデザインへと舵を進めるようになった(図4・12)。用賀駅から砧（きぬた）公園の世田谷美術館に至る生活と文化の軸の一部として整備された用賀プロムナードや、住民参加のデザインを全面的に取り入れた梅が丘中

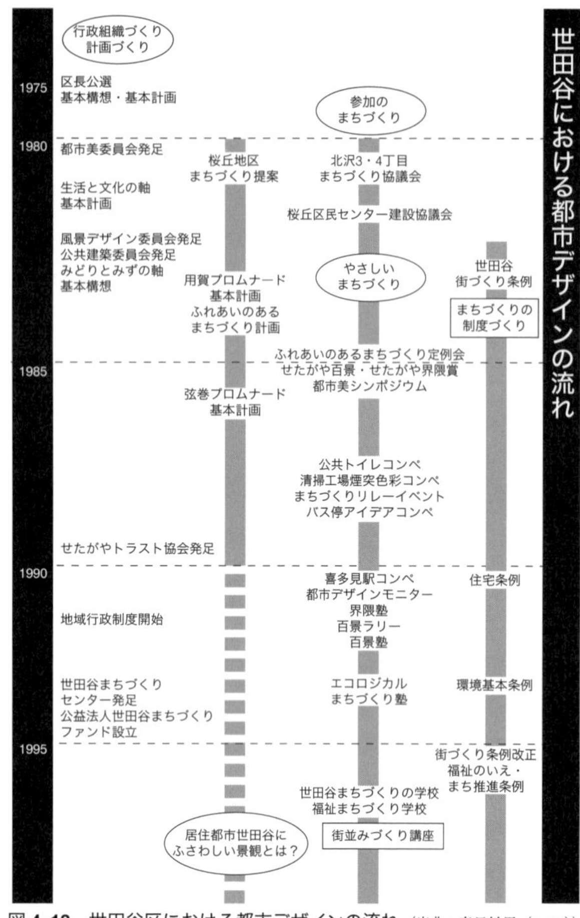

図 4·12　世田谷区における都市デザインの流れ（出典：春日敏男（＊13））

学校前歩道ふれあい通りなど、区内の公共空間の質の向上に一定の役割を果した。

◎現代の都市デザインへ

❖ニューアーバニズム以降の都市デザイン

1982年、カリフォルニア大学バークレー校に転出していたアラン・ジェイコブスと同僚のドナルド・アプリヤードは、「アーバンデザインのマニフェストに向かって」(Toward an Urban Design Manifesto)という論考をアメリカ都市計画協会誌に発表した。1987年にはジェイコブスが新たに前書きを書き起こし、同誌に再掲されている。この論考では、CIAMがアテネ憲章を発表してからおよそ半世紀、ハーバード大学がアーバンデザイン会議を開始してから20年が経過しており、新たな都市デザインのマニフェストが必要な時期に来ているという問題意識のもと、都市デザインの根本的な目標を検討した。現代都市の課題として、「貧しい生活環境」「巨大主義と制御の欠如」「大規模な私物化とパブリックライフの喪失」「遠心的断片化」「価値ある場所の破壊」「非場所性」「不正」「根無し草的職能」を指摘し、目指すべき都市生活のもつ性質として「暮らしやすさ」「個性と制御」「機会へのアクセス、想像力、楽しみ」「本物性と意味」「コミュニティとパブリックライフ」「都市の自立」「皆のための環境」を再設定した。その上で、都市デザインの手法として、「生き生きとした街路と近隣」「最低限の人々の密度」「諸活動の統合」「空間を占拠するのではなく、公共空間を規定し、囲い込むような建物の配置」「複雑な配置と関係を有する多様な建物や空間」を掲げた。

続いてアメリカでは、1991年にカリフォルニア州ヨセミテ国定公園内のホテル・アワニーに集った建築家、都市計画家たちが脱自動車依存型の「新しい郊外住宅地開発」を提唱するアワニー原則を発表した。さらにジェイコブスも指摘していたような現代都市の課題に対して、古典的な計画理論や都市モデルを一つの拠り所に、明確な空間秩序の原則に基づく現代都市の再編成を目指す運動として、1993年にはニューアーバニズム会議（Congress for New Urbanism)が設立された。1996年には新規開発のみならず既成市街地の再構築、そして制度・基準化を見据えたニューアーバニズム憲章を採択した。地域にアイデンティティを与える成長限界線、地域の公共交通計画と土地利用を結びつける公共交通指向型開発(TOD)、半径1/4マイルの近隣住区を基本とした伝統的近隣開発（TND、図4・13）など、モダニズム以前、自動車普及以前の都市の姿（アーバニズム）に範を見出しつつ、現代の開発メカニズムや生活様式にも適合するさまざまな概念や手法が提唱されていくことになった。

具体的には、成長を抑制せず、むしろ持続可能な成長を目指した。州レベルなどのより広域の政策としてのスマート・グロースへ関心を寄せつつ、一方で、土地の用途にフォーカスせずに建物やコミュニティの物的な形状を規制する普遍的なツールとしてのフォーム・ベースド・コード、さらに従来のゾーニングに代わる新たな開発規定として、都市全体に適用可能なモデルツールであるスマート・コードを開発するなど、制度化、基準化が進められた。

同時期、イギリスでは建築家リチャード・ロジャースが提案し、都市再生を推し進めるためのアーバンタスクフォースが設立された。1999年に提出された報告書『都

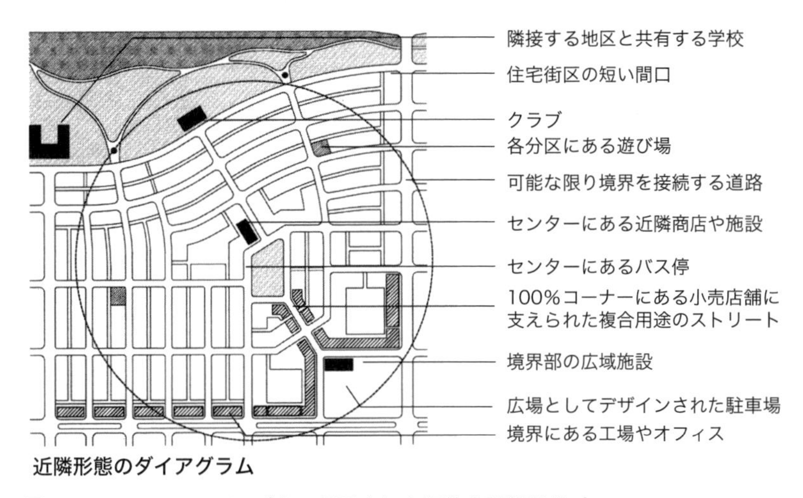

図 4·13 ニューアーバニズムで提唱された伝統的近隣開発（Traditional Neighborhood Development）（出典：Robert Steuteville and Philip Langdon（＊14））

市再生へ向けて』では、モダニズムのタワー・イン・ザ・パーク型開発ではなく、街並みの再生を基調とし、住商混在の都市建築と歩ける道からなる空間再生が提示された。

アメリカではニューアーバニズム運動によって、都市計画、都市デザイン領域において規範概念としてのアーバニズムそのものへの関心が高まり、さまざまなアーバニズム論が提唱され、実践された。とりわけ影響力の大きな動きとしては、ハーバード大学のランドスケープ・アーキテクチュア学科の学科長であったチャールズ・ウォルトハイムらを中心に1990年代後半から提唱され始めたランドスケープ・アーバニズムがある。ポスト工業化時代のブラウンフィールド（工場跡地）などを対象として、建築に代わり、都市のボイドを扱うランドスケープがこれからの都市の基盤を構築していくべきだと強い主張を展開した。

一方で、ニューアーバニズムが長期的な都市構造の変革を掲げ、ディベロッパーの開発事業や自治体の都市政策に接近していったのに対して、近年、より機敏に市民主導で動く戦術的な都市デザイン方法論としてタクティカル・アーバニズムが提唱されている。長期的な戦略を見据えながら、短期的なアクションを実施し、その成果を評価し、長期的な戦略そのものも柔軟に変えていくという、不確実な現代都市においてこそ有効な手段である。「より素早く、安く、簡単に」を合言葉として場所の変革を志向するプレイスメイキングとともに、現代の都市デザインの手法として定着を見せている（口絵4・2）。

❖地域運営、都市経営としての都市デザインへ

1990年代以降、経済のグローバル化の進展を受けて、大都市を中心とした国際的な都市間競争は激しさを増した。国内、ないし都市内においては、各都市、地域間での経済、社会環境の格差も大きくなりつつある。公民が連携して各都市、地域の価値を維持、向上させていく活動が必要とされるようになっている。とりわけ、人口減少時代を迎え、成長の果実の分配から成熟の過程へ移行した日本では、成長時代のさまざまな都市ストックを再点検・再評価し、限られた資源を有効に投下する持続可能な地域づくりが主要な課題となっている。こうした都市経営・地域運営が重視される時代において、都市デザインも従来的な空間デザインや公共政策の枠を超えた領域に展開しつつある。

横浜市や東京大学で活躍した都市デザイナーの北沢猛（1953 - 2009）は、編著『都市のデザインマネジメント』（2002）にて、1990年代のアメリカの各都市において姿を見せ始めていた新たな公共体による都市再生の動きを調査し、「空間と時間そして人間という資産を再編成し持続的な社会を創る方法論」として「アーバンデザインマネジメント」を提唱した。その後、鉄道開通に伴う新規開発事業である柏の葉キャンパス（千葉県柏市）周辺の都市づくりにおいて、大学、民間ディベロッパー、行政の三者を中心に公民学連繋組織としてアーバンデザインセンターを立ち上げ、地区開発・運営と一体となった新しい都市デザインの取り組みを試行していった。

また、国内外の13の先進都市・地域の取り組みを調

査した西村幸夫編『都市経営時代のアーバンデザイン』(2017) では、「都市経営時代」を「ハードとソフトを合わせて統合的に都市をマネジメントすることに責任をもたねばならない時代」と定義し、「人口減少時代における共有できる都市像を目指す」「多様性や持続可能性への解を模索する」「都市生活のデザイン戦略の合意へと向かう」という三つの傾向を指摘した。そして、21 世紀の都心を牽引していくのは文化の力であり、都市デザインも都市文化政策の一翼を担うとしている。都市デザインは生活者が有する文化の力を信頼するところから、再び出発しようとしているのである。

【適切な*D*/*H*の数値】
- 大通り等………*D*/*H*＝1〜2程度
  （ビスタの形成が重要な街路における奨励値）
- 裏通りや横町…*D*/*H*＜1
  （親密で居心地のよい空間を演出する値）

※*D*/*H*＞3となる街路では茫洋とした空間となる（複数列の並木による空間の分節化やモニュメント等の設置による視覚的な引き締めが必要となる）

図 4･14　適切な *D*/ *H* の数値（出典：まちなみ・沿道景観研究会 財団法人　都市づくりパブリックデザインセンター（＊ 15)、原資料：土木学会編（1985)『街路の景観設計』)

4･3 関係性のデザインとしての都市デザイン

建築デザインやプロダクトデザインなどと比べてみた時の都市デザインの特質は、しばしば「関係性のデザイン」であると指摘される。対象とする都市空間自体が、実に複雑な関係性の網なのである。都市デザインが扱う関係性には、空間の関係性、時間の関係性、主体の関係性、さらには、空間、時間、主体の相互の関係性が含まれている。また、関係性のデザインとしての都市デザインにおいては、そうした関係性を表現するためのダイアグラムが重視されてきた。本節では、関係性のデザインとしての都市デザインを理解する上で基本的な考え方を整理しておきたい。

◎空間の関係性

❖空間を統合的に捉える

関係性のデザインとしての都市デザインは、空間を分割するのではなく、統合して捉える。例えば、道路と街路の相違からこの点を説明できる。道路は通常、車道・停車帯・歩道などから構成されるが、街路は、この道路と沿道の建物が一体となって生み出す空間のことであり、さらにそこでの多様なアクティビティも含む。そうした意味で、都市デザインの対象は、道路ではなく街路なのである。

道路幅員 (*D*) と沿道建物の高さ (*H*) の比率を表現し、都市空間の適切なプロポーションを判断する指標としてしばしば *D*/*H* がある（図 4・14)。また、建物の低層階と道路の歩道部との関係が最も大事なデザイン対象となる。建物（内部）でも道路（外部）でも内部でもない、あるいは私でも公でもない中間領域をどうデザインするか、しばしば相互に浸透するような関係性が主題となる（図 4・15)。つまり、都市デザインにおいては、異なるもの同士の境界（エッジ）がデザインの焦点になる。

また、街路において、一つではなく、複数の建物が並置されると、そこに街並みが生まれる。関係性のデザインとしての都市デザインには、いかなる街並みをつくりだすのか、言い換えれば複数の建物の間にどのような関係性を生み出すかがまず問われる。スカイライン、ボリューム、壁面線の位置、間口の大きさ、色彩など、さまざまな要素が具体の関係性をかたちづくる。

❖個と全体を繋ぐ

都市デザインといっても、都市の全体を設計することは稀である。細部も含めて都市の全体をデザインする主体が想定しえた封建時代、ないしは大規模住宅都市開発が求められた高度経済成長期とは異なる状況の現代都市において、多くの場合、都市デザインが対象とするのは都市の部分である。現代都市では、土地や建物の権利は細分化され、実態としての都市空間は個々の土地や建物の権利者の個人的な行為の集積としてある。それぞれの個人的な行為は全体の論理に従属しているわけではなく、基本的には自律的な存在である。仮に全体が部分を完全に掌握することになれば、街並みはごく単調なものになる。全体としての調和を保ちつつ、個々の敷地、そこに建つ建物や土地利用の固有性、創造性が認められるような街並みの形成が目標となる。つまり、部分と全体との関係をどう構築していくかが、都市デザインの重要な課題である。

例えば、日本の伝統的な家屋形態である町家は、その敷地の中に環境装置としての庭を有する型を共有していることで、連続しても全体としての街区の環境性能を担

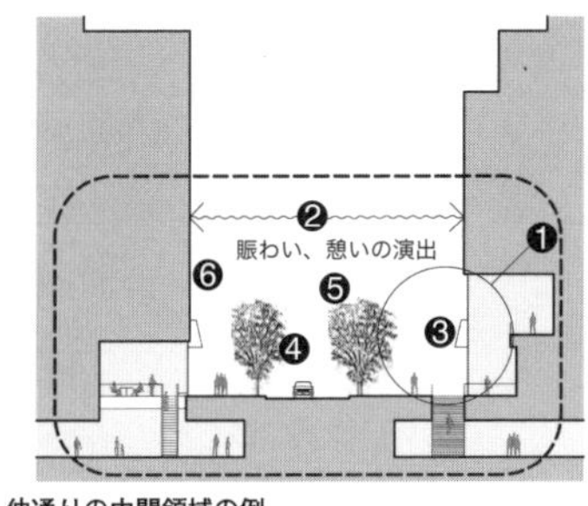

仲通りの中間領域の例

❶ 店舗、ギャラリー等の沿道への立地、ファサードの表情の工夫やストリートファニチャー、彫刻、ハンギングバスケット、バナーフラッグ、植栽等により歩行者空間に賑わいをもたらす等、建物と歩行者空間との協調による環境整備を行う。
❷ 対面する建物低層部の間隔により街路に生み出される親密感を尊重し、一体感のあるヒューマンスケールの空間を形成する。
❸ 街路沿いに、賑わい、憩い、安らぎといった雰囲気を演出するとともに、適宜、広場空間を設ける等して、街並みにリズムや開放感を生み出す。
❹ 歩道を車道側へ拡幅する等して、歩行者空間の快適性を増すとともに、カフェやイベント開催の場、語らいの場としての利用等、活動の多様性を拡大する。
❺ 通り両側の行き来のしやすさに配慮した植栽等により、豊かな緑環境を形成する。
❻ 分かりやすく親しみやすいサイン、街灯、ストリートファニチャー等の設置、舗装デザイン等の工夫等を行う。

図 4・15　中間領域を重視した街並み形成のガイドライン（出典：大手町・丸の内・有楽町まちづくり懇談会（＊ 16））

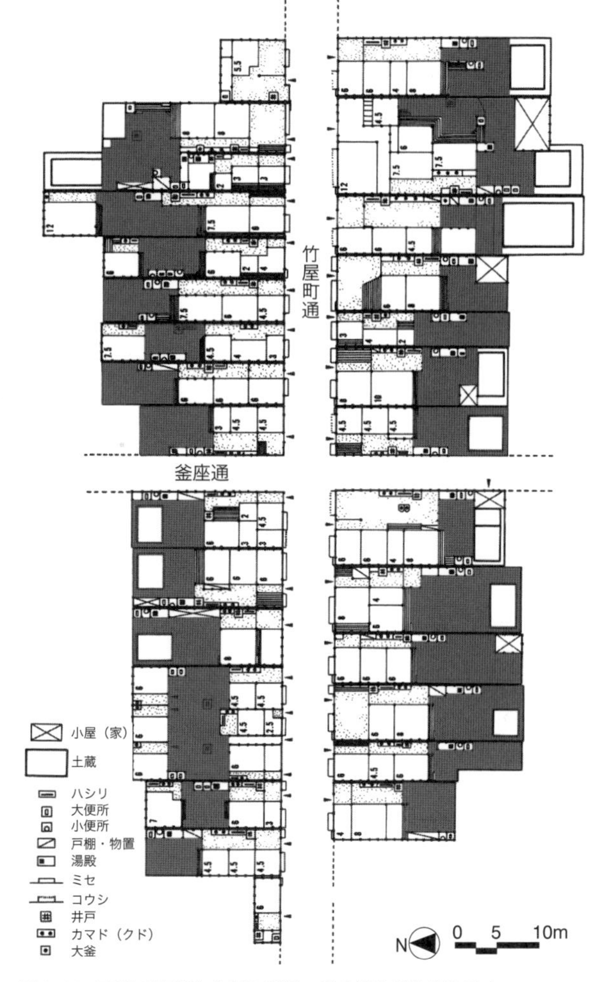

図 4・16　京都の町家と中庭の関係。アミ部分が中庭を示す（出典：東京大学都市デザイン研究室（＊ 17）、原資料：高橋康夫ほか編（1993）『図集 都市史』東京大学出版会）

保するものとなっている（図 4・16）。こうした個と全体の往還関係を探求してきたのが、都市デザインである。

町家の例に限らず、単体建築という個とどのようにして、街区、地区、都市という全体に結びつけていくのかについては、理論、実践ともにさまざまな試みの蓄積がある。代表的なのは、建築家・槇文彦による集合体論である。槇は集合体の三つのパラダイムとして、個々に独立した建築物が道路や広場によって結びついている「コンポジショナル・フォーム」、強い全体の骨格が先にあり、そこに建物物が従属している「メガ・フォーム」、共通性をもちつつも多様な建築物たちが緩やかにつながっていく「グループ・フォーム」を提示した（図 4・17）。1970 年代から 30 年以上の時間をかけて順次、建物を設計し、連鎖させていった代官山ヒルサイドテラスは、集合体論、とりわけ「グループ・フォーム」を体現している。

部分と全体をつなぐ手法、概念としては、経験の連続を捉えるシークエンスや回遊（歩行者ネットワーク）といった人の行動による部分同士の結び付けも重要である。回遊を生み出すためには、経路の全体を整備する必要はなく、重要な点（部分）をおさえ、その点と点を結んでいく、連ねていくという思考が大事である（図 4・18）。より抽象的な都市軸やネットワークによる戦略的ダイアグラムによって、全体の都市構造と重要な部分とを関係付けることができる（口絵 4・3）。

また、デザインのプロセスという観点からは、従来は主体に着目したかたちで、「全体」＝トップダウン、「部分」＝ボトムアップという枠組みから議論されてきた。しかし近年、注目が集まっているタクティカル・アーバニズムでは、局所的・短期的に空間に介入していく戦術（タクティクス）と総合的・長期的な計画としての戦略（ストラテジー）という時間軸を挿入した枠組みに設定し直し、その両者の関係づけを探求している。

◎時間の関係性

❖地域の文脈を紡ぐ

都市デザインが扱う関係性は、空間的な関係性だけで

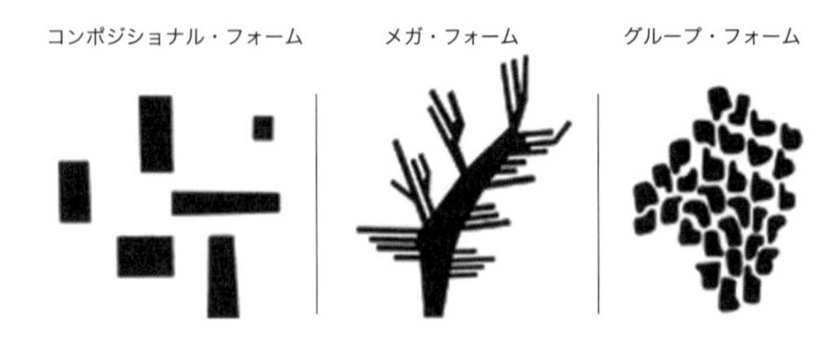

図 4・17　集合体の三つのパラダイム（出典：Georgy Kepes ed.,（＊ 18））

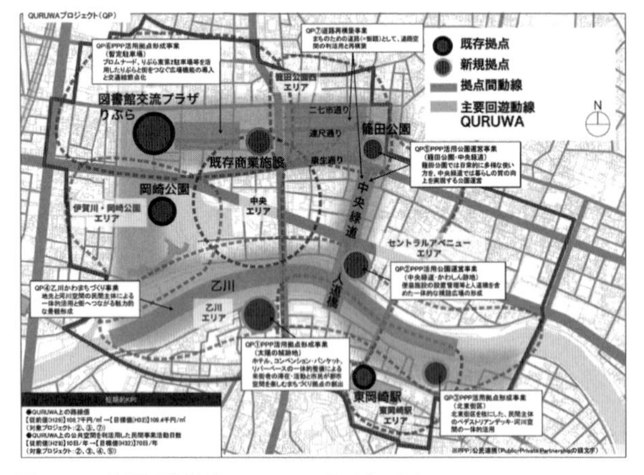

図 4・18　主要回遊動線 QURUWA プロジェクト（出典：岡崎市（＊ 19））

はない。むしろ、時間の関係性が最も重要となるケースが多い。埋立地における新規開発プロジェクトなどではない限り、都市デザインが対象とするのは既成市街地の再編である。その際、時間的にはプロジェクト以前に、また地理的にはプロジェクトの周囲に存在している市街地との関係性がまずは問われる。

こうした時間軸を包含する関係性は「文脈（コンテクスト）」と呼ばれる。地域の文脈を読み取るには、地区の基盤としての自然軸、構造としての空間軸、その基盤と構造の上で展開される生活軸のそれぞれから地域を捉える必要があるが、さらにこれらの軸はそれぞれ時間軸を有しているのである（図 4・19）。これらの既存の文脈を尊重しつつ、未来に向って介入を企て、新たな文脈を紡いでいくのが都市デザインという行為である。

こうした文脈を守り、育てる都市デザインは都市保全の考え方に立っている。ここでは保存と保全の相違を理解する必要がある。保存は「建造物や都市構造の文化財的価値を評価し、これを現状のままに、あるいは必要な場合には現状と同様の素材を用いた最低限の構造補強等

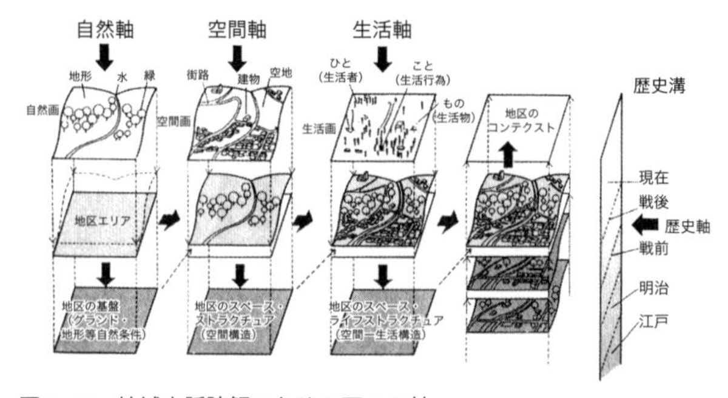

図 4・19　地域文脈読解のための四つの軸（出典：東京都生活文化局コミュニティ文化部振興計画課（＊ 20））

を行って、対象の有する特性を凍結的に維持していくこと」＊21 を指すのに対して、保全は「建築物や都市構造の歴史的か価値を尊重し、その機能を保持しつつ、必要な場合には適切な介入を行うことによって現代に適合するように再生・強化・改善することも含めた行為」（同上）である。都市デザインは点的なスケールでは保存を扱うが、都市や地域そのものは生活の舞台として使われ続けており、常に変化を許容する存在であるので、保全の方が適切な考え方となる。すなわち変化のマネジメントこそが都市デザインの課題となる。

都市保全の実践においては、その都市、地区の個性をかたちづくる形成史や歴史資源に関する調査・評価を基礎として、都市保全計画を立案し、その計画に基づく具体的な規制ルールや整備プロジェクトを実装することになる。とりわけ大事なのは、都市、地区の個性が何かを明らかにすると同時に、その個性を継承していくためのデザインルールやガイドラインを定めていくことである。都市環境に現れる個性は数値化することが困難なものが多い。その際、環境の「名付けえぬ質」を継承、創造するための手法としてアレグザンダーが編み出したパタン・ランゲージが応用されることがある。川越一番街（埼玉県川越市）の「まちづくり規範」（図 4・20）、神奈川県真鶴町の「美の基準」などが実際の応用事例として知られている。

❖連鎖やバトンをデザインする

都市は一朝一夕では変わらない。しかし都市を変革していく都市デザインには時間軸を伴うプロセスが織り込まれている。地区や都市域のスケールにおいては、プロジェクトの効果を周囲に波及させ、次の変化を起こしていく連鎖という考え方が大事である。なお、その際、最初のプロジェクト自体はあくまで触媒の役割を果すに過

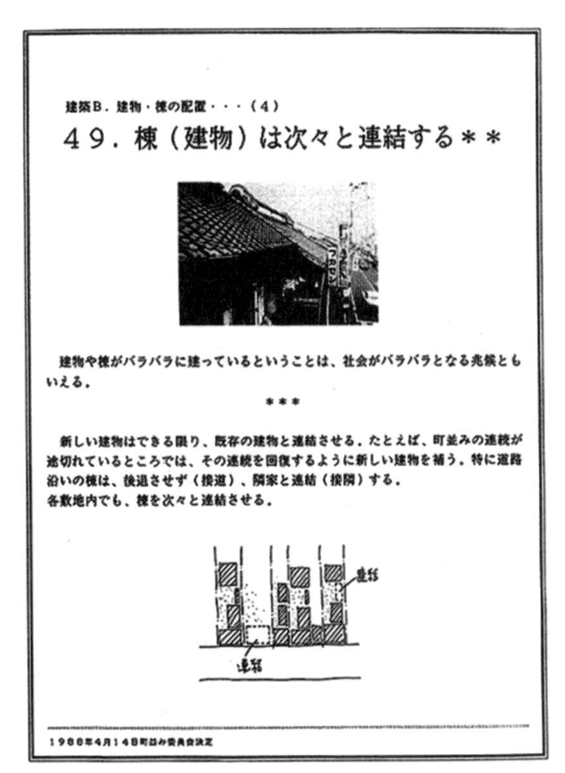

建築B．建物・棟の配置・・・（4）

49．棟（建物）は次々と連結する＊＊

建物や棟がバラバラに建っているということは、社会がバラバラとなる兆候ともいえる。

＊＊＊

新しい建物はできる限り、既存の建物と連結させる．たとえば、町並みの連続が途切れているところでは、その連続を回復するように新しい建物を補う．特に道路沿いの棟は、後退させず（接道）、隣家と連結（接隣）する．
各敷地内でも、棟を次々と連結させる．

1988年4月14日町並み委員会決定

建築B．建物・棟の配置・・・（5）

50．4間・4間・4間のルール＊＊

一番街通り沿いの敷地では、各敷地ごとの建物がに一定の配置パターンに従うことによって、お互いの環境を守りあっている．その棟配置パターンについて、隣どおしで了解しあった目安が必要である．

＊＊＊

表通り沿いの敷地を利用するにあたっては、できるかぎり以下の目安に従おう．
道路から4間は、敷地をいっぱいに利用し、建物は接隣・接道型とする．次の4間では、棟を北に寄せ南を開けるように配置する．ただし、隣接敷地への影響を充分に配慮する．その次の4間は可能な限り庭を主体の利用とする．

1988年4月14日町並み委員会決定

図 4・20　川越一番街の「まちづくり規範」の例（出典：川越一番街商業協同組合（＊22））

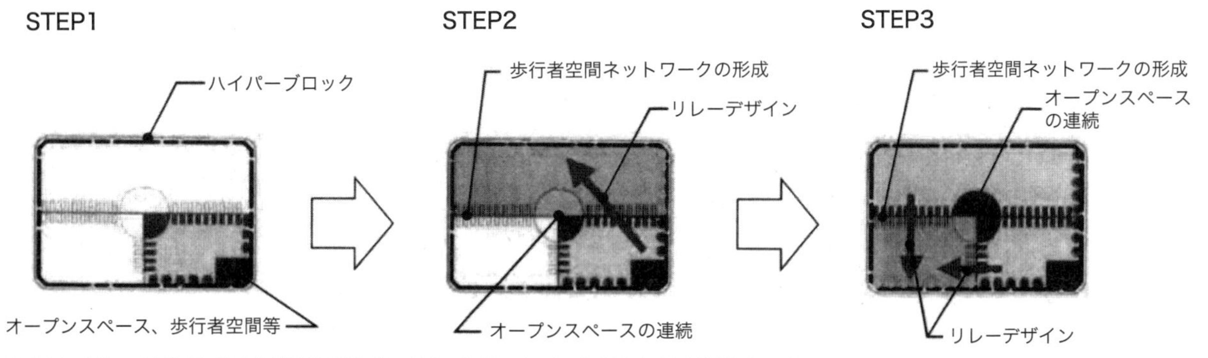

図 4・21　リレーデザインによる街区のデザイン（出典：大手町・丸の内・有楽町まちづくり懇談会（＊16））

ぎないこともある。また、個々の都市デザインをリレーのバトンのようにして次につなげてゆく仕組みとして、「リレーデザイン」という考え方がある。結果として、敷地単位の限界を超えた都市空間が形成される（図 4・21）。

❖未来を現在に投影する

都市計画の基本は、現状の分析やトレンドの解析から都市の将来を考えていく、つまり現在を未来に投影させるフォーキャスティングである。それに対して、ありうべき、望むべき未来をいくつかのシナリオとして先に設定し、その未来から逆算して今、必要なことを見定めていくバックキャスティング（シナリオプランニング）という未来との接続方法がある。バックキャスティングの発想は、「今あるもの」を大事にしつつも、「今はないもの」を考え、生み出して行く創造的な都市デザインとの親和性は高い。こうした考えを適用した事例としては、横浜都心臨海部の50年後の未来を新たなリング状のインフラを挿入する「交通」「環境」シナリオ、商業業務、港湾流通、製造、居住などの諸機能を混在させる「交流」「生活」「産業」シナリオを用いて総合的に提案した「都心臨海部・インナーハーバー整備構想」（2010、図 4・22）がある。

持続可能な社会を実現するためのインフラの戦略

❶環境：呼吸する都市
環境にやさしい循環が生まれる

❷交通：移動する都市
シームレスな移動ができる

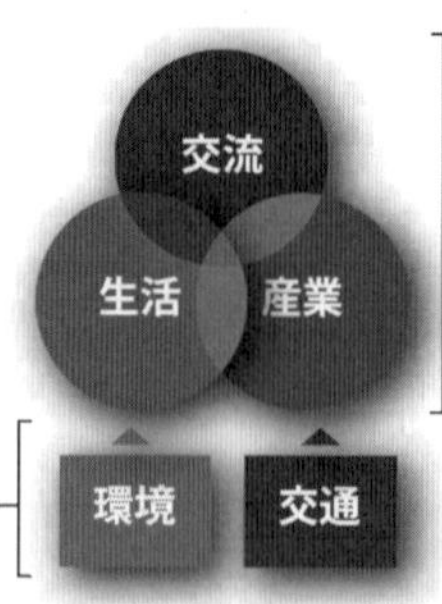

都市に新たな活力を生み出す3つの戦略

❸交流：交流する都市
人材と知恵、文化が生まれる

❹産業：イノベーション都市
常に新しい都市活動が生まれる

❺生活：生活する都市
多様なライフスタイルが生まれる

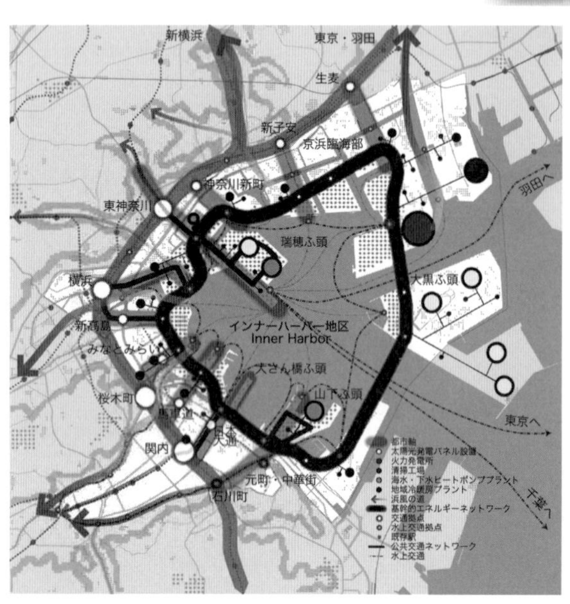

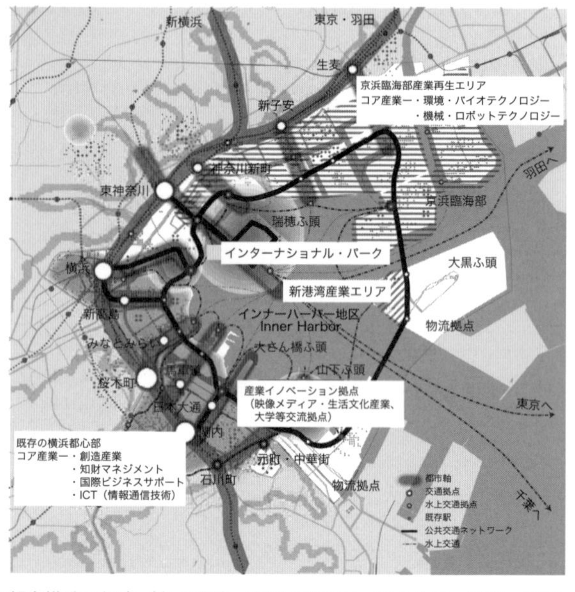

図 4･22　横浜都心臨海部・インナーハーバー整備構想における新しい都市構造の提案（左：環境・交通の仕組み　右：生活・産業・交流の仕組み）（出典：横浜市インナーハーバー検討委員会（＊23））

◎主体の関係性

❖専門家同士をつなぐ

空間を統合的に捉え、時間軸を組み入れる都市デザインには、さまざまな専門家たちをつなぐ、あるいは縦割り型になりがちの組織に対して横ぐしをいれる役割が求められる。大規模プロジェクトでは、建築物を設計する建築家、道路などのインフラを設計する土木エンジニア、オープンペースや緑地環境を設計するランドスケープアーキテクト、法規的なチェックをする都市計画家などの仕事を空間的に調整、統合していく役割を担う。行政内の体制としては、各部局、各課間のコミュニケーションを促していく、そうした都市デザイン組織のあり方が模索される。いずれも具体の案件の調整であると同時に、そうした調整を可能にする体制のデザインでもある。

まちは数多くの権利者たちの意思の集合体として形成され、その多数性が都市的多様性を生み出している。主に新規の開発プロジェクトを対象とした都市デザインにおいて、既存のまちにある都市的多様性を獲得するために、あえてデザインプロセスに主体の多数性を取り入れたり、あるいは複数の設計主体を前提として、それらを調整する上位の設計主体を設定することがある。千葉県の幕張ベイタウン（図 4・23）などで取り入れられた街区ごとに複数の設計者とそれをコーディネートする調整者を置く方式は前者にあたり、建物によって設計者は別々だが、それら全体を監修、統括する役割を担うマスターアーキテクトを置く方式が後者にあたる。

❖多様なアクターを巻き込む

参加のデザインもまた、都市デザインの基礎を支える領域である。空間のデザインプロセスにおいて、関係者や地域の人々の自由闊達な意見を引き出す、対話の場としてのワークショップ、将来の都市空間を視覚的、体験的な理解を助ける都市模型と小型カメラによるシミュレ

図 4･23　幕張ベイタウンの街並み

ーション・システム、カードやブロック模型といったツールを用いて都市空間のデザインを疑似体験するまちづくりデザインゲームなど、多様なアクターとの協働による空間デザインのための手法が開発されてきている。近年ではCGを駆使した仮想都市空間や、SNSを活用した意見募集や交換など、都市デザインにおける参加のインターフェースは多様化している。

4･4　近年の都市デザインの課題と動向

◎景観の創造的コントロール

❖景観行政と景観法

個々の建物や場所のデザインを超えて、都市全体の景観の構造や街並みを保全、創造していくことは、関係性のデザインとしての都市デザインの大きな役割の一つである。民間の建築行為に対する規制を必要とするため、こうした景観形成や保全は行政が主導してきた。わが国の景観行政は、1919年の旧都市計画法、市街地建築物法に規定された風致地区、美観地区の指定・運用に始まるが、1960年代後半以降は全国各地の自治体の独自の景観条例を中心とした取り組みとして発展してきた。ただし、景観条例は固有の法律的根拠をもたない自主条例であり、規制力が弱かった。次第に景観形成・保全の現場から景観行政の根拠となる基本法制の整備が求められるようになり、2004年になって景観法が制定された。

景観法では、基本理念として、良好な景観が国民の共通資産であること、適正な制限が必要であること、地域の個性や特色の伸長に資するものであること、地域の活性化に資するものであること、保全とともに創出を含むことが掲げられている。こうした良好な景観形成の取り組みの主体は自治体とされているが、全自治体に景観法適用の義務があるわけではなく、景観行政に意欲のある自治体が景観行政団体に認定されることで初めて、景観法の活用がなされる仕組みとなっている。ただし、都道府県と政令市は自動的に景観行政団体となるとされている。2017年3月31日時点で、全国約1,700自治体のうち698自治体が景観行政団体となっている。

景観法に規定されているのは、景観計画の策定とそれに基づく行為の制限、景観重要建造物や景観重要樹木、景観重要公共施設の指定、景観協議会の設立や景観整備機構の指定などである。景観行政団体は、これらのメニューの中から必要に応じて手法を選択し、景観行政を進めることになる。とりわけ、一定の区域（景観計画区域）を定めた上で、基準に基づく届出対象行為に対して、建物の高さ、壁面位置、形態・色彩などについての行為の制限を行う景観計画が現在の景観行政の中心となっている。一定規模以上の建築物や公共施設について景観計画に基づく事前協議を行うことで、良好な景観の形成に努めている。2017年3月31日時点で、全国538自治体が景観計画を策定済みである。

景観法の制定に合わせて、都市計画法で新たに設けられた地域地区が景観地区である。景観地区は景観計画以上により積極的に景観形成を図るべき地区に指定するもので、景観地区内では建築物の形態や色彩、意匠などの裁量性が認められる事項に関して、景観認定制度を設けており、認定を受けないと建築行為が行えないという強い規制力を有している。2017年3月31日時点で、全国27市区町45地区の景観地区が指定されている。

❖創造的協議としてのデザインレビュー

景観計画に基づく事前協議や景観地区における景観認定のための認定審査会など、個別の行為について景観の観点から評価、協議を行う仕組みをデザインレビューと呼ぶ。景観計画に基づく事前協議では、事前確定的な定量的基準とは別に定性的基準に対しての適合性を判断することが主な目的となるが、デザインレビュー自体は、単に基準に対する適合性を判断するだけでなく、より良い計画、設計に向けての専門家からの助言や協議を含む。そうした点を強調するために、地域の建築家が参画し、地域固有の景観の文脈や空間像を明確にしていきながら、

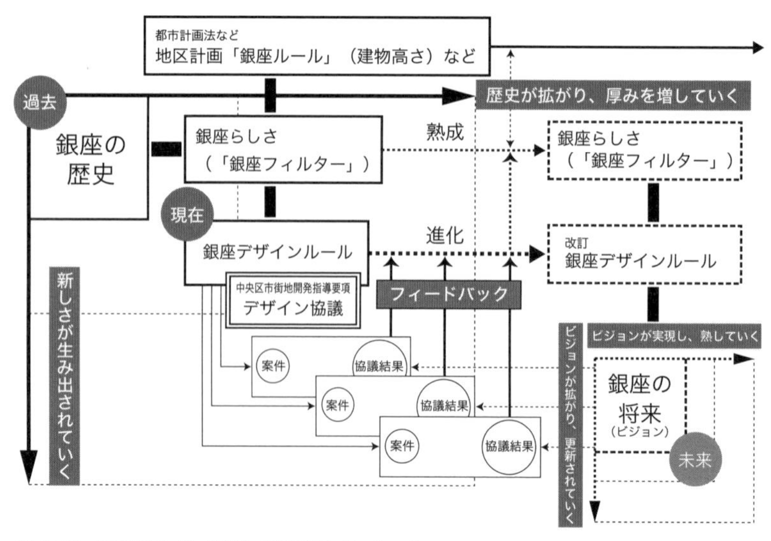

図 4·24　銀座デザイン協議と銀座デザインルール

設計者の創造性を引き出していくようなデザインレビューのことを創造的協議と呼ぶことがある。

デザインレビューの有効性は、デザインレビューをどのタイミングで実施するのか（構想段階か、基本計画段階か、確認申請直前か）、どのような体制で実施するのか（レビューを担当する専門家が施主もしくは設計者と直接協議するのか、そうでないのか）で決まってくる。また、自治体に都市デザインの専門家がおらず、同様に地域にも専門家が少ない地方都市の現状などを踏まえて、日本においても、イギリスで自治体に代わってデザインレビューを実施する組織として設置されていたCABE（建築都市環境委員会）のような支援組織が必要であるとの議論もある。

本格的なデザインレビューを地域組織が地域運営の一環として実施している事例として、銀座街づくり会議（東京都中央区銀座）の銀座デザイン協議会がある。銀座では法定の地区計画により建築物の絶対高さ制限などが厳格に決まっている。しかし、数値規制の限界を鑑み、「銀座らしさ」を守るために、銀座内の全ての通り会、町会、業界団体を統合する意思決定機関である全銀座会傘下の銀座街づくり会議が主体となり、自分たちで一つひとつの案件のデザインの良し悪しを判断していく仕組みとして、中央区市街地開発事業指導要綱に基づき、地区内の100m²以上の建築物や建築確認の対象となる工作物を対象としたデザイン協議を2006年から実施している。2008年に初めて大まかな方針を示した『銀座デザインルール』を策定したが、このデザインルール自体が「協議の経験と事例の積み重ねによって熟成されていくべきものであると同時に、ルール自体を新しい案件の提案に即して、常に見直し、再考していくべきもの」とされ、実際に改訂、追補を重ねている（図4・24、図4・25）。つまり、創造的協議とは、ルール自体の進化、深化を伴うものなのである。

◎公共空間の再編成とリノベーション

❖公共空間とそこでの活動への眼差し

都市デザインの重要な対象に公共空間（パブリックスペース）がある。都市デザインが生み出す公共空間におけるさまざまな活動を通じて、まちの賑わいの再生や生活環境の向上が実現していく。公共空間は、公有地や私有地といった所有ないし管理運営の観点や、誰もが無料で利用できるのか、料金が払った人のみが入れるのかなどのアクセス性の観点、そこでどのようなアクティビティが行われているかといった活動の観点などから多角的に定義される。屋外の空間を意味するオープンスペースや、特定の人の所有、利用、アクセスを前提としたコモンスペース、非建ぺい地を意味する空地（くうち）など類似する概念も多く、重なりもある。公共空間は、街路や公園、広場、駅、マーケットなどの都市施設に加えて、路地や軒先、公開空地など民間の敷地内にも存在している。

公共空間への近年の関心の高まりは、そこでの人々の活動、行為に焦点があたっている。長年にわたり、公共

図 4・25　銀座デザインルールに則り、ファサーの分割などを中心にデザイン協議が行われた建物

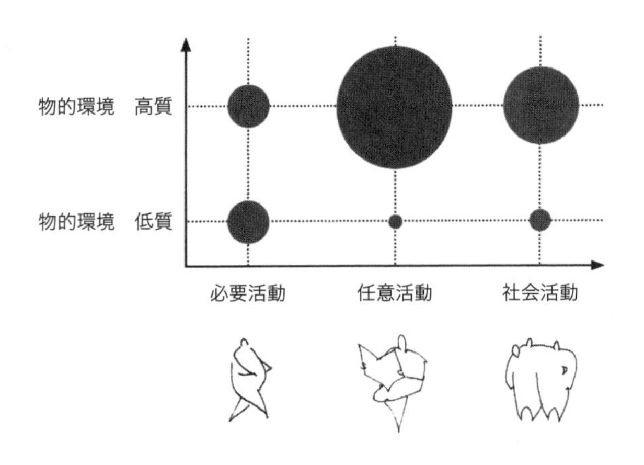

図 4・26　人々の活動と物理的環境の質の関係（出典：ヤン・ゲール（＊24））

空間における人々の活動を調査してきたデンマークの都市デザイナーであるヤン・ゲールによれば、屋外での活動は、①仕事や学校に行く、客を待つなど多なかれ少なかれ必要にせまられて行う必要活動、②遊歩道を歩く、眺めを楽しむために腰をおろすなどの余暇的な性格の強い任意活動、そして③挨拶から偶然の出会い、路上パーティーなどの人と人とのコミュニケーションを含む社会活動とに分けることができる（図 4・26）。空間のあり方に最も影響を受けるのは任意活動である。そして必要活動や任意活動の総量が、社会活動の確率を高めるという関係にある。公共空間のデザインにおいては、人々の動線などの必要活動に対して的確に空間を提供するのと同時に、その場に求められる任意活動を想定し、それらを可能にする設えを検討する。そして、最終的にはその空間で豊かな社会活動を生み出すことができるかどうかが、都市の活力や文化の成熟を図るバロメーターとなる。

❖公共空間の再編と都市戦略

近年、ポスト工業化の進展の中で、かつての工場跡地や埠頭跡、貨物線跡などの工業系土地利用の転換や、都心部の大規模な再開発などにより、新たな公共空間が生み出されている。自動車優先の道路空間を歩行者優先の街路（ストリート）、広場へと転換する試みも世界各地で見られる。こうした公共空間のデザインを通じて、人々の間のコミュニケーションを育み、コミュニティを再生させていくことが、都市デザインの重要なテーマとなっている。一方、豊かな公共空間は、国際的な都市間競争のもとで、都市のブランディングやイメージ形成の大きな要素となっているという背景もある。

図 4・27　ニューヨーク・ハイライン公園

例えば、アメリカ・ニューヨーク市では、住み良い都市づくり（livable city）に強い関心をもっていたマイケル・ブルームバーグ前市長（在任期間：2002 年 1 月 - 2014 年 12 月）のリーダーシップのもと、公共空間の再編に取り組み、都市のイメージを大きく向上させた。とりわけ、かつての貨物高架線を線状の遊歩道にリノベーションしたハイライン公園（図 4・27）、かつての物流拠点であった埠頭群を活動豊かなウォーターフロント公園に生まれ変わらせたブルックリンブリッジ公園などの高質な公共空間が取り組みを先導した。また、観光娯楽の中心地タイムズ・スクエアでのブロードウェイの歩行者空間化をはじめ、市内各地の交差点を中心に、次々と道路空間を実験的に広場化し、その実験成果を踏まえて恒久的に広場化していく事業が進められた。そうした広場は、地域の不動産所有者や営業者が地域の価値を維持や向上を目指して組織する BID（Business Improvement District）をはじめとする地域民間組織が日常の管理運営を

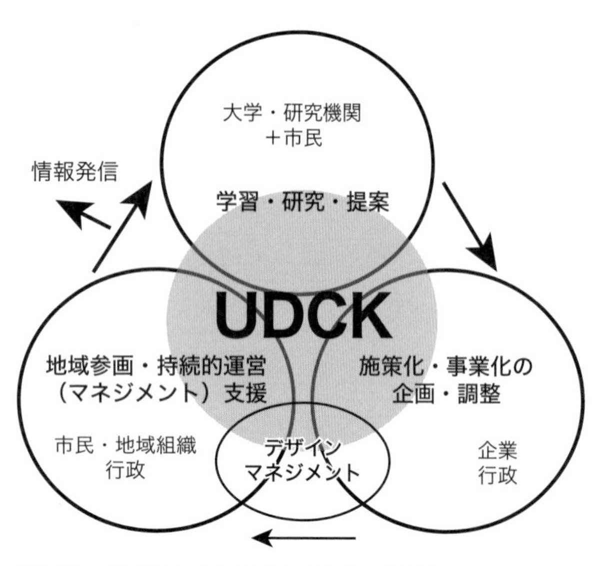

図4・28　柏の葉アーバンデザインセンターの体制（出典：柏の葉アーバンデザインセンター（＊25））

担う方式が採用されている。公共空間を中心とした地域経営が都市デザインの中心テーマとなっている。

◎アーバンデザインセンターの展開

❖都市デザインの新たな推進組織

都市づくりの主体が多様化する中で、都市デザイナーの位置づけや役割も変化を遂げてきた。1960年代以降のニューヨークやサンフランシスコ、あるいは横浜などの先進都市では、自治体内部に都市デザイナーを雇用し、公共政策としての都市デザインを推進してきた。しかし、自治体内部の体制は首長の意向に大きく左右され、政策の変化によって都市デザインの推進体制が後退することもあった。そうした状況の中で、市民、企業、NPO、大学などの多様な主体が協働するかたちで、継続性をもって都市デザインを進める組織を設立する動きが見られるようになった。わが国では、2006年に公民学連携を標榜し、千葉県柏市の柏の葉で設立されたアーバンデザインセンター柏の葉（UDCK、図4・28）を皮切りとして、全国15の地域で設立されている（2017年9月現在）アーバンデザインセンターがその先導を切っている。

❖アーバンデザインセンターの本質を巡る議論

アーバンデザインセンターは、住民や行政、企業、専門家が課題の発見と解決と通じて柔軟に協力し、情報、人、活動が集まり、新しい動きを生み出す開かれた場である。アーバンデザインセンターの具体的な体制、形態は都市、地域によってさまざまだが、2011年11月に開催された第2回アーバンデザインセンター会議で請託された「UDC AGENDA 2011」では、アーバンデザインセンターの八つの柱として、①「公・民・学連携の拠点となる」、②「明確な目標と戦略を打ち立て実行する」、③「常に具体のフィールドで活動する」、④「都市空間のデザインを担う専門家が主導する」、⑤「新しいアイデアに挑戦し続ける」、⑥「一人ひとりが活動をエンジョイする」、⑦「最新の情報を公開し、共有する」、⑧「UDCネットワークを全国へ、そして世界へ」が掲げられている。またアーバンデザインセンターは、①多くの主体が連携する、組織としての場、②専門家が現地に貼りつくとともに、幅広い協力のネットワークを備える、人材の場、③人々が集まって行動し、その様子を見せる、施設としての場の3点を備えるまちづくりの場としても定義されている＊26。

2015年3月に開催された第3回アーバンデザインセンター会議でも、アーバンデザインセンターの本質とは何かが議論された。改めて多様性を内包するのがアーバンデザインセンターであり、厳密に定義する必要はないが、共通する展開として、主体性、専門性を有した人材の輩出があることが指摘された＊27。地域の課題の発見と解決を通じて、柔軟性のある都市デザイナーが生み出されつつある。

[注・参考文献]

＊1　横浜市都市整備局都市デザイン室 HP
http://www.city.yokohama.lg.jp/toshi/design/m01/（最終閲覧 2018/8/3）
＊2　西村幸夫編（2017）『都市経営時代のアーバンデザイン』学芸出版社
＊3　Paul D. Spreiregen ed. (1968) *On the Art of Designing Cities : Selected Essays of Elbert Peets*, The M. I. T. Press
＊4　Wener Hegemen and Elbert Peets (1922) *American Vitrviws:An Architects' Handbook of Civic Art*, Architectual Book Publishing Company, New York
＊5　Ely Chapter ed.(2009), *The Plan of Chicago @ 100*, Lambda Alpha International
＊6　ル・コルビュジエ（樋口清訳）（1967）『ユルバニズム』鹿島出版会
＊7　丹下健三・藤森照信（2002）『丹下健三』新建築社
＊8　ケヴィン・リンチ（丹下健三・富田玲子訳）（2007）『都市のイメージ』岩波書店
＊9　ジェイン・ジェイコブス（山形浩生訳）（2010）『アメリカ大都市の死と生』鹿島出版会
＊10　クリストファー・アレグザンダー（稲葉武司・押野見邦英訳）（2013）『形の合成に関するノート／都市はツリーではない』鹿島出版会
＊11　ジョナサン・バーネット（六鹿正治訳）（1977）『アーバン・デザインの手法』鹿島出版会
＊12　ジョナサン・バーネット（倉田直道・倉田洋子訳）（1985）『新しい都市デザイン』集文社
＊13　春日敏男（1999）「世田谷の都市デザイン改革」『造景』20号、建築資料研究社
＊14　Robert Steuteville and Philip Langdon (2009) *New Urbanism best Practices Guide*, New Urban News Publications
＊15　まちなみ・沿道景観研究会　財団法人　都市づくりパブリックデザインセンター（2009）『沿道まちづくりのすすめ　市長への手紙』

＊16 大手町・丸の内・有楽町まちづくり懇談会（2014）『大手町・丸の内・有楽町まちづくりガイドライン 2014』
＊17 東京大学都市デザイン研究室（2015）『都市空間の構想力』学芸出版社（原図は高橋康夫・吉田伸之・宮本雅明（編）（1993）『図集日本都市史』東京大学出版会）
＊18 Georgy Kepes ed., *Structure in Art and in Science,* George Braziller, 1965
＊19 岡崎市（2018）『行政版　おとがわエリアビジョン』
＊20 東京都生活文化局コミュニティ文化部振興計画課（1997）『周辺景観に配慮するための手引き：東京都公共施設のデザインにあたって：地域の文脈を解読する』
＊21 西村幸夫（2004）『都市保全計画』東京大学出版会
＊22 川越一番街商業協同組合（1988）『町づくり規範』
＊23 横浜市インナーハーバー検討委員会（2010）『「都心臨海部・インナーハーバー整備構想」提言書』
＊24 ヤン・ゲール（北原理雄訳）（2014）『人間の街　公共空間のデザイン』鹿島出版会
＊25 柏の葉アーバンデザインセンター HP
http://www.udck.jp/about/000248.html（最終閲覧 2018/8/3）
＊26 アーバンデザインセンター研究会（2012）『アーバンデザインセンター―開かれたまちづくりの場』理工図書
＊27 アーバンデザインセンターネットワーク（2015）「第３回アーバンデザインセンター会議 in 柏の葉　報告書」
＊28 前田英寿他（2018）『アーバンデザイン講座』彰国社
＊29 中島直人（2009）『都市美運動　シヴィックアートの都市計画史』東京大学出版会
＊30 Eric Mumford（2009）*Defining Urban Design: CIAM Architects and the Formation of a Discipline, 1937-69,* Yale University Press
＊31 ジョナサン・バーネット（兼田敏之訳）（2009）『都市デザイン－野望と誤算』鹿島出版会
＊32 今村創平（2013）『現代都市理論講義』オーム社
＊33 Allan Jacobs & Donald Appleyard（1987）"Toward an Urban Design Manifesto", *Journal of the American Planning Association,* 53(1), pp.112-120
＊34 高見沢実（2010）『ニューアーバニズムの都市ビジョンとそれを支える先進的計画技術の進展に関する研究』
＊35 北沢猛編（2002）『都市のデザインマネジメント』学芸出版社
＊36 小浦久子（2008）『まとまりの景観デザイン』学芸出版社
＊37 Wayne Attoe & Donn Logan（1992）*American Urban Architecture: Catalysts in the Design of Cities,* University of California Press
＊38 自治体景観政策研究会編（2009）『景観まちづくり最前線』学芸出版社

5章 都市緑地

――都市と自然を接続する

寺田徹

5・1 都市・自然・ランドスケープ

❖都市緑地計画の射程

ランドスケープ・プランニングの対象領域は都市、農山村、自然地域といったように、我々の生活に関連するあらゆる空間に及ぶ。その中でも都市におけるランドスケープ・プランニング（都市緑地計画）は、公園、広場、水辺空間といったオープンスペース、樹林地や農地などの自然地（二次的自然を含む）を都市に確保し、緑地として保全・活用することで、人と自然のあいだにより良い関係を築き、都市を住み良く、持続可能な状態にするための一連の計画を指す。

都市に緑地を確保することは、緑地計画の手段であり、目的ではない。古典的教科書にも、緑地計画の目指すべきところについて、「自然と人間との関係を生物学（生態学）的に、レクリエーション的に、また美的にも健全にして適正なる状態にすること」とあり*1、人と自然との関係を良くするという目的の元に、緑地の確保という手段を位置づけている。都市緑地計画は、緑地が都市に存在することを無批判に良とするものではなく、人と自然のより良い関係の構築、都市の持続可能性向上といった大きな目標に対し、最も貢献しうる緑地のあり方（配置、量、質など）を構想し計画するものである。

本章の副題の「都市と自然を接続する」にも表れているように、都市緑地計画の本質は、都市において人間活動と自然環境とを調和させるための媒体として、都市緑地を機能させることにある。そのため都市緑地は、人の生活が営まれる文化的空間である「庭 Garden」としての側面と、生物群集とそれらを取り巻く環境である「生態系 Ecosystem」としての側面とを同時にもつことになる。都市緑地計画は、これら両側面をもつ都市緑地を都市空間に機能的に位置づけるための社会技術であるとも言える。

❖本章の構成とねらい

本章では、日本の都市緑地計画について、第2節でこれまでの展開を、第3節で現在の計画および近未来の展望を述べる。説明の内容は序章の時代認識と関係しており、第2節では「(都市を) つくる時代・(都市が) できる時代（都市近代化・成長期)」の緑地計画を、第3節では「(都市を) ともにいとなむ時代（都市成熟期)」の緑地計画とその先の展望について述べる。

どのような目的で都市に緑地を確保するのかについては、それぞれの時代で特徴が見られる。本章ではその変容を理解するために大きく時代を4区分して説明を行う。国外の計画も必要に応じて適宜紹介するが、焦点は日本の計画に置く。また、首都東京での計画が日本全土の計画に強く影響を及ぼしていることから、本章では主に首都圏の事例を取り上げることとした。以下、趨勢のおおまかな理解のため、四つの時代の概要を述べる。

❖公園からグリーンベルトへ（1870 - 1940年代、2節①）

近世都市の群衆遊覧の場所づくり、火除地や広小路などのオープンスペース確保などを前史とする日本の近代都市緑地計画は、1873（明治6）年の太政官布告にともなう名所の公園化に始まる。その後、市区改正条例(1888)や旧都市計画法の成立(1919)、関東大震災(1923)後の復興計画と連動し、都市計画の枠組みで公園が整備された。次いで市街地の拡大に対して地域計画の重要性が認識されるようになり、東京緑地計画（1939）の環状緑地帯（グリーンベルト）、景園地計画のような広域緑地計画が導入された。

❖市街地の拡大と緑地保全（1950 - 1970 年代、2 節②）

戦後高度経済成長期においては、拡大・稠密化する市街地に緑地をいかにして確保するかが主眼となり、そのための法整備が行われる。都市公園法（1956）に基づく都市公園の計画的整備、緑地地域（環状緑地帯）の廃止と現行都市計画法（1968）の区域区分制度（市街化調整区域）への接続、都市緑地保全法（1973）による緑地保全、生産緑地法（1974 年、実質的には 1991 年改正により機能）による農地保全などがその具体例である。

また同時期に計画的市街地として整備が始まった大規模ニュータウンでは、緑地の後追い的な整備の反省もあり、パークシステムなどの国外の計画理論に基づき緑地が整備された。その中で、港北ニュータウン（1974 年事業開始）のグリーン・マトリックス・システムのような、日本独自の計画理論も生まれた。

❖環境保全・グローバル化と緑地（1970 - 1990 年代、2 節③）

1960-70 年代に激化した公害の問題、1980 年代末から認識され始めた地球温暖化の問題など、この時代は、急速な経済成長が引き起こした環境問題の解決が強く求められた。生態学分野の発展とも連動し、緑地計画を支える理念や理論として、環境やエコロジーが注目される。

こうしたなか、ドイツ流地理学・植物社会学に基づく自然立地的土地利用計画（1985）や、アメリカのイアン・マクハーグが著した『Design with Nature』を源流とするエコロジカルプランニングなどの計画理論が打ち出され、GIS など空間情報技術の進展に伴い発展していく。また、生物多様性条約や気候変動枠組条約などの国際的枠組みの成立も、国内の計画に大きく影響を与えた。景観生態学（ランドスケープ・エコロジー）に基づくエコロジカルネットワークの分析、ヒートアイランド対策としての緑地による温熱環境改善効果の評価などが行われ、法定計画に位置付けられた緑の基本計画（1994）などに反映された。

❖人間と緑地―マネジメントの時代へ（2000 年代 -、3 節①）

21 世紀に入り、社会が成熟してくるにつれ、人々は経済成長とは異なった豊かさを求めるようになった。社会がある一つの方向に向かう時代は終わり、人々の価値観も多様化する。こうした傾向と人口減少の影響から、この時代は、緑地を量的に確保することではなく、確保された緑地の質を高めることへと関心が移り、人や社会にとっての緑地の価値が問い直されるようになる。

バブル経済崩壊後の新自由主義政策に基づく規制緩和と民間活力の活用の流れを受け、2003 年に指定管理者制度が創設される。さらに近年の都市緑地法、都市公園法改正（2017）では、民による空き地・公園・その他緑地の活用を促す市民緑地認定制度や公募設置管理制度（Park-PFI）が導入され、都市縮小や人口減少・超高齢化に対応するための官民協働の緑地マネジメントへの流れがより明確になった。

一方、2004 年の景観法の新設に関連し、同年、文化財保護法に文化的景観概念が追加され、景観の成り立ちの理解や価値の共有に基づく緑地計画のあり方が示された。また 2015 年の国土形成計画ではグリーンインフラの考えが紹介され、自然災害に柔軟に対応するインフラとして緑地を位置づける視点が示された。これらは、一方では人文科学的な視点から、他方では自然科学的な視点から、成熟・低成長期における緑地の役割や価値を、主に既存緑地のマネジメントという点から見出そうとするものである。

❖これからの都市緑地計画（3 節②）

こうした趨勢の延長に位置付けられる次の時代の都市緑地計画について、いくつかの論点を設定し考察する。

5･2 都市緑地計画の展開

◎①公園からグリーンベルトへ（1870 - 1940 年代）

近代都市計画の導入期であるこの時代は、「都市をつくる」時代と一致する。近世都市から近代都市へと都市を大きく変容させるにあたり、日本の近代都市にとっての「公園」や「緑地」のあり方が問われた。その際、当時の世界の潮流であった欧米の計画理論を導入し、近代化を達成しようとする意図が強く働くこととなる。江戸から明治へと時代が移り、盛り場や遊覧の場といった住民にとっての「共有の庭（コモン）」を公園とすることで出発した日本の公園は、都市計画制度が充実してくるにつれ、行政により機能的・合理的に整備された「官園」を公園とする形に移行していく。これに関係し、人々の公共空間に対する意識も次第に変容していく。

より多くの人口が都市に集まることにより、都市をつくる段階から都市が広がる段階へと推移していくなかで、戦前期には市街地の拡大抑制のためのグリーンベルトが導入され、緑地計画により広域圏における都市の骨格的構造が描かれる。しかし実効策が伴っていなかったために実現には至らず、都市を取り囲む「形」としてのグリーンベルトは、都市と農村を峻別する「システム」としての区域区分制度に継承されていく。

❖公園の始まり―太政官布告

火除地や広小路、日本庭園といったように、近世都市にも、現在の緑地と同様の機能をもつ空間は存在していた。このうち、盛り場や遊覧の場として賑わいを見せていた寺社の境内や花見の名所といった、住民にとっての「共有の庭（コモン）」のような空間に、「公園」という新たな地目を与えることを通達したのが、1873年に政府から出された太政官布告である。これをもって日本に制度としての公園が誕生した。同布告を受け、まず東京に五つの公園が設置され（浅草公園（浅草寺）、芝公園（増上寺）、上野公園（寛永寺）、深川公園（富岡八幡宮）、飛鳥山公園（飛鳥山））、以後、各府県が次々に公園開設の申請を行い、明治、大正年間に全国でおよそ450か所近くの公園が誕生する*2（図5・1）。

なぜ明治維新直後の混乱期に制度としての公園が生まれたかと言えば、そこには新政府の財政基盤安定化のための戦略がある。当時、新政府は、地租改正により所有権を公認し、民有地を課税対象として地租を金納させることで、財政基盤の安定化を図ろうとしていた。しかし、公園として認めた場所の多くは、江戸時代、年貢諸役を免除されていた高外除地と呼ばれる土地である。そこで、太政官布告により申し出のあった土地を公園として公有地化し無税にする一方で、土地の利用権を元の管理者である寺社などに与え、自治体が借地料などを徴収することができるようにしたのである。この所有と利用の分離は、独立採算であった戦前の東京市の公園経営を支える重要な財源の確保に繋がったとされている*3。またその発想は、近年の民間事業者による指定管理者制度を用いたパークマネジメントと類似しており、1世紀以上の時を経て、再び注目を集めている。

❖日比谷公園と坂本町公園―都市計画による公園

近世都市の「コモン」を制度上「公園」とした太政官公園に対して、その後、都市計画に基づき新設された公園として、日比谷公園と坂本町公園の例が挙げられる。両公園は東京市区改正（1888年条例公布）に位置付けられ、計画そのものが必要最小限に縮小されるなか、実際に実現された数少ない大公園・小公園である。

図5·1　1884年頃の飛鳥山公園（歌川広重（3代））。1880（明治13）年に公共造園のパイオニア長岡安平（1842―1925）により改修が行われる。抄紙（しょうし）会社（後の王子製紙）を見下ろす風景が明治の名所となる（所蔵：北区飛鳥山博物館）

日比谷公園は、よく知られるように、帝国大学農科大学（現在の東京大学農学部）教授の本多静六（1866 - 1952）が設計（最終案）を担当し、1903年に完成した、日本発の万人に開かれた西洋風公園である（横浜の山手公園が1870年に造られているが、居留外国人により設計され、日本人の入園は禁止されていた）。設計に際しては、近代都市に西洋都市を重ねようとする当時の欧化政策を反映し、洋式であることが強く求められた。決定に至るまで九つの案が審議・否決されているが、最終案として選ばれた本多案は、本多がドイツ留学からもち帰ってきた当時の代表的な公園の設計図面を複数組み合わせて設計したものであった。

一方、坂本町公園は日比谷公園と比較するとあまり知られていないが、東京市区改正に基づき新設された唯一の小公園であり、日比谷公園よりも早く、1889年に完成している（図5・2）。コレラ患者の収容施設（避病院）の跡地に開設されたものであり、小学校と警察署に隣接している。坂本町公園は、「防疫装置」「児童の身体鍛錬の場」「警察の監視が行き届く広場」という市区改正審査会の計画思想が全て盛り込まれて実現したものだとされている*3。欧化政策のシンボルとしての意味合いが強い日比谷公園に対し、坂本町公園は、より純粋に近代都市計画の思想が反映されて実現されたものだと言える。

なお市区改正審査会の原案では、公園設置の理由の第一を「衛生」とし、「清潔の場所」を設けて「清風を居民に供給する」とともに、「大公園の逍遥」「近区の公園での慰憩、運動」により「元気を鼓舞補給」するとし、そ

図5･2　1897年頃の坂本町公園。設計は長岡安平。中央に東屋と腰掛があり、植栽は梅や桜が多く、風情を感じさせる。民営の茶亭の設置や盆栽の露店販売も行われていたとされる（出典：『風俗画報』（＊4））

のほか「首府たる壮観の換発」「出火天変の際の人民廻避の場所」などの「間接の利益あり」と述べられている*5。「衛生」を公園設置理由の第一とする考えは、当時の衛生環境や欧米の都市計画思想（都市の肺としての緑地）の影響を受けていると思われる。

❖明治神宮と震災復興公園─近代造園の嚆矢

大正から昭和初期にかけて行われた明治神宮内外苑造営、帝都復興事業による大小都市計画公園の建設といった国家事業には、造園学に関連する名だたる学者・技師が参加し、急速にその集団と職域を育む契機となった。

明治神宮は、明治天皇陵が京都伏見桃山へ定められたことに関連し、天皇陵は東京へという各界の熱望が発展し具体化したものである。1915年から1920年にかけて林苑と社殿を中心とする内苑が整備され、1926年には洋風庭園と関連施設による外苑が完成した。林学からは先の日比谷公園の本多静六が、農学からは原熙（ひろし）（1868 - 1934）が参加し、両者が軸となり、本郷高徳（たかのり）（1877 - 1945）、折下（おりしも）吉延（よしのぶ）（1881 - 1966）、上原敬二（1889 - 1981）といった名だたる人物が当時の内務省造営局に配置され、職務に当たった。森林生態学の理論に基づく内苑の森林育成の手法や、芝生広場や四列イチョウ植栽の園路など外苑の洋式造園技法の導入は、いずれも日本の近代造園の嚆矢と位置付けられており、このことから、明治神宮は近代造園学発祥の地とも言われている。

一方都市公園についても、同時期にその近代的な計画体系が構築される。1919年の旧都市計画法において、公園は都市計画施設としての位置づけを得た（同時に風致地区制度の導入により、緑地・景観保全のための法規制が生まれた。指定第1号は明治神宮地区）。その後の関東大震災では、避難地や延焼防止施設としての公園の価値が実証される形になり、帝都復興事業により、1923年から1931年にかけて東京・横浜に大公園各3箇所、東京に小公園52箇所が都市計画決定・新設された。

大公園は国で施工され、東京では墨田・浜町・錦糸公園、横浜では山下・野毛山・神奈川公園が造られた。日本発のリバーサイドパークとして造られた隅田公園は、その後堤防の設置や首都高の建設により当時の面影が失われ、一方、山下公園は、横浜のウォーターフロントにおける重要な緑地としてその景観が保全されるといったように、その後の経緯はそれぞれだが、いずれの公園も大都市における重要な緑地として現在まで引き継がれている。

一方、東京に設置された52の小公園は、小学校と公園を組み合わせて配置した防災コミュニティ空間であり、それぞれが適当な距離に配置され、またその用地が区画整理事業により生み出された（内務省技師北村徳太郎（1895 - 1964）が、区域内に対し3％以上を公園として留保する理論を提示した）、初めて民有地を買収したなど、現在の都市公園制度の原点となっている。公園は校庭との接続と日当たりの点からなるべく学校の南側に配置され、そのデザインの多くは広場を主体とし、灌木や疎林に囲まれるというものであった。学校との境界は管理上必要な最小限の柵に留め、公園と学校との一体化が強く意識された。異なる都市施設を組み合わせて公益性を高めるこの手法は大変優れたものであったが、特定の集団が利用する校庭（コモンスペース）と、不特定多数が利用する公園（パブリックスペース）とのけじめがつきにくいことから、次第に両者は分断されていく。また、公園そのものも戦後に次々と改造されていき、現在まで面影を残すのは東京都文京区の元町公園（1985年に復元的に整備）のみとなっている（図5・3）。

なお、震災復興公園は、大公園は明治神宮の造営にも携わった内務省復興局公園課課長の折下吉延の指揮により、小公園は東京市公園課課長の井下清（1884 - 1973）の指揮により、それぞれ計画・施工が進められた。この結果、日本における公園の計画・設計・造園技術が確立し、飛躍的に向上したと言われており*7、両名が後世に与えた影響は大きい。

都市計画COLUMN

未来を見通す「きよゐのした」の発想力

2015年、設立90周年を迎えた日本造園学会は、「2105年、公園のない／ある未来」と題した若手対象(U-30)の国際アイデアコンペを実施した。このコンペの発想のきっかけとなったのが、井下清が未来人(きよゐのした)の目線で著したエッセイ「100年後には公園はなくなる」である。同エッセイは2028年の日本人の生活を、100年前の1928年を参照しながら説明するものである。

きよが生きる2028年の日本では、大衆の幸福を保障する「自然生活」社会制度が浸透している。科学の発展（無線電話、無線記録器、苗字器、計算器などの発明)により、人々は都市で密集生活をせずとも自然地に居を構えながら職務に就くことができ、造園技術の発達（放送電動器による高効率な過密樹手入れや刈草、副射線の巧みな利用による草花風致樹の育成)により、全ての自然地が公共の手により装飾美化され、地上が楽園化されているという*8。1928年において楽園は公園だけだったが、100年後には、もはや公園は必要のない存在になったというわけである。

このエッセイの肝要な点は、この空想が、1928年、東京市の公園課長に着任し5年が過ぎ、帝都復興事業の名の下に驚くべき勢いで公園を創造し続けていた頃の井下により書かれたものだということである。圧倒的な実務力をもちながら、一方で現在の社会情勢やステレオタイプから自身を開放させる発想力ももち合わせていた井下の中に、実務と研究が一体であった初期のランドスケープ分野のプロフェッション(総合力)が感じられる。

その後民業としてのランドスケープ分野の発展に伴い、公務員造園家は次第に姿を消し、また学術としてのランドスケープ分野が専門性を高めるにつれ、研究者と実務家のあいだに線を引く傾向が強まっていく。

こうした専門特化は、ランドスケープ分野に限らずあらゆる分野で起こっているが、その一方で、現在を生きる私たちが抱える課題の多くは、個々の専門性のみでは対処しきれない複雑なものになってきている。今こそ初期のプロフェッションに学び、研究と実務の垣根を越え、総合力を取り戻すことが必要とされている。

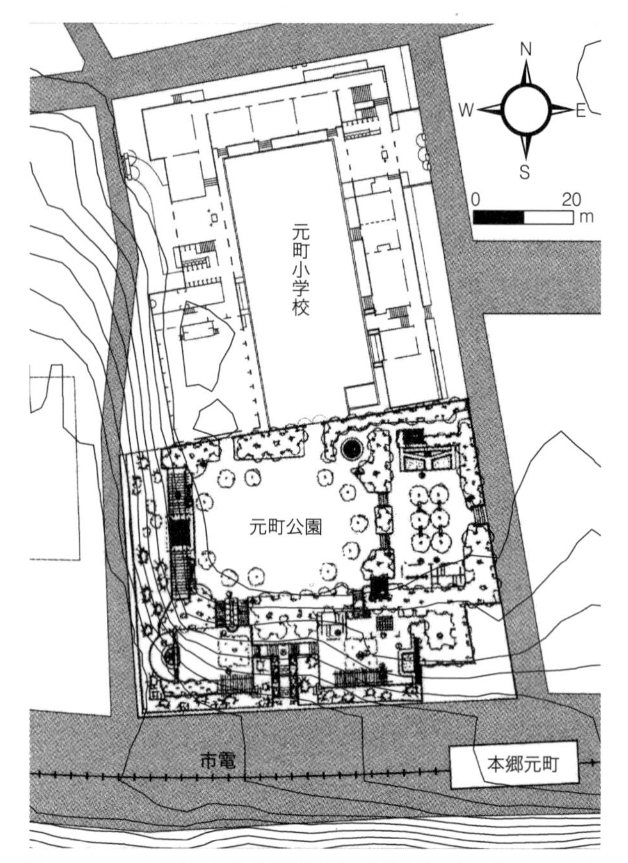

図5･3　1941年当時の元町公園周辺図。本郷台地の端に位置しており、高低差のある地形を活かしたデザインとなっている（出典：国土技術政策総合研究所（＊6）の図版に基盤地図情報・5mDEMデータから生成した1m間隔等高線を重ねて作成）

❖東京緑地計画─都市の拡大と広域緑地

日本で旧都市計画法が成立し、関東大震災からの震災復興事業が行われていた頃、国際的には地域計画（Regional Planning）に注目が集まっていた。地域計画はイギリスの社会改良家エベネザー・ハワード（1850 - 1928）の田園都市論や、同じくイギリスのジェネラリスト（生物学者・市政学者・都市計画家）パトリック・ゲデス（1854 - 1932）の徹底した調査に基づく都市圏計画の提唱に強く影響を受けるものである。この中で都市を取り囲む広域緑地としてグリーンベルトが注目された。1924年、アムステルダムで開催された第8回国際都市計画会議（会長・ハワード）では、地域計画が主要な議題の一つとなり、その結論として、①衛星都市の建設、②グリーンベルトの導入、③交通問題の解決が地域計画の3本柱とされ、グリーンベルトは都市の無秩序な拡大を抑制する非建蔽・開発禁止地域として、広域的な都市の成長管理の立場から、各国の事情に応じて展開されるべきも

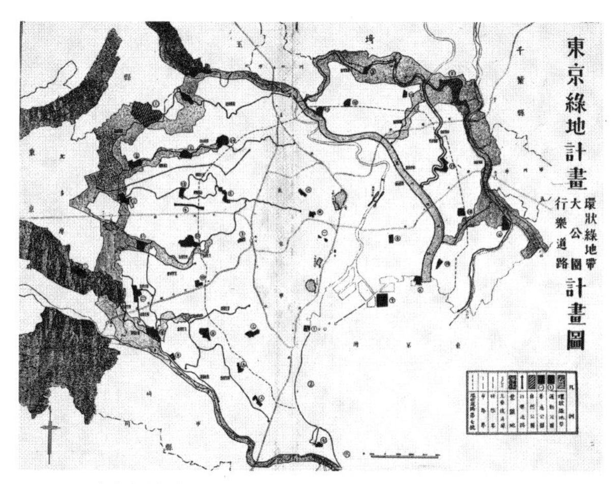

図 5・4　東京緑地計画環状緑地帯・大公園・行楽道路計画図（1939）
（所蔵：東京大学緑地創成学研究室）

図 5・5　1950 年代の世田谷区祖師谷の田園風景（出典：島田謹介（＊ 11））

のと位置付けられた[*9]。

同会議には日本からも石川栄耀（1983 - 1955）らが参加しており、都市の無秩序な拡大への対応として、日本においても地域計画が検討されるようになる。1932 年に設置された「東京緑地計画協議会」は、日本初の地域計画の検討組織であり、1939 年に計画決定されるまでの間、同協議会により計画立案と実現方策のための調査研究がなされた。同協議会が策定した「東京緑地計画」の主要な計画対象は、環状緑地帯（グリーンベルト）、景園地、行楽道路、大公園である（図 5・4）。環状緑地帯は都市の拡大抑制を目的に用地買収を伴う施設緑地として、景園地は広域圏における風景地保全を目的に法規制によって永続性を担保する地域制緑地として、それぞれ計画された（景園地はその後自然公園に指定され現在に至る）。行楽道路は都心から環状緑地帯へのアクセス道であり、大公園は紀元 2600 年記念事業（1940）などを利用して環状緑地帯の枢要部に設置された。その後農地解放などで面積を減じるものの、今日、東京に存在する多くの大規模公園は、この時確保された大公園の遺産である。

東京緑地計画における環状緑地帯は、ロンドンのグリーンベルトのような郊外田園部の広大な開発規制地帯のようなイメージとは異なり、幅 1 ～ 2km の施設緑地であり、北米のパークシステムに近いものであった。また、行楽道路により接続されていることからも分かるように、都市住民が日常から脱出しレクリエーションを行うための自然風景地としての側面をもち[*10]、それに適するよう、近郊農村の田園地域（例えば、武蔵野の雑木林のような風情が残る地域）を多く含むものであった（図 5・5）。環状緑地帯は、概念としての近代都市計画を、実態としての日本の風土や人々の生活文化に馴染ませるための当時のプランナーの試行錯誤が結実したものであったと解釈することもできるだろう。

環状緑地帯はその後、1943 年に防空法に基づく防空空地帯となり、戦災復興の特別都市計画法（1948）では緑地地域として引き継がれた。しかし、農地解放による小作人への払い下げ、急速な人口増加による宅地需要の高まりなどを受け、緑地地域は徐々に指定解除が進み、1969 年には全面廃止され、「土地区画整理事業を施行すべき地域」となる。地域計画としてのグリーンベルトは消滅し、都市の拡大抑制という環状緑地帯の理念は、1968 年の新都市計画法、区域区分制度における市街化調整区域（市町村スケールの開発規制）に引き継がれることになった。グリーンベルトは都市を取り囲むという「形」に機能面での意味があるが、区域区分は形を問うものではなく、都市と農村を分けるための「システム」である。広域的な視点で都市の「形」を示すという緑地計画の役割は、グリーンベルトの実効力の欠如から次第に失われ、緑地の保全や創出に関わる「システム」としての役割が、次の時代の緑地計画に期待されるようになる。

こうした経緯から「幻のグリーンベルト計画」と称される東京緑地計画であるが、一定期間計画が存在し、計画決定した事実は、その後の都市形成に少なからず影響を与えていることを見逃してはならない。例えば、緑地地域に指定され、戦後の市街化進行期に一定期間建築規制を行った地域は、他の地域と比較して良好な緑地形態を維持していることが明らかになっている[*12]。

◎②市街地の拡大と緑地保全（1950 - 1970 年代）

戦後復興期・高度経済成長期は、都市緑地計画にとって苦難と挑戦の時代である。緑地地域として引き継がれた戦前のグリーンベルトは、住宅需要の急速な高まりを受けて指定解除せざるを得なかった。また他の社会資本と比べて都市公園は優先度が低く、その整備は立ち遅れた。新都市計画法が成立する頃には、市街地の拡大はいよいよ制御が難しくなり、虫食い状のスプロール開発が課題となる中、都市緑地保全法による重要な緑地の保全、生産緑地法による市街化区域内の農地保全など、重要な緑地を市街地に残すための政策的手法が確立されていく。

開発の主導が官から民へ移り、都市ができる時代を迎え、都市計画の目的が民間開発行為のコントロールへと移行する中、緑地計画の目的は、公園やグリーンベルトにより都市を形づくることから、急速に失われる緑地を開発行為から「守る」ことへと移行していく。開発に対する保全、攻められることに対して守るという緑地計画の姿勢は、この時期に強まり、現在まで引き継がれていると思われる。一方、計画的市街地（ニュータウン）においては、既存の自然生態系との整合をできる限り考え、この時期に確立された緑地保全のための政策的手法を複数組み合わせることにより、緑地を都市の骨格として計画的に整備するなど、近代都市計画による緑地整備の理想形が追求され、一部で実現された。

❖都市公園法と公園整備の加速

戦後復興期は、公園緑地行政にとって苦難の時代であった。先に述べた緑地地域の廃止のみならず、戦前に設置された都市公園も、GHQ による接収、公共施設や公営ギャンブル場（自治体財政のため導入）への転換、宗教法人法成立に伴う太政官公園の返還などにより潰廃が進んだ。1956 年に制定された都市公園法は、こうした課題に対応するために生まれた、「守り」の法制度である。設置できる施設を制限する、敷地内における建蔽率を 2% に制限する、みだりな廃止を禁止するなど、細かく公園の要件を指定することで、他の用途に転用されることから公園を守ろうとした*13。近年こそ規制緩和が進み、民間施設の設置も含めて公園を最大限活用するための意識改革が進行中であるが、「公園は聖域である」という守りの姿勢は、都市公園法の制定当時のこうした事情に由来し、公園行政の中で長年引き継がれてきたものだと思われる。

戦後復興期のこうした公園の状況から、社会資本としての公園整備は、道路整備、港湾整備などに大きく立ち遅れることになったが、1972 年に制定された「都市公園等整備緊急措置法」に基づき、30 年（第 6 次）にわたる期間で都市公園の本格的整備（都市公園整備 5 箇年計画）が進められることとなる（1972 - 2002）。今日の都市公園のストックはこの 5 箇年計画に拠るところが大きい。期間中、現在（2015 年）の都市公園面積 12 万 4,125ha の約 6 割に相当する 7 万 7,333ha の公園が整備され、この間、人口が約 2,000 万人増加しているにも関わらず、1 人あたり都市公園面積を 2.8m²/ 人から 8.5m²/ 人へと大きく増加させた。1970 年代以降加速した都市公園の整備は、1995（平成 7）年に整備費が最大となり、2000 年代に入ってからは量から質へと力点がシフトし、マネジメントを重視した施策へと変容していく（3 節①にて後述。図 5・6）。

❖農村の里山から都市の自然へ―都市緑地保全法

戦前、東京緑地計画が策定された頃、農村の里山（雑木林）は、郊外の自然風景地という性格をもつ緑地であった。戦後、都市が周囲の農村部に広がっていく中で、里山は都市の中に取り込まれ、都市住民に都市の自然として認識されるようになる。これに伴い、かつての里山を対象とする、住民による緑地保全運動が行われるようになる。

この最も初期の例が、古都における歴史的風土の保存に関する特別措置法（古都保存法、1966）を成立させる契機となった、鎌倉の御谷（おやつ）騒動である。江戸後期から明治にかけて、鎌倉は首都圏近郊の観光地、別荘地としての性格が強かったが、戦後は住宅地化が進み、その波は鶴岡八幡宮の裏山（御谷地区）にまで迫る事態となった。これに対し、御谷地区の住民や文化人、僧侶、学者、市民団体により「財団法人鎌倉風致保存会」が結成され反対運動を展開、日本発のナショナルトラストの活動に結びついた。この活動が京都、奈良などの古都にも広がり、1966 年には議員立法により古都保存法が成立した。

古都保存法の政策手法は、届出制（歴史的風土保存区域）と許可制（歴史的風土特別保存地区）による段階的な開発行為の制限と、それに対する損失補償・土地の買入制度との組み合わせである。これは先に述べた緑地地域が、建蔽率 1 割という厳しい転用制限に対して何らの補償制度も創設されず、結果として指定解除が相次いで

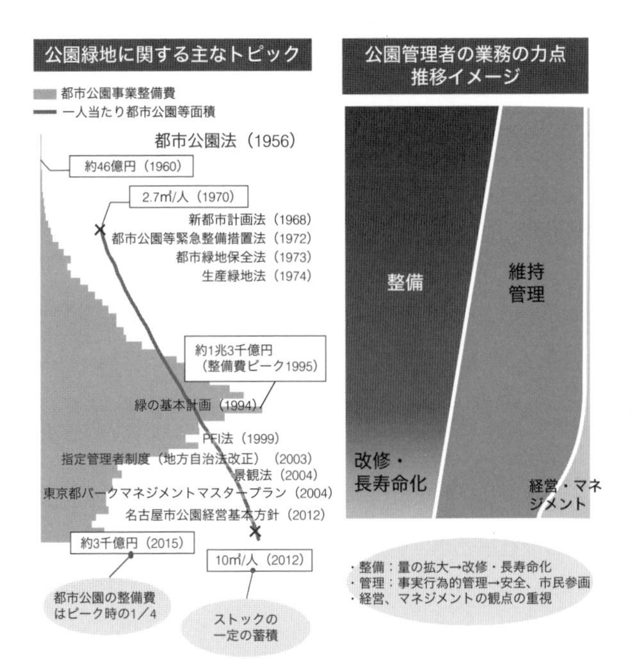

図 5･6　社会情勢の変化と公園緑地行政の変遷（出典：国土交通省（＊ 14））

いた反省を踏まえたものであり、今日まで続く地域制緑地における「財産権の制約と補償」の嚆矢となっている。この政策手法の適用範囲を古都から首都圏・近畿圏に拡大したのが、首都圏近郊緑地保全法（1966）・近畿圏の保全区域の整備に関する法律（1967）であり、全国まで拡大したのが、都市緑地保全法（1973、現・都市緑地法）である。

❖都市農地と都市農業

農地は産業空間の意味合いが強いため、都市緑地として農地を保全することを考える際には、都市計画と農業との関係をどのように考えるかが重要となる。1968 年成立の新都市計画法による区域区分制度は、市街化区域と市街化調整区域の別により、都市と農村を峻別し、市街化区域を都市として純化させる意図をもったものであった。翌 1969 年には、農業振興地域の整備に関する法律（農振法）が成立し、市街化調整区域に農業振興のための地域を重ねることで、事実上、市街化区域内での農業振興を放棄した（農地転用も農地法の許認可の例外扱いとなった）。つまり、この時点で、都市サイド、農業サイドの両面から、「市街地に農地は必要ない」と位置づけられたのである。

とりわけ三大都市圏の市街化区域内農地は、深刻化する住宅用地の不足に答えるため、原則、10 年以内に市街化されるべき土地として、税制上は「宅地並課税」がかけられることになった。しかしこれに対して農協や農業委員会、農家の反対運動が起こる。結果、農地を多く抱える自治体が独自に税負担増加分を農家に還元するような制度を条例で定めたり、相続税対策としては 1975 年に租税特別措置法による納税猶予制度が創立されるなどして、実質的に宅地並課税は機能しなくなってゆく＊15。

農地転用は農家の判断によるため偶発的になり、基本的に小口の農地が分散的に転用されるため、ミニ開発が誘発されやすく、無秩序な市街化が進行してしまう。これに対して、1974 年、都市計画の側面から生産緑地法が制定される。これは農地を生産緑地に指定し、将来、公共施設用地に充てることで、計画的市街化を行うことを表向きの狙いとするものである。1ha 程度の面積をもち、公共施設などの用地に適していることを条件に指定が可能で、指定されれば転用不可となるが（不可にすることでミニ開発を防ぐ）、宅地並課税は免除される。10 年間の営農後、農家は自治体に買取請求を行うことができるようになり、自治体はこれを買い取ることで公共用地を確保することができる（買取が成立しない場合、行為制限が解除されて転用可能となる）。しかし、この制度を使わなくとも、農家は自治体独自の条例により宅地並課税を行為制限なしで回避できており、1982 年制定の「長期営農継続制度」が、条例に代わりそれを保障することになったため、生産緑地の指定はそれほど進まず、偶発的な転用による無秩序な市街化を防ぐには至らなかった。

市街化区域内農地では、狭い農地を効率的に利用するため、軟弱野菜や花卉などの集約栽培（高付加価値型）農業を行う農家が多くなり、また都市住民向けの新しい運営として、観光農園や貸農園も草の根的に広がっていた。このうち貸農園は、戦後の農地改革で撤廃の対象となった地主小作制に該当し、農地法（1952）に抵触するのではという見方が出てくる。しかし実態として都市住民の身近な余暇活動として貸農園の人気は高く、自治体もこれを支援している。従って法的な整合性を図るため、農林省は 1975 年に「いわゆるレクリエーション農園の取り扱いについて」と呼ばれる通達を出し、「入園利用方式」という考え方で、貸農園が農地法には違反していないことを認めた＊16。これにより都市住民が農業経営に参加して農地を保全する枠組み（都市農地の市民的利用＊17）がつくられ、特定農地貸付法（1989）など、現在の市民農園に関する法整備につながっていくことになる。

❖パークシステムの展開ーニュータウンの公園緑地

戦後、大量の住宅供給が求められ、日本住宅公団が1955年に設立されて以降、大規模集合住宅（団地）や計画的市街地（ニュータウン）建設に伴い、公園やオープンスペースなど都市緑地の設計監理の受託業務が増加し、多くの造園設計事務所が設立された（上野泰らの近代造園研究所など）。とりわけ1,000haを超えるような規模をもつ大規模ニュータウンの開発に際しては、構想段階から緑地計画が重要な要素として取り入れられ、公園緑地をいかに系として市街地に取り入れるか、あるいは開発用地の自然生態系と新市街地との関係をいかに取りもつか、といった検討がなされる。

都市緑地計画の立場からは、その土地のもつ自然生態系が都市の骨格を形成し、その骨格を尊重した土地利用が行われることが望ましいが、戦後初期のニュータウン開発ではそれを明示的に実現するには至っていない。例えば多摩ニュータウン（1963年事業開始）では「自然地形案」という開発計画が立案されたことがあった。地形改変を最小限に留め、尾根の樹林帯を保存し、等高線に沿って斜面に集合住宅を配置するというこの案は、土地利用効率が悪く、それゆえに戸あたり用地費が高いという理由から、実施には至っていない*18。また筑波研究学園都市（1966年事業開始）では、後に述べるように現存植生図や潜在自然植生図が作られ、自然立地を重視したエコロジカルなアプローチの先駆となった。しかしその結果が計画の基本構造にまで影響を及ぼしたとは評価されておらず、実際の緑地空間の創出にあっては主にアーバニティの追及によるタウンスケープづくりに重点が置かれたとされる*19。

自然生態系と新市街地との関係が最も良好だと言えるのが、初期のニュータウン開発の経験を踏まえ計画された港北ニュータウン（1974年事業開始）であり、その要因はグリーン・マトリックス・システム（G.M.S.）の存在にある。港北ニュータウンはなだらかな丘陵に位置し、土地区画整理事業により事業化された、比較的後期のニュータウンである。合算減歩率35％のうち公園緑地への割り当ては6～8％程度であり、この制約のなかで、なるべく多くのオープンスペースの形成と自然生態系保全を実現するという、相反する二つの条件を満たすことが求められる。そこでG. M. S.では、レクリエーションや自然生態系保全といった緑地に求められる複数の要求を、従来のように全て公園緑地で受け止めるのではなく、集合住宅の民有緑地や学校の校庭などの他の緑地との分担のもとで受け止めていくことを考えた*20。開発地域においては、既存の緑地ストックが谷筋の斜面に多く残されていたことから、まず谷戸を主体とする幹線を設定し、谷底に公園緑地を緑道として配置する。次いでそれに沿って集合住宅や教育施設を配置し、緑地ストックをうまく敷地内に取り込むように設計を行う。これにより、公園緑地のみでは10～40m幅にすぎない緑地帯が、場所によっては100m以上に拡張され、都市の骨格としての緑の基質（マトリックス）を生み出すことに成功した（図5・7上）。なおG. M. S.により生み出されたこの空間により、1970年の都市公園法改正の際に公園緑地の新たなカテゴリとして「緑道」が制度的に位置づけられた。

なおG. M. S.を考案した田畑によれば、G. M. S.は、①緑被地構造の系と土地利用との複合、②もろもろのオープンスペースシステムの相互関係、③フットパスに体系づけられたオープンスペースシステム、の三つの点を総括した概念とされる*21。それぞれのオープンスペースが、そこで行われる行為との関係の中でも相互に関連づけられており（図5・7下）、このことが、複数のオープンスペースにより諸活動を受け止めること、行為の連続性という点から各種オープンスペースをまとめて配置することに対する根拠の一つとなっている。

◎③環境保全・グローバル化と緑地（1970-1990年代）

1962年に出版されたレイチェル・カーソン（1907-1964）の『沈黙の春』は、農薬散布などの人為的行為の生態系への影響を世に知らしめ、人々の意識を環境保全へと向かわせるきっかけとなった著作として有名である。1960年代末から70年代前半にかけて環境保全（エコロジー）運動が活発となり、1970年代中頃から、環境問題解決のための実践的分野として、生態学分野が発展を遂げていく。こうした時代の流れは都市緑地計画にも影響を与えることとなる。戦後復興期、高度経済成長期に、開発から緑地を「守る」姿勢が強まったことを引継ぎ、この時代では、緑地を守ることと、環境保全上の正義とが結び付いていく。一方で生態（生命）地域主義（Bioregionalism）やパーマカルチャー（Permaculture）などの思想と運動が広まっていく中で、都市緑地計画は、その理論的支柱として、生態学、地学、気象学などの自然科学分

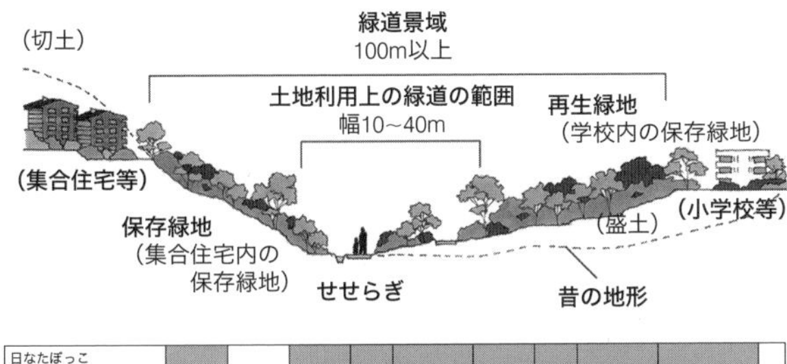

行為＼スペース	道路・パーキング・バスストップ	店舗・店舗サービスヤード・ショッピング広場・モール	広場・歩道・遊歩道・廊下・階段室	住戸（ベランダ・ニワ）・フロントヤード・バックヤード	プレイロット・児童公園・近隣公園・その他緑地・あき地	法面・不利用地・河川・水路・池・沼・河川敷	墓地・社寺（境内）	集会場（ヤード）・公民館（〃）・託児所（〃）・保育園（〃）	幼稚園・小学校・中学校・学校運動場（プール）・学校体育館	管理事務所
日なたぼっこ ぶらぶら歩き（幼児）	■		■	■	■	■	■	■	■	
土いじり 水あそび、砂あそび ママゴト 道具で遊び			■	■	■	■	■	■	■	
石けり、ナワとび おにごっこ、かくれんぼ マリあそび 三輪車あそび	■		■		■	■	■	■	■	
ローラスケート 自転車 ボールあそび タコあげ（模型飛行機）	■		■		■	■	■		■	
園芸 飼育 工作（工芸）				■				■	■	
自然観察をする 戸外で休息する 戸外で寝ころぶ 景色を眺める（花の観賞）		■	■	■	■	■	■		■	
散歩をする 立話をする 戸外で本、新聞等を読む	■	■	■		■	■	■		■	
軽い運動をする スポーツをする（みる）			■		■	■	■		■	
サークル活動をする 展示会、映画会をする							■	■	■	
買物をする ウインドショッピングをする		■								
通園・通学 通勤	■	■	■					■	■	
モーターサイクルにのる ドライブをする	■									

図 5･7　G. M. 幹線の断面図および日常生活圏内の屋外行為とスペースの関係（複合モデル）（出典：田畑（＊ 21）および横浜市都筑区（＊ 22））

野との結びつきを強めていく。都市緑地のもつ庭と生態系の両面性で言えば、この時期は、時代の風潮から、生態系の側面が強調された時期だと言える。

❖環境影響評価と緑地計画─エコロジカルプランニング

1972 年にローマ・クラブがまとめた報告書「成長の限界」は、地球の資源が有限であり、現在の人口増加が続けばやがて持続不可能な状況に陥ると、全世界に警笛を鳴らした。国際的な環境問題に対する危機意識の高まりは、1992 年の地球サミットで具体化された「持続可能な開発」の考えのように、地域における計画や都市開発のあり方にも大きな影響を与えた。

ランドスケープ分野ではこのことに対していち早く関心をもち、自然科学、特に自然地理学や生態学分野の知見をプランニングに応用することで、環境に対するインパクトを最小にし、長期にわたって地域が健全な状態であり続けるための空間計画のあり方を追及してきた。その源流は、アメリカのランドスケープ・プランナーであるイアン・マクハーグ（1920 - 2001）により 1969 年に出版された「Design with Nature」に求めることができる。同著の中でマクハーグは、気象、地質、水門、地形、土壌、植生といったさまざまな生態系の要素をレイヤリングし、保全や開発の適地を判定する、科学的なランドスケープ評価手法（エコロジカルプランニング）を提示した*[23]。この手法は後のアメリカ国家環境政策法（世界発の環境アセスメント法）の制定に影響する。また時を同じく 1969 年に設立された ESRI（Environmental Systems Research Institute）社が開発した GIS（地理情報システム）の発展は、エコロジカルプランニングの発展と応用に大きな影響を与えた。例えばアメリカのジオデザイナーであるカール・スタイニッツ（1937 - ）は、GIS を用いた景観シミュレーションにより地域の将来シナリオを複数示し、住民参画のもとで環境影響評価を進める手続きを確立し、さまざまな地域で実践を行っている*[24]。

日本におけるエコロジカルプランニングの実践例として、第三次全国総合開発計画（三全総：1977 年閣議決定）における土地利用適正評価がある*[25]。三全総はローマ・クラブの「成長の限界」や E.F. シューマッハー（1911 - 1977）の「スモール・イズ・ビューティフル」などの思想に影響を受け、また国内における経済的発展の優先という社会目標への批判の高まりもあり、国土や資源の有限性に基づいて人間と自然との調和のとれた「人間居住の総合的環境」の計画的整備の方向を示したものであり、現在でもその理念は完成度が高いとされている。エコロジカルプランニング手法に基づく土地利用適正評価は、東北地方 6 県を対象に行われており、1:500,000 地図スケールを評価スケールとし、自然環境情報と社会経済情報とのレイヤリングにより、地域環境の特性とその受容性を評価し、ある特定の土地利用に対して適合性が高い地区を提示している（図 5・8）。同調査の成果は、行政界の枠に縛られず、自然環境のユニットによる総合的な環境評価が行われていることから、自然災害に対する備えや被災後の復興計画のための基礎資料として、現在でも価値が高いと指摘されている*[26]。

❖地理学・生態学と緑地計画─ランドスケープ・エコロジー

一方、ヨーロッパを中心に発展してきた流れとして、植物社会学および地理学を基礎とする自然立地的土地利

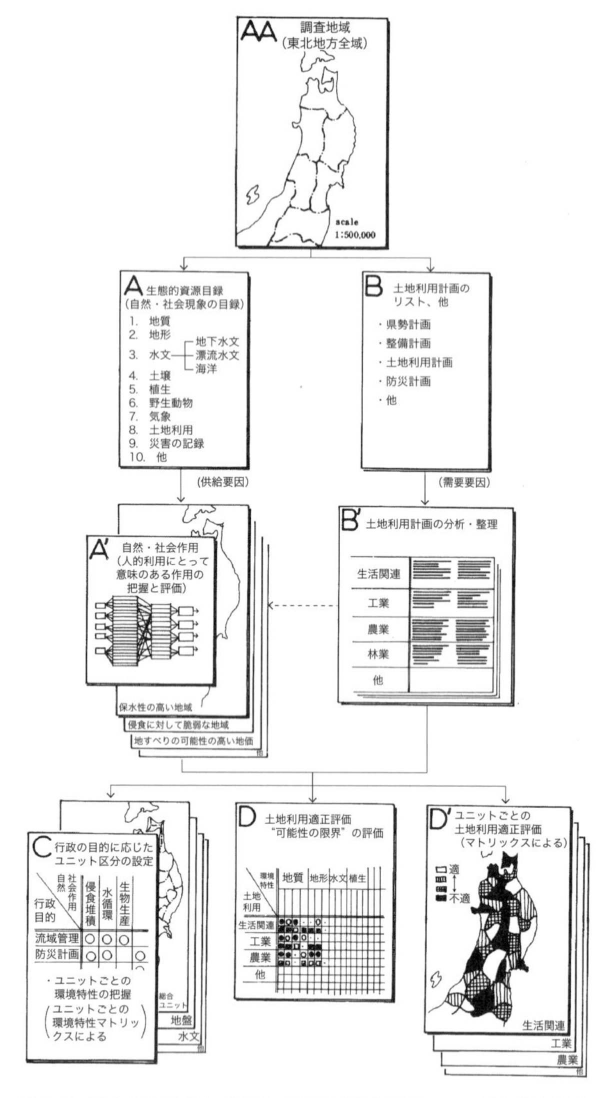

図 5・8　東北地方 6 県におけるエコロジカルプランニングに基づく土地利用適正評価のフロー (出典：リジオナル・プランニング・チーム (＊25) の原図を抜粋・改変)

用計画＊27 や、景観生態学 (ランドスケープ・エコロジー) の土地利用計画への応用がある。

自然立地的土地利用計画は、「土地保全は土地利用に優先する」という考えに基づき、その土地自身が有する本来の自然性を評価し、それを最大限保全するための土地利用計画を策定することを目的とするものである。これはドイツの景域計画 (Landschaftsplanung) の考えと等しく、実際、当時の西ドイツの計画を参考に提唱されている。自然立地的土地利用計画では、土地の自然性評価に、潜在自然植生 (人間の関与を止めた場合に最終的に成立する植生) と地形の組み合わせが用いられ、それを一つの均質な空間単位として、現状土地利用との相関をみることが基本的な評価視点となる。この手法はまず現存植生図を作成し、それを基礎として潜在自然植生や代償群落度 (人間活動による植生への影響の程度) を予測、同定することが評価の基礎となっており、(植物社会学的) 植生図をランドスケープの評価に活用する視点を示したものでもある。日本で初めて植生図が計画策定に生かされたのは、筑波研究学園都市であった。現存植生図と潜在自然植生図が策定され、住宅地や公園の配置、街路樹の樹種選択などに影響を与えている＊28。その後、多摩ニュータウンや港北ニュータウンなどでも、潜在自然植生を含めた植生の調査が行われた。また農村地域への適用例として、茨城県玉里村の旧玉川村地区で作られた自然立地土地利用計画図などがある (図 5・9)。

景観生態学は 1937 年にドイツの地理学者トロル (1899 - 1975) が提唱した分野である。生物と環境の相互作用を扱う生態学を、景観 (Landschaft、日本語でいう「地域」の意味) レベルの広がりのある空間に応用する学問として、世界中に広まり、現在まで発展を続けてきている。景観生態学の目的は、「景観の不均一性 (Structure) が、物質、生物、エネルギーの流れにいかなる影響を与え (Function)、結果として景観の構造と機能が時系列的にどのように変化 (Change) するかを明らかにすること」である。つまり、ランドスケープの「構造」「機能」、それらの「変化」を捉えることが重要とされている＊30。

景観生態学のランドスケープ・プランニングへの応用例として、都市における生態系ネットワークの保全・創出がある。これは、動植物の生育・生息環境 (ハビタット) の分断化を防ぎ、生態系の水平的なつながりを回復させることを目的とするものである。生態系ネットワーク評価の基礎となるのが、都市におけるランドスケープの構造を、パッチ (樹林地など)、それを取り巻くマトリックス (市街地など)、パッチをつなぐコリドー (緑道など) で捉える視点である。これを導入する最大の利点は、これらの生息環境としての機能やその変化に関する学術的成果に基づき、生態系保全のためのランドスケープの保全・創出の在り方を、具体的な空間形態で示すことができる点である。生態系ネットワークを積極的にランドスケープ・プランニングに位置付けている国として、オランダが挙げられる。国土がおしなべて平坦であり、土地利用が容易なオランダは、ヨーロッパでも高密度な土地利用と交通網整備が進んだ国であり、これによる自然

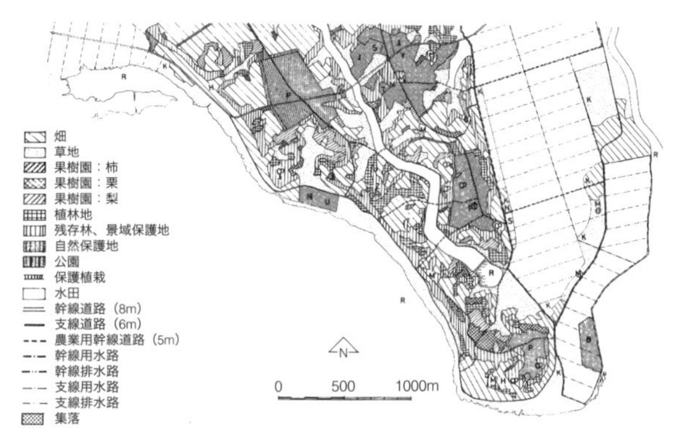

図 5･9　茨城県玉里村旧玉川村地区における自然立地的土地利用計画図と同地区の 2005 年撮影空中写真。自然立地的には台地の上に集落が集約されるべきだが、実際は低地の道路沿いに立地するなど、現実の土地利用との差を確認することができる（出典：上図、井手（＊ 29）、下図、国土地理院）

地の消失、縮小、分断化、それにともなう種の絶滅が国土保全上の課題となっていた。こうした背景から、1990 年に国土生態ネットワーク計画（National Ecological Network）が策定され、予算措置を伴い大規模に事業化されている＊[31]。日本においては、国土計画、地域計画、市町村が策定する緑の基本計画（後述）への反映が見られ、緑地のネットワーク化の主要な根拠となっている。例えば広域圏の計画としては「首都圏の都市環境インフラのグランドデザイン」があり、各自治体が緑の基本計画を策定する際、広域的な緑地のネットワークを考慮する際の参考となっている（口絵 5・1）。

❖農林地と環境保全

環境保全に対する機運の高まりや研究の深化は、緑地としての樹林地や農地の保全の在り方に大きな影響を与えた。都市の自然として注目された里山は、当初は開発に対する自然保護（手を付けない）の色合いが強かったが、人の手入れにより高い生物多様性が維持されていることが明らかにされるにつれ、人とのかかわりをいかに再生するかについて関心が高まっていく＊[32,33]。

1995 年に初めて策定された「生物多様性国家戦略」では、生物多様性の危機として、(1) 乱獲（オーバーユーズ）や開発、(2) 手入れの不足（アンダーユーズ）、(3) 外来種の侵入という三つの要因が挙げられ、人による適度な手入れの重要性が謳われた。こうした中、1980 年代後半頃から里山管理を行う市民団体が全国的に増加し、その交流の場である全国雑木林会議が 1993 年に行われ、今日まで継続するなど、現在でも活発な市民活動が行われている。里山保全をテーマとする緑地としては、全国で初めての国営公園である武蔵丘陵森林公園、谷津の湿地帯や斜面林などを活かした 21 世紀の森と広場（千葉県松戸市）、きめ細やかなゾーニングや NPO による管理の先駆的事例である長池公園（東京都八王子市）などがある。近年では森林計画を活用し、スポット的ではなく広域の管理を展開する NPO 団体も現れているほか＊[34]、里山と接した郊外住宅地において、共有地として里山を区分所有し、コミュニティにより管理する例（神戸市北区上津台百年集落街区）などもある。

一方、都市農地に関しては、1980 年代後半のバブル経済期の地価高騰により、その原因が市街化区域内農地にあるという「都市農業否定論」がメディアを通じて展開され、世論に大きな影響を与えた。またアメリカ経済の悪化により内需拡大を強く求められる中、都心の地価の高さは海外企業の進出を阻んでいるとの認識も生まれた。

こうした中で 1991 年に生産緑地法が改正された。同法では相続税の納税猶予を生産緑地に限るとし、同時に長期営農継続農地制度が廃止となり、三大都市圏の特定市において、宅地並課税は生産緑地法によってのみしか免除できなくなった。これにより、三大都市圏の市街化内農地は、「宅地化農地」か「生産緑地」かに峻別されることになる（図 5・10）。生産緑地は指定解除要件が 30 年間の営農と厳しくなり、相続税の納税猶予を受ける場合には相続人の終身営農が必要となったことから、農家としては将来を鑑み、そこまでして農業を続けるか否かの選択を迫られたことになる。1992 年の施行時には、生産緑地は全国平均で 30％の指定率となり（東京都では 53％）、多くの農地が宅地化農地として住宅市場に売りに出されることになった＊[17]。

こうした状況に対し、都市農業「肯定」論の根拠とされたのが、都市緑地として農地が有している諸機能であ

図 5･10　生産緑地地区の例（東京都練馬区）。指定後 30 年を経過するか農業従事者の死亡などにより営農できなくなった場合、自治体に対して買取申出が可能となる。買取が成立しない場合に指定解除となる

る。その例として、第一に新鮮かつ安心な生鮮野菜を地元へ供給する機能、次いで災害時の緊急避難場所など防災面の機能などが挙げられるが、当時全国的に着目されていたのが、物理環境、人間環境（アメニティ）、生物環境の総体からなる、農林地のもつ環境保全機能である*35。環境政策と農業政策との融合は、環境に配慮した適切な農業活動（GAP: Good Agricultural Practice）に対する環境支払い（PES: Payment for Ecosystem Services）などとして、特に EU 諸国で 1980 年代以降広く取り組まれている。改正生産緑地法では、「…農林漁業と調和した都市環境の保全等…」といった文言が加えられ、農地のもつ緑地としての環境保全機能の重要性が認められる形となっている。ただし上記の PES の例とは異なり、生産者への措置は、生産物に対する価格保証ではなく土地に関する税の減免である。これは地価の極めて高い場所で行われる都市農業独自の環境施策とも言え、都市に農地が存在し、今でも農業が営まれている日本独特の施策でもある。

❖都市気候と緑地計画─水と緑と風のコントロール

都市特有の環境問題の一つとして、ヒートアイランド現象がある。これは都市の気温が周囲よりも高まることを指す。ヒートアイランドは 1970 年頃から報じられるようになり、1992 年に気候変動枠組条約が採択されると、都市化による局地的な気温上昇をもたらすものとして対策が本格化し、都市気候のシミュレーション技術なども発達していく。

ヒートアイランドの原因の一つに、地表面の人工化がある。地表面の人工化は、熱を蓄えた人工被覆面から大気に伝わる顕熱の増加と、水分を気化させる時に周囲から奪われる潜熱（気化熱）の減少をもたらす。

これを防ぐためには、水面を確保するほか、植物の蒸散作用に期待して植生に覆われた土地を増やすことが有効であるため、緑地の確保はヒートアイランド対策の一つとして位置づけられている。例えば、新宿御苑を対象とした観測では、夏季の日中に周囲の市街地との気温差が最大 3 〜 4℃に達すること、埼玉県岩槻市から春日部市にかけての水田における観測では、同じく夏季日中で最大 2 度の気温差があることが明らかになっている*36,37。

緑地により生まれた冷気は、風に乗って市街地へ運ばれることにより、周囲の市街地の温熱環境の緩和に役立つ。都市の中に確保されたこうした冷気の通り道を、風の道と呼ぶ。ドイツ・シュトゥットガルトの都市計画で風の道が採用されていることは有名であり、周囲の丘陵部からの斜面冷却流を市街地に誘導すべく、緑地や建物の再配置や建物の高さ制限などが実施されている。日本では、例えば東京駅周辺の再開発において、皇居と東京駅を結ぶ軸線を風の道に位置づけ、建物の配置コントロールなどにより、東京湾からの海風や皇居からの冷気の流れを市街地へ誘導している。

ヒートアイランドの要因や緑地による緩和策について、近年では、土地利用の変化や緑地の有無に関するシミュレーションで、その効果が評価されることが多い。例えば、市街地再開発に合わせて緑地を効果的に配置した場合の熱環境の改善効果や*38、明治初期と現在の東京における熱･風環境の規定要因の分析*39 などの研究がある。

❖緑の基本計画─法定計画としてのマスタープラン樹立

1994 年の都市緑地保全法の改正により緑の基本計画が新設され、市区町村による緑地保全および緑化に関するマスタープランの策定が可能となった。それまでも都道府県が策定する「緑のマスタープラン（1977）」「都市緑化推進計画（1985）」が存在していたが、いずれも通達によるものであり、法定計画ではなかった。緑の基本計画は、これら二つの計画を統合・拡充し、市区町村が策定する法定計画として新設されたものである。都市計画区域を有する 1374 市区町村のうち、2018 年 3 月現在で、688 市区町村（50.1%）で策定済もしくは策定中とされている。

緑の基本計画の一般的なマスタープランとしての意義は、個々の緑地関連政策の空間的な整合性の確保、緑地

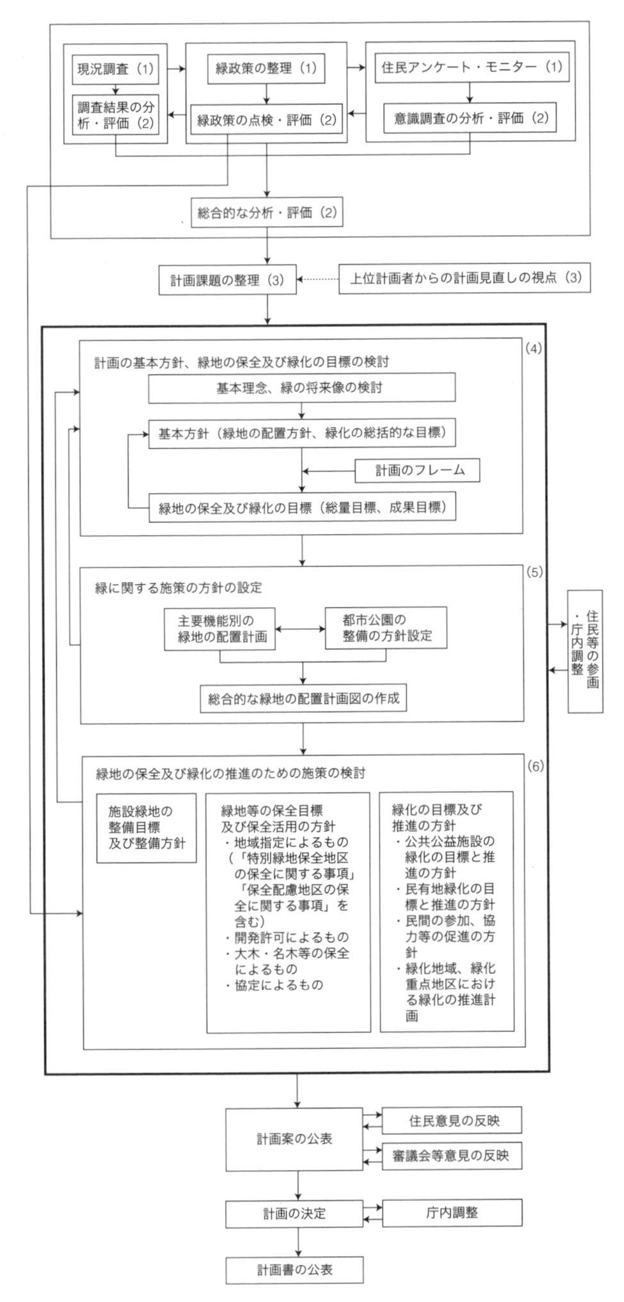

図 5･11　緑の基本計画の一般的な策定プロセス。上位計画・関連計画との整合、住民参画、庁内調整などを経て合意・決定される。決定・公表された計画が、自治体における全ての緑地関連政策の指針となる
(出典：日本公園緑地協会（＊ 40))

の機能の戦略的配置、多様な計画策定主体間の一体性の確保、施策間の総合性の確保、などが挙げられる。また計画策定時の住民意見の反映と計画内容の公表が義務付けられているため、住民参加を促進する役割もある。

一般的な計画策定プロセスは、①現況調査、②分析・評価、③計画課題の整理、④計画の基本方針、緑地の保全および緑化の目標の検討、⑤緑に関する施策の方針の検討、⑥緑地の保全および緑化の推進のための施策の検討となっている（図 5･11)。⑤の施策の方針では、緑地の機能を「環境保全」「レクリエーション」「防災」「景観形成」の四つで総合的に捉えており、過去に実証されたさまざまな緑地の存在価値・利用価値を緑地保全および創出の根拠としている。

緑の基本計画の役割は都市をめぐる社会情勢の変化に伴い変わってきている。次節でも関連するが、今後の緑の基本計画の策定もしくは改定にあたり留意すべきこととして、緑地が存在することによる価値（存在価値）から、緑地を利用することによる価値（利用価値）へと重みが移ってきていること、量的目標(1人当たり公園緑地面積）から質的目標（緑地がもたらす効用の程度、住民の満足度など）へと望ましい計画目標が推移していること、都市縮退に対してランドスケープの立場から持続可能な居住像を示す役割が求められていることなどが挙げられる[*41]。

5･3　都市緑地計画の現在とこれから

◎①人間と緑地─マネジメントの時代へ(2000 年代 -)

抑制的な態度のもとで経済活動を縮小し、環境保全を達成しようとする発想は、環境に配慮しながら経済発展を達成したい発展途上国には受け入れにくく、その広がりには限界が見られた。途上国・先進国ともに達成可能な共通目標が国際的に求められる中、持続可能性（Sustainability）という概念が注目されるようになる。持続可能性は一般に環境（Environmental)、経済（Economical)、社会（Social）の 3 要素からなり、その根底には、これら 3 要素は両立しうるという発想がある。持続可能な社会に向かうための共通目標として、2000 年国連サミットの「ミレニアム開発目標」や 2015 年国連サミットの「SDGs（持続可能な開発目標 : Sustainable Development Goals)」があり、現在、この目標を目指し、異なる分野が協働し課題解決を行う動きが拡大している。

一方、国内では、バブル経済後の経済低迷期を脱するため、民の力を活用した経済再生に期待が集まり、官民協働の取り組みがあらゆる分野に広まっている。また、人口減少・超高齢化が深刻化し、活力を保てる地域とそうでない地域が分かれ始める中で、成長に頼らない豊か

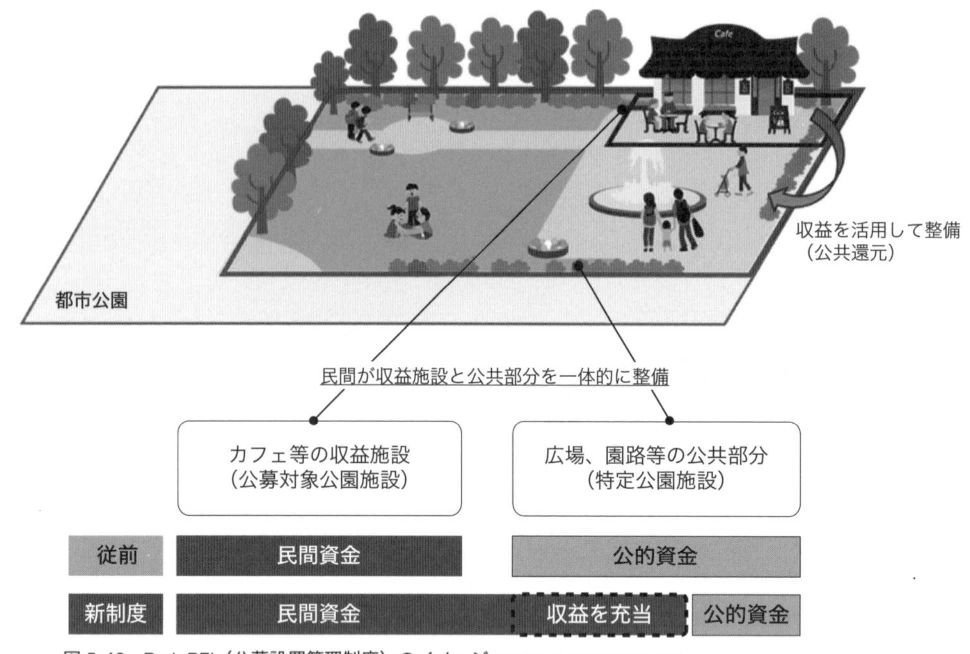

図 5・12　Park-PFI（公募設置管理制度）のイメージ（出典：国土交通省（＊14））

さの実現という新たな社会目標が掲げられるようになる。社会が成熟し、一方で国全体として財政縮小が懸念されるなか、都市緑地計画の関心も量から質へと移行していく。このようななかで、低成長・都市縮小への適応に向けた取り組みや、緑地のマネジメントの質を高めるための主体・分野横断的な取り組みが増加している。

❖パークマネジメント―官民協働の公園経営

1990 年代以降の地方分権や規制緩和の流れを受け、国と地方自治体、自治体と住民との関係は大きく変容してきた。公共サービスの供給主体としての自治体、その消費者としての住民という関係から、行政と住民、さらには民間企業や NPO が協働し、公共的な課題をともに解決するといった関係が主流となり、「ローカル・ガバナンス」や「新たな公」「PPP」などをキーワードとして、さまざまな分野でその仕組みづくりが進められてきた。緑地計画分野では、2003 年に創設された指定管理者制度により、都市公園の管理運営を、民間事業者も含めた幅広い主体に委ねることができるようになった。翌 2004 年には東京都の全都立公園で全国初のパークマネジメントプランが策定され、官民協働のパークマネジメントが進展する。

そもそも都市公園においては、明治期の太政官公園の頃から民間事業体により公園施設が運営されていたように、施設管理への民間事業体や住民の関与には古い歴史がある。都市公園法上は「設置管理許可制度」と呼ばれ、1962 年の建設省の通達では、管理適正化のためこの制度を積極的に導入することが促された。1970 年代に広まった公園愛護団体による花壇などの管理や、住民団体によるプレイパーク（冒険遊び場）の管理などはその成果である。2004 年の景観緑三法の成立に併せた都市公園法の改定では、公園管理者以外が設置管理できる施設の幅が広がった。そして近年の 2017 年の同法改正では、Park-PFI と呼ばれる「公募設置管理制度」が新たに導入され、民間事業体が収益施設（レストランやカフェなど）と公共部分を一体的に整備する仕組みが整えられた（図 5・12）。また同時に、これまで任意の組織として公園の管理運営を行っていた団体を、法律に基づく「公園協議会」として明確に位置付けた。

Park-PFI の要点は、公募型プロポーザルで民間事業者の選定を行うことと、公園の魅力を高めることで公園内施設の収益性を高め、その一部を公共部分の整備や管理費用に還元することである。6 年半の一時閉鎖を経て、2016 年 4 月にリニューアルした南池袋公園は、Park-PFI 創設にあたってのプロトタイプの一つである（図 5・13）。公募型プロポーザル形式で事業者が選定され、設置管理許可によりレストランカフェが運営されている。行政が建物使用料を徴収し公園管理の資金源とするほか、一定以上の売上が発生した場合その 10％を徴収するなど、税

図 5･13　リニューアルした南池袋公園。池袋駅周辺地域は都市再生緊急整備地域に指定されており、駅周辺の四つの公園の再生が地域再生の起点となっている

金に依らない「稼ぐ公園」となっている（地下には東京電力の変電所がありその占有料も徴収している）。また公園協議会組織として「南池袋公園をよくする会」という多様な主体で構成される組織が設置され、公園の運営を担っている。さらにその運営資金の一部は、カフェレストランの売上の 0.5%が「地域還元費」として充当されるなど、収益の公共還元の仕組みが徹底している。

民を活用した公園管理運営は、当然厳しい財政状況下における公園管理コストの縮減策としての側面をもつ。しかしより重要なのは、地域経営の感覚で公園を開かれた公共空間として運営し、公園のもつ公益性を周囲に対して最大限に発揮させることである。このことにより収益性を高め、収益の一部を管理運営費に還元することで、公園の運営を持続可能な状態にするという正の循環が生み出される。とりわけ、立地条件などにより収益性が見込まれる公園においては、そうした民による公園経営が馴染みやすい（全ての公園でこうした経営が可能ではないことに注意が必要である）。

一方、都市全体をマクロに見渡した時には、多種多様な公園がそれぞれの役割を果たし、都市に住まう全ての人が公平に利益を享受できる状態とすることが望ましい。例えば、公園には、都市に住まう社会的弱者のためのセーフティネットとしての側面がある。これは、公園のもつ非排他性（誰も阻害しない）という性質がもたらすものであり、管理運営上は課題も多いが、社会的包摂のための空間として公園を考える場合、向き合わなければならない点の一つである。リニューアル前の南池袋公園では、路上生活者のための炊き出しが地元 NPO 法人によって行われていたが、この点について、活動の場を他の公園に移すことで、リニューアル後も支援活動が継続されている。官民協働のパークマネジメントにより個々の公園の個性を育てていくと同時に、都市に住まう特定の主体の不利益や排除につながらないように都市の公園全体をみわたす、トータル・マネジメントの視点も求められている。

❖都市縮退マネジメント―空き地の暫定利用

2005 年に日本の人口は戦後初めての減少となり、2008 年には明確に減少傾向に転じ、人口減少社会が始まった。これに対して、特に市街地の低密度化が懸念される地方都市や大都市郊外の都市においては、立地適正化計画（2014 年、都市再生特別措置法の改正により成立）を策定し、都市のコンパクト化を積極的に進めるべくマスタープランを描いている。立地適正化計画のもとでは、コンパクトシティを必要とし、本気で誘導しようとする自治体は、高密度市街地（都市機能集約・居住誘導区域）と農村地域（市街化調整区域）とのあいだに、新たに非集約地としての「低密度市街地（市街化区域ではあるが居住誘導区域ではない地域）」を位置づけることにより、地域ごとに密度の差をつけていくことになる。その際、利便性の点で劣り、ネガティブな印象をもたれがちな低密度市街地に対して、公共投資や人口増加に頼らずにいかに豊かな生活像を描けるかが、公正なコンパクトシティの実現に向けては重要となる。

こうした課題に対し、残存する農地や樹林地、住宅地内の空き地といった、低密度市街地内の緑地が果たす役割は大きい。樹林地や農地を都市住民向けのレクリエーションや高齢者の生きがい就労の場として位置づけたり、空き地をコミュニティで管理し、地域の広場として機能させる仕組みを構築することで、高密な市街地では実現できないライフスタイルを実現できる可能性がある。

とりわけ空き地については、生活空間と近く、管理放棄されると外部不経済になり、地域のイメージを低下させかねないため、早急な対策が必要である。そもそも空き地は、都市の拡大、安定化、縮小のどの段階でも発生する。過渡的な土地利用であるため都市計画的に位置づけられてはいないものの、住民にとっては、生活圏内の身近な緑地として、特別な意味をもつ場合がある。例えば東京の山の手で育った子どもたちにとって、空き地は学校の校庭や公園とは性質の異なる原っぱであり、幼少

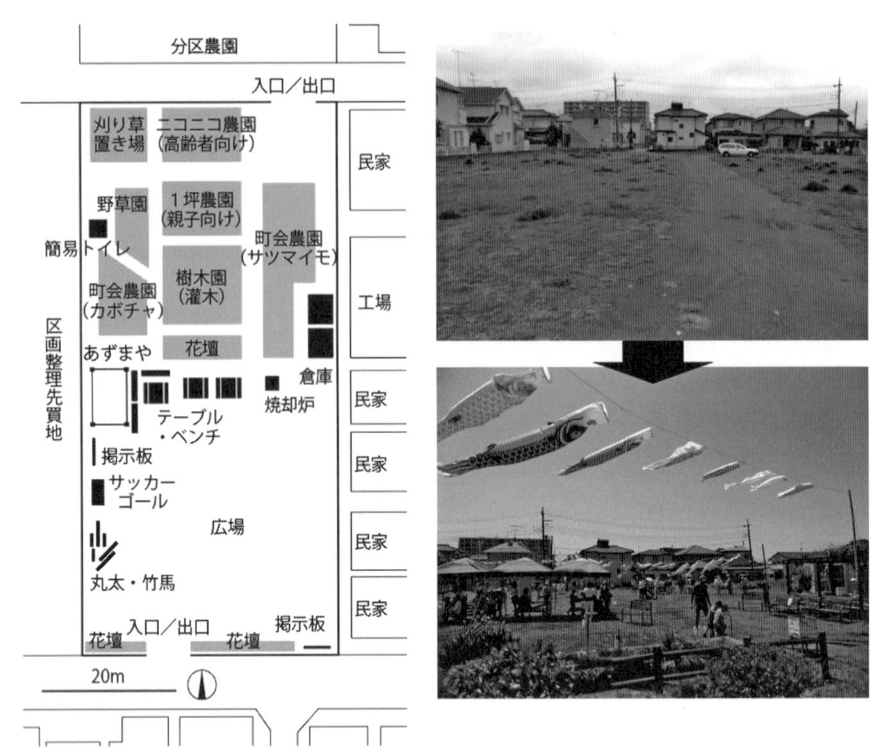

図 5･14　カシニワ制度による空閑地の再生事例（新若柴町会「自由広場」）。団体独自の利用ルールが設定され、公園では見られない多様な活動が展開されている（写真提供：柏市公園緑政課）

年期の原風景であり自己形成空間であったという言説もある*42。計画的な立場からは、空き地をこのような「住民にとって意味のある緑地」にするための仕組みが重要となる。その例として、千葉県柏市のカシニワ制度がある。カシニワ制度は、空き地や里山において活動を希望する地域活動団体と土地所有者とを行政が仲介し、協定に基づいた活動を承認し、両者への活動支援を行う制度である。活動内容は、緑地の管理に貢献しており、団体と所有者のあいだの協定の範囲内であれば特に制約がないため自由度が高く、団体の個性に基づく多様な活動が展開されている*43,44（図 5・14）。なお 2017 年の都市緑地法改正により創設された「市民緑地認定制度」「緑地保全・緑化推進法人」の組み合わせにより、カシニワと同様のスキームが全国展開できるようになった。

カシニワ制度のような空き地活用プログラムの特徴の一つは、所有者の財産権を保障し、土地活用を妨げないように、活動が期間限定の暫定的なものであるということである。永続性は緑地にとって重要な概念であることに変わりはないが、低密度化を誘導する地域のように、積極的な公共投資が期待できない地域においては、もはや公有地化（都市公園の新設）は現実的ではない。こうした場合、むしろ暫定利用の良さを生かし、時限付きだからこその意外性のある活動や、公園では行えない柔軟な活動などを展開することが望ましいだろう。近年、都市に活力を与える魅力的な暫定利用は全国各地で見られるようになり、事例も充実してきている*45（図 5・15）。また、短期的には暫定であっても、長期的には宅地と統合して敷地面積の大きいゆとりある住宅地の形成を促したり、暫定利用を積み上げて戦略的に集約化し、地域住民の庭（コモンズ）として住民組織による運営管理に移行させるなど、恒久化にむけた戦略（長期的エリアマネジメント）は必要である。

また、都市スケールでこうした暫定緑地を捉える場合には、恒久緑地と暫定緑地を組み合わせた新たな空間計画、マネジメントの仕組みが必要となってくる。建築分野において、構造躯体と間仕切りなどの内装を分離した工法を意味する「スケルトン・インフィル」の考えをアナロジーとして、都市インフラとして確保すべき恒久緑地と、社会経済状況の変化に柔軟に対応できる可変的な暫定緑地とを組み合わせる、新たな計画論の必要性も示されている*46（口絵 5・2）。

図 5·15　空き地と空き屋を一体的に活用する大阪府住之江区北加賀屋の「みんなのうえん」の事例。プランニングやデザインの力により、空き地や空き家は地域再生のための資源となる

❖文化的景観─成熟時代のランドスケープのみかた

1964 年に開催されたアジア発の第 9 回 IFLA（International Federation of Landscape Architects）日本大会では、庭園や公園といった「作品化された（Onymous な）」ランドスケープに対して、都市・自然の上に繰り広げられた人間生活の必要と直接的に結びついた営みの表出として、「作品化されない（Anonymous な）」ランドスケープという考えが示され、そのアノニマスな空間から生活の知恵によって表出された多くの優れた事例を学び取ることができるとした*47。このように文化的景観は古くからランドスケープ分野の興味の対象であったが、制度化されたのは近年のことである。

2004 年の景観緑三法の成立と同時に文化財保護法が改定され、文化財の類型に「文化的景観」が加わった。文化的景観は同法により「地域における人々の生活又は生業及び当該地域の風土により形成された景観地でわが国民の生活又は生業の理解のため欠くことができないもの」と定義されている。国際的にはより幅広く定義されており、例えば欧州風景条約（2000）では、「その特徴が自然又は人間的要素の作用及び相互作用の結果として、人びとに知覚されている地域」となっている。生業が持続的に営まれ、それにより地域固有の景観（棚田など）が形成されている農山村地域において馴染みやすい概念ではあるが、日本の都市の場合、都市と農村が物理的に接していたり、都市が農村としての履歴をもつことから、かつての農業基盤が現在の都市の骨格を形成していたりする場合があり、そうした景観の特性に人間と自然との有機的関係を読み取ることができる。

文化的景観の中でも特に重要なものは「重要文化的景観」として選定されており、2017 年 2 月現在、全国で 51 件の選定がある。都市部における選定も、宇治（宇治川の自然景観を骨格とする宇治茶生産の伝統）、金沢（城下町の骨格をつくる農業用水）、京都岡崎（京の後背地としての象徴的土地利用）などがある。文化的景観に選定されてはいないが、日本農業遺産に登録されている埼玉県の三富新田地域（平地林を利用した伝統的有機農業がつくる伝統的地割）、日比谷公園（100 年の矜持に学ぶ東京の生活文化拠点）など、緑地が文化的景観としての価値を有する場合は多い。

緑地に文化的歴史的価値を見出す考えは、風致地区制度や古都保存法のような景観保全施策に反映されているが、いずれも、過去の風致を参照点としてその状態を維持する保存的側面が強かった。それに対して文化的景観は、現在まで常に変化し続ける人間と自然との関係性に着目し、その表出としての景観に価値を見出し保全する、ダイナミックな景観保全の枠組みである。文化的景観を理解するにあたり最も重要なことは、変化する景観の中に価値を見出すための景観の「みかた」である*48。このみかたに従い評価を行うことにより、変化の激しい都市的地域においても、景観に文化的歴史的価値を見出すことは可能である。例えば京都岡崎の重要文化的景観の選定に際しては、①既往研究・資史料の整理（自然、歴史、都市空間・景観、生活・生業関連）、②土地利用調査：都市空間構造・土地利用の現況調査、史的変遷の分析、③景観調査：景観構成要素分布調査、景観単位区分（景観のゾーニング）、景観認知調査、④自然調査：街路樹植生調査、疎水園地群生態系調査、水系調査、⑤生活・生業調査：生業分布調査、聞き取り調査など、景観に関わる総合的・学際的調査が行われ、調査結果に基づいた景観のみかたが示されている*49（口絵 5・3）。また古都のような歴史的都市のみならず、一見過去からの引継ぎが皆無と思われる都市近郊スプロール地域の農住混在のランドスケープも、過去の土地利用・土地所有形態から現在の景観構造を説明することが可能であるなど*50、文化的景観としての特質を有している。

景観のみかたは、景観に関するリテラシー（ランドスケープ・リテラシー*51）により獲得される。何気なく生活圏に存在する緑地であっても、人と自然の長年の相互作用の結果としての文化的景観の一部であることを知り、そのようなリテラシーをもって改めて接してみると、新たな発見があり、非常に興味深く感じられることがある。これが文化的景観の点からの緑地の価値の源泉である。価値が個人のリテラシーに依存する点が面白くもあり、また、人によっては価値が分かりにくい、共有しにくいという意味で難しい点でもある。緑地計画の関心が量から質へと移行し、緑地の価値も絶対的なもののみでなく相対的なものを含むようになってきている。このような状況では、人によって理解の異なる価値を、どのようなプロセスにより共有するか、またどのように分かりやすく発信するかが重要になってきている。

❖グリーンインフラの実装と展開

グリーンインフラという言葉は、2015年の国土形成計画において、「社会資本整備や土地利用などのハード・ソフト両面において、自然環境が有する多様な機能を活用し、持続可能で魅力ある国土づくりや地域づくりを進めるグリーンインフラ」として登場している。グリーンインフラに関心をもつ研究者や実務者から構成されるグリーンインフラ研究会では、その定義を「自然がもつ多様な機能を賢く利用することで、持続可能な社会と経済の発展に寄与するインフラや土地利用計画」としている*52。グリーンインフラは、気候変動に伴う集中豪雨や内水氾濫の増加への対応（アメリカ・ポートランド市）、ハリケーン・ハーゼルによる被害を経緯とする広域圏での流域マネジメントと氾濫原の公有地化（カナダ・トロント）、貴重な水資源の再生利用（シンガポール）など、持続的な雨水管理に関連付けられることが多い。ただし特定の定義があるわけではなく、使われる国、地域によって概念や実際の展開はさまざまである。全人口の約7割が災害リスクの高い地域に居住する日本の場合、生態系サービスを利用した自然災害への対応（eco-DRR: Ecosystem-based Disaster Risk Reduction）の点から着目されているが*53、グリーンインフラの定義は、災害対応に限らず包括的なものとなっている。

高度経済成長期に社会資本の集中整備を進めた日本では、国土のあらゆる場所でインフラの老朽化やそれに伴う維持管理コストの負担増が深刻な問題となり始めている。今後増加するインフラの更新はグリーンインフラ導入の契機となりえるが、その場合、人工物によって形成されるグレーインフラとグリーンインフラとのあいだに、どのような関係をもたせるかが重要になってくる。既存

図 5·16　下水道施設上部の人工地盤上に整備された品川シーズンテラス・ノースガーデン。臨海部（東京湾）と台地部（武蔵野台地）のあいだに位置しており、二つの異なる生態系をつなぎ、ネットワークを結節させる役割も担っている

のグレーインフラを完全にグリーンインフラに「転換」するのも一つの関係であるが、それ以外の多様な関係を考え、両者の関係性を充実させていくことが、今後の広範な展開につながっていくだろう。例えば、2015年に整備された東京の品川シーズンテラス（図5・16）では、下水道処理施設に対するグリーンインフラの実装が行われた。ここでは、既存のグレーインフラ（下水処理施設）を維持しつつ、グリーンインフラ（人工地盤上のオープンスペース）を新たに加えることで、両者を「並存」させる手法を取った。「並存」のためには、おのずと土木、都市、建築、ランドスケープといった分野、および民間、公共といった立場を超えた調整が必要となる。品川シーズンテラスでは、立体都市計画制度の活用による事業フレームの構築とオープンスペース用地の確保、定期借地権設定による行政のインフラコスト負担の低減、超高層ながらも免振構造を採用し、耐力壁を減らして地下の下水施設への負荷を下げるなど、さまざまな仕組みと技術を組み合わせてプロジェクトを成立させている*54。

実際、都市緑地計画のこれまでの実践は、全て都市におけるグリーンインフラの実装と言っても良い。あらためて都市緑地をグリーンインフラと位置付けたことには、インフラという国の経済を支えてきた社会資本の問題の中に、緑地（グリーン）をあらためて引き戻し、緑地により都市や地域を支え、持続可能な状態へと変革させていく発想を世の中に広く示した点で、大きな意義がある。これにより、緑地はランドスケープ分野のみの関心ではなくなり、都市に関わるあらゆる分野にランドスケープの発想を展開するための舞台が整った。例えば、これま

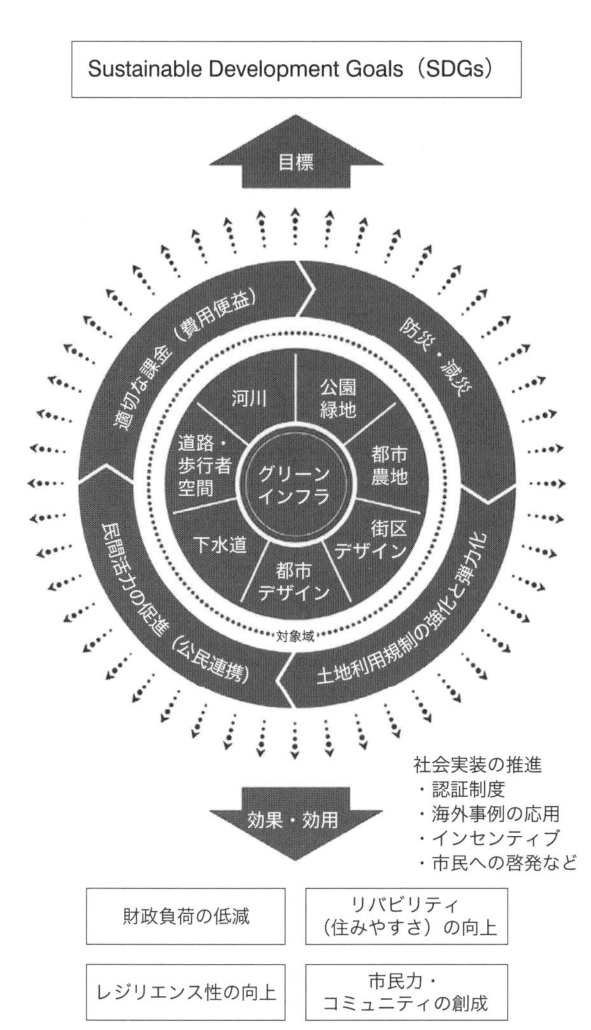

図 5･17　グリーンインフラを手段とする持続可能な都市の実現へのダイアグラム（出典：日本政策投資銀行・都市の骨格を創りかえるグリーンインフラ研究会（＊55））

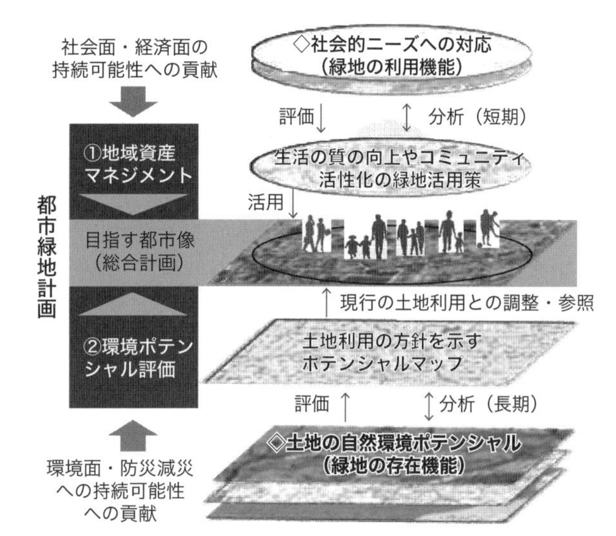

図 5･18　これからの都市政策における都市緑地計画の位置づけと新たな視点（出典：国土技術政策総合研究所（＊41）の原図を改変）

であまり接点のなかった経済金融分野もグリーンインフラの発信に関わり始めている（図 5･17）。ここでは、グリーンインフラ（緑地）を都市に確保することで、都市の魅力を高め、都市の社会経済構造を持続可能な状態にしていくことが示されており、環境（緑地）が社会や経済、そして人の豊かな暮らしを支えるというフレームが示されている。

◎②これからの都市緑地計画

国土技術総合政策研究所が 2013 年度から 2015 年度にかけて設置した「今後の緑の基本計画のあり方に関する研究会」では、今後の都市緑地計画のあり方が幅広い視点から議論され、その成果が技術資料としてまとめられている＊41。筆者も委員として参加した同研究会では、都市緑地計画の新たな視点として、⑴グリーンインフラの形成、⑵環境負荷の低減と QOL の向上、⑶地域が抱える社会問題の解決、⑷自然環境構造に基づく都市の再生、⑸緑地由来生物資源の地域内循環、⑹他分野の専門家との協働の六つが示され、こうした視点を踏まえた都市緑地計画の役割として、①地域資産マネジメントと②環境ポテンシャル評価の二つの側面から、新たな都市像を提案していくことが示された（図 5･18）。①は人の生活が営まれる文化的空間である「庭 Garden」としての機能の最大発揮、②は生物群集とそれらを取り巻く環境である「生態系 Ecosystem」としての機能の最大発揮を示しているとも言え、これらを両立させ、社会・経済・環境の全てに対して貢献することが、新たな時代の都市緑地計画には求められている。

最後に、少し先の将来を見据えて、これまで説明してきた都市緑地計画の趨勢を踏まえ、その延長で考えるべきいくつかの論点を筆者の視点でいくつか提示し、オープンエンドの形で本章を終えるものとする。ここでは、ランドスケープが異なるもの同士の媒体として機能する

都市計画COLUMN

新しい生態系　NOVEL ECOSYSTEMS

近年の生態学分野では、都市生態学（Urban Ecology）への関心が高まっている。都市生態学は新しい生態学として1970年代ごろから注目されるようになった。国外では、国際生態学会（International Association of Ecology）がスポンサーとなり、学術雑誌『Urban Ecology』が1975年に刊行され（1986年に『Landscape Planning』誌と併合し「Landscape and Urban Planning」誌となった）、国内では1974年に、国際生態学会の理事でもあった沼田真を中心とし、都市生態学の教科書が著されている＊56。当時の都市生態学は、大都市の急速な人工化による環境破壊を問題とし、大都市の生態系保全という緊急の目的に向けて、これまでの研究で未解明であった都市生態系の実態を理解することを意図していた。それから40年以上を経た現在、再び都市生態学への関心が高まっていることの背景には、都市において「新しい生態系」（Novel Ecosystems）が見られるようになってきたことが挙げられる。

新しい生態系は、人為的な影響により元の生態系への回復が困難となり、元の状態とは異なるが、自己組織化（self-organize）が可能な新しい生態系のことを指す＊57。1994年に製鉄所跡地に開園したドイツ・デュイスブルクのランドシャフトパークでは、1985年に製鉄所が廃炉となった後、元々の生態系ではないが、180haの敷地に700種の植物、100種類の鳥類、45種類の昆虫類が見られるユニークな生態系（Industrienatur）が成立しており、典型的な新しい生態系の例に位置付けられる。新しい生態系は、必ずしも本来そこに存在した動植物で構成されているわけではないため、従来の在来生態系の再生を目指す生態系の保全理論と整合しないところがある。しかし、だからといって害があるかと言えば必ずしもそうではなく、在来生態系では、外来種と共存することにより、在来種がより環境に適応し、安定化している例もある＊58。

都市に成立している生態系の多くは新しい生態系である。あえて新しい生態系として他と区別されているのは、他の生態系とは違う独自の保全コンセプトが求められているからである。その手法の開発や実践は、都市緑地計画分野の新しいテーマとなるだろう。

性質をもつことから、二つの対峙する概念を取り上げて両者の「あいだ」を考えるというフレームを設定し、以下の三つの点から考察する。

❖現実と仮想のあいだ

景観シミュレーションやGIS（地理情報システム）による空間分析などに代表されるように、情報テクノロジーの進展は、ランドスケープ分野に新たな視点を提供し続けてきた。近年のSNSの普及、ドローンなどUAV（無人航空機）による景観情報の取得、ウェアラブル端末による人間行動のモニタリング、AI（人工知能）による人工物の知能化、AR（拡張現実）技術のスマートフォンやタブレット端末への実装など、各種テクノロジーの進展は、さらなるイノベーションをランドスケープ分野にもたらす可能性を秘めている。

例えば、これまでのGISは、いわゆるデスクトップGISで研究者が空間情報を分析し論文などで結果を公開するといったように、調査分析に関わる専門的なツールとして使われてきたが、近年ではクラウド上でシステムやデータを共有するウェブGIS（ArcGIS Onlineなど）の登場と空間情報のオープンデータ化の進展とが重なり、誰でも気軽に空間情報を閲覧・分析することが可能となりつつある。空間情報がより身近なものなれば、研究者、プランナー、住民とのあいだでよりインタラクティブな情報のやりとりが可能になる。2節③で示した緑の基本計画についても、例えば、緑地に対する住民の認知や満足度がSNSなどを通じてウェブGIS上に集約されるようなシステムが構築されれば、住民からのフィードバックに基づいてより効果的な計画が策定可能かもしれないし、住民にとって、計画がより身近なものになるかもしれない。

また情報テクノロジーの進展は、人と自然とのあいだに新たな関係を成立させる可能性も秘めている。都市緑地の管理に関係し、オーストラリア・メルボルンでは、樹木個体の管理のため、2015年に市が管理する樹木にIDとメールアドレスを振り分けたところ、当初の意図に反して、住民からそれら特定の樹木に対する多数のメッセージが届き、職員が「中の人」として応答することで、現実空間とは異なるコミュニケーションが生まれたという。情報通信技術により都市の樹木が擬人化され、結果として対自然の新しいコミュニケーションが促されたこの現象は、今後、AI技術などの進展により、現実と仮想とのあいだがあいまいになることで、人と自然との関係も変容していく可能性を示している。

❖公と私のあいだ

近年の傾向をみると、都心の公園のパークマネジメントによる官民協働にせよ、郊外の空き地の住民管理にせよ、既存の「公共」の考え方を大きく転換させている例が注目を集めている。誰に対する行為か、という点で「公（public）」および「私（private）」の意味を英語で調べてみると、publicは「… relating to or involving people in general, rather than being limited to particular group of people」とありprivateは、「…only for one person or group and not for everyone」とある。つまり、「公」は全ての人たちのためであり非排他性が高く、逆に「私」は主体が限定的で排他性が高いという概念である。しかし近年注目されている事例はこのいずれでもなく、その中間の「共（Communal）」に該当する。「共」は「…belonging to or shared by a group of people or community rather than one single person」とされ、特定の集団のためという意味をもつ。3節②で取り上げた南池袋公園やカシニワの事例は、ある特定の地域の住民を意識した場所（Communal place）として公園や空き地を管理運営し、それが結果として、より多くの人に公園や空地を開き、場所の価値を高めることにつながっている。

都市の緑地を見渡せば、総合公園のように広い範囲から人を集め特定の地域への所属が馴染まないものから、住宅地の庭など私的な緑地までさまざまあり、全てを「共」な場所にはできないしすべきでもない。重要なのは、これまでの都市緑地に関わる制度・施策・計画は「公」と「私」に分けて考えることを前提としてきたのに対し、近年では両者のあいだに「共」が加わることにより、「公」⇔「共」⇔「私」というスペクトルの中に都市緑地を位置づけることが可能になってきている点である。この傾向は今後より顕著になると思われ、次の時代の都市緑地計画では、「共」を明確に位置付けるための計画論が求められる。

❖庭と生態系のあいだ

本章のはじめに、都市緑地は、人の生活が営まれる文化的空間である「庭 Garden」としての側面と、生物群集とそれらを取り巻く環境である「生態系 Ecosystem」としての側面とを同時にもつ、と述べた。二つの側面が程よくバランスしている緑地として、里山が挙げられる。燃料革命以前の社会では、都市部の薪炭需要が近郊農村の里山の燃料林としての利用を支えていたが、都市農村におけるこうした経済システムは喪失し、残存する里山の多くは管理放棄されている。丘陵地に位置する都市、山地を抱える都市などでは、管理放棄された里山が市街地に迫っており、野生動物の都市への侵入（神戸市など）、斜面に位置する樹木の肥大成長による土砂災害リスクの増加（鎌倉市など）といった問題が徐々に顕在化してきている。都市緑地計画では主に地域制緑地に位置付けられるこうした里山の管理は、施設緑地のようにはいかず、資源利用に基づき一定の経済性をもったものでなければ、その広がりには限界がある。

これを解決するためには、例えば、管理により得られた木材やバイオマスを都市における物質循環系で適切に利用する都市型の林業（都市林業：Urban Forestry）の発想が必要となるだろう。戦後植栽した街路樹が肥大化し更新の時期が迫るなど、近い将来、都市においてもさらに多くのバイオマスが発生する可能性がある。こうした状況に対応するため、これまで都市緑地計画とは関わりが薄かった森林計画分野と連携し、都市から都市近郊にかけての総合的な樹林地管理・バイオマス利用を進めていく必要があると思われる。管理が進むことにより結果として都市に対する生態系サービスが発揮され、また都市近郊のレクリエーション林としても活用されることより、「庭」と「生態系」の二つの側面がバランスした現代的な里山の再生が望めるのではないだろうか。

都市林業に対して、都市農業では、既に計画的な対応が進められている。2節③で説明した生産緑地法は、都市と農村の峻別の矛盾（依然として市街化区域に農地が残り農業が営まれている）に対応するために、都市と農業のあいだを取りもった日本独特の制度であるが、1992年の改正生産緑地法施行時に指定された生産緑地が、指定後30年である2022年に大規模に指定解除されるリスクがある「2022年問題」を抱えている。それに対して、2015年の都市農業振興基本法で、都市農地は「都市に必要な存在」と位置づけられ、続く2018年の生産緑地の貸借の円滑化に関する法律では、所有者以外の都市農業者への生産緑地への貸借が可能となり、関連の税制改正により相続税の納税猶予も認められるようになった。都市農業をめぐるこうした近年の動きは、本来二分すべきではなかった両者のあいだを取りもち、さまざまな制約のもとで調整を行った結果であり、その運用は、おそらく世界の法制度・施策の中でも最も複雑な部類に位置付けられると思われる。しかし、とにかく都市の持続可能性を支える緑地として都市農地を位置づけ、峻別の矛盾を解消させようとするこうした仕組みは、日本の風土を生かした新たなアーバニズムに向けた道を拓いたように思われる*59。

❖おわりに

日本文化に内在する本質的な考えとして、分けて考えられるものをあえて分けず、そのあいだを大事にして関係性を充実させたり、ある変化を柔軟に吸収しようとする発想がある*60。都市と自然を接続する都市緑地計画は、都市と自然の「あいだ」を常に考え続けてきた。異なるもの同士の媒体として機能するランドスケープの発想で、分化の限界を乗り越えていくことが、次の時代の都市緑地計画を発展させていくための鍵になる予感がする。

[注・参考文献]

＊1 井手久登（1986）「造園学」高橋理喜男・井手久登・渡辺達三・亀山章・勝野武彦・輿水肇著『造園学—訂正版』朝倉書店、p.304, pp.17-33 に所収
＊2 白幡洋三郎（1993）「日本文化としてみた公園の歴史」飯沼二郎・白幡洋三郎著『日本文化としての公園』八坂書房、p.228、pp.3-42 に所収
＊3 小野良平（2003）『公園の誕生』吉川弘文館、p.216
＊4 『風俗画報』第 155 号「新撰東京名所図会第 11 編」
＊5 日本公園緑地協会（2008）『都市緑地法活用の手引き』日本公園緑地協会、p.136
＊6 国土技術政策総合研究所（2008）「景観デザイン規範事例集」『国総研資料』433、p.214
＊7 越澤明（2001）『東京都市計画物語』ちくま学芸文庫、p.389
＊8 きよゐのした（1928）「百年後には公園は無くなる—百年後の公園夢物語—」『庭園と風景』10（8）、pp.178-179, p.193
造園学会 HP にて全文公開
http://www.jila-zouen.org/wp-content/uploads/2015/02/inoshita.essay.web.pdf
＊9 石川幹子（2001）『都市と緑地—新しい都市環境の創造に向けて』岩波書店、p.358
＊10 真田純子（2007）『都市の緑はどうあるべきか—東京緑地計画の考察から』技報堂出版、p.196
＊11 島田謹介（1956）『武蔵野』暮らしの手帖社
＊12 竹内智子・石川幹子（2009）「旧緑地地域における市街地整備事業の実施状況の違いが緑地形態に与えた影響に関する研究」『ランドスケープ研究』72（5）、pp.705-708
＊13 進士五十八（2012）「現代社会における戦後ランドスケープ活動の成果と意義」『ランドスケープ研究』76（2）,pp.90-93
＊14 国土交通省（2017）「都市公園法改正のポイント」都市局公園緑地・景観課
http://www. mlit. go. jp/common/001197445. pdf
＊15 淵野雄二郎（2013）「都市農業と農地の現状と区域区分制度の問題点—都市と農業の望まれるあり方を考える—」『農業法研究』48（都市農業と土地制度）、pp.63-79
＊16 廻谷義治（2008）『農家と市民でつくる新しい市民農園』農文協、p.141
＊17 後藤光蔵（2008）『都市農地の市民的利用　成熟社会の「農」を探る』日本経済評論社、p.214
＊18 木下剛・根本哲夫（2006）「多摩ニュータウン自然地形案—地形をめぐる諸関係のダイナミズム」『10＋1』42、pp. 124-127
＊19 住宅都市整備公団研究学園都市開発局（1982）『新都市のみちと公園』p.257
＊20 木下剛・宮城俊作（1998）「港北ニュータウンのオープンスペースシステムの形成過程における公園緑地の位置づけ」『ランドスケープ研究』61（5）、pp.721-726
＊21 田畑貞寿（1979）『都市のグリーンマトリックス』鹿島出版会、p.269
＊22 横浜市都筑区（2010）「港北ニュータウン・まちの成り立ち」
http://www. city. yokohama. lg. jp/tsuzuki/kusei/kikaku/nt-4-2. html
＊23 Mcharg, I, L. 1969, *Design with Nature,* Natural History Press, New York, p.197
＊24 Steinitz,C., 2012, *A Framework for Geodesign: Changing Geography by Design* , Esri Press, Redlands, p.224
＊25 リジオナル・プランニング・チーム（1980）『エコロジカル・プランニングによる土地利用適正評価手法調査』p.172
＊26 上原三知（2012）「1980 年における地域計画のビッグデータ（エコロジカル・プランニング）の現代的な意義」『都市計画』62（6）、pp.68-73
＊27 井手久登・武内和彦（1985）『自然立地的土地利用計画』東京大学出版会、p.227
＊28 井手久登（1988）「つくば市の自然—調査・計画・保全」学園都市の自然と親しむ会編『つくば研究学園都市と自然—その歩みと明日への提言—』株式会社 STEP、p.81 , pp.60-80 に所収
＊29 井手久登（1980）『緑地保全の生態学』東京大学出版会、p.122
＊30 Forman, R. T. T. and Gorton, M., 1986 *Landscape Ecology* , Wiley & Sons, New York, p.640
＊31 日置佳之（1996）「オランダにおける国土生態ネットワーク計画とその実現戦略に関する研究」『ランドスケープ研究』59（5）、pp.205-208
＊32 守山弘（1988）『自然を守るとはどういうことか』農文協、p.260
＊33 鬼頭秀一（1996）『自然保護を問い直す—環境倫理とネットワーク』筑摩書房、p.254
＊34 寺田徹・横張真・ジェイ・ボルトハウス・松本類志（2010）「都市近郊での森林施業計画に基づく市民による里山管理活動の実態」『農村計画学会誌』29 , pp.179-184
＊35 横張真・加藤好武（1995）「国土スケールのランドスケーププランニング」『Process Architecture』127、pp.14-23
＊36 三上岳彦（2006）「都市ヒートアイランド研究の最新動向－東京の事例を中心に－」『E-journal GEO』 1（2）、pp.79-87
＊37 横張真・加藤好武・山本勝利（1998）「都市近郊水田の周辺市街地に対する気温低減効果」『ランドスケープ研究』61（5）、pp.731-736
＊38 村上暁信・王彦（2014）「都市緑化による熱的快適性の改善効果に関する研究」『都市計画論文集』49（3）、pp.231-236
＊39 高取千佳・大和広明・高橋桂子・石川幹子（2013）「明治初期と現代のマトリクス構造の変化が熱・風環境に与える影響に関する研究」『都市計画論文集』 48（3）、pp.1029-1034
＊40 日本公園緑地協会（2007）『緑の基本計画ハンドブック』日本公園緑地協会、p.234
＊41 国土技術政策総合研究所（2016）「これからの社会を支える都市緑地計画の展望—人口減少や都市の縮退等に対応した緑の基本計画の方法論に関する研究報告書」『国総研資料』914、p.88
＊42 奥野健男（1972）『文学における原風景—原っぱ・洞窟の幻想』集英社、p.223
＊43 寺田徹・雨宮護・細江まゆみ・横張真・浅見泰司（2012）「暫定利用を前提とした緑地の管理・運営スキームに関する研究」『ランドスケープ研究』75（5）、pp.651-654
＊44 細江まゆみ（2016）「カシニワ制度の効果に関する一考察　地方統計と統計 GIS」『研究所報』47、pp.117-175
＊45 寺田徹・野村亘編（2016）「特集 都市空間の暫定利用を考える」『都市計画』65（3）、pp.9-74
＊46 横張真（2016）「都市の縮退と土地の暫定利用」『都市計画』65（3）、pp.16-19
＊47 イフラ日本大会実行委員会（1964）『日本の造園』誠文堂新光社、p.106
＊48 文化的景観学検討会（2016）「地域のみかた—文化的景観学のすすめ—」『文化的景観スタディーズ』1、奈良文化財研究所、p.95
＊49 奈良文化財研究所（2011）「京都岡崎の文化的景観」

https://www.nabunken.go.jp/org/bunka/landscape/okazaki.html
＊50 宮本万理子・横張真・渡辺貴史（2012）「土地履歴の解釈にもとづく文化財としての文化的景観の捉え方の検討」『ランドスケープ研究』75（5）、pp.597-600
＊51 宮城俊作（2008）「歴史的風致をめぐるリテラシーの継承とプロセスの表現」『ランドスケープ研究』72（2）、pp.158-161
＊52 グリーンインフラ研究会（2017）『決定版！グリーンインフラ』日経BP社、p.392
＊53 環境省（2016）『生態系を活用した防災・減災に対する考え方』自然環境局自然環境計画課生物多様性地球戦略企画室
http://www.env.go.jp/nature/biodic/eco-drr/pamph01.pdf, p.63
＊54 蕪木伸一（2016）「品川シーズンテラス ノースガーデンとサウスガーデン」『ランドスケープデザイン』112、pp.8-18
＊55 日本政策投資銀行・都市の骨格を創りかえるグリーンインフラ研究会（2018）『グリーンインフラを核にした持続的な都市創成のための提言』p.94
＊56 沼田真・中野尊正・半谷高久・安部喜也（1974）『都市生態学』共立出版、p.126
＊57 Hobbs, R. J., Higgs, E. S., & Hall, C.（2013）*Novel ecosystems: intervening in the new ecological world order.*, John Wiley & Sons
＊58 Kowarik, I.（2011）"Novel urban ecosystems, biodiversity, and conservation", Environmental Pollution,159（8-9）, pp.1974-1983
＊59 野村亘・寺田徹編（2018）「特集 農のアーバニズムに向けたヒント」『都市計画』67（3）、pp.9-80
＊60 剣持武彦・木村敏・小倉朗・清家清・西山松之助（1981）『日本人と「間」－伝統文化の源泉』講談社、p.249

6章 都市防災

——都市災害を軽減し、安全で快適な都市を創造する

廣井悠

6・1 都市防災の概念整理

◎都市防災の定義

わが国の市街地はこれまで、長期間にわたって地震・火災・水害などの自然災害に苦しめられてきた。これは木造住宅の多さやその密度、そして高い地震発生確率などの特殊な文化的・地域的条件によるところも大きいが、特に政治・経済の集中により都市の規模が拡張した江戸時代以降は、都市機能の集積に伴い脆弱性が度々顕在化した。このためわが国では、これらの被害を防ぐさまざまな取り組みが古来より行われている。

「災害」という用語は、災害対策基本法*[1]により「暴風、豪雨、豪雪、洪水、高潮、地震、津波、噴火その他の異常な自然現象又は大規模な火事若しくは爆発その他その及ぼす被害の程度においてこれらに類する政令で定める原因による被害」と定義されている。また「都市災害」という用語は、梶・塚越ら*[2]によって「居住空間を支えていた技術なりその集積としての人工的構築物なりが、何らかの原因により破壊されたとき、居住空間としての機能が失われることによって被害として顕在化される場合、ならびに、その高密度化のゆえに被害が拡大する場合に総称される災害概念」と定義されている*[3]。本書では、特に断らない限りこの「都市災害」の定義を用いることにする。

これに対して「都市防災」あるいは「防災まちづくり」という用語は、これまで方法論というよりは研究対象として扱われたことが多かったためか、確たる定義をされて使われることはあまりなく、おおむね都市災害を防ぐあるいは減じるための取り組みという共通認識しかなされていないことが多い。村上（1986）によれば、過去には「都市防火」という言葉がよく用いられていたが、伊勢湾台風後に台風の被害を減じるため防風・防水・防潮など総合的対策が必要であるという発想から、これらを総称して「都市防災」という言葉が使われ始めたという*[4]。なお近年ではあらゆる災害を防止することは困難という考え方から、「都市減災」という言葉も用いられる。

さて、都市防災という用語はおおむね「都市計画の防災分野」という専門分野の縦割り区分に由来する定義や、「防災をきっかけとして安全で快適な都市を創る取り組み」*[5]といった理念追求および価値向上型の定義、あるいは「都市災害を軽減する取り組み」という問題解決型の定義などさまざまな意味で用いられることが多い。前者はともかく、後者の二つは計画を行う者として両方とも必要とされる姿勢といえよう。したがってここではこれらを合わせて、特に断らない限り「都市防災」を「都市災害による被害軽減を通じて、安全で快適な都市を創造する取り組み」と定義する。

◎都市防災を計画する基本的アプローチ

❖災害リスクの計り方

それでは「都市災害を軽減する」ためにはどのような「計画」を行うべきであろうか。ここではこの問題解決を行うため、災害による被害発生のメカニズムを考慮し、その原則を模索することで一通りの整理を試みる。一般に災害による期待被害量を示す指標は災害リスクと呼ばれ、ある地点で任意の期間内に発生する災害リスクの量は、災害の大きさ（Hazard）、曝露量（Exposure）、災害に対する都市の脆弱性（Vulnerability）の積を対応力・回復力（resilience など）で除し、これに災害の発生確率（Probability）をかけ時間で積分したもので説明されることが多い*[6]（図6・1）。

都市の災害リスク量を規定するこれら5変数のうち、災害の発生確率と災害の大きさは自然現象であるため、制御は一般に困難といえる。そのため、ここでは問題発見の技術として科学的知見や歴史的事実、災害調査に基づいた予測しか行うことができず、原則として都市の曝露量、脆弱性あるいは対応力の制御のみが我々のとりうる手段となる。さて、この3変数について、あえて計画、設計・技術、政策実務の主体別に役割を論じるとすれば、曝露量は都市の密度と配置を制御するなどの都市計画的対応が主となる。これは容積と用途などの管理、すなわち防火地域や災害危険区域、土砂災害特別警戒区域などに代表される土地利用規制的方策が代表例といえる。脆弱性は建築物の耐震化や防潮堤の整備など主に建築・土木の技術者が主体的役割を担うことが多く、対応力・回復力は避難計画や消防力の充実など、社会科学もしくは行政一般の学問・実務領域とみなされることが多い。

❖都市災害を軽減する取り組み

このなかで都市防災の対象は、前述した「都市防災」という用語の意味によってその範囲が若干異なる。例えば「都市計画の防災分野」という意味では、建物の密度や容積などの曝露量のコントロールこそがその対象となるだろう。しかし他の機能とトレードオフであることも多く(例えば集積は経済性を考慮するとメリットとなる)、またその実現には時間が必要である。

さて先述のとおり、「都市防災」は「物理的被害」ではなく「都市災害」を減らす取り組みである。前者のみであれば、その手段は都市計画的対応に加え、「物理的被害」そのものを防ぐ堤防の整備や構造物の耐震化などハード対策がその中心的手法群となろう。しかしながら物理的被害を100%防ぐことは困難である。そのため都市防災の対象は、人命や建築物など都市空間上の構成要素のみならず、人々の生活や企業活動、財産、経済、社会システムなど、都市内のあらゆる営みでなくてはならない。

つまり都市防災という分野は、これら都市の営みや社会システムを既存技術では対応できない災害誘因から守るための取り組みを対象とするものといえ、その手段も図6・1のように、曝露量の低減、脆弱性の低減、対応力の向上全てのアプローチが「都市防災」の範囲におさまることとなる。特にこれら3種類のアプローチを個別かつ局所的に制御するのみならず、適切な自然現象の予測や地域の実情を踏まえ、都市のその他の魅力も合わせて全体最適化された都市・社会を設計する点が「都市防災」を計画するための基本的アプローチといえよう*7。

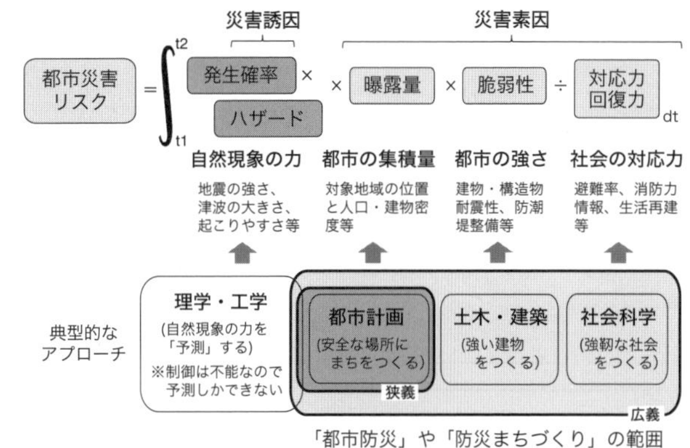

図6・1 「都市防災」を計画する基本的アプローチ

◎都市防災の三つの特徴

それでは、このような都市防災または「防災まちづくり」が他の「都市○○」や「○○まちづくり」と異なる点は何であろうか。筆者は以下の3種類の特徴が、都市防災や防災まちづくりでとりわけ考慮しなければならない論点と考えている。一つは「客観性」という特徴である。都市防災を考えるにあたっては、災害という物理メカニズムをよく知らなければ必要十分な対策や優先順位を評価することができない。したがって都市防災に関わるプランナー・技術者・研究者(以下、専門家)は、代表的な災害リスクについて科学的・客観的知見に基づいた対応方針を知る必要がある(3節で後述)。

二つ目の特徴は「地域性」である。防災対策のメニューは住宅の耐震化や家具固定などの単体の対策を除けば、多くの場合、地域によって大きく異なる。例えば大都市中心部で求められる対策は、人口密集地域における市街地火災対策や避難計画、帰宅困難者対策、マンション住民対応などが必要とされる一方で、中山間地域では帰宅困難者対策など必要なく、土砂災害対策、災害時孤立対策、少子高齢化最先端地域での復興計画などが必要とされる。また木造密集市街地では老朽住宅の建て替えや街区整備、要援護者対策がとりわけ重要であり、津波浸水想定区域では津波防災まちづくり、津波避難対策、高台などでの拠点整備が必要とされる。そのほかにも0m市街地や伝統的建造物群保存地区など、わが国にはさまざまな特徴をもった市街地があり、地域によって対策の内容は大きく異なる。他方で、そもそも地域の長所・短所を一番認識しているのは住民であることが多く、また地域が求める安全水準も、復興計画において目指すべき市街地像も地域住民が主体となって決定すべきとも考えられる。なにより、都市防災は物理現象や研究成果を専門家が一方的に教えるだけの取り組みでは決してない。したがって専門家には、地域住民の主体性を継続的に引き出しつつ、より良い市街地像を提案する丁寧な姿勢が求められる。DIG (Disaster Imagination Game) や HUG (避難所運営ゲーム) など、地域住民などによる防災対策の検討を支援するワークショップツールが数多く見られるのも、防災まちづくりの「地域性」を重視したものとみて良い。

最後の特徴は「多様性」である。都市防災が扱う専門・実務領域は、古来は都市構造物の破壊に伴う人的・物的被害の軽減が代表的なアプローチであったが、都市の安全性能が上昇し人命安全性のみならず財産被害や生活の安定までもが目的関数と認識されつつある今日では、その領域も非常に多様なものとなっている。例えば災害の種類は地震のみならず、風水害、火災、火山災害、土砂災害、雪害などがあり、対策の時間スケールも予防計画、応急対策計画、復旧・復興計画などさまざまである。また対策の主体も自助・共助・公助といわれるように、住民自身や行政のみならず、自主防災組織（あるいは町内会・自治会)、自衛消防組織、消防団、PTA など多様である。つまり都市防災対策は災害の種類も、空間・時間スケールも、参画主体も、その目的もさまざまな概念があるため、考えられるメニューは多岐にわたる。

表6・1は2017（平成29）年3月に発表された総務省消防庁による「第21回防災まちづくり大賞」の一覧である。これは防災まちづくりの優良事例を表彰するものであるが、多種多様な対策が並んでいる。このように行政の事前復興計画も、住民の避難マップづくりも「防災まちづくり」と総称されるが、その種類はさまざまである。そもそも、現代都市がかかえる問題は防災だけではなく、最終的には景観やバリアフリーなど日常のまちづくりと有機的に相乗りして新たな価値の創造を目指す「防災もまちづくり」の必要性は中林らが東日本大震災以前から指摘しているところである*8。「防災」はまちづくりを方向付ける、きっかけや手段に過ぎないのかもしれない。すると、幸せな都市をつくるための課題やアプローチはますます複雑かつ多様、ということになるだろう。このような多種多様の対策を空間的に、フェイルセーフ的かつ時間軸に沿って足し算する「戦略」をつくることが都市防災対策の近道ともいえよう。つまりこの「多様性」という特徴は、地域にとっての最重要課題は何か、対策の優先順位、目的の総合性、中長期的なロードマップの必要性など、戦略やビジョンの必要性を示唆するものともいえる。

表6·1　第21回防災まちづくり大賞の事例（出典：総務省消防庁（＊9））

共助2015　―大都会の再開発を越えて地域で助け合う命―
災害時"死者ゼロ"を目指す！マンション管理組合と自治会との取組み
地区防災計画に基づいた防災活動
大震災の経験を活かした自前の電源・避難場所の確保と避難地図の見直し
「楽しく学ぶ　防災・減災教室」　―ゲーミング・シミュレーションによる防災教育―
地域と連携したものづくりをとおしての防災・減災教育への取り組み
町内会を基本とした防災まちづくり　―顔の見える安心感のある成逸のまち―
ボランティア集団「吹上苑町会おたすけ隊」との連携による地域防災
地域に密着した自助共助対策　―町の健やかなくらしのために―
「新小岩ルネッサンス構想」協働防災まちづくりの取組み
地域防災力向上を目指し、自主防災組織の連携強化
避難所に入れない?!　大規模団地住民約4000人の震災避難訓練
人づくり・まちづくり 結のこころで春日野防災
地域住民に向けた防災啓発活動（かまどベンチの設置、100円防災・防災カードゲームなど）
絵画を通じた震災・命の授業「命の一本桜」プロジェクト
助けられる側から助ける側へ
消防団広報誌による地域防災への啓発

以上の3点が都市防災の特徴であると筆者は考えている。すると都市防災や防災まちづくりの専門家には、①災害現象に対する科学的知見、②地域の課題を捉え・地域と共に取り組みを行う姿勢、③多様な可能性を組み合わせて地域の理想像やビジョンを提示する戦略的視点が職能として求められるところだが、残念なことに1人の人間がこれを全て実現するのは困難なほど、現代都市は複雑である。とすれば科学的知見を有する専門家、地域を一番よく知る住民、多様な手段をよく知る行政職員の三者を繋ぎ、また集まる場をつくることが専門家の一つの役割とも考えられるのである。

◎都市防災の計画体系と方法

それでは、実際の都市防災・防災まちづくりはどのような計画あるいは法体系のもとに行われているのだろうか。これを端的に示したものが、図6・2である。一般

災害対策基本法

予防：都市計画法、建築基準法、耐震改修促進法、国土総合開発法、都市再開発法、都市公園法、土地区画整理法、密集市街地整備法、海岸法、砂防法、河川法、森林法、特定都市河川浸水被害対策法、土砂災害防止法、地すべり等防止法、急傾斜地の崩壊による災害の防止に関する法律、宅地造成法等規正法、津波対策法、津波防災地域づくり法、地震防災対策特別措置法、原子力災害対策特別措置法、活動火山対策特別措置法、台風常襲地帯における災害の防除に関する特別措置法、治山治水緊急措置法、特殊土壌地震災害防除及び振興臨時措置法、活動火山対策特別措置法、豪雪地帯対策特別措置法、積雪慣例特別地域における道路交通の確保に関する特別措置法

日本海溝・千島海溝地震対策特別措置法
東南海・南海地震対策特別措置法
大規模地震対策特別措置法

応急対応：水防法、消防法、消防組織法、自衛隊法、海上保安庁法、警察官職務執行法、道路交通法、航空法、気象業務法、電波法、放送法、電気事業通信事業法、郵便法、災害救助法、災害弔慰金の支給などに関する法律、地震保険に関する法律

復旧・復興：生活再建支援法、災害弔慰金の支給などに関する法律、地震保険に関する法律、災害被害者に対する租税の減免・徴収猶予などに関する法律、天災による被害森林漁業者に対する資金の融通に関する法律、激甚災害に対処するための特別の財政援助に関する法律、公共土木施設災害復旧事業費国庫負担法、農林水産業施設災害復旧事業費国庫補助の暫定措置に関する法律、公立学校施設災害復旧費国庫負担法、防災のための週谷点促進事業にかかる国の財政上の特別措置などに関する法律、豪雪に際して地方公共団体が行う公共の施設の除雪事業に要する費用の補助に関する特別措置法

図 6･2　都市防災に関連する法制度の抜粋

に、わが国の防災に関する法制度や計画は、大規模災害が発生すると対処療法的に課題解決を繰り返すことで形成されてきた。このなかで最も根幹となる法律が、1959年に発生した伊勢湾台風をきっかけとして、総合的かつ計画的な防災行政の整備および推進を図るため制定された災害対策基本法である。災害対策基本法はその第2章において、国は内閣総理大臣を会長とした中央防災会議を設置し防災基本計画を策定することや、都道府県や市町村などの自治体は都道府県防災会議や市町村防災会議を設置して地域防災計画を策定することが述べられている。さらにここでは、省庁など指定行政機関や指定公共機関（日本赤十字社や日本放送協会やライフライン事業法人など）が防災業務計画を策定することも定められている。他方でこれらの組織では非常災害時、その規模に応じて災害対策本部を立ち上げ、応急対応を行う。

防災基本計画は地震災害対策編や風水害対策編、原子力災害対策編などの各災害に対して、それぞれ災害予防、災害応急対策、災害復興・復旧の3章で構成され、おおむね計画期間を定めず、また施策間の優先順位をつけず網羅的に防災対策について記載している。これに対して、防災基本計画を上位として策定される地域防災計画は、いずれも具体的かつ地域の実情に即した計画でなければいけないため、策定にあたって被害の想定を行う。被害想定は地域防災計画の計画条件を設定するため、災害による被害を量的に推計するものであり、想定する災害（例えば地震の場合、これを「想定地震」と呼ぶ）の規模や発生日時、気象条件などを与えたうえで、人的被害や建物・ライフライン被害、生活への影響（避難者数、物資、医療機能など）、経済被害額などを結果として算出する。それゆえ、原則として蓋然性の高い災害を設定することが多いが、災害の規模や条件によってその被害は大きく異なるという特徴も有する。地域防災計画ではこの

都市計画COLUMN

受験勉強と都市防災の共通点

大学の講義で都市防災の特徴を説明するために、しばしば「大学受験」を例に挙げることが多い。幸せな都市をつくるという作業からはかけ離れた、やや世俗的な比較対象であるものの、学生には身近であるからか、なんとなく理解してくれることが意外にも多い。

ここで説明した都市防災の三つの特徴のうち「客観性」は大学受験で言うところの「問題の解き方」に相当する。「地域性」は防災対策の内容が地域によって異なるのと同様に、大学・学部によって入試に必要とされる科目や問題の傾向が異なる点と似ている。対策主体（この場合は受験生）の自主性を引き出すことが円滑な進捗のコツであるという点はどちらも共通であろう。最後の特徴である「多様性」については、大学受験においても自分の弱点を把握し、長文読解やヒアリング、元素記号の暗記から模擬試験まで、多様な修練を組み合わせる戦略の必要性を意味している。

もちろん大学入試の合格のみならず、知的好奇心の追求など別の目的が相乗りすれば効果はさらに高いかもしれないし、大学受験は幸せな人生を送るきっかけにすぎないが、解き方を知る教師と自主性を有した受験生に戦略が組み合わされば問題解決に近づく（ように思える）のと同じく、前述のようなキーパーソンが集まり連携する状況をつくり出すことが都市防災にとっても、とりわけ重要といえるのではないだろうか。

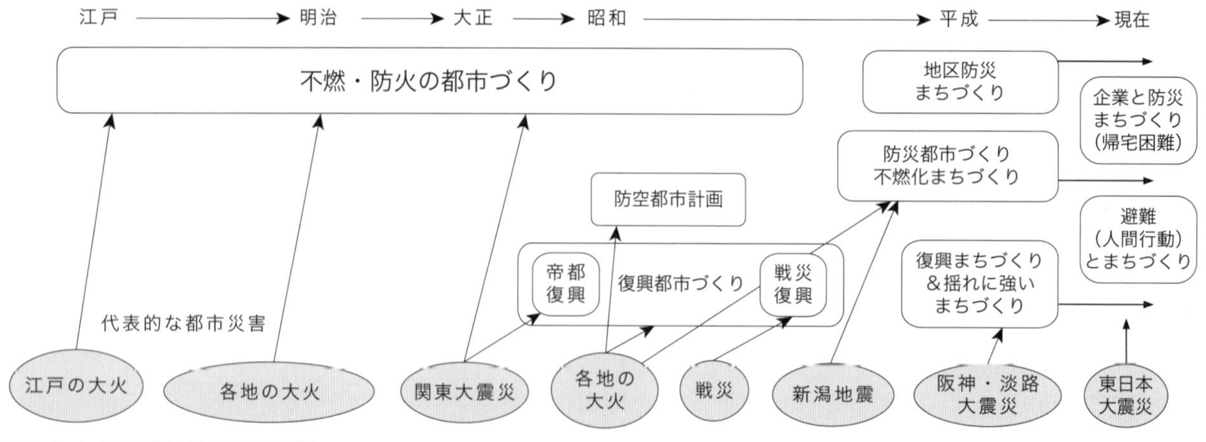

図 6・3　わが国の都市防災思想の変遷（出典：吉川仁による図（＊11）をもとに作成）

数字を参考として、災害予防、応急対応、復旧・復興などの時間スケールごとの行政による災害対応を原則として定めている。

一方で、主に都市計画・都市整備部局で災害被害の評価をしている自治体もある。代表的な例が東京都の地域危険度である。これは各メッシュで同じ揺れを発生させ、建物や火災の被害量を5段階で相対評価することで、危険度を公表するもので、原則として都市の脆弱性（Vulnerability）を示すものである。また、東日本大震災後は、市町村内の一定の地区の居住者や事業者が共助による自発的な防災活動を行うための地区防災計画制度が新たに創設されている。

6・2　都市防災の文化と思想

1節「都市防災の三つの特徴」でも述べたように、都市災害による被害を減じるためには災害リスクに関する科学的知見が必要不可欠である。しかしながらその一方で、現代の科学技術では災害発生の場所や発生時刻のみならず、その規模や被害像を正確に予測することはいまだ不可能である。このため科学的知見に頼るのみならず、歴史的事実や災害調査から将来の災害像を想像し、問題発見に取り組む姿勢が重要である[＊10]。このため本節では、都市計画に関連する都市防災対策の歴史的経緯を紐解き、都市防災の思想を江戸時代からさかのぼり、端的にまとめる。執筆に当たっては歴史的事実の列挙ではなく、都市防災における考え方の変遷を手掛かりに、将来の問題解決に活かせるよう工夫したつもりである。さて図6・3は、わが国の都市防災の考え方を六つの時代区分でまとめたものである。以降ではこれを踏まえ、代表的な都市災害をきっかけとして、当時の時代背景のもとでどのような市街地像が希求され、どのような対策が行われたかについて詳述する。

◎江戸の大火対策

わが国では江戸時代に、1611年の慶長三陸地震、1707年宝永大噴火、1828年のシーボルト台風、1854年の安政東海地震と安政南海地震、1855年の江戸安政大地震、あるいは大雨や火山災害を原因とした江戸四大飢饉など数多くの災害が発生している。しかしながらこの時代の都市防災上の主な「敵」は平常時の火災であった。この時代におけるわが国のまちは世界有数の人口を有していながら平屋の木造都市で構成されており、江戸約250年の間には50回ほどの大火が発生したという。なかでも明暦の大火（1657）は犠牲者が10万人と甚大な被害に至っている。これらの被害軽減は社会的に重要な課題であり、この時代の都市防災は都市大火対策というべきものであった。特に前出の明暦の大火後は、城郭内の武家屋敷の移転、江戸城付近の寺社移転とあわせて、季節風の方向なども考慮した火除け地・防火堤、あるいは延焼遮断を目的とした広小路や四間道など、空間を戦略的に配置し、燃え広がりを抑える対策が積極的に行われた。この他にも町屋の2、3階建て禁止や屋根材防火性向上、屋根の瓦葺き、庇の道路部分張り出しを禁止するなど建物の防火性能を高める対策や、強風時の外出禁止、火気の使用時間帯制限、火消の制度化などソフト対策も充実していた。

◎基盤整備としての都市防災

明治維新を経て、明治時代・大正時代前半は法制度の整備も含め、江戸の町を近代都市に脱皮する議論・取り組みが行われ始めた時期といって良い。この時期には銀座大火（1872）、日本橋大火（1881）、濃尾地震（1891）、明治三陸津波（1896）、関東大震災（1923）などの災害が発生している。明治維新後に発生した銀座大火や日本橋大火は、東京府民の防火意識を高め、銀座大火後には首都西洋化の第一歩として煉瓦式町屋から構成され、初めての歩道や街路樹を伴う銀座煉瓦街が建設された。

また日本橋大火後には沿道建物の不燃化などを目標とする防火路線が指定され（防火路線並二屋上制限規則）、その後「丸の内の不燃化」や「東京市区改正条例」に繋がっていく。他方で濃尾地震の教訓も踏まえて震災予防調査会が発足し、耐震対策を中心とした地震被害を食い止めるための研究・取り組みも始まりつつある時代であった。

1919年には都市計画法と建築基準法の前身である市街地建築物法が制定され、1922年に「防火地区」指定が行われて、これまでの路線防火から面的防火の考えが新たに生まれた。都市の不燃化を目指す手法は一般に規制誘導的方策、助成誘導手法、再開発的手法の3種類が主に挙げられるが、この一つが確立され始めた時期といえる。さて、この直後に発生したのが関東大震災であった。関東大震災は約10万人の被害といわれるわが国の災害史上最悪のものであり、風速10m/s以上の強風という自然条件もあいまって、東京市・横浜市世帯の約6割が全焼し死者の約9割が焼死するなど、火災被害が顕著であった。特に、東京府東京市本所区の被服廠（ひふくしょう）跡では火災被害を避けうると一般に見なせるオープンスペースで約4万人の被害が発生し*12、後の広域避難場所の確保・設計思想に影響を与えている。

こうした教訓を踏まえ、大正時代後半の都市防災は、関東大震災からの復興を契機として、自動車交通の発展も見据えつつ近代都市に脱皮を遂げた時期であった。ここで帝都復興計画の立案を指導した後藤新平は、政府による焦土の買い上げを模索したが実現せず、焼失区域の約9割で行う土地区画整理によって都市復興を目指すことになった。土地区画整理はこれをきっかけに、わが国の都市計画手法として定着し、郊外の宅地化や災害復興に適用されていく。この帝都復興事業により歩道をもつ近代街路が整備され、延焼防止のための幹線道路整備により道路率は約2倍となった。また落橋による避難障害が被害を大きくしたことから橋の不燃化を行うと共に、不燃建築物で建てられた小学校のいくつかは避難場所として公園を伴う形で整備され、地域コミュニティの中心施設と位置づけられた。財政の問題から共同溝構想や焼失を逃れた地域の整備がなされなかったとはいえ、近世の「江戸の町」が、オープンスペースや防災公園が分散的に配置され、生活道路が隣接し上下水道やガスなどのインフラ整備がなされ、不燃化された小学校や橋梁が並ぶ「近代都市」に変わるきっかけとなった。

この復興計画は「帝都」のみならず1934年の函館大火を始めとし、その後の戦災を含む幾度の災害と復興による基盤整備が行われることによって、徐々に近世のまちを近代都市へ変身させるきっかけとなっていく、日本の都市計画上大きな意味をもつものであった。帝都復興事業によって完成した幹線道路や避難場所は決して「安全」のみを目的として整備されたわけではなく、それぞれ自動車社会の到来を見越した交通量の確保や公園整備という他の目的を必要とした時代背景があってこそであり、「防災もまちづくり」の成功例とも解釈できる。低成長・少子高齢化の現代社会においては、帝都復興計画とはまた違った思想の復興方針が必要となるであろう。

第一次大戦以降は、航空機と毒ガスによる空襲が都市防災の主な「敵」と認識され始め、防空法の成立した1937年以降は都市の空襲リスクを低減するための「都市防空計画」へと都市防災の思想は変容を遂げるが、ここで行われた手段は戦前および戦後の都市防災対策に影響を与える。例えば1941年の防空法改正を契機とした建物疎開事業は、強制的に防空帯をつくり延焼を防ごうとするものであるが、これは戦後の延焼遮断帯と同じ機能を求めたものである。図6・4は田辺平学（へいがく）によって提案がなされた都市防火区画構想を、戦後に藤田金一郎がモデル化したものであるが、この時期に研究開発された「緊急対策」としてのモルタル住宅や地域消防対策も含め、わが国の都市防災の方法論としてその後に受け継がれることとなった。

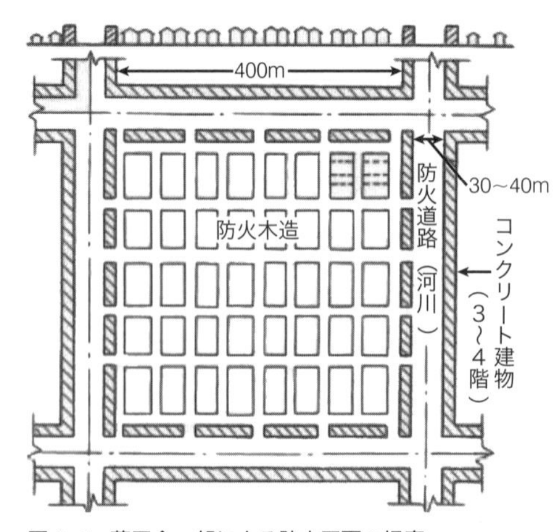

図6·4　藤田金一郎による防火区画の提案

◎相次ぐ風水害と都市不燃化の希求

第二次世界大戦後、東京の戦災復興はGHQに「敗戦国に復興は不要」と判断されたことにより一部の駅前整備に留まったものの、名古屋・広島など戦災復興に熱心な自治体では復興が進捗した。しかしながらこの時期には、戦中の資材調達をはじめとした国土の荒廃により、枕崎台風（1945）、カスリーン台風（1947）、アイオン台風（1948）など、1000人ほどの死者を伴う風水害が数多く発生している。なかでも伊勢湾台風（1959）は5,098人が犠牲となる甚大なものであった。これらの災害を契機として、わが国では都市の洪水対策が精力的に進められることとなる。特に1950年に制定された国土総合開発法は国家予算の約1割を防災対策予算とし、また1960年の治水特別会計法による治水事業長期計画により多目的ダムの整備や水資源開発がなされることとなった。南海地震（1946）をうけて災害救助法が、また伊勢湾台風やチリ地震津波（1960）を経て災害対策基本法が制定されたのもこの時期である。特に後者は発生後の対応のみならず、災害に関する国や地方公共団体の責任を明確とし、防災計画の作成など総合的な災害の予防を推進するものであった。

他方で、これまでわが国における都市防災対策の主役であった市街地火災対策は、関東大震災のような地震火災をも念頭におき、延焼遮断帯の整備をはじめとした今で言う「減災」が行われ始めた時期でもあった。終戦直後は敗戦国であったわが国は十分な防災投資をする余裕が残されていなかったが、日本建築学会による「不燃化の課題は、もはや技術の問題にあらず、政治の問題である。世論喚起に努めて不燃化運動を起こし、政治に反映せしめる以外処置なし」とした都市不燃化委員会の設置など、都市の不燃化に対する世論喚起をきっかけとして、1952年に耐火建築促進法が制定される。これは個別の建て替えを待たなければいけない従来の防火地域指定から、建築費の一部を助成することによる防火建築帯の造成を目指したもので、前出した「都市の不燃化を目指す3手法」の二つ目と言うことができ、大火復興や戦災復興にも適用された。これは道路に面した一側は不燃化しても、その裏は木造密集市街地が残ることで、かえってその後の事業化を困難にするなど路線防火の限界が露呈したことにより、1961年に防災建築街区造成法が制定され、街区の一体的整備を目的とした面的整備へ展開することになる。そしてこの枠組みは、防災目的のみならず高度利用型再開発の発想も加わり、1969年に都市再開発法へと吸収され、不燃化の要素が薄まるとともに、開発ポテンシャルのある地域独自の取り組みになっていった。いずれにせよこの種の都市不燃化対策は、増床という安全以外の目的がポジティブに働く地域のみでしか円滑に進捗しないという課題も同時に露呈した。

◎地震火災対策の進展

さて、1964年に発生した新潟地震は液状化被害、石油タンクのスロッシング、橋梁の被害など都市型災害の始まりといわれた災害である。この時期は同年に東海地震69年周期説が発表されるなど、首都をはじめとした大都市部における地震災害への懸念が社会的に高まった時期であった。このときに地震保険制度が確立し、また大規模地震対策特別措置法が制定されるとともに、警戒宣言による住民避難などを促すため災害情報の学問・取り組みが始まりをみせている。このような大都市部の地震が社会的関心となったため、東京都は1971年に東京都震災予防条例を制定している。特に関東大震災時に避難に失敗して大きな被害が発生したことを踏まえて避難場所や避難路の整備が行われ、広域避難場所は1968年に42箇所、1985年に137箇所が指定された。なかでも最も大規模な整備はモデルケースとして行われた東大高山研究室による「江東十字架ベルト構想」であった。計画の対象となった江東デルタ地帯は隅田川と荒川に囲まれた地域で、地盤も軟弱であり、木造密集による市街地火災リスクのみならず、戦前より工場が数多く立ち並び、地下

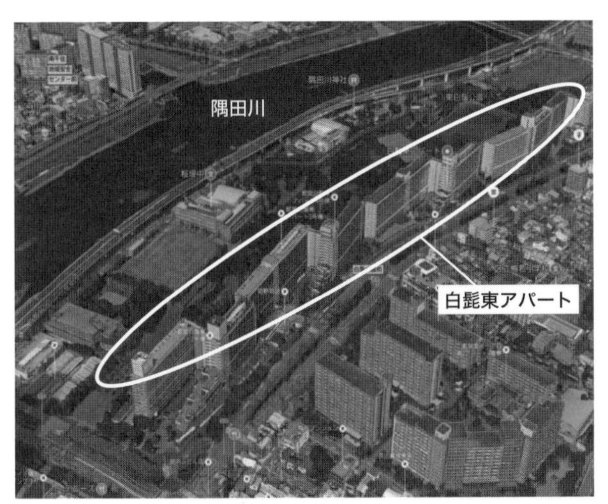

図 6·5　江東地区防災拠点の白髭東アパート。耐火建築物により、広域避難場所を守っている（出典：google earth をもとに作成）

水のくみ上げによって 0m 市街地化したことにより、大規模水害も懸念される地域である。この地域では、白髭東アパートを有する白髭地区（図 6・5）、コミュニティに配慮し一部をスーパー堤防化した亀大小地区などが整備され、防災拠点として避難距離は避難広場まで 30 分以内に到達できるよう 1.2km 以内、避難人口は有効避難広場 1ha 当たり 1 人以下、防災拠点の最小面積は輻射熱や熱気流に対する安全性から約 50ha とする、などの配置方針が明らかにされた。

しかしながら、防火地域指定も江東デルタのような再開発も商業地域や高度な土地利用が可能な地区に限られることが多く、「点」としての整備にとどまることとなった。それゆえ、1980 年ごろには地震火災時の危険性が高いとされている木造アパート密集地域など防火地域未指定地区の安全性向上、特に避難路や避難場所周辺の改善をにらんで、都市防災不燃化促進事業による延焼遮断帯の形成や避難場所周辺市街地での不燃化が進められた。それにあわせ、まちづくり協議会による地区防災道路や防災広場の整備、防災まちづくり活動支援などの防災まちづくりの推進を目指す「防災生活圏構想」が提案された。これは日常の生活圏を踏まえ、延焼遮断帯に囲まれた小学校区スケールの区域となっており、「火を出さない」と同時に「火をもらわない」ブロックの形成によって、「逃げないですむ」まちの実現を目指すものであった。

他方でこの時期は、千日デパート火災（1972）、大洋デパート火災（1973）、川治プリンスホテル火災（1980）ホテルニュージャパン火災（1982）など、ビル火災による被害が頻発した時期でもあった。これにより、消防法の既存遡及や適マーク制度による違反処理体制の整備が精力的に行われることとなる。一方で、1982 年 7 月には長崎水害が発生した。これは 7 月 11 日、13 日、16 日、20 日と、立て続けに 4 回の大雨洪水警報が出されたが、いずれも警報が出たものの被害が出ないという「空振り」となった。その直後、同月 23 日に気象台は 5 度目の大雨洪水警報を出したが、4 回の空振りにより警報への信頼性が低下し、避難などの防災行動が遅れ約 300 名の犠牲者が出た。このような「警報が出ているのを知りながら避難しない」事例はイソップ童話になぞらえてオオカミ少年効果と呼ばれることとなり、避難行動に関する研究分野に大きな示唆を与えることとなった。

◎建物の耐震化と地域防災

このような状況の中で発生したのが、阪神・淡路大震災であった。風速が弱かったこともあり、この地震では火災被害よりもむしろ建物倒壊による被害が甚大であった。前述したように、それまでの主な都市防災計画の方針は、誤解を恐れずに言えば、避難路沿道建物の不燃化や延焼遮断帯の整備を中心とした広域避難対策と都市防火区画による「市街地火災（地震火災）から人命を守りうる」まちの実現であった。しかし阪神・淡路大震災では都市計画的な課題が集中していたインナーシティである、広幅員道路に囲まれた「中身」が大きな被害を受け、結果として高齢化や市場原理から逸脱した老朽木造住宅の耐震化や建て替えなどが喫緊の課題として浮上し、その後防災を目的としたまちづくり活動が活発に行われることとなった。

したがって阪神・淡路大震災以降の都市防災対策は、1980 年頃から進められてきた密集市街地の改善や住宅の耐震化など、地区内の防災まちづくりが盛んに議論された時期と言える。例えば、1996 年に気象庁は揺れの大きさを示す震度階をこれまでの体感震度から計測震度へと改定し、建築基準法も 2000 年に改正され、地盤調査の義務化や構造材の仕様特定などが求められるようになった。

またわが国に数多く残されている木造密集市街地は、権利関係が複雑、建物所有者の高齢化が顕著、建蔽率や接道義務など建築基準法違反の既存不適格が多いなど一般に建て替え更新が困難であり、原則として市区町村が事業主体となり、良質な共同住宅への建て替え助成、公共施設の整備、従前居住者のためのコミュニティ住宅の建設などを行う密集住宅市街地整備事業が行われることとなった。なかでも建物の耐震対策は喫緊の課題となった。

1995年には耐震改修促進法が制定され2006年の改正を経て、地方公共団体は耐震改修促進計画を作成すると共に、道路を閉塞させる住宅などには指導や助言を行い、地方公共団体の指示に従わない特定建築物は公表することなどが定められた。また行政は、1978年に発生した宮城県沖地震（この災害ではブロック壁の課題も顕在化した）の教訓を踏まえて建築基準法が改正された1981年以前の建物に対して、耐震診断や耐震補強への助成を行うなど、建物倒壊対策を取り巻く法整備や社会制度が充実することとなった。

地震火災対策においては、阪神・淡路大震災における地震火災の多くが電力の復旧に伴って発生した通電火災という意見もでたことから、感震ブレーカーの設置や慎重な通電計画、耐震性防火水槽や可搬ポンプ、スタンドパイプを利用した地域消防対策などが精力的にすすめられていくこととなった。

阪神・淡路大震災以前に主要な都市防災の方法は出揃っていたが、以降では、このように地域コミュニティで災害による被害を減じようとする「共助」が重要視されることとなり、町会や自治会が母体となって結成される自主防災組織では、消火対策のみならず、地域防災活動を行っているところも多い。このような地域防災活動はおおむね地区スケールで行われ、代表的なハード対策には建物の耐震化・不燃化、狭隘道路の拡幅、通り抜け通路の確保、オープンスペースの確保と防災活動の拠点化、ブロック塀倒壊対策、家具固定、消防水利の確保（井戸や雨水の活用）、延焼遮断帯や避難場所・避難路樹の緑化などがある。またソフト対策としては、防災教育、組織づくり、防災訓練（要援護者対応や安否確認、避難所運営など）、防災地図づくり、防災イベントの開催などが挙げられる。大規模災害時における公助にも限界があり、また少子高齢化などを背景として消防団の団員数が減少しつづけるなか、このような地域コミュニティの力をどのように災害時に生かすかは、現在もなお重要な課題となっている。

また阪神・淡路大震災は甚大な人的・経済被害を伴うのみならず、社会的にも深刻な影響を与えた災害であった。一般に災害は良くも悪くも時代の流れを加速させる引き金となりうるが、ここでもその例にもれず、懸念されていた数々の中長期的課題が顕在化している。例えば震災後の神戸のまちは大阪の吸引力に逆らえないままベッドタウン化が大きく進行し、そして神戸が誇る数々の産業も地震後急速にかつての輝きを失うなど地域社会の姿は短期間で大きく変容した。

また復興政策においては「生活復興（人間復興）」をスローガンに、建築物や土木構造物のみならず、被災した人々の生活をも対象としたさまざまな取り組みがなされるようになった。さらに阪神・淡路大震災以降は、各自治体などで「10年間で想定死者数を半減させる」といった減災目標を掲げた地震防災戦略というアクションプランが策定されるようになった。

同時にこの時期、河川法が1997年に改正され、常習的な水害を計画対象としてこれを全て河道（かどう）に流し海に突き出す「河道主義」といわれる従来の洪水対処法から、スーパー堤防などの超過洪水対策や河道の自然環境を復活させる多自然型川づくり、住民参加型河川事業なども行われるようになった。

また2000年有珠山（うすざん）噴火をきっかけとして、自然災害の被害などを予測し地図化したハザードマップの作成が全国で本格的にすすめられるようになり、被害イメージの固定化や不動産価格に与える影響が懸念されつつも、現在は津波・水害・火山・土砂災害などさまざまな災害を対象にして公開されている（口絵6・1）。

◎これからの都市防災―ハードとソフトの連携

上記のように、都市防災対策における主体として自助・共助の必要性が改めて重要視されるなかで、2011年に発生したのが東日本大震災であった。この災害は死者・行方不明者2万人をこえる戦後最悪の災害であり、特に大規模な津波によって東北・関東地方は甚大な被害を受けた。また、想定外の津波に伴って発生した原子力災害により震災から時間を経たいまもなお、多くの広域避難者がふるさとに帰れず仮住まいの生活を続けている。東日本大震災で都市防災上もっとも重要な課題の一つは「避難」である（口絵6・2）。

したがってこれ以降、ハードの安全性のみならず、市街地の避難性能も含めた「ハードとソフトの連携」が理想とされ、ますます人間行動を考慮した防災まちづくりが重要視されるようになった。

他方で、東日本大震災時に首都圏で発生した帰宅困難者による混乱は、大都市の災害に対する脆弱性を改めて示唆するものであった。これまでは町内会やPTAなどの住民組織が「共助」の代表的存在であったが、帰宅困難者対策を契機として大都市内の企業も共助を支える主体と認識されるようになった。

6・3 都市防災の課題対応

先述のように、安全・安心な都市をつくるためには、過去の被災事例をよく知ったうえで、将来の災害を想像あるいは予測し、さまざまな役割分担のもとで適切な備えを施さねばならない。なかでも「災害をよく知る」プロセスはとりわけ重要である。ここでは、都市計画の立場から必要とされる災害現象の特徴と対策の方針を列挙する。

本来であれば水害や土砂災害なども含めて代表的な災害を網羅的に扱うべきであるが、基礎的な知識は積極的な情報公開がされている時代であるのに加え、紙幅の制限もあるため、ここでは脆弱性制御の代表例として建物倒壊対策、暴露量制御の代表例として市街地火災対策、対応力制御の代表例として避難行動および帰宅困難者対策をとりあげ、特殊な空間ともいえる地下街防災に関する記述も加え、その被害予測手法にも端的に触れた上で、都市防災を計画するうえでの「考え方」について概念的に示す。

◎建物倒壊

❖地震と建物被害

世界で発生する約1割の地震が発生する日本では、建物倒壊対策は急務である。地震には一般的にプレートの境界付近で発生する海溝型地震と内陸の浅い場所で発生する活断層型のものがあり、わが国ではどこでも強い揺れが発生しうる。また、震度7もしくは6強などの強震が発生すると対応行動は「その場で身の安全を確保する」くらいしか行えない。このため建物倒壊対策は一般に、曝露量の制御や対応力の向上よりもむしろ、脆弱性中心の対策とみなされることが多く、都市内における構造物の耐震性向上がとりわけ効果的と考えられる（図6・1）。

❖災害の数値化

被害想定などで建物被害を予測する際は、被害関数（被害率曲線、フラジリティカーブ）や応答解析に基づく方法を用いることが多い。これらには数多くの式が提案されているが、例えば前者のなかでもMiyakosiの式や村尾式は建物被害率を標準正規分布の累積確率分布を用いたうえで、揺れの指標に地表最大速度（PGV）を用い、兵庫県南部地震の神戸市の被害データによって構造別もしくは年代別のパラメータを推定している。このなかでも、地震の大きさや揺れの強さを表す指標はさまざまなものがある。例えば、地震が発するエネルギーの大きさはマグニチュードで計測され、マグニチュードが1増えると地震の規模は32倍に増大するような尺度となっている。またその種類も、わが国では一般に気象庁マグニチュード（*Mj*）を使うことが多いが、巨大地震を適切に示す際にはモーメントマグニチュード（*Mw*）が使われることもある。一方で、地震動の強さを示す指標は震度である。気象庁では兵庫県南部地震以降、10段階の震度階を用いるようになったほか、2013年には、長い周期で揺れる地震動（長周期地震動）の大きさを示す長周期地震動震度階級（4段階）が決められることとなった。ある場所で地震の超過確率を示したものなどは、地震ハザード曲線やハザードカーブなどと呼ばれる。他にも、地震動をより詳しく表す指標として、揺れの加速度（単位はgal）、速度（単位はkine）、あるいは地震波を周期ごとの強さに分解したフーリエスペクトルや地震波による構造物の振る舞いを知るために応答スペクトルなども用いられる。これによって、固有周期を考慮した被害の見積もりが可能となる。

❖建物被害の社会への影響

ところで建物倒壊に関する問題を、都市防災の立場から論じるためには、そもそも建物被害がどのような問題に繋がるかを再整理し、明らかにせねばならない。ここでは、建物被害が都市・社会に及ぼす影響について簡単にみていくこととしよう。なによりもまず、建物被害は深刻な人的被害に直結するという事実があげられる。1995年に発生した阪神・淡路大震災では、大部分の犠牲者が住宅倒壊や家具の転倒による窒息死・圧死であったといわれており、その被害は若い学生や高齢者に偏っていたことが知られている。地震が都市部で発生した場合は、市街地の至るところで倒壊家屋による道路閉塞が発生する。これは救助・救急活動や消火活動の支障となるもので、密集市街地などにおいてその傾向は顕著となる。そして地震動による被害は、再現期間こそ比較的長いものの、危険事象が一度に多数生起するという特徴がある。例えば室内被害も含めて多くの建物に被害が発生した場合、運よく生命が確保できたとしても、圧倒的な数の傷病者が同時に発生するであろうことは想像に難くない。

ところが、そのような同時多発的に発生する傷病者への迅速な対応は、災害時において簡単なことではない。つまり地震による建物被害は社会階層的、空間的、かつ時間的な局所性を特徴としてもつ。道路閉塞のみならず、家を失った大量の被災者が発生することで大量の瓦礫が排出される点も問題であろう。特に大都市などではオープンスペースが瓦礫で埋め尽くされ、大量の避難者によって行政の災害対応業務は激増する。そして大量の仮設住宅・住宅再建のニーズが増し、それとともに多数の被災者の生活再建が必要となる。さらには、生産拠点やオフィスなどの被害によってわが国全体に深刻な経済被害がもたらされる。例えば1755年に発生したリスボン地震はリスボン市内の約85%の建物が倒壊するなど甚大な被害を記録したが、同時に工場などの被災が深刻な製造業の被害に繋がり、結果としてポルトガルの国内総生産の3～5割が失われ、ポルトガルの国力が衰退するきっかけになったともいわれている。

以上の問題群は建物被害を契機として発生するものであり、建物被害という個別事象が及ぼした波及効果によって、社会全体に少なくない被害をもたらす具体例といえる。換言すれば「耐震対策」は社会全体への負の波及効果を抑える、すなわちある程度の公共性を有するものと解釈して良いであろう。この点は収容避難や災害時の応急対応についても同様である。学校や公共施設、病院など災害対応の拠点となるべき施設の重要性は言うまでもないが、これらの耐震化が遅れている地域も数多く残されている。このような地域においては、即座に全ての耐震化を行えないにしても、適切な優先順位のもとでの計画づくりが必要とされよう。

以上をまとめると、都市部における建物被害は、人命を奪いかつ深刻な二次災害を導くばかりか、経済被害や復旧・復興の時間スケールに至るまで社会全体に少なくない影響を及ぼし、また社会階層的、空間的、そして時間的な局所性をもつゆえ、集合リスクに繋がり易いという特徴がある。例え同じ被害量であるとしても小規模な危険事象が独立に生起する状況とは異なり、このような集合リスクは大数の法則が適用できず、通常の対応能力を上回ることもしばしばで、対処が極めて困難であることが知られている。一般に建物倒壊対策は建築分野における専門領域とみなされがちであるが、このようなあらゆる「都市災害を軽減する」ためには、都市防災の担う役割も大きい。

❖被害軽減の取り組み―リスクとコストのバランス

さて、それではこのような特徴を考慮したうえで、都市防災の専門家は建物倒壊に関連する被害軽減をどのようにすすめれば良いのであろうか。

一般に建築物、特に住宅の安全性を高める取り組みは、建築基準法など最低限の水準を確保する法制度や密集市街地の改善など具体事業を除けば、品確法や瑕疵(かし)担保責任の履行を中心とした市場整備によって安全・安心な住宅を確保・流通させる中長期的方針と、耐震補強や家具の固定などにより既存ストックの安全性を底上げする短期的方針の2点が効果的と考えられる。というのも、そもそも建築物・住宅の安全性は災害現象の再現期間の長さや性能の確認に少なくないコストを必要とすることなどから、情報の非対称性が強く影響する性能と考えられる。このような場合、経済学者アカロフによるレモン市場（lemon market）の如く、低品質の財が市場に回り社会全体の効用が低下する逆選抜現象の発生が危惧され、これを防ぐために良質な財や事業者を評価し担保する仕組みが必要となる。前者の中長期的方針はまさにこの点を公的に行うものといえ、ある程度の効果が期待される。

しかしながら、こと防災対策においては市場メカニズムの追求は社会の効率的な資源配分を必ずしも約束しない。なぜなら、行政は無料耐震診断などのリスク情報を伝える施策を行っていながらも、現実問題として災害現象の不確実性や科学技術の限界、認知的不協和・正常化の偏見といった認知バイアスを伴う心理現象により、意思決定者が所持する安全に対する合理性と社会的に要請される安全水準の間に生じる乖離が大きいことは広く知られているからである。そして何より、道路閉塞・経済被害・地震火災などの二次災害に代表される外部不経済の存在は無視できるものではない。したがって都市全体の安全性を考える場合、市場の整備や正確な情報伝達だけではなく、市場の失敗を解決する補完的な取り組みはきわめて重要である。

このような外部性を解決する取り組みとしては、リスク情報の提供や規制などと共にピグー税・ピグー的補助金による内部化が一般に知られているが*13、耐震補強への助成制度による既存ストックの改善施策はまさにその典型といえよう。その他にも、耐震補強の効果を補償する制度*14や、耐震補強への助成額を地震発生確率や建物の耐震性に応じて割増して最適化を目指す方法*15、地震保険に代表されるリスクファイナンスのメニューを再定義し、所有リスクに応じた適切なインセンティブを準備する方法*16など、人間の選択行動を踏まえたさまざまな耐震政策がこれまでに提案されている。住宅の耐震補強が不良ストックの延命策であるという指摘も一方であるものの、これは目標とする時間軸をどのように考えるかでその評価は大きく変わるであろう。

以上はほんの一例であるが、建物倒壊対策を建物単位の問題（脆弱性の問題）としてだけではなく、空間的局所性を含めた都市災害リスク全体の問題と認識し、社会制度などによって建物倒壊に起因するあらゆる被害を推進する姿勢もまた重要と考えられる。

◎市街地火災

広域にわたって多くの家屋を焼いた大規模火災を一般に大火と呼ぶが（焼失面積3万3000m^{2}以上の火災を大火と定義することが多い）、わが国は有名な関東大震災や江戸三大大火（明暦、目黒行人坂、丙寅）以外にも多くの大火による被害を被っている。例えば1590年から1907年の約300年間をみると実に873回もの火災が記録されており、そのうち大火に相当する規模のものは110回を数える*17。またその被害についても1657年に発生した明暦の大火の約10万7000人を筆頭に、おびただしい犠牲者の数が記録に残されている。それゆえ、わが国の市街地整備は常に都市大火への対処を念頭に制度化され、今日に至るまで空地の確保もしくは道路の拡幅など、暴露量のコントロールをはじめとしたさまざまな対策が講じられてきた。そして時代を経るにつれ平常時の大火は次第に減少し、1976年に発生した酒田大火を最後に大規模な市街地火災は発生していなかった。しかしながら2016年12月に発生した新潟県糸魚川市大規模火災は焼失面積約4haを数え、現代市街地においても木造密集市街地のもとでは、気象条件次第で大きな被害をうけることが改めて示唆された。

平常時の大火のみならず、地震時に発生する地震火災はさらに問題が深刻である。例えば阪神・淡路大震災は風速が強くなかったにもかかわらず、延焼面積約65ha、火災による死者約600人という被害を呈した。また東日本大震災は著者らの調査によると398件の地震火災が発生したが、この約4割は津波を原因として発生した津波火災であり、これによって約75haが焼失するなど、津波災害においても甚大な火災被害が発生することが判明した。このような経緯から、地震火災はわが国では普遍的な二次災害であり、都市部で大きな地震が発生すれば地震火災は必ず発生するものとみなさなければいけない。特に地震火災は地震発生時刻や季節、あるいは風速などによって被害像が大きく異なるため、被害量のばらつきが大きい災害であることが知られている。

地震発生後に初期消火ができず同時多発火災状態となってしまい、消防力の限界を超えて放任火災状態となってしまうと、道路や河川、オープンスペース、耐火建築物などで延焼遮断するほかはない。これに、地震特有の現象である建物倒壊や津波襲来による避難障害、閉塞や液状化による消防活動の阻害、消火栓の機能不全、開口部損傷による延焼促進などが加わると、消火・避難・延焼に著しい負の影響ともなり、著しい犠牲者の発生も想像される。このような被害を食い止めるためには、個々の建物の不燃化はもとより、密集市街地の改善や延焼遮断帯の整備、初期消火体制の確立、避難対策などハードとソフトを計画的に連携させる必要があることは、津波対策と同様である*18。このような現状を踏まえると、市街地火災対策は、「都市防災の基本的アプローチ（図6・1）」のなかでも暴露量、脆弱性、対応力の全てを全体最適する必要があるものと考えられる。このため以降では、市街地火災の被害に影響を与える出火・延焼・消火・避難の4変数について、それぞれ都市計画的視点から予測と対策に関して詳述する。

❖出火

平常時大火の出火点は多くの場合1点であることが多いが、地震火災（あるいは津波火災）は建物倒壊や火気器具の転倒、電気、ガス、ローソク、津波瓦礫、自動車などが原因となり、電力の復旧をきっかけに発生する通電火災など多種多様な原因で発生する火災が、同時多発的かつ断続的に発生するという特徴がある。糸魚川市大規模火災のように、強風下においては飛び火により各所に着火・延焼する危険性も考えられる。このため、出火対策としては、感震ブレーカーやマイコンメーターなど地震後に揺れを感知して電力などの元を断つ機能を普及させると共に、地域住民が可搬ポンプなどで初期消火を試みる、飛び火警戒を行うなど地域防災力の向上が不可欠である。なお出火件数の予測については、木造建物の倒壊率から出火率を算出する河角式、季節係数や時刻係数を取り入れた水野式、火災発生数をポアソン分布に従うものとしてポアソン回帰法を用いた小出式、地震動の加速度を説明変数として直接出火率を求める難波式[*19]、東日本大震災時の火災データをもとに一般化線形モデルや階層ベイズモデルで定式化を試みた廣井式[*20]などさまざまな経験式がこれまで提案されている一方で、工学的基盤に最大速度30kine（以前は100gal）を入力して地表の計測震度を計算し、過去の地震から火気器具、電気関係、化学薬品など六つの出火要因ごとに出火率を算定し、その使用状況も加味してミクロレベルの出火確率を積み上げる演繹的な出火予測も行われている[*21]。

❖延焼

わが国には広域火災の延焼が懸念される木造密集市街地が数多く残されている。例えば2012年に国土交通省は住生活基本計画（全国計画）において「地震時に著しく危険な密集市街地」約6,000haを公表し、2020年度までにこれらを概ね解消するとの目標を定めている。市街地火災の延焼対策は大別して2種類の方法がある。一つは、このような市街地の整備や建物の耐火性向上を目指すものであり、防火地域や準防火地域による規制的手段によるものや、密集事業などによって耐震化、生活道路の拡幅なども含めて行うものなどが計画される。もう一つの方法は、延焼遮断帯によって広域的な火災の発生を低減させるもので、火災の発生を前提としたうえで、甚大な被害の発生は避けようとするフェイルセーフ的な試みともいえる。なお、この概念は建築防火の防火区画を参考として、都市防火区画とも呼ばれる。延焼遮断帯は広幅員道路や河川、あるいは耐火性の高い建物群などによって構成されるもので、例えば東京都は骨格防災軸、主要延焼遮断帯、一般延焼遮断帯のような階層構造を指定している（図6・6）。延焼による被害を予測する手法はさまざまなものがこれまでに提案されている。市街地の燃えやすさをはかる指標は不燃領域率（空地率 ＋（1

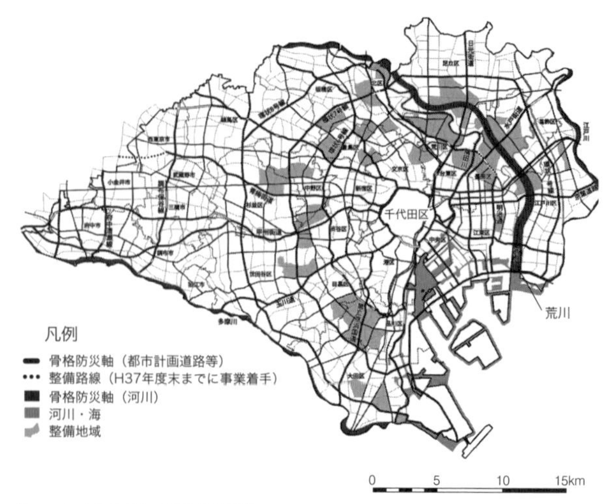

図6・6　東京都の延焼遮断帯（出典：東京都都市整備局（＊22））

－空地率／100）× 不燃化率）やCVFなどがあり、延焼の速さを予測する際は浜田式や東京消防庁式などの延焼速度式が知られている。また近年では延焼シミュレーションを用いて市街地の燃えやすさを検証することも多い。

❖消火

市街地火災を対象とするうえで「消火」は地域住民などが行う初期消火と、消防団を含む消防組織などが行う消防活動の2種類に大別される。前者については、消火能力の観点から、火災発生後のごく初期の段階に限定される対策といえる。このため、住民、従業員および自主防災組織が消火器・可搬ポンプ、スタンドパイプなどで素早く消火が行える訓練が重要となる。この他、場合によっては住民が行い得る消火活動としては、飛び火警戒などがある。後者の消防活動については市街地大火が酒田大火以降40年間発生していない主な理由として、公設消防の充実によるところが大きいと考えられる。つまり現在の都市は消防力というソフトの力でハードの弱さを補っているという現状がおそらくあり、消防の能力を上回る火災が同時多発した場合（震災時など）は公設消防のみによる消火は原則として困難となる。特に、東日本大震災時首都圏で発生した車道の大渋滞や建物倒壊による道路閉塞は消防活動をより一層困難とするだろう。このため、大都市では車道の流入規制や緊急輸送道路の沿道建物不燃化などが計画されることも多い。

❖避難

避難については詳しく後述するが、市街地火災から命を守る施設は（広域）避難場所もしくは（広域）避難地

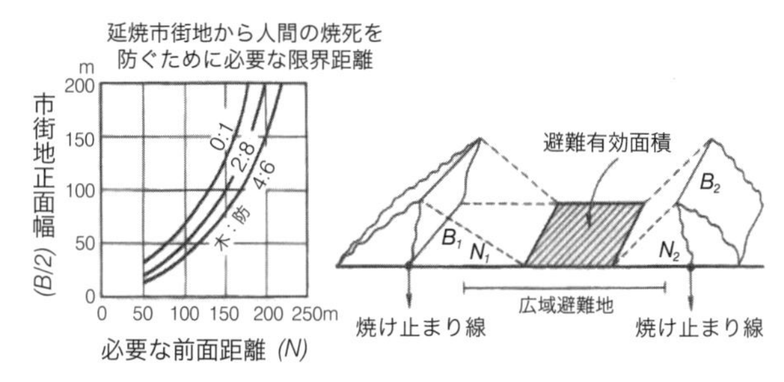

図 6・7　避難有効面積の算定（出典：日本火災学会（＊16））

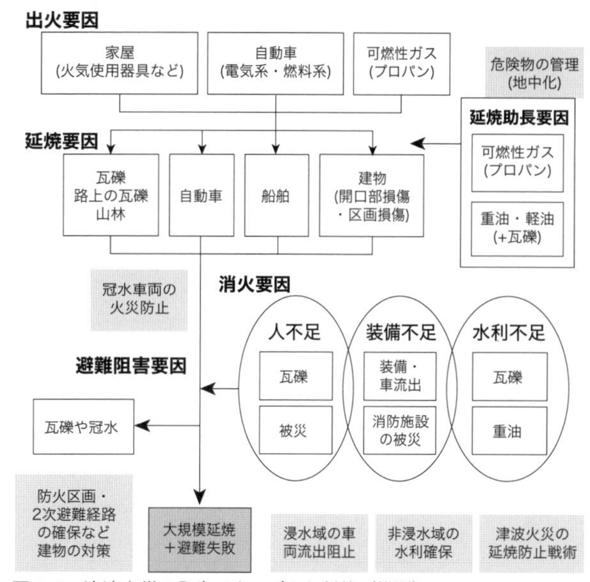

図 6・8　津波火災の発生メカニズムと対策（推測）

と呼ばれる。これらの施設は、図 6・7 のように市街地火災の輻射熱から人命を防護する距離を避難場所の周囲でそれぞれ算定し、これをもとに避難有効面積と計画人口を算定しており、おおむね広さが 25ha 以上（地域によっては 10ha 以上）で避難者 1 人あたり $2m^2$ もしくは $1m^2$ で設計されることが多い。また避難路は幅員 15m 以上の道路とされているが、緑道などの場合は 10m でも良いとされる。これらは「最悪の事態を想定」した設計思想によるものと考えて良い。しかしながら、この場合は避難場所内からの出火などは想定しておらず、また避難場所の運営に関する計画がつくられることは少ない。避難行動を評価する取り組みとして、よく用いられる方法が避難シミュレーションを用いたものであり、建物倒壊による道路閉塞など、複合災害を想定した計算が行われることが多い。一方で、東日本大震災以降は特に津波などのハザードに対し、「逃げ地図」など、ワークショップ形式で市街地の避難安全性を評価するリスクコミュニケーション手法も用いられている。

❖津波火災

津波を起因として発生する津波火災は、流出した危険物によって広範囲に延焼する可能性もあり、消火も瓦礫によって困難となる。また津波からの避難場所となる高台や中高層建築物に延焼するという特徴は、人的被害が発生する危険性を示唆している。東日本大震災において、津波火災は 159 件発生しているが、この発生パターンは①斜面瓦礫集積型②都市近郊平野部型③危険物流出型④電気系統単発出火型の 4 種類に大別される。

津波火災の対策方針は、LP ガスボンベの流出・噴出対策や屋外タンクなど危険物施設の津波対策など「津波火災を発生させない対策」、津波火災に対する消防力の確保など「津波火災の拡大を抑制させる対策」、津波火災を考慮した避難ルールの確立など「津波火災が発生しても人的被害を抑える対策」の 3 種類に分類される。図 6・8 は筆者の調査による推測ではあるが、津波火災の発生メカニズムとその対策方針を示したものである。

◎避難行動

市街地火災対策の節でも多少触れた避難行動は、典型的な「対応力」に関するアプローチである（図 6・1）。わが国において、そもそも「避難」という言葉はさまざまな意味をもった多義語である。命を守るための「緊急避難」、自宅が被災し避難所などで生活を行うための「収容避難」、そもそもは市街地火災からの緊急避難を指したが、今は原子力災害などによる市町村を越えた移動を指す「広域避難」、さらには帰宅困難者の一時滞在施設などへの滞留に至るまで、我々は災害時の多種多様な移動を「避難」と呼ぶ傾向にある。それゆえ、命を守る緊急避難の目的地は「避難場所」と呼ばれ、また災害発生後に生活を行うスペースは「避難所」と呼ばれ、また武力攻撃事態などにおいて住民が避難する場所は「避難施設」として計画されている。自治体によってはこの名称が異なる場合もあり、結果として何に対してどのような目的で用いる施設かが分かりにくいという現状がある。この点の解決には用語の統一や避難に関する住民のリテラシー向上が求められるが、災害時にこれらの多種多様な移動を支援する都市設計の仕組みや、分かりやすい災害情報の提供も必要であろう。近年目覚ましい進展を遂げている空間情報技術が果たす役割は、この意味で今後ますます大きくなっていくものと考えられる。

ここでは主に「緊急避難」を扱いたい。この用語は「危険な場所の人が、危険が襲う前に、安全な方法で、安全な場所に、危険が去るまで移動する」と定義されているが、この緊急避難を考えるうえで重要な論点として（Ⅰ）避難するかどうか（Ⅱ）どこに避難するか（Ⅲ）どのように避難するかの3点に集約されることが多い。はじめの点については主に災害情報学分野で、2番目の点は主に都市計画分野でこれまでさまざまな議論がなされてきた。しかしながら東日本大震災ではこれらのいずれにおいても課題を残している。

❖避難のタイミング

最初の論点は避難の要否やタイミングに関する問題である。この問題を理解するために、人間が避難行動を起こすために必要な条件について考えてみる。はじめに、①人は危険を知らせる情報が伝えられ、自身に危険が降りかかることを実感しなければ避難をすることができない。この情報は、マスメディアからの災害情報の伝達、市町村による防災行政無線のスピーカー、消防や警察などの車両からの避難勧告や指示の伝達、SNSやメール、自分の目で津波を見る、揺れを感じるなどさまざまな種類のものが考えられる。一般に避難を促すための情報として、市区町村は災害対策基本法に基づき、「避難指示(緊急)」「避難勧告」「避難準備・高齢者等避難情報」などの情報を流すが*23、災害時には防災行政無線の機能不全、停電などによって情報伝達は困難を極めることも多い。

続いて②人は危険の大きさを評価する。災害心理学の研究成果などによると、一般に人が危険の評価を適切に行うことは難しいと考えられており、これまでに正常化の偏見や認知的不協和、経験の逆機能、パニック行動などさまざまな心理現象が適切な判断を阻害する事例が数多く知られている。

その後、③人は避難を始める前にさまざまなことを思案する。これはどこに避難しようか、どのような手段で避難しようか、避難する際に途中に危険はないかなどについて思案し、判断するプロセスである。このプロセスは事前に地図を準備したり、訓練を行ったりすることで、できる限り迅速な判断を行うことが可能である。

次に、④人は「避難しないより避難したほうが安全」と意思決定して避難を開始する。しかしながら災害時は津波や火災、水害などに対する確定的な情報は届きにくく、多くの場合不確定な情報しか伝達されない。このような状況下で避難に関する意思決定と具体的行動をとることは極めて難しく、自宅などで情報取得行動をとり続け、結果として避難行動が遅れてしまう人も多いものと考えられる。「よく分からないけど逃げる」という姿勢が重要であろう。

最後の点は⑤時間制約である。情報の伝達・受容から意思決定までを津波や火災、水害が到達するまでの間に全て行わなければならない。

どのような災害であれ、理想的な避難を行うためには、上記の5条件全てを適切に処理する必要がある。しかしながら、ただでさえ停電や防災行政無線の機能不全などが考えられる大規模災害時に、これらの条件を全て満たすことは極めて難しい。「揺れたら逃げる」というシンプルな避難訓練は、これらの意思決定プロセスをある程度簡略化し、マニュアル化することで適切な判断を阻害する災害時特有の心理現象を打ち破ろうと意図するものであり、ある程度は有効な手段である。しかしながらこの方法にも、訓練時に想定する被災状況と同じ災害が必ずしも起こるわけではなく、長崎水害のように「空振り」が続くと警報や非難に関する情報への信頼性が低下する、などの点が課題として残されているといえよう。一般に避難行動を検証する際は、避難シミュレーションを用いることが多いものの、これらの課題が精緻にシミュレーションで扱われることは少ない。

❖避難場所

次の論点は、避難場所に関する課題である。一般に、避難場所は客観的・工学的に安全性を検証したうえで指定される。津波や水害は被害想定やハザードマップを根拠として指定することが多いため、被害想定を超えた災害が発生した場合は、避難場所の安全性は担保されない。一方で市街地火災あるいは地震火災は、災害の発生箇所を事前に推定することが困難であるため、前述のように周囲が火炎に包まれてもなお、熱から人命を守る範囲を輻射熱計算などによって求め、有効避難面積算定の根拠にしているなど、これらの設計思想には災害によってやや違いがある。さて、避難場所に関する問題点については、著者らの調査によれば*24、東日本大震災時に津波浸水があった自治体の約8割で、避難場所・津波避難ビル・避難所のいずれかに津波や火災の被害が発生しているこ

表 6・2　災害対策基本法改正による避難場所・避難所の整理

	指定緊急避難場所 （法第 49 条の 4）	指定避難所 （法第 49 条の 7）
考え方	災害が発生し、又は発生のおそれがある場合にその危険から逃れるための避難場所	災害の危険性があり避難した住民等や、災害により家に戻れなくなった住民等を滞在させるための施設
基準	(津波の場合) 以下のいずれかを満たすこと。 ①津波から安全な区域内にあること。 ②安全な区域外にある施設については、以下の全てを満たすこと。 ・被害者等を受け入れる適切な規模 ・津波により支障のある事態を生じない構造 ・耐震性がある ・想定される津波の水位以上の高さに避難スペースが配置され、そこまでの避難上有効な階段等がある	以下の全てを満たすこと。 ・被災者等を滞在させるために必要かつ適切な規模 ・速やかに、被災者等を受け入れ、または生活関連物質を配布できること ・想定される被害の影響が比較的少ない ・車両などによる輸送が比較的容易 (福祉避難所の場合) 上記に加え、 ・要配慮者の円滑な利用を確保するための措置が講じられている ・要配慮者が相談し、支援を受けることができる体制が整備される ・主として要配慮者を受け入れるための居室が可能な限り確保される
指定	災害種ごとに市町村長が指定	災害種を限らず市町村長が指定
備考	相互に兼ねることができる	

（出典：滋賀県防災情報マップ（＊ 25））

とが分かった。このなかでも特に、避難場所を指定していた自治体の 30.8％で避難場所まで津波が到達しており、この結果は避難行動を考えるうえで深刻な問題である。約 90 年前の関東大震災時には、避難場所となっていた被服廠跡などのオープンスペースに火炎が押し寄せ、甚大な人的被害が発生した。この教訓を重く受け止めた結果、帝都復興計画をはじめとしたわが国の都市防災計画は、安全な避難場所の確保を一義的目標とし、これまで進捗を重ねてきた。しかし災害の種類こそ違うものの、我々はまた同じ失敗を繰り返したことになる。それゆえ今回の災害を経験したいま、避難場所の安全性検証はもとより、住民が災害の規模とそれに対応する避難場所の性能を適切に認識・評価できるような工夫が必要であろう。また 2013 年 6 年に改正された災害対策基本法をはじめとした今後の展開にも期待したい（表 6・2）。

以上の点を総合すると、原則として適切な避難行動を取ることは難しく、現状では計画と現実との乖離が大きい。

◎帰宅困難者対策

❖帰宅困難者とは

帰宅困難者という言葉はいくつかの定義があるが、中央防災会議（2006）による「自宅が遠距離にあること等により帰宅できない人（帰宅断念者）および遠距離を徒歩で帰宅する人（遠距離徒歩帰宅者）」という定義を用いることが多い。また被害想定などでは宮城県沖地震（1978）などの事例をもとにして、「職場あるいは滞在場所から自宅までの距離が 10km 未満の人は全員帰宅でき、20km 以上の人は全員帰宅困難者であり、10km から 20km の人は 1km につき 10％ずつ帰宅困難者が増加する」と便宜的に想定して、PT 調査などから帰宅困難者数を計算する方法が用いられる。

東日本大震災では首都圏で帰宅困難者が発生し混乱の様相を呈したが、大都市部でこのような大量の帰宅困難者が発生する原因は明らかである。一般に大都市においては、周辺のベッドタウンなどから鉄道を用いて日中に大量の人口が集中することが知られている。このため、どのような理由であれ日中にひとたび鉄道が停止すれば大量の帰宅困難者が発生することは避けられない。すなわち帰宅困難者の発生原因は、ひとえに大規模交通システムに支えられた大都市の職住分布そのものにあるといっても過言ではなく、大都市に特有の課題であることは言うまでもない。

❖問題の実態

それでは、帰宅困難者問題ははたしてどのような問題なのであろうか。筆者らの社会調査*26 によれば東日本大震災時、東京都全体で 3 月 12 日の朝 5 時まで自宅に帰れなかった人は約 272 万人、徒歩帰宅のみで帰った人は約 395 万人、3 月 11 日の 20 時まで帰宅をせず付近で待機した人は約 382 万人と膨大な数であることが分かったが、帰宅が困難になって一番困ったことを尋ねると「携帯電話が通じなかったこと（31％）」が一番の理由に挙げられており、「屋外に長時間いたため体が冷えた（13％）」、「ひとりだったので不安だった（11％）」と続いている。これらの回答をみる限り、帰宅困難者対策は非常時においてそこまで優先度の高い取り組みであるとは判断できない。しかしながら、著しい直接被害が大都市部において発生した場合は、帰宅困難者が引き起こす問題はより深刻である。例えば首都直下地震における被害想定などでは、大都市部において大きな地震が発生した場合、多数の建物が倒壊して救急ニーズが増大し、消防力を上回る同時多発火災が発生し、道路は著しい直接被害を受け多くが不通となり、電気・ガス・水道は停止し、電話や携帯電話（およびインターネット）も長期間の不通を余儀なくされ、物流は停滞し広範囲でモノ不足が発生するような被害像が予測されている。さらに東日本大震災に比べて家族を心配する人も多く、また構造被害を受けて留まることのできない建物が多いことも十分に考えられる。そのような状況下で大量の帰宅困難者が一斉帰宅を行ってしまうと、交通渋滞によって消防車や救急車などが遅れ致命的な損害をもたらす、長距離徒歩帰宅を試みる帰宅困難者が群衆なだれや大規模火災・建物倒壊に巻き込まれる、翌日以降の出勤困難により事業継続や復旧が大幅に遅れる、などのさまざまな二次被害が起こりうることは想像に難くない。おそらくこれによって少なくない人的被害も発生するであろう。我々が憂慮すべき帰宅困難者問題は本来このようなケースであり、大規模災害直後の渋滞や過密空間の発生に伴う二次災害をできるだけ抑える、つまり「間接的な人的被害を軽減すること」が対策の意義となる（口絵6・3）。

さて、この問題を根底から解決するためには、わが国の大都市における歪んだ職住分布を改善することが必要である。しかしながら短期の間にこの作業を行うことは容易ではないため、発生してしまった帰宅困難者をどう管理するか、つまり帰宅困難者による一斉帰宅の抑制が主な対応となる。このように帰宅困難者問題は、その発生原因は「曝露量」に伴うものであるが、その解決は主に「対応力」中心の課題であるといえよう（図6・1）。

❖四つの対策課題

いずれにせよこの問題を解決するためには、帰宅困難者による一斉帰宅の抑制を軸として、それを実現するために災害情報の収集・伝達・共有、安全確認を含めた滞留場所の確保、備蓄の準備、そして事前の計画・マニュアル整備などが求められる。一般に対策の概要は図6・9に示すとおり、一斉帰宅の抑制（就業者が事業所に留まる）、一時滞在施設の確保（買い物客など行き場のない人を行政施設や事業所が受け入れる）、帰宅支援（混乱が収拾したのちに徒歩帰宅を支援する）、災害情報（災害時の避難情報や支援情報を共有する）という4本柱とされるが、津波が予想される地域や、観光客が多い地域など、地域特性によっても対策方針は若干異なる。

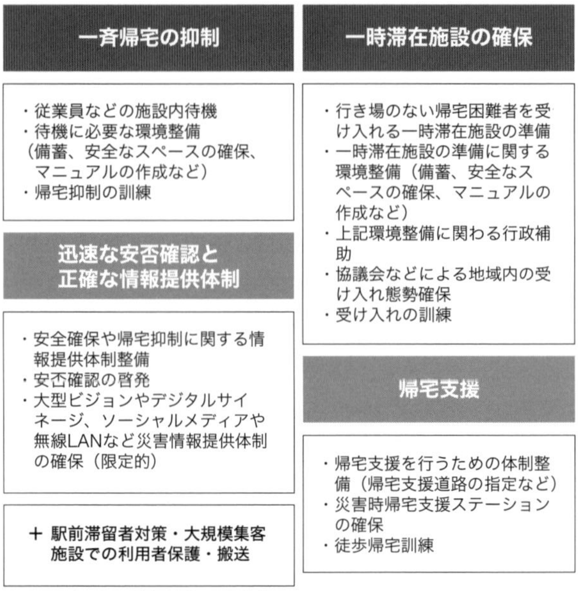

一斉帰宅の抑制

・従業員などの施設内待機
・待機に必要な環境整備（備蓄、安全なスペースの確保、マニュアルの作成など）
・帰宅抑制の訓練

迅速な安否確認と正確な情報提供体制

・安全確保や帰宅抑制に関する情報提供体制整備
・安否確認の啓発
・大型ビジョンやデジタルサイネージ、ソーシャルメディアや無線LANなど災害情報提供体制の確保（限定的）

＋ 駅前滞留者対策・大規模集客施設での利用者保護・搬送

一時滞在施設の確保

・行き場のない帰宅困難者を受け入れる一時滞在施設の準備
・一時滞在施設の準備に関する環境整備（備蓄、安全なスペースの確保、マニュアルの作成など）
・上記環境整備に関わる行政補助
・協議会などによる地域内の受け入れ態勢確保
・受け入れの訓練

帰宅支援

・帰宅支援を行うための体制整備（帰宅支援道路の指定など）
・災害時帰宅支援ステーションの確保
・徒歩帰宅訓練

図6・9　帰宅困難者対策の全体像

帰宅困難者対策は災害対策の中でも歴史の浅い対策であり、新しい都市防災の課題でもある。現実には、行政は大規模災害の発災直後は救急・救助・消防・災害対応に従事することとなっており、セカンド・プライオリティとも言える帰宅困難者対策は、公助による直後対応はほとんど期待できない。そこで、多くの自治体では事業所や個人に帰宅困難者対策の主要部分を担ってもらうことを想定している。これらを効果的に行うためには帰宅の抑制などに関する十分な啓発や、滞留する建物の安全性検証の問題、責任の問題などさまざまな課題をクリアにする必要があり、また個別の企業のみではハードルが高い場合は駅前単位や地区単位で協議会を立ち上げる事例も多いが、いずれにせよ大都市においては事業所も都市の重要なステークホルダーであることは間違いない事実である。すると、従来のように地域住民と行政だけではなく、地域防災に関する事業所の積極的な参画を促し（近年では、帰宅困難者を支援する施設を対象としたワークショップツール*27の開発も行われている）、彼らと共に地域の防災対策をすすめる方法論が今後求められると考えて良いであろう。

◎地下街の防災対策

「地下街」とは、店舗・通路とも公共用地（道路・駅前広場・都市公園など）の地下にある空間で（これに対し、店舗部分が民有地で通路部分が公共用地の地下のものは準地下街と呼ばれる）、わが国には約80箇所存在している（口絵6・4）。わが国の地下街は、1927年に浅草－上野間で開通した地下鉄で、乗車料金以外の収入源確保を目指して1930年に建設された地下鉄商店街「地下鉄ストア」がその始まりである。「天候や温度変化に左右されない」という特性や「ターミナル駅などにおける歩車分離の必要性」「都心部の駐車場不足に伴う地下駐車場の必要性」などの社会的背景から、1960年代に急速に新設され、現状に至っている。しかし1980年に発生した静岡ゴールデン地下街（正確には準地下街）におけるガス爆発事故や、2003年に韓国の大邱で発生した地下鉄火災など、災害が発生する頻度も少なくない。特に地震の揺れには比較的強いといわれていながらも、火災や水害発生時は「自然光がないため煙発生時や停電時は視覚の確保が困難」「閉鎖空間であるため煙や熱が滞留しやすい」「火災延焼時に給気不足となり不完全燃焼などによる煙の大量発生の危険性」「外界や周囲の建物との位置関係が分からず避難地や現在地を把握するのが困難」「避難方向と煙の移動方向が同じで、避難時に煙に追われる形となる」などの地下空間特有の問題が被害を拡大させる可能性もある。

このような地下空間における防災上の課題は、主に2種類に大別できると考えられる。一つは大都心部のターミナル駅周辺や大深度地下に代表される大規模空間問題である。このような空間は管理者が複数いる場合も多く、また滞留者も極めて多い。それゆえ避難行動の全体最適は簡単ではなく、災害発生時に防火シャッターなどで接続が絶たれた場合、日々見慣れた大規模空間が突如変貌し、避難者が戸惑う危険性もある。もう一つの課題は老朽化に伴う問題である。わが国の地下街の約8割は建設から30年以上経過しており、既存不適格になっているものも多い。地震の揺れなどで防火設備や消火設備が機能不全を生じる可能性もある。これらの課題に対し、国土交通省では地下街管理者などへの補助事業である「地下街防災推進事業」を2014年より行うなど、安全・安心な避難空間づくりを支援しているが、後述した老朽化した地下街には、事業採算性が低いものも多く、その更新は容易ではない*28。

6・4 都市防災の将来ビジョン

これまでに記述した内容を踏まえ、以降では将来的に求められる都市防災の理念・課題を著者の持論を交えて解説する。特にここでは都市防災マネジメント、複合災害リスクへの対処、巨大災害リスクと大都市防災、都市の復興とレジリエンスの4点に絞って記述したい。

◎都市防災マネジメント

「都市防災マネジメント」は著者の造語であるが、「人間行動を考慮した防災まちづくり」とも言うべき考え方である。ここでは、阪神・淡路大震災以降に喫緊の課題となった密集市街地対策を事例に考えてみたい。

一般に密集市街地の整備に使える制度・事業として、避難路や緊急輸送路・狭あい道路などの道路整備、区画整理や再開発・改良事業などの面的事業、建替え相談や補助など住宅の建替えに対する支援制度、形態規制緩和による建替え促進、街並み誘導型地区計画、建蔽率特例許可、接道規定緩和・免除、耐震改修に対する支援制度、都市防災不燃化促進事業などが挙げられるが、これらを見ると、支援に関する制度や事業が多いことが分かる。誤解を恐れずに言えば、関東大震災以降の都市防災は、避難路の整備や広域避難場所の整備、延焼遮断帯の確保、河川整備など「公」中心の都市防災が精力的に行われた時期であった。特に災害対策基本法の制定や高度経済成長期の公共事業の増加を経てその傾向は一層強くなった。

総じて近代国家成立以後のわが国の防災対策は、土木事業や堤防の整備など公による解決がより一般的であったといって良い。すなわちわが国における防災対策は、長い間公助による解決を基本とし、並行して自助を奨励する、というかたちで進捗したのである。そしてその方針の限界は、阪神・淡路大震災によって顕在化した。阪神・淡路大震災で重要視された建物倒壊対策は、「住宅」という個人の財産に対する対策である。それゆえ、従来の堤防整備などのように行政が計画を立て、事業化して行うのみでは都市の安全性は十分に確保することができず、助成金やリスクの啓発など自助や共助を誘発するものが中心的手法群の一つとならざるを得なくなったわけである。

この傾向は東日本大震災以降、ますます重要視されるようになるであろう。例えば避難対策である。津波からの避難は時間制約が深刻な場合も多く、高台や津波避難ビルの整備とあわせ、ハザードマップの配布や住民の啓発、避難訓練が対策の柱となる場合が非常に多い。また帰宅困難者対策の大原則は「帰らない」こととされているが、災害時安否確認手段の確立や事業所による備蓄の準備など、自助・共助・公助が連携して帰らせないための行動管理を行わなければならない。近年の行政の厳しい財政事情や巨大自然災害による著しい被害の不確実性はこの傾向を更に加速させ、想定外の事態への対応なども含めて考えると公助の限界は自明であり、許容されるリスク水準の決定も含めて、自助や共助の担うべき役割は災害リスクの高度化や多様化に伴って今後ますます拡大するものと考えられる。そもそも、ハード対策が高度になればなるほど、安全に関する意識は低下するものである。つまり都市が安全になればなるほど、人間行動の適切な管理は難しくなるともいえ、相対的に重要なテーマと考えられよう。

ところがこのように自助や共助による防災対策や密集市街地整備が重視されはじめてきた一方で、その改善行動に関する科学的な議論はあまりなされていない。例えば地震時における住宅倒壊被害の軽減は原則として住宅所有者による建替えや耐震補強などにその解決が求められているが、現実にそのような耐震性の確保はあまり進んでおらず、自助に期待される役割と実際の改善行動にミスマッチが発生しているものと考えられる。津波避難についてもハザードマップ配布の効果や限界が量的に示されるなどの例は乏しい。というのも、先の例でいえば道路整備や面的事業は行政が主な実行主体となり、財源や人的資源を集中投資することで効率的に進めることが可能であった。ところが建替え、耐震補強工事、住宅の不燃化などは主に住民が主体となって実行するものであり、このもとで行政はこれを誘発すべく間接的な支援を行うという役割を担うことになる。おそらくこれを効果的に進めるためには、人間の行動やそのニーズを適切に管理・誘導し、ボトムアップで目標水準を満たすためのメカニズムを準備する必要があり、この発想が欠如したままでは行政の助成制度や避難訓練などの取り組みが「笛吹けど踊らず」になるのは無理もない話である。

ところで人間行動の効果的な誘導をはかるためには、行動主体が何を求めているか、そして外生的な刺激のもとでどのように行動するかを知らねばならない。そしてこの情報が正確かつ精緻であるほど、さまざまな刺激、すなわちリスク情報の提供や金銭的な支援、土地利用規制のあり方など、大規模な公共事業や市場原理のみによらない多様な計画案を導き出すことが可能となる。先にも触れたように、密集市街地の改善や耐震補強工事の進捗は現在芳しくない状況下にある。現在わが国の沿岸部で積極的に行われている迅速な避難に対する取り組みも、その効果を緻密に検証する必要があるだろう。

そしてゼロリスクな都市は存在せず、昨今の少子高齢・人口減少・低成長という時代に公共事業主体や財政集約的な手法はもはや、主役とはなりえない。そもそも人間の行動を把握することやその根底にある心理を探ることは、都市・社会に潜在する価値観を知ることであり、都市計画が成長ではなく成熟のための社会技術となりつつあるいま、「良い都市とは何か」を知るまたとない手がかりであるはずだ。

これらを考慮すると、延焼遮断帯や避難場所の整備など行政主導の事業論を議論する一方で、意志決定理論や行動研究などの研究蓄積を生かした改善行動の理解と、それを利用して理想的な都市・社会を誘導し創造する意義はますます高まるものに違いない。

◎複合災害リスクへの対処

これまでの防災対策は単一の災害を前提とし、そのもとで災害リスクの低減を目指すものであることが多かった。しかしながら東日本大震災では、津波災害と原子力災害、津波火災など複合災害リスクが甚大な被害を発生させた地域もあることから、2015年に行われた国連防災会議で提言された「仙台行動枠組」では優先行動の一つとして地理空間情報の活用や防災教育と並んで「災害が複合的に発生する可能性を含めた災害リスク評価」が示されるに至った。

❖避難行動

複合災害リスクを考える上で、一番重要な問題の一つが避難行動である。というのも、一般に正しい避難行動のあり方は、災害によってさまざまである（表6・3）。

例えば津波避難は圧倒的な速度の津波から逃げなければならないため、車による避難が有効であるものの、渋滞の発生は懸念されるところである。他方で避難のきっかけについては「大きなまたは長い揺れが襲った時」と、

表6·3　災害ごとの避難の特性（筆者による主観）

災害	避難のきっかけ		避難の余裕時間		避難先		避難方法	
津波	○	分かり易い（大きな揺れ）	×	地域にもよるがあまりない	○	分かり易い（高い所）	△	徒歩か自転車か
水害	△	やや分かりにくい	△	そこそこある	△	そこそこ見当はつく	○	徒歩
市街地火災	×	分かりにくい	○	囲まれなければ	△	やや分かりにくい	△	風上側に徒歩
地下街火災	△	やや分かりにくい	×	割と早い（煙）	○	地上	△	経路は分かりにくい
原子力災害	×	災害情報が必須	△	ある程度はある	△	場合によっては分かりにくい	△	自動車かバス
帰宅困難	△	分かり易いが認知度低い	○	ある	△	事業所内や一時滞在施設	○	徒歩

ある程度分かり易い。逃げる場所も高台や津波避難ビルなどの標高の高い場所であり、この点も明確である。他方で水害避難は一部の地域を除き、避難のきっかけが大きな課題となることも多い。大雨が降るのは日常でも頻繁にあることであり、この中で災害の発生を認識するためには、警報や避難勧告などの災害情報を受け取ることが効果的である。この点で津波避難と水害避難は避難行動上やや異なる特徴をもつことが理解されよう。特に水害避難に関しては、氾濫する河川の状態や降雨の状況によっては2009年8月に兵庫県佐用町で大規模な避難中の犠牲者が出てしまった事例にもあるとおり、外に出る方が危険な場合もある。この場合は避難場所に向かうか、浸水深に応じて階上に避難するかの判断が必要となる。

市街地火災からの避難を考えた場合、風速にもよるが延焼速度は一般に遅く、津波のように追い付かれてしまうことは稀である。しかしながら強風時は風向が変化すると各地に飛び火が着火することもあり、地震時は同時多発的に火災が発生するため、自分の家の類焼を眺める、消火活動に集中しすぎるなどで、避難経路を失ってしまう危険性がある。また地震火災に限っては災害の様相次第で避難勧告などの情報が出ないことも予想され、どこでどのような災害が起きているか、いつ避難すれば良いかという判断のきっかけも課題となる。この時の避難行動は、普段より広い場所（広域避難場所）の位置を把握しておき、できるだけ火災を避けて広幅員道路を風上側に移動するものとなるだろう。以上のように、災害ごとに避難の論点は大きく異なる。よって我々はさまざまな状況別に適切な避難行動を使い分けねばならない。これ以外にも、実際には液状化・火災・建物倒壊に伴う避難経路の途絶、渋滞による移動の遅れ、情報機器の被害などさまざまな避難行動上の阻害要因、夜間や雨天時における避難意欲の低下が考えられる。

このようななか、避難計画は単一の災害を前提としてつくられることが多い。市街地火災に対しては火災の避難計画があり、津波に対しては津波の避難計画がある。しかしながら、火災と津波が複合的に発生する場合やどのような災害が来るか分からない場合の避難計画はいまだ確立していない。筆者らはこのような複合災害リスクによる避難行動を評価する目的で、首都圏の622万人を対象とした大都市複合災害避難シミュレーションを提案しているが*29、いずれにせよこのような複合災害リスクへの「対応力」を予測・評価する取り組みはますます必要になると考えられる。

◎巨大災害リスクと大都市防災

❖集積することのデメリット

大都市における防災計画を考える上で、とりわけ考慮しなければならない点は「さまざまな集積」である。そもそも大都市における集積は、平時は経済や情報、知識など多様な相互作用の活性化を約束するものであり、大都市のもつ最大のメリットといっても良いであろう。しかしながら過度に集積した大都市は、できるだけ大きい被害を与えようとする「災害」側に立脚して考えてみれば、これほど破壊効率の高い箇所はないはずであるし、その被害はさまざまな形で他地域に影響を及ぼす。例えば大都市とは対極をなす「野中の一軒家」と比べ、密集居住のもとではひとたび住宅が倒壊すると、道路閉塞・避難障害・地震火災などに代表される「負の外部性」ともいうべき影響は無視しうるものではない。

これに対しわが国では、近世よりさまざまな対策が行われてきている。江戸の市街地では火除け地や橋詰広場を設け、戦中は建物疎開や防火構造技術を開発し、戦後は延焼遮断帯の整備や沿道の不燃化などをすることで、燃え草となる建物の集積や避難者の過集中を物理的に制御し、空地を計画的に配置することで被害の軽減をはかる試みを重ねてきた。また阪神・淡路時代震災以降は、住宅の耐震化に対し行政が無料耐震診断や補助を行うなど、これらの外部不経済を補完する取り組みが進められてきた。

しかしながら、現代の大都市は複雑なシステムかつ高次の産業構造を有しているため、災害による間接的な経済被害も極めて大きく、また行政・メディア・金融など各主体における中枢管理機能の麻痺による負の波及効果は容易に想像できる。その結果、わが国のみならず全世界にその影響はおよび、また大都市自体でも迅速な応急対応や復興の遅れが加速する。つまり大都市の防災対策を考えるうえでは、建物倒壊による避難障害、火災の延焼や避難行動など集積に伴う物理現象のコントロールのみならず、首都機能を代表とする大都市の社会的機能をどのように分散し、多重化をはかるかといった論点もまた重要である。復興時においてもこれは同様で、大都市部で巨大災害が発生すると避難所が満員となり大量の避難者が疎開生活を送ることも考慮せねばならないし、その際は住まいの確保のみならず雇用の準備や産業の移転なども検討する必要がある。すなわち大都市においては、ローカルな建物やまちの安全のみならず、広域的な視点から生活や機能あるいは社会システムを守り、また復旧・復興させるといった点も計画対象とせねばならない。

❖都市生活者の災害対応能力

二つ目の論点は人為的な要素である。そもそも三大都市圏の居住者は戦災を経て長期間大災害を経験しておらず、コミュニティの崩壊が叫ばれつつある地域では住民の災害対応能力は特に低いと考えられる。事実、東日本大震災時の東京は最大震度5強程度であったものの、東京は大混乱の様相を呈した。また彼らは豊富なインフラ環境のもとで都市的なライフスタイルを送るなど、都市機能に依存した生活が当たり前となっている。平時こそ電気・ガス・水道のみならず、物流・情報・交通などのさまざまなインフラ環境は、膨大な昼間人口も含めたあらゆるニーズを効率的に満たすものの、災害時にはあらゆる面で破綻をきたすであろうことは容易に想像できる。

これは消防や救急などの行政対応能力も同様であるが、特に情報技術による影響は近年ますます大きくなっているものと推測される。東日本大震災では「有害物質の雨が降る」という情報がSNSを中心として流れ、熊本地震では「ライオンが逃げた」という誤情報が問題となったが、災害時に情報の需要と供給のバランスが崩れると、このような憶測を含む真偽の疑わしい情報が不安解消行動の一つとして急激に流通する。その結果、避難行動の失敗や情報パニック、観光地における風評被害などの発生に至る可能性も考えられる。長い間大都市に住んでいると、都市的生活は享受できて当然であり、情報は必要以上に受け取ることができ、これに対して我々が支払っているさまざまなコストは全て最適化がされているかのような錯覚を覚えるが、その定義域はどれも平時に限ったものである。

しかしながら、災害時を想定するしないにかかわらず、冗長性を残した社会システムはしばしば「無駄」と批判されることが多い。そして災害リスクがLPHC型（低頻度高被害）であればあるほど、防災投資は困難となる。2011年に発生した東日本大震災はマグニチュード9.0という大規模な地震であったため、それ以降、想定外という言葉と共に巨大災害リスクへの対処が叫ばれてきた。しかしながら、被害は大きいが確率の低い災害現象への対応を論じるうえでは、期待値が意味をもたないことは自明である。これまで市街地の安全性向上に寄与した区画整理や再開発、あるいはハード整備や容積率の緩和が従来ほどに歓迎されるものではなくなってきたなかで、安全至上主義もしくは単調な経済成長を前提とした計画論のみでは今日的課題を解決することは難しく、新たな計画技術あるいは価値観の提案が期待されている。

❖未知のリスク

最後の論点は災害リスクの新規性である。阪神・淡路大震災の神戸市が3連休直後の早朝という、まだ都市が眠っている時間であったことを踏まえると、大都市における大規模災害は関東大震災以降わが国では発生しておらず、その被害像は十分に明らかになっていない。代表的な潜在的問題の一つに、先述した複合災害リスクへの対応がある。他にも、大都市内には市街地の更新や変化のスピードが速い地区が多く、例えば更新スピードの速いエリアにおいては「エキナカ」など規制が後追いとなってしまう箇所も多い。このような地域においては、上述した複合災害からの避難行動と同様に、これまで経験していない未知のリスクを推測し、対策を行う姿勢がとりわけ重要である。未経験の災害現象を事前にイメージし、その被害規模も推測したうえで対策を行うことの困難性は、最近公開された映画に例えて言えば、シンゴジラの発生を事前に予測し、対策を行うことの難しさと同様であるといっても言い過ぎではないだろう。

上記のように、本章では大都市防災の特徴をいくつか列挙した。我々が2011年以降に繰り返し聞き取りや映像などを通じて心に刻んだ東日本大震災の教訓は、東北地方における巨大災害の特殊性が多分に含まれるものであり、東京・名古屋・大阪など大都市部における被害とは大きく異なることも当然ありうる話である。我々は過去の大規模災害で経験した教訓を真摯に受け止めつつも、災害現象の地域性を十分に解釈し、大都市大災害という未経験の現象を予測し対応する柔軟性も同時に磨くべきであり、これこそが大都市の防災計画を提案・実現する専門性・要素技術の一つと考えられるのである。

◎都市の復興とレジリエンス

災害からの都市復興は、必ずしも都市防災分野のみで扱う領域ではない。そもそも本章のはじめにも記したように、災害は構造物のみならず、経済被害や産業構造そして地域社会の崩壊ももたらす。それゆえ、安全な構造物を再建するのみでは、つまり問題解決型の「都市防災」の思考のみでは、都市の復興は成立しない。一般に、ひとたび災害が発生すると日常の都市計画的課題が急激に顕在化し、人口減少などに代表されるよう、復旧・復興期を通してその傾向が更に強まることが知られている。それゆえ時代背景が異なれば、あるいは地域が抱える課題によって、復興方針のみならずその目標ですら大きく異なる。わが国で復興計画といえば、帝都復興計画や戦災復興などが広く知られているものの、これまでの近代化や都市開発、経済成長を前提とした既存事例にひきずられすぎず、目指すべき地域の将来像を丹念に模索するプロセスが必要とされよう。

都市復興のなかでも住宅の復興プロセスはとりわけ重要である。災害で住まいを失った世帯は、親族宅への移動などをのぞけば、避難所での生活、仮設住宅への入居、恒久住宅への入居という3段階のステップを経て「再建」に至るが、その際には避難所生活の長期化や悪環境、仮設住宅の不足に伴う長距離移動、コミュニティの崩壊、二重ローンなど被災者に少なくない負担が伴い、結果として大量の震災関連死が発生する可能性も考えられる*30。それゆえ住宅の復興プロセスの設計にあたっては、これら負担の軽減はもとより、被災者の生活手段やコミュニティ、社会階層などに配慮し、なおかつ長期的視野に基づいた都市づくりとどのようにバランスをとるかが重要となる。

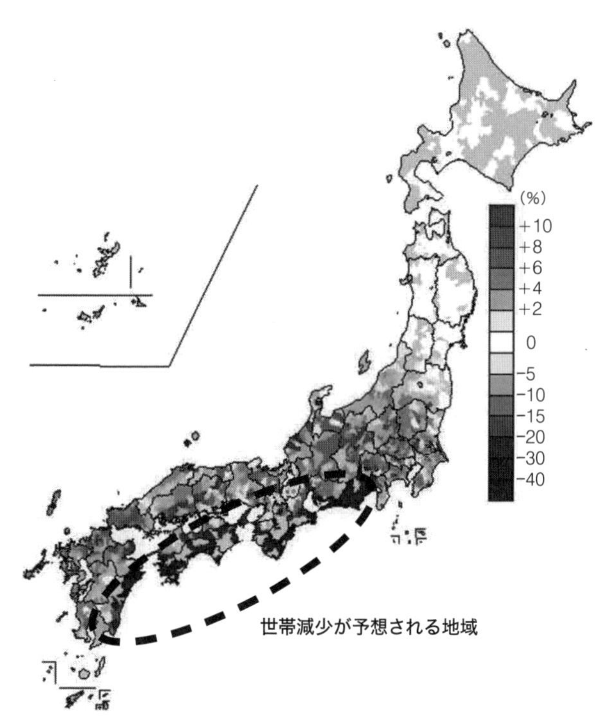

図6·10　震災時疎開シミュレーションに基づく南海トラフ巨大地震（陸側①ケース）後の人口増減少（試算）（出典：廣井悠・斉藤健太（＊31））

近年は、災害後に策定する復興計画以外に事前復興計画の取り組みも各地で進んでいる。例えば東京都では被害想定に基づき、自治体が円滑に都市復興を進められるよう手順が記載された「震災復興マニュアル」と共に、復興計画のマスタープランとも言うべき「復興グランドデザイン」が策定されており、平時の都市計画とも連携する形で復興理念や方針が記されている。

ところで事前復興は、災害後に策定する復興計画と異なり、計画の前提条件となるべき被害の見積もりが困難であることが多い。それゆえ、復旧・復興時の社会状況や課題を予測する取り組みも重要な研究課題となる。例えば筆者らは、住宅復興プロセスの特に「疎開」段階に注目し、震災時疎開シミュレーションを提案している。図6・10は福島原子力発電所事故からの広域避難事例を参考とし、南海トラフ巨大地震の被害想定結果（東海最悪ケース）をもとにして、住宅が必要となる被災世帯数を計算したものである。一般に仮設住宅はプレハブ仮設とみなし仮設の2種類に大別されるが、前者は大規模災害時に供給能力の限界があるため、ここでは東日本大震災の実績5万戸を上限として、これを被害世帯数で按分する形で市町村に準備している。このもとで、質問紙調査から仮住まいの選択行動モデルを作成し、それぞれの応急住宅供給数を制約条件として被災世帯を配分し、自分の市区町村内にいることのできない世帯数を計算した。この数値例は最悪想定を用いている、世帯分離は起こらない、産業の移転を考慮していないなどの強い制約の下で計算したものであるが、数多くの世帯が仮住まいの不足により、居住地を離れざるを得ない可能性が示唆された。2015年国勢調査＊32によれば、人口減少率の全国2位が宮城県女川町（37.0％減少）、全国3位が宮城県南三陸町（29.0％減少）、そして全国5位は宮城県山元町（26.3％減少）と、東日本大震災で甚大な被害のあった地域が急激な人口減少に直面している。

ここで示した事例はあくまで恒久住宅に入る前の「疎開」段階のものであるが、災害による被害量のみならず、望ましい都市構造の実現もにらんで、復旧・復興時に顕在化する現象や課題を量的に予測する技術の確立も今後期待される。

[注・参考文献]

＊1　災害対策基本法、平成25年6月21日改正
＊2　梶秀樹・塚越功（編著）（2012）『改訂版 都市防災学地震対策の理論と実践』学芸出版社
＊3　これに対して、「都市型災害」という用語は確たる定義はされていないものの、ここで示した「都市災害」とは異なり、都市インフラなどが機能障害を起こすことに由来する、大都市や近代都市に特徴的な災害現象として用いられることが多い。ちなみに消防法では、「火災」を「人の意図に反して発生し若しくは拡大し、又は放火により発生して消火の必要がある燃焼現象であって、これを消火するために消火施設又はこれと同程度の効果のあるものの利用を必要とするもの、又は人の意図に反して発生し若しくは拡大した爆発現象」と定義しており、その対応力について言及している点が特徴である。
＊4　村上處直（1986）『都市防災計画論　時・空概念からみた都市論』同文書院
＊5　なお、1961年に世界保健機関（WHO）が安全性（Safety）、保健性（Health）、利便性（Efficiency）、快適性（Comfort）の4種類の理念を健康的な生活環境と提示するなど（現在はこれに持続性を加え「住環境5つの基本理念」として掲げられている）、「都市の安全性」という概念は市街地に要求される基本性能として過去より重要視されている。
＊6　例えば都市・社会のないところで大地震が起きたとしても、その災害リスクは0と計上されるし、このような場所での防災対策は都市災害リスクを減じる取り組みとはいえないため、都市防災の対象とはならない。
＊7　高山は著書において「都市としてオルガナイズする技術ってものがなきゃ都市計画なんていらないわけです」と述べている（＊33）。なお、ここでは「都市災害による期待被害量を減らす」という意味で都市防災の基本的アプローチについて整理したが、都市災害リスクの分散を減じるというアプローチも重要である。この場合、保険や災害デリバティブなど、災害リスクの発生時にその被害を社会全体に分散させる試みが主な対策となり、これは災害リスクの保有や転嫁と呼ばれる。
＊8　日本都市計画学会防災復興問題研究特別委員会（1999）『安全と再生の都市づくり一阪神・淡路大震災を超えて』学芸出版社
＊9　総務省消防庁：第21回防災まちづくり大賞（2017）
http://www.fdma.go.jp/html/life/machidukuri_taisyo/
＊10　地震学では近年、過去の地震の被害像を明らかにする歴史地震に関する研究・取り組みが積極的に行われているが、これは地震現象の生起確率の低さにより自然現象を予測する科学的知見が十分に積み重なっていないことを重視した姿勢と考えられる。科学的知見が十分に積み重なっていない点は都市災害においても同様であるが、一方で都市化の進んだ近代都市における被災経験もまた乏しいことを是非認識しておきたい。このため急速な変貌を遂げることの多い現代都市では、過去の歴史（被災経験）を鵜呑みにして都市災害を解釈することの危険性も知っておくべきであろう。したがって都市防災にかかわる専門家や実務者は、歴史的事実（災害調査を含む）と科学的知見の双方からバランスよく学習する丁寧な姿勢が求められる。
＊11　佐藤滋（1999）『まちづくりの科学』鹿島出版会
＊12　この他にも、浅草区田中小学校敷地内（1,081人）、本所区錦糸町駅（630人）、浅草区吉田公園（490人）など、オープンスペースでありながら多数の火災に取り囲まれることにより、多数の死者が発生している。
＊13　外部不経済を是正するための税制や補助金をピグー税・ピグー的補助金と呼ぶ。
＊14　目黒公郎・高橋健（2001）「既存不適格建物の耐震補強推進策に関する基礎研究」『地域安全学会論文集』No. 3、pp.81-86
＊15　廣井悠・小出治・加藤孝明（2009）「耐震補強工事に対する助成額検討手法の提案と簡易補強工事への応用」『日本建築学会計画系論文集』第74巻、第641号、pp.1569-1576
＊16　廣井悠（2011）「地震保険制度における割引制度の妥当性とリスクコントロールへの応用」『都市計画論文集』NO. 46-3、pp.925-930
＊17　日本火災学会（1997）『火災要覧第三版』共立出版
＊18　過去より都市防災の専門家が頻繁に取り扱ってきたものが市街地火災対策である。被災事例が豊富であったこともその一因だが、わが国においては市街地火災の低減が曝露量・脆弱性・対応力全てを総動員しないと容易に解決のできない課題であったという理由も考えられるだろう（図6・1）。一般に市街地火災の被害発生プロセスは、出火・延焼・消防・避難となるが、出火については主に曝露量（特に世帯数・用途など）、延焼については曝露量と脆弱性、消防と避難については対応力が主なアプローチといえるだろうか。つまり高い不確実性のもとで適切に被害を予測し、なおかつこの3変数をバランスよく設計するという都市防災の基本アプローチに忠実な事例が市街地火災対策といえるのである。
＊19　堀内三郎（1972）『建築防火』朝倉書店
＊20　廣井悠（2015.11）「階層ベイズモデルを用いた地震火災の出火件数予測手法とその応用」『地域安全学会論文集』NO. 27、pp.303-311
＊21　東京消防庁：東京都の地震時における地域別出火危険度測定（第8回）、2013.3
＊22　東京都都市整備局（2016.3）防災都市づくり推進計画
＊23　なおこれら避難に関する情報は、あくまで勧告や指示であり、強制性はない。このほかに立ち入りを制限する警戒区域の指定がある。
＊24　日本災害情報学会（2013.3）『東日本大震災調査団報告書』
＊25　滋賀県防災情報マップ、緊急避難場所と避難所について
http://shiga-bousai. jp/dmap/help/hinajo-teigi. pdf
＊26　廣井悠・関谷直也・中島良太・藁谷峻太郎・花原英徳（2011）「東日本大震災における首都圏の帰宅困難者に関する社会調査」『地域安全学会論文集』NO. 15、pp.343-353
＊27　廣井悠・黒目剛・新藤淳（2015.10）「帰宅困難者支援施設運営ゲームの開発に関する研究」『東日本大震災連続ワークショップ論文集』地域安全学会
＊28　廣井悠・地下街減災研究会（2018）『知られざる地下街　歴史・魅力・防災、ちかあるきのススメ』河出書房新社
＊29　廣井悠・大森高樹・新海仁（2015.10）「大都市複合災害避難シミュレーションの提案」『日本災害情報学会第16回研究発表大会概要集』
＊30　2016年4月に発生した熊本地震では直接死50人をはるかに超えた184人の震災関連死が発生している。
＊31　廣井悠・斉藤健太（2017）「巨大災害時疎開シミュレーションの提案」『横幹』 Vol. 11, No. 2, pp.126-134, 横幹連合
＊32　総務省統計局（2016.2.26）「平成27年国勢調査速報結果（全国）」
＊33　高山英華（1987）『私の都市工学』東京大学出版会

7章 広域計画

——拡大・変化する都市圏の一体的な発展のために

瀬田史彦

7・1 広域計画の基本概念

◎広域計画の意義

❖広域的都市機能の計画

広域計画、地域計画の定義は、一都市よりも大きい範囲、都市圏の範囲、あるいはさらにそれより広い、都道府県、地方圏、ブロック、また国土、超国土といった大きなスケールの計画という認識が一般的である（表7･1）。

都市の構成要素のうち、大規模な社会基盤（高速鉄道、高規格道路、大規模港湾、空港、発電所、ダムなど）の整備にあたっては、一都市を超えるスケールでの発想がおのずと必要になる。土地利用についても、グリーンベルトの設定や、森林、河川、海岸などの環境管理といった政策課題から計画を立案する際には、広域的な観点が不可欠だ。また現代の経済活動の多くは一都市・一自治体の境界を越えて行われるため、行政が直接コントロールしにくい経済活動を含めて、プランニングで望ましい姿を実現するためには、やはり一都市より広い範囲での計画が必要となる。

そして社会基盤、土地利用、環境、経済は互いに連関しあって形づくられ、変化していくものなので、将来の都市の望ましい姿を描くには、これらを総合的に考えなければならない。これが、広域的な視野から見た、広域計画の本質的な存在意義といえる。日本の現在の広域計画は、基本的にそういった役割を負っている。

❖地域格差の緩和と地域間バランスの維持

日本を含めたいくつかの国では、国土・領土という単位を対象とした国土計画という計画をつくってきた*1。国という単位で計画をつくることの意義は、上記のようなスケールとしての大きさの必要性に加えて、国家の目的を果たす計画としての意義がある。

その目的は、国家のありようやイデオロギーによって大きく変わる。かつての帝国主義国家や全体主義国家においては、国民を含め国土に存在する構成要素の全てを資源とみなし、国力増強のためにその最適化を図り、種々の資源をトップダウン的に割り振る計画の作成が試みられ、一部では策定された。戦前のドイツではナチス政権の下で国土計画が策定され*2、日本でも当時の植民地や属国も含めた国土計画の策定が、国土計画設置要綱の制定によって企図された*3。

しかし現代の国家のほとんどにおいては、主権をもつ国民を、労働や資本を通じて国家に資する資源としてではなく、便益を与える対象とみなすことが必要となる。多くの国民の支持なしには国家が成立しないという前提の下では、全ての国民が近代化・成長の果実を享受できるという目的が重要となる。

国土計画をもつ国々では、国内のどの地域に住んでも国民が近代化・成長の果実を享受できるという目的を実現する手段として、計画がつくられてきた。とりわけ地域間格差の是正は、国土計画における大きな目的の一つとなった。日本で20世紀の後半に5回策定された全国総合開発計画は、大都市圏への人口や経済活動の集中に対して、国土の均衡ある発展と地域格差の是正によって、全ての国民が近代化による成長と豊かさの果実を享受することを目指して策定された。現行の日本の国土計画である、国土形成計画全国計画も、人口・経済活動の東京一極集中の是正を目指した内容となっている。

他方、欧米諸国の多くをはじめ国土計画をもたない国では、計画によらない手段（財政的な移転など）の他、後進地域における計画が策定されることによって地域格差の緩和が図られる。後進地域は、広大な農山漁村地域

表 7·1　現在の主な広域計画

	総合的な計画	土地利用の計画	社会基盤整備の計画	自治体の連携による計画
国レベル	国土形成計画全国計画	国土利用計画全国計画	社会資本整備重点計画	
大都市圏・地方圏レベル	国土形成計画広域地方計画 首都圏整備計画 近畿圏整備計画 中部圏開発整備計画		地方重点計画	広域連合による広域計画
都道府県レベル	都道府県のビジョン・構想等	国土利用計画都道府県計画 土地利用基本計画	都道府県の社会資本整備計画	
複数市町村レベル		都市計画区域マスタープラン		連携中枢都市圏構想 広域連合による広域計画 定住自立圏構想
市町村レベル	基本構想・総合計画	国土利用計画市町村計画 都市計画マスタープラン		

であることが多い。後進地域における計画も、地域格差是正のための広域計画の一つとしてみなすことができる。世界大恐慌の後の米国で、ニューディール政策の一環として行われたテネシー川流域開発公社（TVA）による計画・事業は、その典型的な事例である。

❖ 都市圏としての一体的な発展

国や地域が近代化すると、人々がこれまでにない勢いで都市に集まる。都市化の進展に従い、実態としての都市は、行政区域を超えて広がっていく。近代化以降のほぼ全ての都市で、都市化は長い期間進行し続けてきた。都市化に応じて、行政が一つの都市としての理想的な計画をつくっても、市街化はその都市の境界を越えて進んでいく。

実態の都市が、一つの行政区域より大きくなった時に採られる対応は基本的に二つある。一つは、その都市の行政区域や計画区域自体を大きくして、実態に合わせた都市・市街地を包含する行政区域を新たに設定したり、その範囲で計画を策定することである。もう一つは、行政区域や計画の範囲はそのままとしながら、複数の都市間・計画間での調整を行い互いに齟齬がないように調整し、一つの都市圏として一体的な発展を目指すことである。それぞれの都市・自治体の側から見た広域計画の存在意義はこの点にある。

日本では、広域自治体である都道府県が、総合計画、ビジョン、構想といった形で将来像が示すことがある。また市町村同士の連携は、地方自治に関連して広域連合計画、定住自立圏構想、連携中枢都市圏構想といった形で、一部の分野において都市圏全体での共通の方針や取組が定められることがある。都市計画法における都市計画区域は、都市化に追い付かず実態としての都市を包含しない状況が続いていたが、近年、大阪府が2004年に42の区域を四つに統合したように、都市計画区域を統合してより広い区域として機能させようという試みが続いている。

◎広域計画の役割・機能

広域計画の役割・機能は、上記のようなさまざまな広域計画が目指す政策目的や政策課題によって大きく異なる。そのため、共通する役割・機能を示すのは難しい。ここでは、現代日本の広域計画の主な役割・機能について、いくつかの論点から示していくこととする。

❖地方分権下の広域計画の役割

日本では、長らく国や都道府県などの上位政府が都市政策の細かい部分まで関与する仕組みが続いていた。しかし2000年の地方分権一括法を主な契機として、都市政策のさまざまな権限が国や都道府県から市町村に移譲された。都市計画の権限は、その中でもとりわけ地方分権が求められた分野であり、実際にかなりの権限が基礎自治体である市町村に分権された。

今は、まちづくりに関係するさまざまな事項を、基礎自治体である市町村が決めることができる。また未だに移譲されていない権限やまちづくりを進めるための財源についても、市民に身近な主体である市町村に委ねるべきであるとする意見が多い。また、実際のまちづくり活動の多くは、民間企業やNPOや自治組織などの市民団体によって担われることも多くなっている。こうした状況の中、広域計画や広域政府である都道府県の役割をどのように考えれば良いのだろうか。

上述のように、大都市圏だけでなく地方圏でも、都市圏が一つの市町村を越えて広がる中で、実態としての都市（圏）の全体を見据える計画がなければ、都市はしっかりした形で機能しないだろう。また隣接・近接する自治体で合わせて実施すべき都市政策が極端に違ったり、競争関係にあったりする場合は、調整することによって無駄をなるべく少なくする工夫が必要になると考えられる。

❖ 地方自治法における広域自治体の役割

日本の地方自治制度は、広域自治体である都道府県と、基礎自治体である市町村の二層制となっているが、このうち都道府県の役割については、地方自治法において基本的な整理が行われている。

地方自治法第2条第5項では、「都道府県は、市町村を包括する広域の地方公共団体として、…（中略）…、広域にわたるもの、市町村に関する連絡調整に関するもの及びその規模又は性質において一般の市町村が処理することが適当でないと認められるものを処理するものとする。」と、三つの役割が定められている。これはそれぞれ

①「広域機能」：治山治水事業、電源開発、大規模社会基盤事業、（広範囲の）環境保全整備、福祉・医療や経済振興など広範囲での社会・経済環境の維持、地域全体の総合開発計画の策定といった、本来一都市よりも大きなスケールで考えるべき政策課題に対応する機能

②「連絡調整機能」：国などと市町村との間の連絡調整、市町村相互間の連絡・連携・調整等に対応する機能

③「補完機能」：事務の規模が大きい、高度な専門性や技術力およびそれを担える人材が必要とされる、対象が市町村界を超えて広く点在している、といった理由から一市町村で対応することが適切でないと考えられる課題に対応する機能

と解釈されているものの、実際の個々の政策に対応する形での解釈は、さまざまとなっている。

以上は、広域自治体として存在する都道府県の役割であるが、都道府県の広域計画、またそれ以外の枠組み（複数の市町村、複数の都道府県など）で策定する広域計画にも、同様または類似の役割があると考えて良い。

多くの都道府県で策定され、最も基本的な方針として各個別施策の基となっている、総合的な計画やビジョンは、主に上記のうちの広域機能を踏まえたものになっていると考えられる。例えば東京都の「都市づくりのグランドデザイン」（2017）は、東京都全体の構造を数種類にゾーン区分し、それぞれの地域の整備の方向性を示そうとしている（口絵7・1）。

二つ目の連絡調整機能としては、各種の法律・制度に基づいて定められている調整に加えて、各分野で条例、要綱、ガイドラインのような形で市町村相互間の調整方法を新たにルールとして定めるものなどが挙げられる。例えば、大規模小売店舗の郊外立地は自地域だけでなく近隣自治体の中心市街地の衰退をもたらす恐れがあるため、多くの都道府県が広域的な視野から立地誘導のあり方を要綱で定め、市町村との調整を試みている。また、ビジョンやグランドデザインのように、最終的には策定主体が公表するものであっても、計画の内容に関係する組織・団体に事前に照会することが通例となっている。

最後に補完機能について、かつては小規模な自治体では専門的な業務を担うことが難しく、さまざまな形で都道府県や国に依存した形で業務を行っていた。しかし今日では、基礎自治体である市町村の機能や人員が充実し、また合併によって規模が大きくなりさまざまな業務を自ら担えるようになり、都市計画分野においても市町村の能力は高くなっている。

❖ 地域格差の是正

広域計画のもう一つの大きな役割として、地域格差の是正が挙げられる。この場合の広域計画の機能として、計画される領域の中に含まれる地域格差の状況を具体的に示し、それらに対応する政策によってその格差を縮小できるような具体的な施策を含む機能が求められる。

日本の20世紀の国土計画では、全国総合開発計画が国内の格差が問題であることを計画の中で認めた上で、その改善を主な目的として定め、その具体的な方法は、個別の法律によって実現されるという形がとられた。

例えば、1962年の最初の全国総合開発計画では、後述するように、過密地域と開発地域が都道府県の単位でそれぞれ具体的に示され、過密地域における産業活動の規制を担う工業等制限法などや、開発地域における産業振興を担う新産業都市建設促進法などが、計画の策定に前後して制定され、過密の緩和や経済活動の誘導のための施策が実施された。

広域計画に限らず、ある一つの領域の計画の成立には、ある程度の差はあってもその領域全体が共に発展することが必要である。国や地域の中で、目指す方向性や目標の水準があまりにも違うと、その計画は合意や賛同を得

られない。広域計画における地域格差の是正は、計画の成立のために配慮しなければならない要素の一つである。

◎広域計画の要素と構成

❖ 広域計画の要素

広域計画は上述のように、目的・役割・機能もいくつかあり、また同じような名称であっても全く異なる役割や機能をもつなど、一括りに示すことがなかなか困難である。個々の計画の特質を理解しなければ、計画の本質に迫ることはできない。

個々の広域計画を特徴づける主な要素は、表7・2のとおりである。

表7・2　広域計画の主な要素と内容

スケール ・地理的範囲	超国家、国全体、圏域、行政・計画区域の全体、行政・計画区域の一部
分野	総合
	個別：土地利用、交通、緑地、供給処理・衛生（以上はおおむね「フィジカル（物的）プラン」と呼ばれる分野）、経済、福祉、医療、雇用、……
策定（決定）主体 ・参加主体 ・実現主体	国際機関、国、広域自治体（都道府県など）、基礎自治体（市区町村など）、その他の公的機関、民間企業、NPO、大学、地域住民、地権者、個人
期間	1年、5年、10年、30年、改定するまで
精度・詳細さ	即地的、具体的、抽象的、間接的
効力	即地的、直接的、間接的／規制、誘導、ビジョンとしての役割、予測・推定
目的・意図	生活向上、経済振興、格差是正、環境保全、合意形成、調整、……

広い領域全体の大まかな方向性を示す広域計画を基に、それよりも小さなスケールでより具体的で詳細な都市計画や地区の計画がつくられることが多い。細かいところはそれらの計画に任せ、広域計画は、精度・詳細さは少し抑えめにして、大まかな方向性を示すにとどめることが通例となる。この大まかな方向性の実現の担保、つまり計画の効力は、計画自体がもつ効力、都道府県・市町村など策定主体がもつ権限や財源などによって大きく変わる。また大まかな方向性の実現には長い時間が必要となることから、策定期間は概して長めになる。関係する主体も多くなるので、計画へ参加する主体も多くなることが通常である。

❖計画策定にあたる主体・組織間の関係

広域計画は、一都市全体の都市計画以上にさまざまな主体を巻き込んで策定されるのが通例である。また総合的な性質をもつ広域計画は、同じスケールの個別の計画（社会基盤整備の計画や、社会福祉、教育の計画など）、またその広域計画の領域の一部の計画（市町村の総合計画、個別分野の計画）と、法定・非法定に適切な関係性を築いて相互に調整しながら計画する必要がある。

こうしたことから、広域計画の性質について述べる時、表7・2のような計画単体としての要素以外に、その広域計画に影響を及ぼしうる他の計画や、計画の策定や実現における各主体の役割を押さえておくことも、極めて重要となる。

例えば、国土形成計画首都圏広域地方計画は、全国計画を基本として、国土交通大臣の決定によって策定される。しかし素案をつくる際には、都県、政令指定都市、首都圏を管轄する国の各省庁の地方行政機関、首都圏の主要経済団体・市町村団体などが協議会で議論し、また政令指定都市以外の市町村からも提案を受けることが定められている。さらに関連する主要な計画や施策（例えば2016年策定の首都圏広域地方計画の場合は、国土強靭化計画や、地方創生政策など）の影響を受けて策定されている。

また今日の計画の策定において、市民・住民や関連する組織・団体の参加は必須のプロセスである。広域計画でもこのことは変わらないが、参加の方法・形態は、一地区や一都市の計画とは異なる場合が多くなる。関連する主体が極めて多く、また地理的にも広範囲にわたり、利害や意見の違いも大きくかつ複雑になることが多い。パブリックコメント、公聴会・説明会、ワークショップといった、個人による参加だけでなく、主要な組織・主体からの意見やアイデアの聴取、各地域ごとの意見の聴取と集約などを、体系的に進める必要がある。

❖ 国際的な比較からみる計画と計画体系の特質

このように、とりわけ広域計画は、空間的な方針を示す図面を見ただけでは、計画の本質は見えにくい。広域計画の効力や他の計画・事業に及ぼす影響について、計画の本文、計画の権限や効力を定める法律・条文などから把握する必要がある。

例えば、ドイツと日本を比較すると、体系的な計画制度を構築する必要性がよく分かる（図7・1）。ドイツの各州の州計画では、広域計画で示される拠点や軸が、州の法律に基づく「中心地」や「開発軸」と位置付けられ、それぞれの地域の公共施設・インフラへの補助金の多寡、民間開発の規制・誘導に大きく影響する*[6,7]。日本の各種

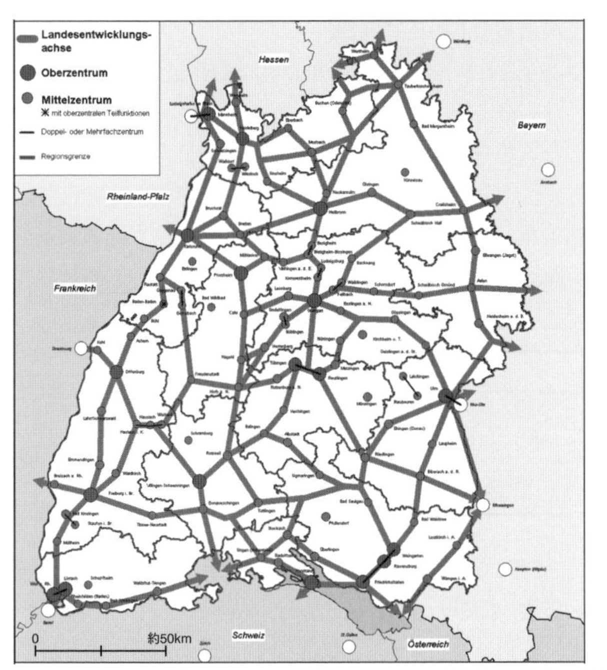

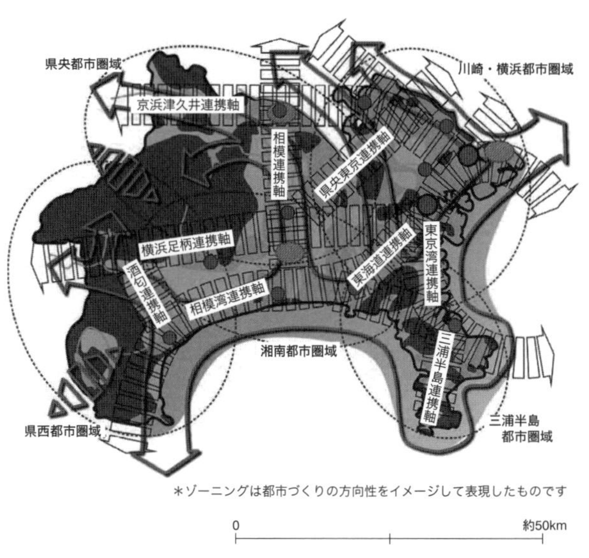

図7･1　ドイツと日本の広域計画の差異。ドイツの広域計画（左）は広域計画で示された点（都市）や軸（都市間の社会基盤）が、各都市の計画に大きな影響を及ぼす（出典：Landesentwicklungsplan Baden-Wue rttemberg（＊4）、神奈川県（＊5））

の計画・マスタープラン・ガイドラインは、そういったことを意図している場合はあるものの、その効力は概して明示的でない。計画に図示された内容が、将来の方向性ではなく制度の状況や現在の実態を示しているに過ぎない場合もある。計画の図面だけを見ても、その効力の違いは理解できないが、図面に書かれている拠点や軸の意味を計画本文やその効力を規定する法律・条文を読むことによって、両者の広域計画としての違いが大きいことが分かる。

7･2　広域計画の歴史と変遷

◎広域計画の歴史を学ぶ意義

広域計画は、それより小さく詳細なスケールの、都市や地区の計画に、直接・間接に影響をもたらしてきた。その影響は、長期に及んだり、計画の策定後かなり経ってから現れる場合も多い。

とりわけ戦前から高度成長期にかけて策定された広域計画は、現在までの各地域のまちづくりに大きな影響を与えている。当時、広域計画の中で示された社会基盤が次第に完成して供用され、現在の都市の骨格を形成し、基礎的なサービスを提供している。

影響は目に見える社会基盤などのハードだけでなく、広域連携のあり方などにも及ぶ。歴史的に形成された地域のつながりが現在の広域連携の枠組みに影響することも多い。

ここでは主に近代以降の広域計画の歴史を概説する。

◎戦前までの広域計画

広域的な影響を及ぼす社会基盤は古くから整備されてきた。土木・測量技術にたけたローマ人は、紀元前から水道を広域的に整備し各所に都市を構築した。日本でも、堤防などによる河川の制御や田畑を潤すための水利は近代以前から行われ、技術の発展によって規模が次第に拡大し、利根川のような大河川の流れを変える大事業も近代前から行っていた。

しかし社会基盤整備や土地利用と経済・社会活動を組み合わせて計画されるような計画は、広域のスケールにおいて多くは見られなかった。

ハワードの田園都市構想（4章2節参照）は、大都市と田園を結び付け、両者の良いところを取り上げるという意味で、広域的な要素を多分にもった計画であるが、広域的な地域全体を計画したわけではない。

1925年にアムステルダムで開催された第8回国際都市計画会議では、大都市の無秩序な拡大への対応について専門家が議論し、都市の無制限な膨張を抑制する「大都市圏計画の七原則」を出したが、その中に「都市を越える問題を地方計画で解決する」という内容が盛り込まれた[*8]。市街地が、想定されている都市の大きさを越えて広がった時、広域計画（Regional Plan）がそれを包含することで改めて計画的な開発・整備が促されることが各国の専門家の間で確認された。

日本でも、明治時代からの工業化に伴う都市の発展により、大都市で市街地が拡大していった。他方、地方自治は、東京、名古屋、大阪などの中心都市では次第に発展していったが、中心から離れた郊外の役場は人材や資源が極めて限られ、アムステルダム会議が想定するような地方計画を、中心都市と連携して行うのは難しかった。そのため、地方自治が充実した都市の行政区域を、拡大する都市圏に合わせて広げることを国が各都市に要請することで対応した。官僚の中には、広域計画の必要性を感じ、私的な案を作成するものもいたが、法律に基づく政策としては採用されなかった[*9]。

このように都市計画から広域計画への展開は、都市化の進展に伴って検討される以外に、大規模で総合的な地域開発政策として検討される動きが戦前から見られた。

1929年の世界大恐慌によって資本主義諸国の多くが経済危機に陥った時、米国政府は、低開発地域であったテネシー川流域を大規模に開発し、雇用を創出することによる経済復興をもくろんだ。ニューディール政策の中心となったテネシー川流域開発は、TVA（テネシー川流域開発公社）が中心となって、テネシー川流域の約10万km^2にわたる広大な地域に、国営事業で30以上のダムを建設した。灌漑による用水や発電による電力はそれぞれ農業や工業に利用され、相乗効果によって開発が進み、同地域の振興を実現した。TVAが主導した地域開発計画は、単なる基盤整備事業ではなく、経済・社会への影響をあらかじめ想定して練られた広域の総合的な開発計画であった。

日本でも、1930年代初めに時局匡救事業や河水統制事業が行われたが、短中期的な社会基盤整備事業にとどまり、総合的な開発計画とは言えなかった[*3]。19世紀末から進められていた琵琶湖疎水事業など、日本にも総合開発を目途とした計画・事業はあったが、小規模なものにとどまった。

◎高度成長期の広域計画

❖ 国土総合開発法の制定と特定地域総合開発計画

国土総合開発法は、日本が戦争に敗れて米国をはじめとする連合国の占領下にあり、戦後復興を開始する頃にあたる1950年に策定された。同法は、「国土を総合的に利用し、開発し、及び保全し、並びに産業立地の適正化を図り、あわせて社会福祉の向上に資することを目的とする」と第一条で目的が示されたあと、第二条で、

一 土地、水その他の天然資源の利用に関する事項
二 水害、風害その他の災害の防除に関する事項
三 都市及び農村の規模及び配置の調整に関する事項
四 産業の適正な立地に関する事項
五 電力、運輸、通信その他の重要な公共的施設の規模及び配置並びに文化、厚生及び観光に関する資源の保護、施設の規模及び配置に関する事項

と、計画の対象となる事項を、総合的な形で定義している。

同法では四つのスケール（国土、都府県、複数都府県、特定地域）での計画が規定されたが、このうち法制定後、すぐに策定されたのは、特定地域総合開発計画であった。

日本では戦前には実現しなかった、TVAのような総合開発方式が特定地域総合開発計画によっていくつかの地域で実現した。特定地域総合開発計画は、復興に必要な基本的な資源である水と電力の供給、台風などによる水害への対応、灌漑などによる農地の回復と食糧増産などを目的とした、河川の多目的総合利用による国土の保全、資源開発、工業立地条件の整備を目的としたものである。主に河川の上〜中流地域が指定され、ダム、発電所、堤防や関連する道路などの建設などが進められた。

1951年に19地域が指定され、その後1957年に3地域が追加された。主な地域としては、北上、只見、利根、天竜・奥三河、木曽といった大河川の上・中流地域で大規模な河川開発や治山治水事業が進められた。

例えば天竜東三河特定地域では、天竜川の流域である長野県諏訪地方から伊那地方、愛知県東三河地方を通って浜松市と磐田市の間の駿河湾を抜ける3県にまたがる地域が指定された（図7・2）。戦前から進められていた電源開発が本格化し、国内最大級の佐久間ダムを中心とした開発が国主導の事業の下で行われた。ダムの建設によって関東から中京地方に至る地域の電力供給が増強され、水は下流域の静岡県西部から愛知県東部に至る地域

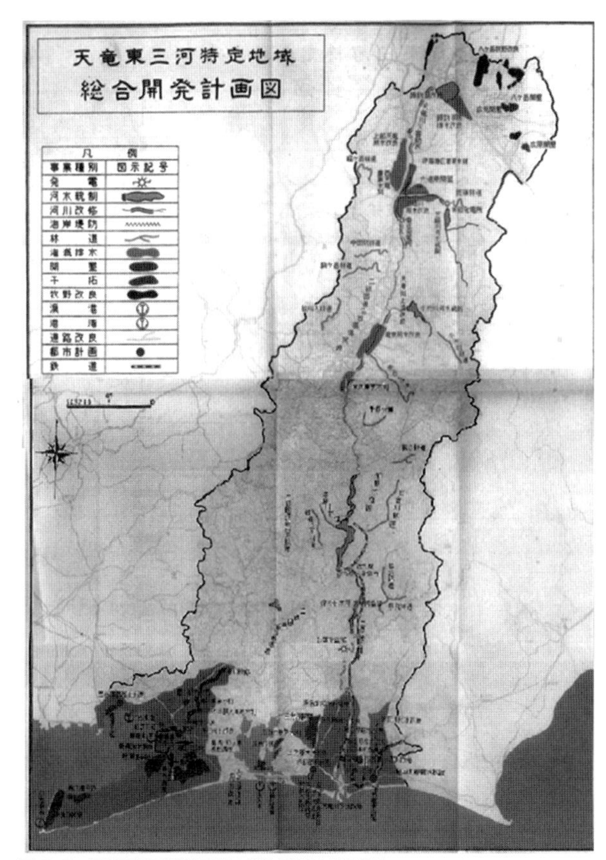

図7・2　天竜東三河特定地域総合開発計画図（出典：経済審議庁（＊10））

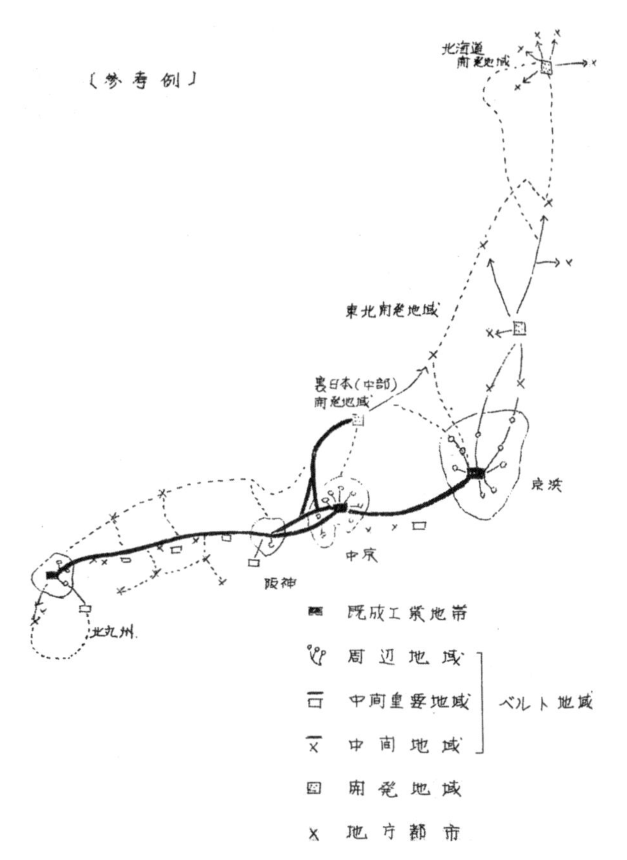

図7・3　太平洋ベルト地帯の参考図（出典：経済審議会産業立地小委員会（＊13））

の農地改良に大きく貢献した。他方、ダムの建設は、建設予定地となり水没する集落や、ダム建設前は盛んであった木材の水運を始めとする既存の産業に大きな影響を与えた*11。

❖ 太平洋ベルト地帯構想と全国総合開発計画

日本はその後、朝鮮特需などを契機に戦後復興を本格的に開始し、1950年代後半以降、高度成長期に突入する。経済の高度成長は工業化によってもたらされ、仕事を求めて地方圏から多くの若者が大都市圏に集まることになった。

国は1960年に、さらなる経済成長と、それによる国民生活水準の大幅な向上と完全雇用の達成を目指して「国民所得倍増計画」を発表した*12。そしてその実現手段として、東京から北九州までを結ぶ地域に工業地帯を連坦して形成することを目指した「太平洋ベルト地帯構想」を提唱した*13。太平洋ベルト地帯構想は、既に過密状態にあった大都市圏の既成工業地帯から、それらの中間や近傍に位置し、既存の工業集積のメリットを交通基盤の整備などによって享受できる近隣県を指定して、工業立地の拡充を目指すものであった（図7・3）。

しかしこの時、太平洋ベルト地帯から外れ、開発の主たる対象とならないことを懸念した多くの県から反対意見が出た。地方圏では若者の三大都市圏への流出が顕著で人口は純減となり、農業の維持とともに雇用の基盤となる基幹産業の育成が急務となっていた。

こうしたことを背景として、太平洋ベルト地帯構想と半ば矛盾・対立するような構想として、「全国総合開発計画（全総）」が1962年に策定された。太平洋ベルト地帯構想では、宮城県以外の東北地方、山陰地方、南九州地方などは「その他地域」として、開発が期待されない地域区分となっていたが、全国総合開発計画ではこれらを「開発地域」と定義し、「東京、大阪、名古屋から遠距離にあつて、それらの外部経済の集積の利益の享受が薄い地域である」がゆえに、「積極的に開発を促進するための基盤整備を行う地域」と定められた。

そしてこうした工業の立地条件が不利な地域を振興する手法の根拠となったのが「拠点開発方式」である。拠点開発方式とは、「既存の大集積と関連させつつ、それ以外の地域にいくつかの大規模な開発拠点を設定し、…(中略)…すぐれた交通通信施設によってこれらをじゆず状に有機的に連結させ、相互に影響させると同時に、周辺の農林漁業にも好影響を及ぼしながら連鎖反応的に発展させる開発方式」と定義されている。この方式を、いくつかの具体的な地域開発政策で実行した。

❖新産・工特と工業等制限法

新産業都市と工業整備特別地域の指定は、それぞれの法律に基づいて、1962年と1964年に15都市と6都市が指定された（図7・4）。両者は合わせて「新産・工特」と呼ばれ、全国総合開発計画の拠点開発方式を具現化した。具体的には、大都市圏以外での産業（特に工業）の開発による、産業・人口の地方分散や地域格差の是正を目的として、特定の都市・地域が指定され、工業開発の促進のための基盤整備や各種の優遇措置が行われた。当時は加工貿易が進展し、軽工業から重化学工業や機械工業などへ遷移する途上で、とりわけ港湾の立地が重要視されたため、新産・工特の地域指定のほとんども、港湾地区を中心に囲むような形で行われた。

例えば富山･高岡地区新産業都市建設計画は、「大規模な臨海工業地帯と近代的な農業地帯を建設し、農工業の一体となった調和ある発展を図り、…さらに、これに理想的な住宅地域と緑地、完備した都市施設を配した「緑の中の産業都市」…を造り上げることである」とされ*15、新港の築造、その浚渫（しゅんせつ）土砂を利用した埋め立てによる臨海工業地帯の造成、コンビナートの導入、湿田地帯の乾田化による生産性の向上、庄川支流での多目的ダムの築造と用水の供給、工場従業員らのためのニュータウン建設、幹線道路整備、鉄道整備といった内容が含まれていた。産業として、化学工場、化学繊維工業、合金鉄工業やその関連産業、機械工業の振興が図られた。

他方、既成工業地帯でも、とりわけ人口が集中していた京浜地域と京阪神地域については、それぞれ工業や大学の立地を厳しく規制する工業等制限法などの法律を制定し、それらの新設だけでなく増設も厳しく制限した。規制の対象地域は、京浜地区では23区とその周辺及び川崎市･横浜市の沿岸部（一部の埋立地を除く）、京阪神地区でも市内や湾岸部（同）などの限られた地域であったが、既存集積に与えた影響は大きかった*16。

❖大都市圏計画と地方振興計画

高度成長期には、国土総合開発法に基づく全国の計画

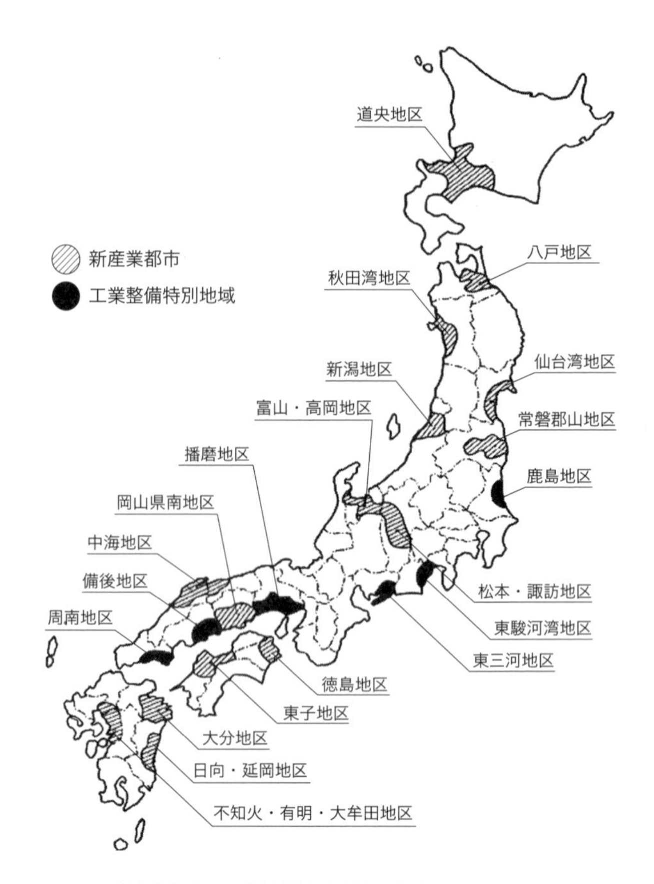

図7･4　新産業都市と工業整備特別地域の立地（出典：国土庁（＊14））

だけでなく、個別の法律に基づく地方圏・ブロックごとの計画制度も構築された。首都圏基本計画の根拠法である首都圏整備法は1956年に策定され、その第一次基本計画は、全総に先立って1958年には策定され、英国のグリーンベルトと同様に「近郊地帯」を設定して既存市街地の膨張の抑制を企図した。ブロック圏の計画は、三大都市圏（首都園、近畿圏、中部圏）、および地方圏（東北、北陸、中国、四国、九州）でそれぞれ策定され、各圏域で総合的な開発や社会基盤の整備を担うこととなった。

❖新全総と大規模開発プロジェクト

全国総合開発計画による具体的な施策が進められても、過密・過疎問題は収まることがなかった。そこでより強力な国土への働きかけを目的に、1969年に2番目の国土計画となる新全国総合開発計画（新全総）が策定された。

新全総を特徴づける最も大きな内容は、大規模開発プロジェクトである（図7・5)。「今後20年間に予想される国土開発の新骨格の建設、産業開発プロジェクトの実施および環境保全のための計画についての巨額な投資のうち、国土経営の生成システムをつくり上げるような戦

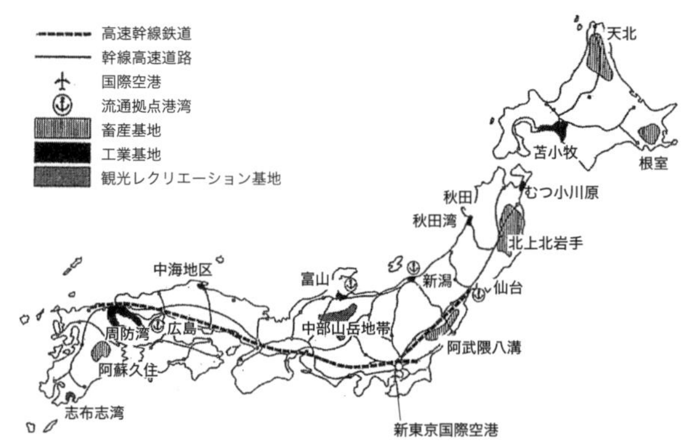

図 7・5　新全総の大規模開発プロジェクト（出典：川上征雄（＊17））

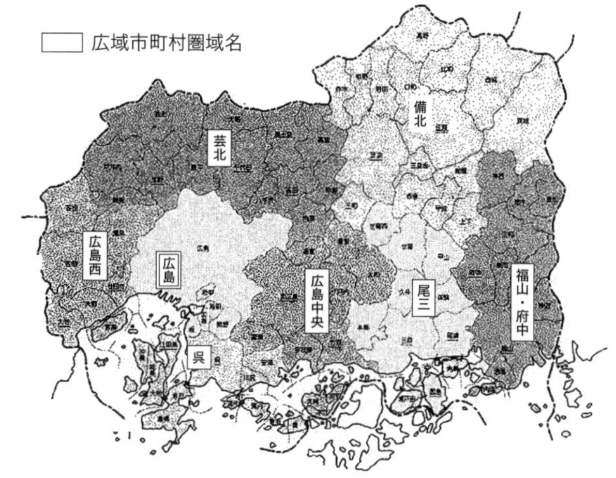

図 7・6　広域市町村圏の例（出典：広島県（＊19））

略的な投資を大規模開発プロジェクトとして構成する必要がある。」とされ、以下の三つの体系による、地域格差の是正と国土全体への開発可能性の拡大が目指された。

①全国的な通信網、航空網、高速幹線鉄道網、高速道路網、港湾などの建設、整備

②大規模な農業開発基地、工業基地、流通基地、観光開発基地などの建設、整備

③環境保全にかかる大規模開発プロジェクト

上記のうち、①は特に運輸・交通分野に関するもので、現在に至るまでの鉄道・道路の全国ネットワークの形成に大きな影響を及ぼしている。ただし、地方圏が大都市圏と高規格の社会基盤で結ばれることによる効果は、必ずしもプラスとは限らなかった。地域格差の是正についての評価は、今日に至るまで賛否両論となっている。

また②は、北東地域（苫小牧、陸奥・小川原、秋田湾など）、西南地域（瀬戸内西部沿岸地域、志布志湾など）の地域が指定され、新産・工特以上の大規模でかつ既存集積から遠い地域での計画となった。これらの計画は、過大で開発可能性が低い地域の指定に無理があったとする見解も多く、評価が低くなっている＊18。

❖区域区分と広域行政圏の設定

高度経済成長期には大都市圏への人口流入が続き、特に郊外を中心に各都市でスプロールが進んだ。都市化・郊外化への対応が喫緊な課題と認識され、さまざまな制度の新設や改正が行われた。

地方自治法の枠組みで、市町村から国までの総合計画の体系化が検討され、結果的に基本構想（現在の総合計画の序論部分に相当する）の策定が市町村の義務となり、現在まで続く計画行政の基礎が形づくられたのは、1968年の地方自治法改正によるものであった。基本構想と総合計画によって人口などの年次目標を見据え、それに合わせてさまざまな施策を打ち出していくという計画行政の形が、このころ制度として整えられた。

都市計画法は、高度成長期に都市化・郊外化が激しくなってきた後も、戦前の1911年の法律が運用され続け、スプロール対策がなされないままであった。しかし1968年の都市計画法の改正で、市街化区域と市街化調整区域の区域区分の制度が創設され、その後、都市化が進んだ地域を中心に制度の適用が順次進んだ。区域区分の権限は都道府県が有しており、都市の健全な発展を広域的な視点から促す制度となった。

また都市化に伴って増大する公共サービスの需要に対して、実質的な都市圏を形成する複数の市町村が共同で施設を整備し運営する仕組みが、1968年の広域市町村圏の設定によって強く推し進められた（図7・6）。地方自治法で「事務の共同処理」と呼ばれる、公共サービスでの広域連携の仕組みとして、一部事務組合などが戦前から制度として運用されていた。しかし広域市町村圏の設定によって、国が、道県を通じて地方圏における複数市町村の広域連携を強く働きかけることとなった。大都市圏においても1977年に大都市周辺地域広域行政圏の設定が同様に行われ、全国のほとんどの市町村がいずれかの圏域に含まれ、広域連携が促されることとなった。この二つの圏域設定は、合わせて広域行政圏施策と呼ばれ、2008年に定住自立圏構想に取って代わられるまで、国が地方自治において市町村に広域連携を促す主要な仕組みとして機能した。

◎安定成長期の広域計画

❖ 公害・環境問題

1973年に始まった石油危機は日本の高度成長期を終わらせた。同時にこの頃から、国民の関心が、経済成長や収入の増加から、環境や住生活などに広がり、国土計画や広域計画への要求も、それに対応することが必要となっていった。石油危機による経済の停滞が、人々に改めて豊かさについて考えさせる契機を与えることとなった。

また四大公害をはじめとする公害問題は既に各地で激化し、政府は1967年の公害対策基本法制定などによってようやく対応を進めようとしていたところだった。

世界的には、世界各国の学者、経営者などで組織された団体であるローマクラブが、1972年にレポート『成長の限界』を発表し、当時の最新の分析結果を踏まえて、「人口と工業投資がこのまま幾何級数的成長を続けると地球の有限な天然資源は枯渇し、環境汚染は自然が許容しうる範囲を超えて進行し、100年以内に成長は限界点に達する」と指摘し、経済成長による幸福追求に警鐘を鳴らした。

また特に過密化が進行した大都市圏では、住宅の量的・質的な不足は深刻となった。郊外化にしたがって勤務地から離れて暮らす人が多くなり、通勤ラッシュは長時間に、また混雑も苛烈になっていった。高度成長期の社会基盤整備は、自動車道路や港湾などの社会基盤が中心であり、生活基盤施設は後回しとなった。こうした状況に対して、経済学者の宇沢弘文が、自動車がその利便性と引き換えに及ばず、事故や環境悪化などの悪影響の考慮（社会的費用の内部化）を主張し*[20]、国民の多くも環境や住生活の向上に目を向け始めるようになる。

国は、こうした国民の価値観の変化に対応した新たな指標を開発することとなった。1974年に「社会指標体系」を構築し、算出して発表した。また各都道府県も、経済中心の目標を改め、国民生活の豊かさを反映する多様な指標づくりを独自に行った。

❖定住構想とモデル定住圏

このような背景の下で1977年に策定された第三次全国総合開発計画では、これまでのような工業立地、産業基盤整備や経済振興だけでなく、各圏域の生活環境の向上によって人間居住の総合的環境を計画的に整備する、定住構想を打ち出した。定住構想は、居住区、定住区、定住区を複合化した定住圏といった段階で構成されて全国では200～300の定住圏になるとし、国はその具体的な圏域の設定を自治体や地域に委ねるとしながら、モデル事業（モデル定住圏）を通じて取り組みを促した（図7・7）。定住圏の圏域の設定にあたっては、河川の流域圏の概念が参考とされた*[22]。

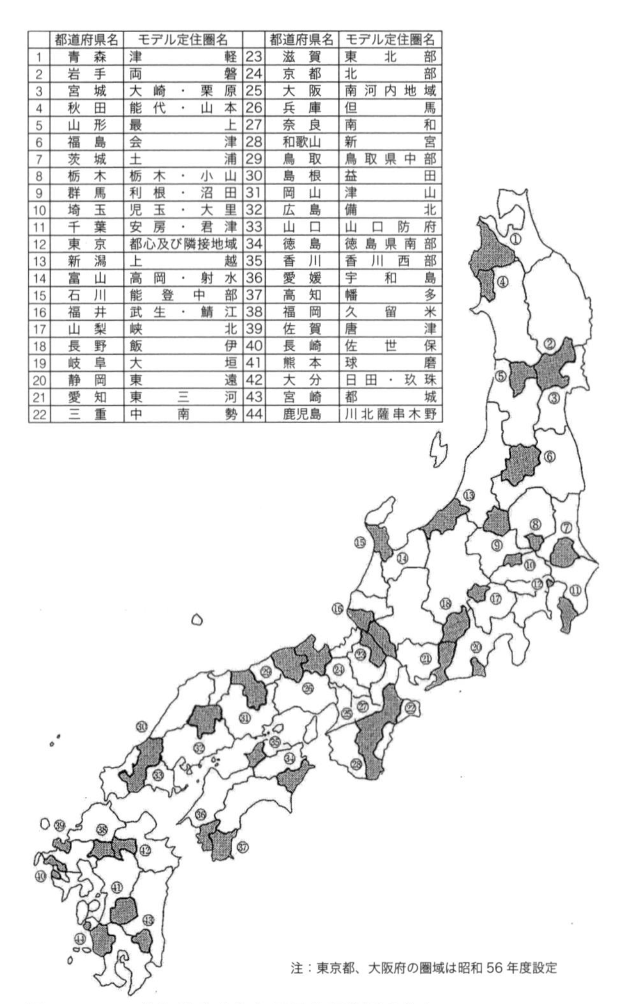

	都道府県名	モデル定住圏名		都道府県名	モデル定住圏名
1	青森	津軽	23	滋賀	東北部
2	岩手	両磐	24	京都	北部
3	宮城	大崎・栗原	25	大阪	南河内地域
4	秋田	能代・山本	26	兵庫	但馬
5	山形	最上	27	奈良	南和
6	福島	会津	28	和歌山	新宮
7	茨城	土浦	29	鳥取	鳥取県中部
8	栃木	栃木・小山	30	島根	益田
9	群馬	利根・沼田	31	岡山	津山
10	埼玉	児玉・大里	32	広島	備北
11	千葉	安房・君津	33	山口	山口防府
12	東京	都心及び隣接地域	34	徳島	徳島県南部
13	新潟	上越	35	香川	香川西部
14	富山	高岡・射水	36	愛媛	宇和島
15	石川	能登中部	37	高知	幡多
16	福井	武生・鯖江	38	福岡	久留米
17	山梨	峡北	39	佐賀	唐津
18	長野	飯伊	40	長崎	佐世保
19	岐阜	大垣	41	熊本	球磨
20	静岡	東遠	42	大分	日田・玖珠
21	愛知	東三河	43	宮崎	都城
22	三重	中南勢	44	鹿児島	川北薩串木野

図7・7　1979年に設定されたモデル定住圏の分布（出典：国土庁（＊21））

他方、全総・新全総以来の課題である、大都市圏への人口や経済活動の集中は、引き続き、大きな課題として取り上げられた。バランスの取れた国土を目指して、産業基盤だけでなく、生活を豊かにするさまざまな公共施設（病院、図書館、文化ホールなど）を、大都市圏同様に地方圏でも建設することが推し進められた。上述の多様な指標も、地方圏での公共施設の整備の根拠として用いられた。

❖ 産業構造の転換とテクノポリス（軽薄短小）

1970年代半ば以降、産業立地にも大きな変化が訪れた。

図7･8　テクノポリスの対象地域（出典：経済産業省（＊23））

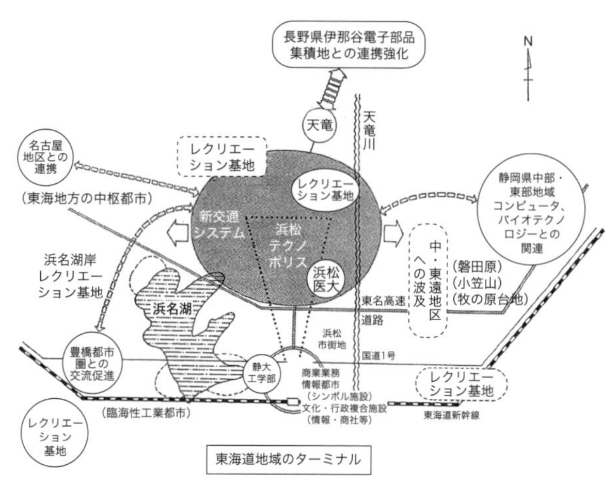

図7･9　浜松テクノポリスの構想図（出典：日本立地センター（＊24））

日本経済の基幹産業の中心が、鉄鋼・化学などの重工業から、自動車などの輸送用機器とともに電気機器へと移っていった。電気機器産業の立地は、重工業と大きく異なる性質をもっている。単位重量当たりの付加価値が極めて高く、工程に高品質の工業用水を必要とする場合が多いことから、トラックによる部品や完成品の輸送を前提として、高速道路の近傍の内陸での立地が好まれた。また研究開発に必要な人材として、これまでの肉体労働を中心とする工場労働者と異なり、研究開発のための高学歴人材が求められ、生産環境だけでなく生活環境も整った地域が必要とされた。

こうした変化に対応すべく、国は新産・工特と異なる新たな産業立地の誘導施策として、テクノポリス（高度技術工業集積地域）を全国に26か所指定した（図7･8）。電気電子産業などの先端技術産業を中核とし、高度な人材を引き付ける産・学・住が一体となった地域振興を推し進めるため、先端的な工業団地・リサーチパークと、それに付随する住宅団地や公共公益施設などの建設を促進させた。こうした新しい先端産業の地方圏への誘致政策は、その後も1988年の頭脳立地法などにも受け継がれていく。

テクノポリスの指定による産業立地誘導は、必ずしもうまくいったわけではなかったが、浜松のように既存の産業集積を有効に利用しながら次世代の先端技術の創出につなげることができた地域もあった（図7・9）。浜松の場合、前近代からの産業である木材・綿織物産業が、それぞれ木工機械、楽器、紡績機械、染色に、またそれらが軍需機械（プロペラなど）、ミシン、塗装の製造につながり、さらにエレクトロニクス（電気電子産業）や輸送機械（二輪車・バイクなど）に発展していくという工業発展の連関が見てとれ*25、テクノポリスもその発展に貢献したと考えられる。現在も、輸送機械・楽器製造などに加えて、光産業（フォトニクス）などの拠点として成長し続けている。

❖ 一村一品運動・内発的発展論

新産・工特、大規模プロジェクトやテクノポリスは、外部からの資本や生産基盤の導入による「外発的な」発展を目指したものであった。しかし1980年代初頭には、これとは別の形で地域発展を目指す取り組みが、大分県を皮切りに行われた。1979年に当時の平松守彦知事が提唱して開始された一村一品運動は、各市町村が地域の特産品を掘り出し、時にそれを現地で加工して付加価値をつけて販売することによって地域の「内発的な」発展を目指すものであった*26。

一村一品運動の取り組みは、その後の日本の農山漁村の振興のあり方だけでなく、地域づくりにおける住民の役割に大きな示唆を与えることになった。現在も行われている地域資源の活用による地域活性化にも影響を与え、その手法は国内だけでなく多くの開発途上国にも広まっている。

❖地方圏の産業空洞化

上記のような国内でのさまざまな変化とは別に、国際的には、経済のグローバル化による新たな潮流が次第に大きくなり、国内の国土構造に大きな影響を与えるよう

都市計画COLUMN

地域格差を測る指標

国土計画や広域計画は、国土や都市圏など、計画が対象とする領域全体でより望ましい将来像を描くために、地域間のバランス、格差の緩和を大きな目標の一つに据えることが多い。過疎や東京一極集中は最も典型的な問題として国土計画で扱われ、対応が求められてきた。都市圏の計画においても、中心と周辺の間、自治体・地区間の格差などが常に政策課題となる。

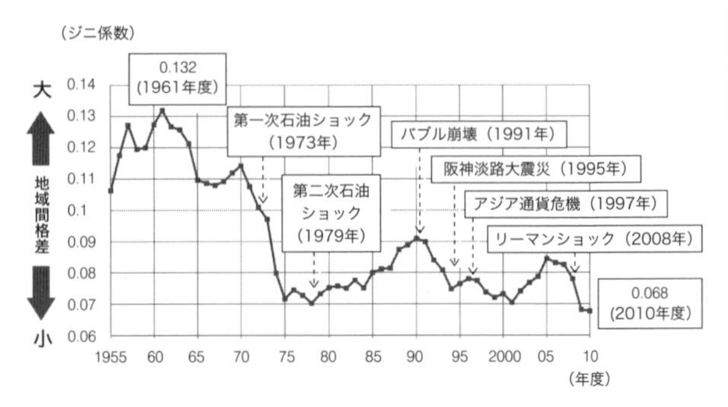

(注) ジニ係数とは、分布の偏りを表す指標であり、0から1までの値をとり、1に近いほど地域間の格差が大きいことを示している

図　1人当たり県民所得のジニ係数の推移（出典：国土交通省（＊28））

格差を測る評価指標は、対象とする圏域での課題や計画の目指す姿によって異なる。東京一極集中の議論では、人口の総数や増減、また都道府県民１人当たりの総生産や所得などがよく議論される。またその原因として、大企業本社、外資系企業、大学・研究機関などの全国シェアなども取り上げられる。都市圏においては、人口増減の他、高齢化率、社会サービスの状況（例えば病院など公共施設あたりの人口など）などが主に取り上げられる。

格差の度合いや変化についても、さまざまな測り方がある。各地域･地区のシェアやその変化、また人口１人当たりの指標の比較などが一般的な方法である。より高度で包括的に格差を評価する指標には、変動係数、ジニ係数、タイル尺度などがある。ジニ係数は、格差が全くない均一な状態をゼロ、最大の状態を１として格差の度合いを評価することができる指標で、地域間以外も含めたさまざまな格差の評価に使われる＊27。日本の地域格差を、１人当たり地域総生産のジニ係数を時系列で比較すると（図）、高度成長期に比べてその後は地域格差が緩和されていることが分かる。

地域格差の評価結果を踏まえて、どのような計画を立てるかについては、慎重に考える必要がある。格差が全くない均一な状態が望ましいわけではない。また指標によって格差の評価は大きく変わる。国土での地域格差は、１人当たり都道府県民総生産では緩和されたが、人口シェアやその増減では東京一極集中の傾向が続き、格差は拡大している。格差の指標が示す地域の実態を正しく認識し、将来の方向性を考える必要がある。

になっていった。

原材料を輸入し製品を輸出する加工貿易で経済を発展させてきた日本は、1985年のプラザ合意を契機とする円高の進展により、労働コストが割高となり競争力が低下した。製造業の各企業は労働コストを抑えるため生産拠点を日本からアジア諸国に移転させるようになった。

国はそれまで、基幹産業や先端的な産業も含めて地方圏への移転を促進させようと、国土計画を通じて働きかけてきた。しかし多くの場合、実際に地方圏に移転したのは、相対的に付加価値の低い、労働集約的な産業や工程を担う工場であった。そうした工場は、この頃から日本の地方圏より労働コストがはるかに安いアジア諸国に移転し、地方圏の産業が空洞化することとなった。

❖中枢管理機能の重要性の高まりと東京一極集中

他方で経済のグローバル化は、中枢管理機能の重要性を高めた。中枢管理機能とは、国会、行政機関、企業本社など、政治・行政・経済における高度な意思決定を司る機能であり、それらに付随する高度専門サービス業（金融機関、弁護士、会計士、メディア産業など）をあわせて言う場合もある。資本や情報の国際間のやり取りが多く、また複雑になるにつれて、こうした機能を担う中心都市の重要性が増した。ジョン・フリードマンは、世界各国でこうした都市が重要性を増すとともに、世界経済の中で序列的な構造をもちつつある状況を「世界都市仮説」として1986年に発表した＊29,30。

日本では、こうした中枢管理機能を、首都・東京が一手に担っていた。それは上記のような経済のグローバル化の動きにもよるが、もともと日本の戦後の国家経済が、政官財の密接な結びつきで進められ、その舞台が東京であったことも大きく影響していると考えられる。

実際に東京圏、特にその都心には、中枢管理機能である政府機関、企業本社、外国法人などさまざまな機能が量的・質的に集中し、その傾向はさらに強められるようになっていった。安定成長期に入ると人口は再び東京圏

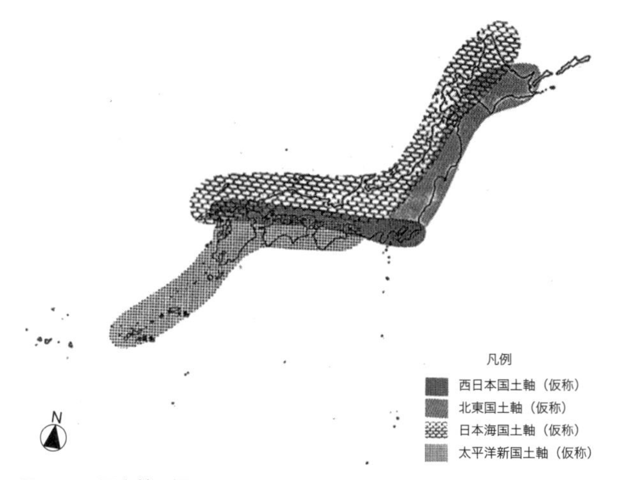

図 7·10　国土軸の図（出典：国土交通省（＊ 28））

に流入するようになるが、大阪圏や名古屋圏では同じような流入は見られず、東京一極集中が激しくなっていった。

❖四全総と多極分散型の国土形成

1987 年に策定された第四次全国総合開発計画は、こうしたグローバル化の流れと東京一極集中のはざまでさまざまな議論が行われたが、結果的に東京一極集中を是正する方向が打ち出された*14。理念として、「多極分散型国土の形成」が打ち出され、「安全でうるおいのある国土の上に、特色ある機能を有する多くの極が成立し、特定の地域への人口や経済機能、行政機能など諸機能の過度の集中がなく、地域間、国際間で相互に補完、触発しあいながら交流している多極分散型の国土を形成すること」が目標と定められた。

多極分散型国土の実現のため、さまざまな地域が交流をより進めるために、交通、情報・通信基盤を整備するとともに、テクノポリスに引き続いて先端的な産業を地方圏に誘致する頭脳立地地域の指定や、リゾート法による総合保養地域の整備などが地方圏を中心に進められた。

他方で、東京都心への機能集中への対策として、東京圏の郊外の中心都市に業務の核を形成する「業務核都市構想」も策定された（口絵 7・2）。この頃は、バブル経済が進行し地価が高騰した時期にあたり、東京都心から離れた近郊・郊外の中心都市での業務拠点の成長が求められていた。業務核都市構想は、1986 年の第四次首都圏基本計画で考え方が示され、その 2 年後の多極分散型国土形成促進法によって、横浜・川崎、八王子・立川・多摩、浦和・大宮（現さいたま）、千葉といった具体的な都

図 7·11　地域連携軸の図（出典：国土交通省（＊ 28））

市が指定された。

◎低成長・成熟期の広域計画

❖ 五全総と地域連携軸

日本は、1990 年のバブル崩壊を経て、長期の不況に突入する。同時に、高齢化や国家財政のひっ迫などが大きな問題として取り上げられ、国土計画や地域格差への関心は相対的に低下した。他方、東京への一極集中の動向は、バブル崩壊とともに一旦は落ち着きを見せるが、その後は再び、転入超過が進み始めた。産業の空洞化が進む地方圏では、地方圏の振興と、東京との地域格差の是正が、引き続き強く要望された。

このような時代背景の下、1998 年に 5 番目の全国総合開発計画である「21 世紀の国土のグランドデザイン」が策定された。この計画では、「国土軸」という概念が用いられ（図 7・10）、三大都市圏や既存の産業集積が多く立地する西日本国土軸に加え、北東国土軸、日本海国土軸、太平洋新国土軸が示され、全国土を網羅する形で計画された。また、道府県をまたぐ形で「地域連携軸」も全国で 30 箇所以上設定され、結びつきを強める働きかけが行われた（図 7・11）。こうした軸による計画の実現手段

は、交通基盤整備（高規格道路および橋梁・トンネル）が中心であったが、歴史文化や自然が意識されたものもあった。

例えば愛知・静岡・長野の３県が県境を接する三遠南信において地域連携軸が設定された。この地域は、古くは塩を内陸まで運ぶ街道沿いにあたり、戦後には前述のように特定地域総合開発計画が策定され、各種の基盤整備が進められた地域である。地域連携軸では、三遠南信自動車道の建設を中心に、経済振興や文化交流などさまざまな連携・交流が広域的に計画され、実行に移されている（図７・12）。

❖ 地域開発制度の廃止と国土計画制度の改編

2000年代に入ると、20世紀の後半の国土政策を担ってきた、新産・工特、工場等制限法など、テクノポリスといった法律・制度が廃止されることになった。

この背景には、こうした政策が一定の成果を上げた一方で、基幹産業とその成立要件が大きく変化して今後のさらなる進展が見込みにくくなったこと、対象としていた工業の誘導・規制と手法が地域格差の是正の手段として機能しにくくなってきたこと、地方分権の流れによって国が共通の枠組みで地方振興を行う意義が薄れつつあったことなどが挙げられる*[27]。

また国土計画の法律である国土総合開発法も、2005年に改正されて国土形成計画法となり、計画名も新しくなった。この法改正の最も大きな背景として、20世紀後半の国土計画を代表する「開発」という概念が、この時期に否定的に取り上げられたことが大きく影響している。低成長時代の始まりと高齢化の進展により将来の経済・財政問題の深刻化が懸念される中で、地方圏での社会基盤の開発が経済効率を伴わないものとして大きな批判を浴びた。社会基盤整備の根拠となっていた道路、河川、港湾などの五カ年計画と共に、それら個別政策と関連する総合的な計画という位置づけとなっていた全国総合開発計画も、見直しを迫られることとなった。

❖国土形成計画の全国計画と広域地方計画

改正された国土形成計画法は、既に進みつつあった高齢化・人口減少局面に備え、量的拡大の「開発」基調から、「成熟社会型の計画」への転換を進めようとした。実際に、法律や計画の文言から「開発」という言葉がなくなり、地域の再生と持続可能性の向上、交流・連携といった内容が強調されるようになった（図７・13）。

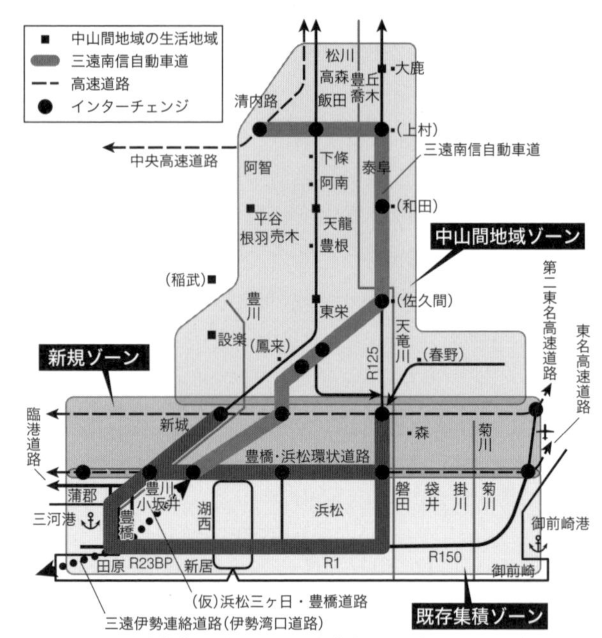

図７･12　地域連携軸を踏まえた圏域ビジョンの例（出典：三遠南信地域連携ビジョン推進会議（＊31））

また策定手法においても大きな変更があった。全国計画とブロック圏域単位の広域地方計画の二層に分けて策定し、前者では全国的な視点から長期的な国土づくりの指針が示され、具体的な内容は後者によってブロック圏域ごとに定められることになった。

とりわけ広域地方計画は、別途、開発計画をもつ北海道と沖縄以外の45都府県を八つの広域地方計画区域に分け、その区域ごとに広域地方計画協議会を組織し、各主体が対等な立場で連携・協力しながら原案を策定するという体制となった。協議会には、国の地方行政機関、都府県・政令市、経済団体などが参加し、学識経験者からの意見聴取、市町村からの提案、地域住民からの意見などもプロセスとして位置づけられた。また北陸と中部、中国と四国といった隣接する圏域同士での合同協議会の制度も位置づけられた。

こうした制度の改変は、進み続ける地方分権の動きと、広域的な施策への一体的な対応の必要性の両方を踏まえたものとなっている。

2008年に策定された最初の国土形成計画（全国計画）では、東アジアとの円滑な交流・連携、人口減少に対応した持続可能な地域の形成、災害に強いしなやかな国土の形成、美しい国土の管理と継承、という四つの戦略的目標が定められ、横断的視点として、「新たな公」を基軸とする地域づくりの必要性が示された。これに基づいて

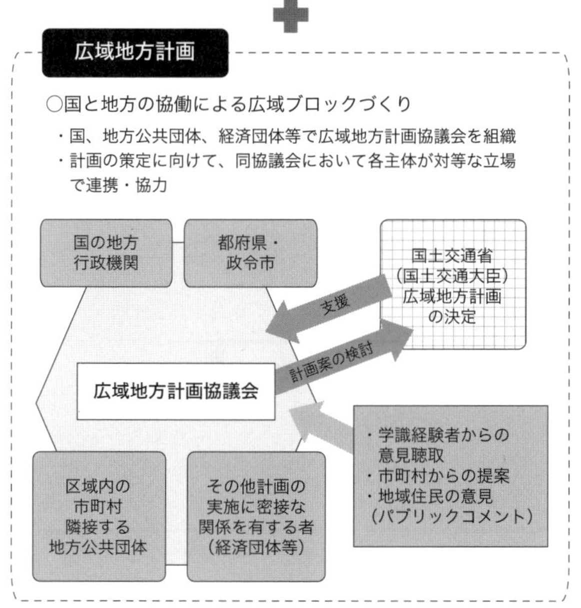

図 7･13　国土形成計画の枠組み（出典：国土交通省（＊ 28））

2009 年には広域地方計画が策定され、各圏域の特色や課題を踏まえた計画づくりが行われた。

例えば、首都圏広域地方計画では「世界の経済・社会をリードする風格ある圏域づくり」との副題と五つの戦略目標・方針の下、地域の戦略として 20 数のプロジェクトにまとめられた。

2015 年には、第二次国土形成計画（全国計画）が策定された。高齢化・人口減少の進行、東日本大震災などの災害対応などを踏まえて、「対流促進型国土」形成の計画と位置づけられた（図 7･14）。具体的には、人口減少に立ち向かう地域構造・国土構造として「コンパクト＋ネットワーク」が推奨され、また農山漁村では小さな拠点の形成が推し進められることとなった。翌 2016 年には各圏域の広域地方計画が策定された。

❖ 現代の国土計画とそれを取り巻く状況の変化

全総が策定された 20 世紀後半の時代に比べて、21 世紀になり国土形成計画法の下で策定された国土計画は、注目度が低くなっている＊[32]。

全総が策定された時代においては、政府の国づくりの方針、とりわけ大都市圏や東京への集中の是正についての計画における記述は、官僚や政治家だけでなく国民的

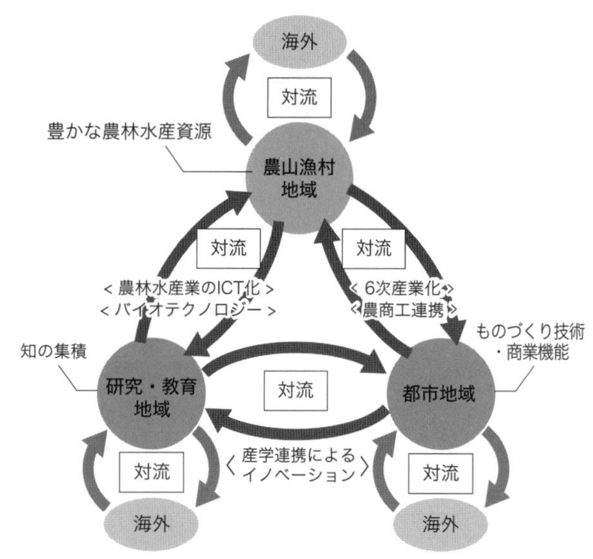

図 7･14　対流促進型国土のイメージ（出典：国土交通省（＊ 28））

な議論ともなった。またそれぞれの都市・地域に関係したプロジェクト、区域、軸などが計画に具体的に書かれるかどうかに大きな注目が寄せられた。しかし、現在の国土形成計画には、そのような強い関心は示されていない。

他方で、国土や圏域をめぐる課題はさまざまな形で存在し続け、一部はむしろ深刻化している。東京一極集中は 1980 年代以来、現在も続く課題である。地方圏から東京圏へ、特に若年層の流出が続いている現状、また東京に移住した多くの人々が高齢となり医療・社会福祉施設の供給が追い付かなくなるといった問題に対して、広域的な視野から実効性のある政策を進めていかなければ、一都市・一地域でのまちづくりも思うように進まない。高齢化・人口減少が進む今だからこそ、国土・広域的な視点が強く求められているといえる。

❖広域行政の変化

広域行政でも 2000 年代以降、大きな変化があった。都市化やモータリゼーションの進展によって、都市圏は一つの市町村をはるかに越えて形成された。それに対して、都市計画を含むさまざまな政策が広域的に進められる必要性がさらに高まった。同時に、市民が求める公共サービスの量と質も高まり、組織としての市役所・町村役場のキャパシティの向上も求められるようになった。

地方自治法では 1994 年に広域連合制度が定められ、都市圏を構成する複数市町村などにおける多様で緊密な

連携が目指されたが、実際に導入された都市圏は多くはなく、連携の分野も限られたものであった。

2000年代には、国がいわゆる「平成の大合併」を推し進め、主に小さな町村が合併して市となり、それまで約3,300あった市町村が約1,700まで減少した。合併の効果は、自治体のキャパシティ向上（専門職員の配置など）、広域的なまちづくりへの対応、行財政の効率化などがあるとされる。他方、合併に伴う問題として、周辺部の旧町村の活力喪失、住民の意向反映の機会の減少といった問題が挙げられる。住民サービスの変化については、評価が分かれており、今後の中長期的な分析が必要となる。

「平成の大合併」が一段落すると、再び複数市町村での多様な連携を促す制度が構築された。2008年には定住自立圏構想にかかる制度が制定された。定住自立圏構想は、人口が5万人程度以上、昼夜間人口比率が1以上の「中心市」が広域連携を進めることを宣言し、周辺の「近隣市町村」との間で協定を結び、圏域のビジョンを策定することで、相互にメリットのある広域の政策を推進し、それを国が後押しする制度となっている（図7･15）。この制度による広域連携の内容はさまざまだが、多くの自治体が抱える高齢化・人口減少の問題を反映して、住民サービスに関連する連携が多い。また2014年には、同様の枠組みでより大きな地域経済圏域の形成を目指す、連携中枢都市圏構想が進められることになった。

今後さらに進行する人口減少によって、市町村で連携して取り組んだほうが効果が高い施策について、こうした枠組みがさらに発展していくことが望まれる。他方で、現在の仕組みでは、協定として合意された内容での限られた連携が進むに過ぎない。それは事務の共同処理の仕組みである一部事務組合、広域連合や委託といった制度も同様である。将来の一体的な都市の姿を、総合的かつ具体的に定めるような仕組みが求められる。

7･3　広域計画の成果と課題

◎広域計画の評価の難しさ

自由主義経済において、計画が制御・誘導できる要素は限られている。そして、計画の領域が広まれば広まるほど、この傾向は強くなる。とりわけ広域計画については、目標を達成できた、またはできなかったことの原因が、計画自体にあるのか、それとももともと制御・誘導

・人口5万人程度以上
（少なくとも4万人超）
・昼夜間人口比率1以上
⇒生活に必要な都市機能について、
一定の集積があり、周辺地域に
スピルオーバーしている都市

・中心市と近接し、経済、社会、文化
又は住民生活等において
密接な関係を有する市町村
・環境、地域コミュニティ、
食料生産、歴史・文化等の観点
からの重要な役割を期待

図7･15　定住自立圏のイメージ（出典：総務省（＊33））

できなかった要素や想定していなかった政治・経済・社会的事象によるものなのか、明確に判定することは困難である。

広域計画が対象とする領域では、多様な主体が多様な活動を行っており、それらは常に関連しあっている。広域計画で示される目標値、例えば人口の数値が達成されたこと（達成されなかったこと）の原因が計画によるものなのかどうか、またその影響の度合いについては、常に議論がある。

◎国土計画と人口動態

ここでは、国土計画が常に対象としてきた、全国的な人口の配置についてその動きを概説する。

高度経済成長が始まった1955年前後から現在までの三大都市圏への人口の増減を見てみると、いくつかの変化が読み取れる（図7・16）。1960年代までの高度成長期は、都市化が進み、三大都市圏でいずれも転入人口が大幅に超過し、このことが大都市圏での過密、農山漁村での過疎となってあらわれた。1973年のオイルショックで経済不況が起こると、三大都市圏への転入は止まったが、そのあと、景気が回復し安定成長期に入るにつれて、東京圏での転入超過が再び大きくなった。この頃の特徴は、東京圏への一極集中が顕著となり、名古屋圏、大阪圏では転入人口が増大しなかった点である。この動きもバブルが崩壊して経済不況となると止まった。しかしその後は、再び東京圏への転入超過が大きくなっている。これまで大都市圏や東京圏への流入は景気の変動と

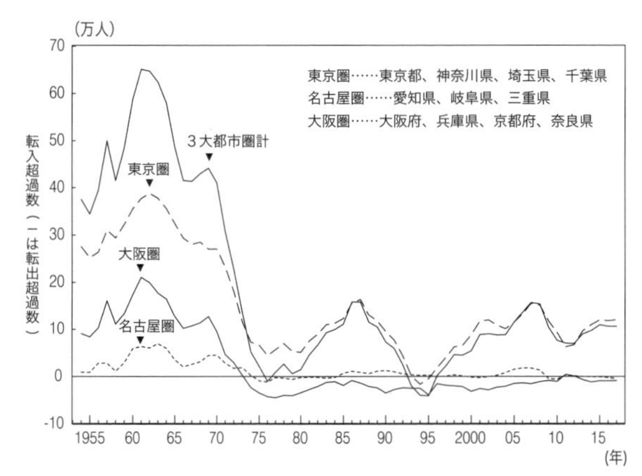

図7·16　三大都市圏への転入・転出超過数の推移（日本人移動者、1954 - 2016年）（出典：総務省統計局（＊34））

連動していたが、21世紀に入ってからは経済状況にはそれほど左右されずに東京圏への人口流入が続いている*27。

全国総合開発計画およびその後継となる国土形成計画は、結果的に、大都市圏への集中、とりわけ東京への一極集中を緩和するに至っていない。少なくともこれまでの国土計画は自らが設定した国土の人口配置についての目標を達成したとは言えない状況にある。

ただ、大都市圏への集中は、世界の多くの国々で見られる現象となっている。現在では、人口が1000万人以上の大都市圏をメガシティと呼び、形成の状況やその過程で生じる問題について多くの研究が行われている。こうした世界的な傾向から考えても、計画の寄与の度合いを測るのは難しい。もし国土計画の働きかけがなかったら、人口はさらに東京に集中していたかもしれない。

重要なのは、人口の配置の変化が人々に及ぼす影響（ポジティブな影響とネガティブな影響が含まれる）を多面的に評価し、今後の国土計画や関連施策に反映させて、あるべき都市の姿への誘導を試みることである。

◎広域計画の現代的課題

広域計画が担うべき課題は、時代とともに変化し、広がってきている。ここではいくつかの重要な現代的課題について述べる。

❖グローバル化

広域計画が対象とする人間の諸活動、とりわけ経済活動は、地理的な活動範囲を常に広げている。広域計画は実質的な都市圏を包含する範囲でのプランニングを進めるものであるが、経済活動は都市圏や国境を越えた交流や取引が進んでいる。

経済活動の地理的拡大は、1980年代以降、加速度的に進むグローバル化によって著しく進展した。グローバル化の進展は、経済活動の自由度の拡大によってもたらされているものであるが、例えば、物理的な自由（交通・通信基盤・サービスの充実など）、通商的な自由（関税など貿易障壁の縮小・撤廃、労働力移動の自由化など）、政治的な自由（表現の自由、検閲の不在など）がある。この数十年間、地域や時期によって自由度の程度や進展の度合いには差があるものの、世界の大きな流れとして自由度は高まる傾向にある。

グローバル化の進展によって、広域計画は新たな課題に対応する必要に迫られる。地域に大きな影響を及ぼす世界的な経済の動きを常に推し量り、地域での対応を考える必要がある。

例えば、前述のように、日本の20世紀後半の国土計画では、国内の地域格差の是正を目指し、大都市圏から地方圏への工場などの機能の分散に取り組んできた。しかしグローバル化の進展によって、工場はもはや国内ではなく周辺のアジア諸国などへ移転する動きが顕著になっている。他方で、大都市圏では、大企業の本社機能、グローバル金融企業の拠点、高度専門サービス業の集積など、大都市圏の中枢管理機能の強化が、国内だけでなく周辺諸国の大都市との競争関係からも、より重要になってきている。地方圏では、質の高い農産品や魅力のある観光資源などが外国人を引き付けつつある。このような経済活動の傾向の変化に応じて、現在の国土計画である国土形成計画も、政策の対象を新たに定めつつある。

❖地域振興政策の新しい概念

都市化と都市圏の拡大は、産業革命・近代化による工業化とともに進んできた。その過程で、多くの都市は工業振興のための社会基盤整備、労働力となる人口の集中・都市化に対応した都市計画を進めてきた。

今、日本の多くの都市は既に工業化による経済成長の段階を終え、都市圏の成長や維持の新たな段階を迎えている。この新たな段階に、計画的に何が必要なのかについての模索が続いている。

模索の段階で常に議論される一つのキーワードが、イノベーションである。イノベーションは、経済学者であるシュンペーターによる経済発展論の基礎的な概念であり、付加価値を増大し生産を拡大するために労働、土地などの生産要素の組合せを変化させたり、新たな生産要素を導入したりする企業家の行為であるという。どのような条件や環境の下でイノベーションがより創出されやすいか、それをどのように地域に誘導しうるのか、経済学者だけでなく、プランナーを含め都市に関連するさまざまな学者・実務者が試行錯誤を繰り返している。

マイケル・ポーターの産業クラスター論は、イノベーションの創出のあり方を示す有力な理論の一つとして広く議論されている。産業クラスターとは、ある特定の分野における、共通性と補完性によって相互に結びついた企業群と関連する諸機関からなる地理的に近接したグループであるとされる。ポーターは、グローバル化された環境の中での競争優位を確保する姿として、①関連・支援産業、②要素（投入資源）条件、③企業戦略と競争の環境、④需要条件、からなるダイヤモンドフレームを提示した*35。

また、都市における創造性（クリエイティビティ）も、現代都市に必要な新たな概念として広く議論されている。リチャード・フロリダは、創造階層（クリエイティブ・クラス）論を提示し*36、脱工業化した都市における新しい経済成長が、スーパー・クリエイティブ・コアと呼ばれる創造的な業務に勤しむ人材を中心に達成されるとした。都市計画にとってこの理論の重要な点は、創造階層が好む環境として、自由で寛容な雰囲気、住みやすさ、心地よさといった都市環境にも密接に関係した要素を挙げていることである。創造都市論は、創造階層に相当する人々を引き付ける環境を提供し、都市の新しい成長を促すハード・ソフトのプランニングのあり方について、重要な示唆を提供している*37。

❖新たな環境問題

都市計画は、都市化に伴う居住環境の劣悪化に対応して下水道などの都市基盤を整備したことが発祥となっている。その意味で都市計画は、都市化した地域の環境問題である公害と、元々密接な関係をもっているといえる。日本では、戦前から都市のみならず農村地域でも公害問題が頻発したが、さまざまな努力によって多くは緩和されてきた。

他方、地球温暖化をはじめとする地球規模での環境問題が、数十年前から次第に注目されてきている。地球規模の環境問題の難しさの一つは、原因物質が排出される場所と被害を受ける場所が大きく異なる点である。地球温暖化の原因となる温室効果ガスは、都市を中心とする人間の個々の経済活動によって排出されるが、大きな被害を受けるのは海面上昇の影響の大きい島しょ部や海岸などとなる。都市に住む住民は、自分たちの生活の中で直接感じられる環境の変化だけでなく、遠く離れた地域の環境や地球全体にも想像力をめぐらせる倫理観を高める必要がある。

こうした新たな環境問題への対応における広域計画の重要な点は、圏域として総合的にどのような対応が可能か、圏域内の各地域の特性からさまざまな選択肢を検討し、その中で最適なものを実行に移すことである。

比較的小さな都市圏であれば、太陽光、風力、バイオマスなどの再生可能エネルギーによってかなりの程度、エネルギーの自給が可能になる。こうしたエネルギーの地域循環による地球温暖化対策のためのハード・ソフトを計画的に整備していくビジョンを指し示すことも、広域計画の役割となる。大都市圏や国全体では、各地域での経済活動やエネルギー消費と、それによって生ずる温室効果ガス排出の地域間バランスが大きく崩れる。こうした不均衡の状況を的確に把握した上で、各地域が高いモチベーションで環境対応に取り組めるよう、広域計画によって描かれるビジョンの下、必要なルールづくりを行う必要がある。

❖高齢化・少子化・人口減少問題

高齢化は、程度の差はあれ多くの国々が共通して抱える問題となっている。経済成長による収入増加や衛生環境改善の過程で、人口動態は多産多死から多産少死、そして少産少死へ遷移していくとされる。高度成長期において労働力を担った層は、その後、高齢化する。高齢者にとって必要な都市のハード・ソフトの質と量は、経済成長と都市化の過程で若年層が都市に集まってきた時期とは異なるものになる。高齢化への対応は、成熟した都市の共通の課題となっている。

少子化も、経済成長を達成した先進・中進諸国にある程度共通の傾向とみて良い。出生率は、所与の社会経済的条件や国の政策によってある程度の違いがあるものの、人口が維持できる人口置換水準に達している国はほとんどない。またこうした国々は都市化も既にある程度進んでおり、今後、都市における人口増加も、国外からの移民流入の可能性を除けばあまり見込めない。

こうしたことから、世界の多くの国々で、高齢化や人口減少に対応したまちづくりの必要性が唱えられている。その中でも日本は、多くの報告がある旧東ドイツ・東欧地域や米国の産業衰退地域に比べても、高齢化・人口減少の度合いが長期的に厳しくなることが予想されている。また韓国、中国、タイなどの東・東南アジア諸国は、今後、日本の傾向を追うように、激しい高齢化・人口減少を迎えると予想されている。日本における高齢化、人口減少対応の都市計画・まちづくりの成否に世界が注目することになるだろう。

広域計画において重要な点は、一部の地域で高齢化や人口減少による悪影響が極端に進んだり、地域同士での過度な若年層の奪い合いが起こるのを防ぐため、圏域全体で目指すべき緩やかな方向性を指し示すことであると考えられる。圏域の中で、高齢者がどのように分布するか、人口減少がどの地域でとりわけ激しいかについて予測し、圏域内外の関係を踏まえて適切な対応を考える必要がある。都市圏の中で、高齢化が一部の地域に偏りすぎないよう、さまざまな公共施設・サービスを適切に誘導したり、各地域で若年層にも魅力あるまちづくりを進めて持続可能な地域を形成する必要があるだろう。

[注・参考文献]

＊1 橋本武（2015）「日本は平均的な国家か、特殊な国家か？－経済計画・国土計画に対する志向性に係る国際比較－」『UED レポート』2015 年夏号、（一財）日本開発構想研究所、pp.77-85
＊2 土木工学大系編集委員会編（1979）『土木工学大系 22　ケーススタディ国土計画』彰国社
＊3 松浦茂樹（2000）『戦前の国土整備政策』日本経済評論社
＊4 "Landesentwicklungsplan Baden-Wue rttemberg"（2002）
＊5 神奈川県（2007）『かながわ都市マスタープラン』
＊6 森川洋（1996）「都市システム理論における軸・ネットワーク概念と国土計画への応用」矢田俊文編（1996）『地域軸の理論と政策』大明堂
＊7 姥浦道生・小泉秀樹・大方潤一郎（2002）「自治体レベルにおける大規模小売店舗開発の立地コントロールの規準とその運用に関する研究―ドイツ・ノルトライン―ヴェストファーレン（NRW）州・ドルトムント市を事例に」『都市計画論文集』37、pp.811-816
＊8 佐藤俊一（2014）「石川栄耀：都市計画思想の変転と市民自治」『自治総研』428、pp.1-44
＊9 瀬田史彦（2009）「（大阪の都市空間を読む）『大大阪』にみる戦前の関西・近畿」（社）大阪建築士事務所協会『まちなみ』vol.33/No.378(2009 年 1 月号)、pp.16-19
＊10 経済審議庁（1954）『天龍東三河特定地域総合開発計画書（昭和 29 年 6 月 11 日閣議決定）』
＊11 町村敬志（2006）『開発の時間・開発の空間―佐久間ダムと地域社会の半世紀』東京大学出版会
＊12 経済審議会（1960）「国民所得倍増計画」
＊13 経済審議会産業立地小委員会（1960）「産業立地小委員会報告」
＊14 国土庁『国土統計要覧』昭和 63 年度版
＊15 富山県（1962）「富山高岡地区新産業都市建設計画の構想と内容」
＊16 国土庁（1978）「大都市圏の工業制限に関する施策検討のための調査報告書」
＊17 川上征雄（2008）『国土計画の変遷』鹿島出版会
＊18 増田壽男・小田清・今松英悦編（2006）『なぜ巨大開発は破綻したか―苫小牧東部開発の検証』日本経済評論社
＊19 広島県 HP
https://www.pref.hiroshima.lg.jp/（最終閲覧 2018/7/30）
＊20 宇沢弘文（1974）『自動車の社会的費用』岩波新書
＊21 国土庁『国土統計要覧』昭和 61 年度版
＊22 下河辺敦（1994）『戦後国土計画への証言』日本経済評論社
＊23 経済産業省 HP
http://www.meti.go.jp/（最終閲覧 2018/7/30）
＊24 日本立地センター（1983）「浜松地域テクノポリス」『産業立地』1983 年 9 月
＊25 大塚昌利（1986）『地方都市工業の地域構造』古今書院
＊26 鶴見和子・川田侃（1989）『内発的発展論』東京大学出版会
＊27 大西隆編（2010）『広域計画と地域の持続可能性（東大まちづくり大学院シリーズ）』学芸出版社
＊28 国土交通省 HP
http://www.mlit.go.jp/（最終閲覧 2018/7/30）
＊29 Friedmann, John（1986）"The World City Hypothesis", *Development and Change* 17 (1), pp.69-83
＊30 加茂利夫（2005）『世界都市：「都市再生」の時代の中で』有斐閣
＊31 三遠南信地域連携ビジョン推進会議（2008）『三遠南信地域連携ビジョン』
＊32 橋本武（2008）「「五全総」以降の国土計画に対する批判論の検討―国会発言、マスコミ論調、財界提言を中心に」『計画行政』31（4）、pp.55-63
＊33 総務省 HP
http://www.soumu.go.jp/（最終閲覧 2018/7/30）
＊34 総務省統計局 HP
http://www.stat.go.jp/（最終閲覧 2018/7/30）
＊35 ポーター、マイケル（1992）『国の競争優位』ダイヤモンド社
＊36 フロリダ、リチャード（2007）『クリエイティブ・クラスの世紀――新時代の国、都市、人材の条件』ダイヤモンド社
＊37 佐々木雅幸・総合研究開発機構（2007）『創造都市への展望―都市の文化政策とまちづくり』学芸出版社

8章　計画策定技法

――都市計画はどのような方法や技術に支えられているのか

村山顕人

8・1　計画策定技法を捉える視点

◎計画策定への期待

低成長時代・成熟時代を迎えた日本の都市計画には、市街地の拡大・拡散を制御しつつ、場合によっては市街地の一部を低密度化させ、成長時代に整備したさまざまな都市基盤や公共施設、民間の生活支援施設を維持するために市街地の一部の密度維持あるいは高密度化を図り、都市全体の構造と形態にメリハリをつけることが求められる。また、都市を構成する多様な地区においては、既成市街地の更新（改造・改善・修復）を通じて魅力的な都市空間を創出し、人々の生活の質の向上に貢献することが求められる。

都市全体の構造や形態の形成では、人口・世帯数や社会経済の動向を見据えながら土地利用、都市基盤、交通、環境などの各分野の現状趨勢や新たな要求を調整することが求められる。そして、既成市街地の更新では、歴史的建造物の保全・活用、老朽化・陳腐化した建造物の建て替えや改修、安全・快適な歩行者・自転車環境の整備、公園やオープンスペースの整備、美しい街並みの誘導、各種生活支援施設の整備、安全で清潔な公共空間の維持などといった多岐に渡る施策を検討する必要がある。また、こうした施策の企画・実施には、地権者、営業者、居住者、市民、企業、政府、非営利団体といった多様な主体が参加する。よって、多様な主体の参加を前提として、いかに目指す将来像を共有し、多岐に渡る施策を複合的・効果的かつ個性的に展開していくかが課題である。

計画の策定は、都市あるいは地区の現在そして未来の状況を見据えながら、多様な主体の都市空間に対する要求を踏まえ、都市空間形成の目標・方針・施策を統括的に定める取り組みであり、こうした課題に応えるものであると言える。計画策定には、目指すべき都市空間の将来像を共有することと、さまざまな施策そして多様な主体の取り組みを空間的・時間的に調整することが求められる。

◎計画策定の三つの側面とそれを支える技法[*1]

計画策定の作業は、理念的には「現状分析・将来予測」、「空間構想・空間構成」、「合意形成・意思決定」という三つの側面によって構成され、各々は、「現在及び未来の人口、経済、社会、空間などの状況を分析・記述する科学的技法」、「さまざまな要求を両立させる空間的解決策を組み立てる創造的技法」、「空間的解決策に関する多様な主体の合意形成と意思決定を適切に導く政治的技法」に支えられていると考えることができる。ここで、「技法」とは、手順、過程、段取りを意味する「方法」と、わざ、手法を意味する「技術」を包含する概念である。また、以上は理念的な類型に過ぎず、実際の作業・技法は同時に二つあるいは三つの側面をもち得る（図8・1）。

◎計画策定技法の研究・開発の経緯

日本における計画策定技法の研究・開発の起源は、1960年代の東京大学工学部都市工学科高山研究室（都市計画研究室）の取り組みに求めることができよう。同研究室の第一の関心事は「多岐にわたる地域問題対策・都市問題対策の脈絡の中で、物的計画を中心として構成される都市基本計画の意義・役割・機能を明確に規定すること」であり[*2]、計画の立案作業や計画図の作成について、米国の文献[*3,4]を参考にしながら、欧米の都市計画の研究も行われていた[*5]。当時の研究の成果が中間的にまとめられた「UR no. 2：都市基本計画論」（1967）[*6]には、

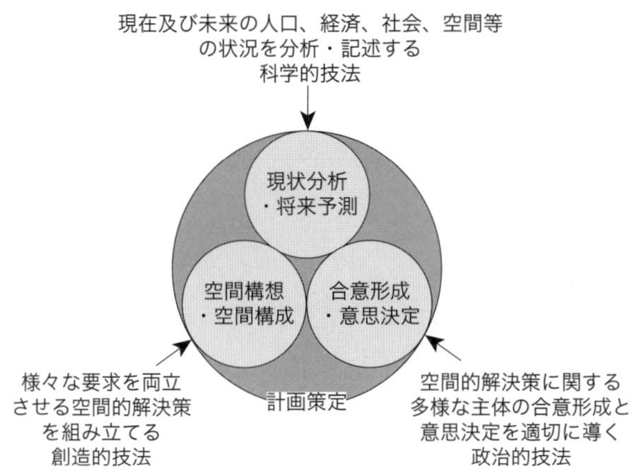

図 8･1　計画策定の三つの側面とそれを支える技法

都市基本計画をめぐる諸問題、都市基本計画の内容と立案方法などが記録されている。そしてこの時代の何人かの研究者は、その後も都市基本計画に関わる研究を展開した*[5,7,8]。この一連の研究で扱われた計画策定の技法は、例えば、計画対象や計画単位の考え方、目標設定や地区区分、基礎調査、投資配分の方法、計画過程の体系化などであり、いずれも、人口の増加・都市の拡大を前提とし、計画策定作業の「現状分析・将来予測」と「空間構想・空間構成」の側面を主に支える技法であった。ここでは、現代のような計画策定への多様な主体の参加は前提とされていなかった。

1970 年代になると、研究の中心は都市基本計画から居住（地区）環境整備計画へと シフトした。居住環境整備計画が、石田頼房（よりふさ）氏が指摘した「住民が良く知っている範囲の小地域を計画対象区域として（住民スケール）、住民の切実な 生活要求に根ざして(住民本位)、住民の直接的関与のもとに策定される（住民参加）、居住環境整備を目標とした（住民福祉）、実現のためのプログラムをもった総合的計画（実現性･総合性）」という原則を満たす地区計画（都市計画法に基づく地区計画ではなく「地区の計画」）の形をとるとされた*[9]。そして、1980 年代以降、こうした地区計画あるいはよりミクロな施設計画を策定するために、「まちづくりワークショップ」（藤本信義･木下勇）、「参加のデザイン道具箱」（浅海義治）、「まちづくりゲーム」(佐藤滋)、「地域づくり人生ゲーム」(後藤春彦）を代表とする各種まちづくりワークショップの技法が研究･開発された*[10]。これらは、地区計画や施設計画を策定する作業の主に「空間構想・空間構成」と「合意形成・意思決定」の側面を支える技法であった。

1992 年の都市計画法改正以降、多くの自治体において住民参加を伴う都市マスタープラン（全体構想および地域別構想）の策定が行われている。ただし、そこで適用されているのは、1960 年代以降に研究･開発された都市基本計画策定の技法や 1980 年代以降に研究･開発された各種まちづくりワークショップの技法であり、都市や都市の部分を対象とし、既成市街地の更新や多様な主体の参加を前提とする現代の計画策定に必要十分な技法ではなかった。 低成長時代･成熟時代の既成市街地更新の課題に計画策定を通じて対応するためには、改めて、多様な主体の参加を前提とし、計画策定作業の三つの側面を支える技法の研究・開発を進める必要がある。

8･2　事例に見る成熟都市の計画策定技法

◎1980 年代の米国諸都市のダウンタウン･プラン策定

以上の背景の下、1980 年代の米国諸都市のダウンタウン・プラン策定の事例は、成熟都市の計画策定技法の探究の第一歩を踏み出したものとして興味深い*[1]。ここで、ダウンタウンとは、商業・業務、住宅、文化・芸術、スポーツ、レクリエーション、観光などのさまざまな機能が集積する都市の中心部を意味する。

1975 年頃から 1985 年頃までの米国諸都市のダウンタウン政策では、ダウンタウンは多様な個別体験が実現される場として捉えられ、民間のデザインに対する規制や文化施設、市場、オープン・スペースなどのアメニティに対する公的支援が要求された*[11]。行政が行う公式なプランニングでは、重点がデザイン・コントロール、保全計画、容積率の微妙な調整、アメニティ・ボーナス、ダウンタウンを視覚的体験の場として扱うその他のアプローチに大きくシフトした。また、1980 年代には、長らく都市計画の表舞台から退いていた中心都市における都市計画の再生が見られ、オフィス開発の規制と誘導、マイノリティの住宅確保、歴史保存と都市景観の保全をめざす新たな政策が展開されていった*[12]。アボットは、このように多様化・複雑化する実現手段をうまく調整あるいは交通整理することが必要になったのでダウンタウン・プランが策定されたと説明している*[11]。1980 年代のダウンタウン・プラン策定には、都市によって程度の差こそあれ、多様な主体の参加が確認されている*[13]。

1990 年代以降の米国の計画策定事例を見ると、言うまでもなく、GIS（地理情報システム）やICT（情報通信技術）、各種シミュレーションの活用をはじめとして、計画策定を支える個別の技術の発展は見られるが、計画策定技法の基本的構成は、1980年代の先進的なダウンタウン・プラン策定の経験が基礎になっている。また、欧州よりも米国に近い都市計画制度をもつ日本の都市における計画策定の規範としても有用であり、筆者が関わる都市のマスタープランや立地適正化計画、地区の構想・計画の実務でも拠り所にしている。

◎ポートランド・セントラル・シティ・プラン（1988年）

❖計画策定の背景と体制

1980年代半ばのポートランド・ダウンタウンでは、1972年のダウンタウン・プランに基づき、トランジット・モールの整備とそれに沿うオフィス・商業集積、駐車場や幹線道路に代わる広場や公園の整備、デザイン・レビュー、歴史保全プログラムなどの施策が既に積極的に展開されていた。一方、ダウンタウンとその周辺部を含むセントラル・シティ（約1,100ha、図8・2）には、次の20年間の成長を受容するために必要な量の9倍もの低未利用地が存在し、成長する郊外に対してダウンタウンの活力と競争力を維持させるには、セントラル・シティ全体として、土地の秩序ある利用が必要と考えられていた。

そうした状況の中で、セントラル・シティ・プラン（セントラル・シティのマスタープラン）[*14]の策定を発意したのは、近隣地区コーディネーターの経験と都市計画の知識をもつポートランド市コミッショナーのマーガレット・ストラッヘンであった。彼女を委員長とし、後に市民運営委員会の委員長を務めることになる建築家・都市デザイナーのドナルド・スタストニーも参加するプレ・プランニング委員会は、これを市民主導型プラン策定の全米的モデルとする高い志をもち、コンサルタントの支援の下、プランの目的、対象エリア、策定プロセス、策定体制、予算などを提案し、1984年7月、それらは市議会にて承認された。

実際の策定体制は、プラン策定のマネジメントを行う市民運営委員会（ボランティア市民15名と市役所職員3名）、それを支援するマネジメント支援チーム（4名）、市役所各部局の職員、プラン策定に対して各分野の助言を与える分野別諮問委員会（ボランティア市民総勢126名）、以上の組織を都市デザインの全体論的視点から支

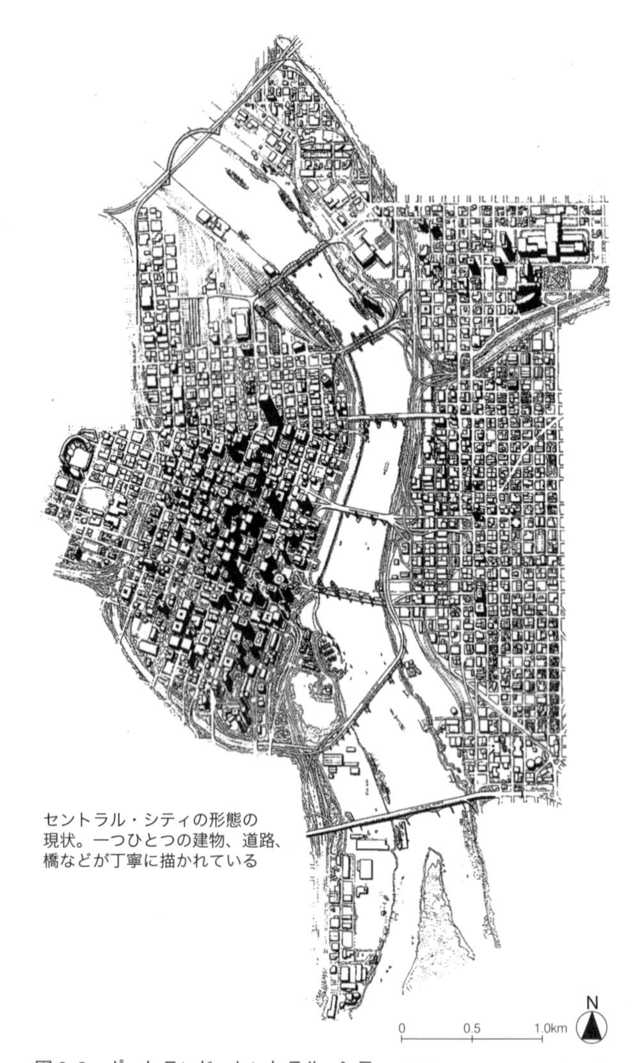

図8・2　ポートランド・セントラル・シティ（出典：City of Portland（＊14））

援する都市デザイン諮問チーム（4人の建築、都市デザイン、プランニングの専門家）で構成された。また、プラン策定には、市役所から160万ドルの費用が提供された。こうした体制の下で展開されたセントラル・シティ・プランの策定プロセスは次のとおりである。

❖デザイン・イベントからビジョン・目標・方針案へ

1985年5月中旬から6月末まで実施されたデザイン・イベントは、2年半のプラン策定プロセスのキックオフ・イベントで、課題や目標に関する幅広い市民の意見を収集するための、過去最大規模のパブリック・アウトリーチの取り組みであった。このイベントのために雇用されたコンサルタントの企画は、テーマやロゴの設定、マスメディア対応、宣伝・プロモーションを含む「コミュニケーション戦略」、ワークショップ、見学ツアー、テレビ

番組、子供向けイベントなどを含む「パブリック・インボルブメント戦略」、電話調査、各種アンケートの配布・回収、リーダーシップ・インタビューなどを含む「アンケート・インタビュー調査」の３本柱で構成された。

イベントでは、一連の活動を通じて、合計１万件以上の市民意見が収集された。市民運営委員会は、約２ヶ月かけて、それらの意見を18分野・3段階に整理し、そこにプラン策定プロセスで扱われるべきだと自分達が考えた内容を追加した。18分野とは、経済開発、コンベンション・観光、生活のしやすさ、自然環境、リバーフロント、住宅、文化・娯楽、公園・レクリエーション、社会サービス、公共安全、教育、交通、駐車場、歩行者環境、都市デザイン、歴史保全、政府、その他、そして、３段階とは、一般的な「目標」、それを支える「方針」および「実現戦略」である。この作業の結果が1985年９月に発表された課題声明である。

市民運営委員会は、この課題声明に対応する形で、ビジョン・目標・方針案を検討した。ビジョン案は、市および都市圏におけるセントラル・シティの機能や特徴を説明し、プラン策定プロセスに大雑把な方向性を提供した。「フル・サービス都市」「働く都市」「川の都市」「環境にやさしい都市」「アクセスの良い都市」「気配りのある都市」「障壁のない都市」の七つを柱としている。また、目標・方針案は、経済開発、自然環境、公園とレクリエーション、リバーフロント、社会サービス、公共安全、住宅、文化・娯楽、教育、交通、都市デザインの11分野、「目標」と「方針」の２段階で構成された。概ね、課題声明に列挙されている課題への対応が説明されていると言って良い。

❖調査プログラムの企画と実施

市民運営委員会がデザイン・イベントの結果を出発点としてビジョン・目標・方針案を検討する一方、マネジメント支援チームは、1985年12月までにプラン策定に必要な調査の包括的プログラムを作成していた。経済開発、レクリエーション・環境、リバーフロント、社会サービス・公共安全、住宅、文化・娯楽・教育、交通・駐車場、都市デザイン・歴史保全の８分野の調査は、市役所各部局の職員が分野別諮問委員会の助言を受けながら実施することとされた。調査プログラムには、分野ごとにプログラム概要、担当機関および担当者・協力機関・費用、調査・研究項目（主要課題、期待される成果物、

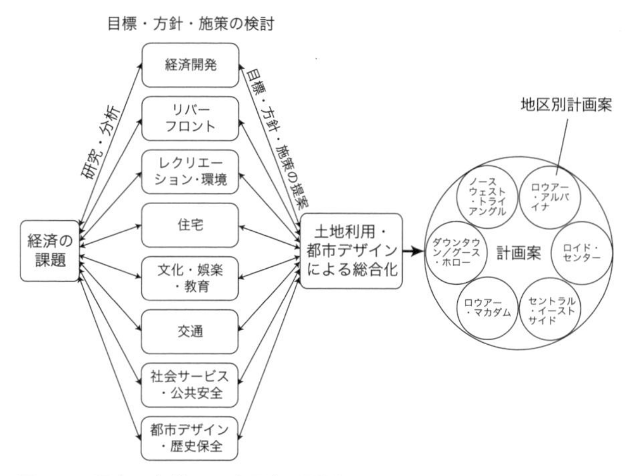

図 8・3　調査の各分野と計画案の関係

成果物締切日）が明記され、調査プログラムの進捗状況は、マネジメント支援チームのプラン策定マネージャーであるディーン・スミスが管理した。なお、調査の各分野と計画案の関係は図８・３のように示された。「経済の課題に対応するために（経済活性化のために）８分野の調査の実施および目標・方針・施策の立案があり、土地利用および都市デザインが、８分野の目標・方針・施策を空間的に統合し、計画コンセプト代替案（計画案）を導く」という関係である。

都市デザイン・歴史保全の調査では、セントラル・シティ全体を形づくる主要要素（図８・4)、既存ゾーニング・開発規制、建物・開発パターン、都市形態、土地利用パターン、歴史地区とランドマーク、交通、地区ごとの特徴などが明らかにされ、結果は多数の図面と文章で提示された。また、マイケル・ハリソンをはじめとする６人の市計画局職員によって実施された土地利用の調査では、対象エリアの敷地ごとの現況の土地・建物利用と既存の土地利用規制の情報に基づき、新規開発・再開発のポテンシャルが概算された。

❖専門家シャレットによる三つの空間構造モデルの作成

市民運営委員会は、デザイン・イベントで収集された市民意見を基礎としてビジョン・目標・方針案を検討していたが、それを空間的に翻訳し、空間構造や土地利用を検討するまでには至っていなかった。個別事項の政治的調整に追われ、セントラル・シティ全体を見る視点が欠如していた。こうした状況の中、インディアナ州フォート・ウェイン市のプランナーとして活躍していたノーマン・アボットが、そのマネジメント能力の高さに期待

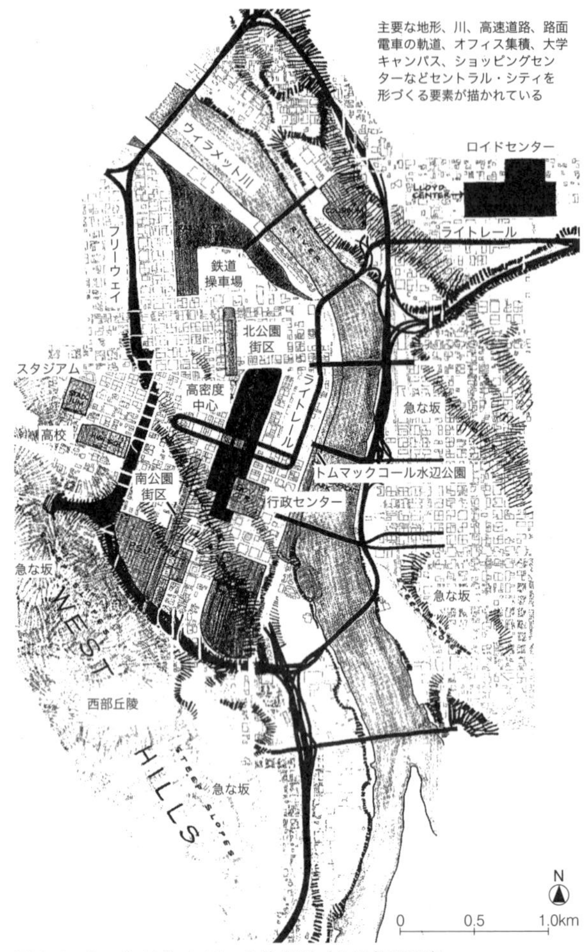

図8･4　セントラル･シティ全体を形づくる主要要素（出典：City of Portland（＊14））

され、ポートランド市の計画局長に任命された。アボットは、当時、空間的検討ができない市民運営委員会の状況を見て、従来型プランニング・スタイルのリーダーシップが必要であるとの印象を受けたという。

アボットは、1986年5月・6月に、土地利用パターンの代替案を作成するためのシャレット（徹底的・集中的なデザイン・ワークショップ）を開催することとした。マイケル・ハリソンをはじめとする市計画局の職員、都市デザイン諮問チームのジョージ・クランドールとパディ・ティレット、市民運営委員会委員長のドン・スタストニー、マネジメント支援チームのロドニー・オーハイザーなど建築、都市デザイン、プランニングの専門家にのみ参加が要請された。

シャレットの様子は、都市デザイン諮問委員会のジョージ・クランドールが几帳面に作成していた作業ノートから垣間見ることができる（以下、作業ノートからの抜粋）。

5月9日：セントラル・シティの空間構造モデルとして、自動車に依存して公共交通をほとんど改善しない「分散型」、都市圏およびセントラル・シティ内で公共交通が重要な役割を果たすことを前提とする「回廊型」、アーバン・ビレッジあるいは複合用途拠点の概念を導入する「近隣拠点型」の三つの代替案が検討されるが、どれも非現実的。クランドールは、どの代替案も満たすべき共通要素が盛り込まれた一つの全体案と地区別代替案を作成することを提案するが、スタストニー他は、三つの代替案を検討するアプローチに固執。

・もしどの代替案も無意味なのであれば、なぜそれらを市民に提示するのか。

・地区別代替案と三つの代替案をどのように結合するのか。組み合わせが多過ぎて混乱しないか。

5月23日：ティレットが前回よりも改良されて現実的になった三つの空間構造モデルを提示。クランドールがシャレット参加者に支持するモデルを選ばせると、ほとんどは「回廊型」を選択。ただし、多くは同時に「近隣拠点型」も支持。議論の末、「回廊型」と「近隣拠点型」を融合した一つの新しいモデルを作成し、そこに共通要素の説明を添えようとの結論に至る。ただし、この時点では、新しい「融合型」モデルと共通要素をどのように市民運営委員会に提示するかについての合意はなかった。

6月2日：市民運営委員会でスタッフ（マネジメント支援チームおよび市計画局職員）が三つの空間構造モデルを提示してしまう。（翌日の地元新聞では、スタッフによって準備されたセントラル・シティの三つの成長パターンの代替案を市民運営委員会が検討したこと、どの代替案を選択するかについては引き続き検討が行われること、市民運営委員会委員のサムナー・シャープがスタッフに他のモデルも検討するよう要請したことが報道されている。）

6月6日：再び専門家シャレットを開催。クランドールは欠席したが、ティレットの報告によると、スタッフは三つのモデルについて話を続けたところ、どうやら「回廊型」を好んでいるようだった。

6月23日：市民運営委員会で再び三つの空間構造

モデルが提示される。三つのモデルに関する説明を受けた市民運営委員会は、無反応かつ混乱。何も決まらないミーティングの最後、クランドールは立ち上がり、三つのモデルを再度レビューし、「セントラル・シティが成長するとしたら「回廊型」しかあり得ない。これにしないと将来、道路渋滞で苦しむことになる」と専門家として意見を強く主張。すると、市民運営委員会は、急遽、「回廊型」を選択するかどうかについて投票を行い、可決。結果として「近隣拠点型」は却下された。さらに、市民運営委員会は、地区別代替案を作成するようスタッフに要請。委員会閉会後、取材に来ていた地元新聞の記者はクランドールに言った。「あのままでは市民運営委員会が結論を出さずに閉会するところだった。あの方向性を示すのに一体どうしてあれほどの時間がかかったのか」と。

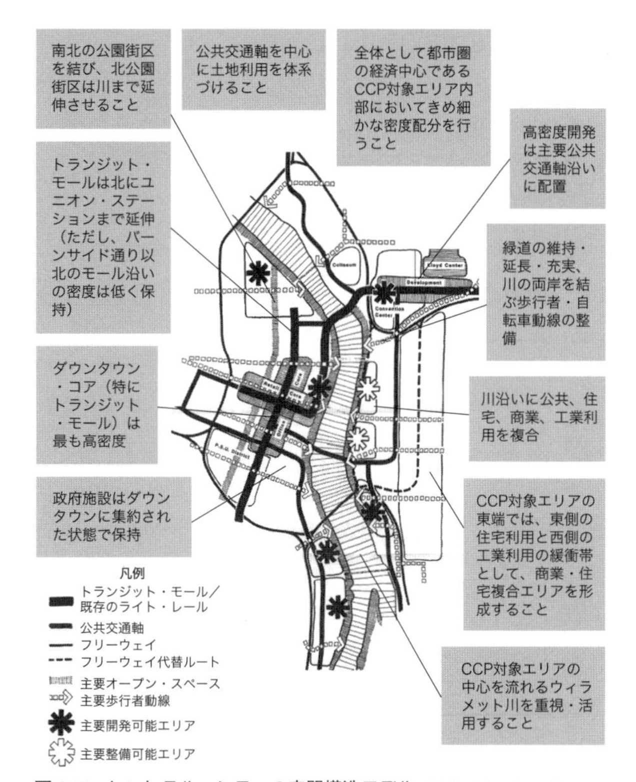

図 8･5　セントラル・シティの空間構造モデル（出典：村山（＊15））

❖空間構造モデルの進化と五つの代替土地利用計画案の失敗

スタッフは、二つの空間構造モデル（「回廊型」と「近隣拠点型」）を融合し（6月23日の市民運営委員会にて「近隣拠点型」は却下されたはずなのだが…）、市民運営委員会において検討されてきたビジョン・目標・方針案と分野別諮問委員会において検討されてきた調査・提案を踏まえ、新しい空間構造モデル（図8･5）を作成した。これは、その後検討する全ての代替土地利用計画案が満たすべきもので、図には、それを説明･補完する土地利用･都市デザインに関わる基本的共通要素が添えられていた。図自体は、都市デザイン･歴史保全調査の成果である「形態を与える主要要素」を下敷きに、共通要素の内容が発展的に図示されたものと考えられる。

一方、ビジョン・目標・方針案のうち複数の方向性があり得る要素については、デビッド・アランバーを作業リーダーとするチームによって、土地利用に関する五つの代替計画案として整理された。ビジョン・目標・方針案の全ての要素が一つの土地利用計画案によって平等に満たされることはあり得ず、要素の取引や選択が必要となったのである。各代替土地利用計画案は、七つの地区別に土地利用の方針を説明する文書とそれを示すセントラル・シティ全体の手描き図面、機能的評価を説明する文書によって構成された。五つの代替土地利用計画案は、ビジョン・目標・方針案と空間構造モデルを満たすもので、市民運営委員会がパブリック・レビューの対象となる土地利用計画案を作成する際に参考とすることが期待されていた。

新しい空間構造モデルおよび代替土地利用計画案の作成と同時に、スタッフは、ビジョン・目標・方針案を修正し、合わせて実現施策を提案していた。ここで初めて、プランを構成するビジョン・目標・方針、空間構造モデル、土地利用計画、実現施策の案が、一応、一通り揃ったのであった。

空間構造モデルと五つの代替土地利用計画案は、1986年8月、市民運営委員会に提示された。ドナルド・スタストニー、サムナー・シャープなどの建築、都市デザイン、プランニングを専門とする一部の委員は、ビジョン・目標・方針案に物理的側面を与え、その内容をうまく表現しているとして、空間構造モデルと代替土地利用計画案を高く評価した。一方、 都市デザイン諮問チームのジョージ・クランドールの作業ノートによると、その他大多数の委員は、空間構造モデルは支持するものの、あまりにも技術的に高度な五つの代替土地利用計画案のプレゼンテーションは、理解することすらできなかったという。市民運営委員会は、五つの代替土地利用計画案を見た後、スタッフに一つの土地利用計画案と地区別代替案を作成することを要望した。やはり、クランドールが専門家シャレットの際に提示した考えが妥当であったのか。

市民運営委員会委員長ドン・スタストニーは、筆者の「五つの代替土地利用計画案は全ての意見を反映していたか。」という質問に対しては「Yes」、「誰もがどれか一つの案を支持していたか。」という質問に対しては「No」と答えている。本来は全体的な視点が求められていたのであるが、委員は代替土地利用計画案の全体ではなく関心のある部分のみを見て、あくまでもその部分を支持していたのであった。また、マイケル・ハリソンは、当時の市民運営委員会は政治的妥協に終始しており、もはや機能していなかったので、五つの代替土地利用計画案の提示はあまり重要でなかったと批判的に評価している。

このように、専門家シャレットの成果に基づく空間構造モデルが支持された一方、スタッフによって作成された五つの代替土地利用計画案は失敗に終わったのである。

❖分野別諮問委員会の成果

プラン策定に対して助言を与える8分野の分野別諮問委員会は、1985年12月以降8ヶ月の間に、目標・方針案のレビューと修正提案、調査プログラムのレビューと追加調査の提案、目標・方針と実現施策の根拠としての調査結果のとりまとめ、提案の土地利用への示唆を示すコンセプト図の作成などの作業を意欲的に展開し、1986年9月、全ての成果を報告・提案書としてまとめた。提案・報告書は、分野別諮問委員会が最も重要だと考えるポイント、実施された調査から引き出すべき最も重要な結果の概要、分野別諮問委員会におけるブレイン・ストーミングなどから導かれた目標・方針・実現施策提案、土地利用の視点から見て委員会の提案がどのように達成され得るかを描いた分野別コンセプト図によって構成された。あくまでも分野別検討の結果であり、分野間の整合性は確保されていなかった。

❖土地利用コンセプト計画と地区別代替案へ

市民運営委員会の要望により、空間構造モデルと五つの代替土地利用計画案は、一つの土地利用計画案と地区別代替案に発展されることになっていた。市民運営委員会は、プラン対象エリア内6地区の将来像を文章で示す地区別コンセプト声明をまとめ、スタッフが、コンセプト声明と五つの代替土地利用計画案、分野別コンセプト図に基づき土地利用コンセプト計画を作成した。

作成された土地利用コンセプト計画の内容（パフォーマンス）は、分野別諮問委員会の報告・提案、ビジョン・目標・方針案、将来成長予測に対して評価された。そして、その結果に基づき、土地利用コンセプト計画が修正され、同時に、地区別代替案が作成された。

まず、スタッフは、八つの分野別諮問委員会の報告・提案のうち土地利用および都市デザインの内容を含むものをレビューした。大部分において、土地利用コンセプト計画は分野別諮問委員会の提案を適切に扱っていた。しかし、いくつかの分野別諮問委員会によって提案されていたセントラル・イーストサイド地区のリバーフロントの扱いについては修正が必要であった。

次に、スタッフは、ビジョン・目標・方針案についても同様に、土地利用および都市デザインと関連のあるものを抽出し、それらが土地利用コンセプト計画において適切に扱われているかどうか分析した。分析の結果、やはり、リバーフロントの扱いに問題があった。土地利用コンセプト計画は、ウィラメット川の東西両岸を適切につないでおらず、また、西岸と比較して東岸の公共利用と公共アクセスの欠如が見られた。土地利用コンセプト計画においては、セントラル・シティの東西両側をつなぐものとしての川の扱いが強化されるべきとの結論が導かれた。

また、スタッフは、商業、工業、住宅の将来成長予測と土地利用コンセプト計画の商業、工業、住宅の開発・再開発ポテンシャル概算を行い、両者を比較した。商業・工業の成長予測は、土地利用コンセプト計画の中で適切に受容されることが確認された。ただし、商業の開発・再開発ポテンシャルは、商業開発のきめ細かな誘導をするのであれば、望ましいレベルよりも高いかも知れないとの指摘もされた。一方、住宅については、都市圏の住宅成長からセントラル・シティの住宅成長を予測する比例分配の考え方により、スタッフは、土地利用コンセプト計画における住宅の開発・再開発ポテンシャルが少な過ぎると結論付けた。

以上の評価に基づき、スタッフによって、土地利用コンセプト計画が修正されたのであった。

土地利用コンセプト計画の修正に合わせて、パブリック・レビューの対象となる地区別代替案が提案された。

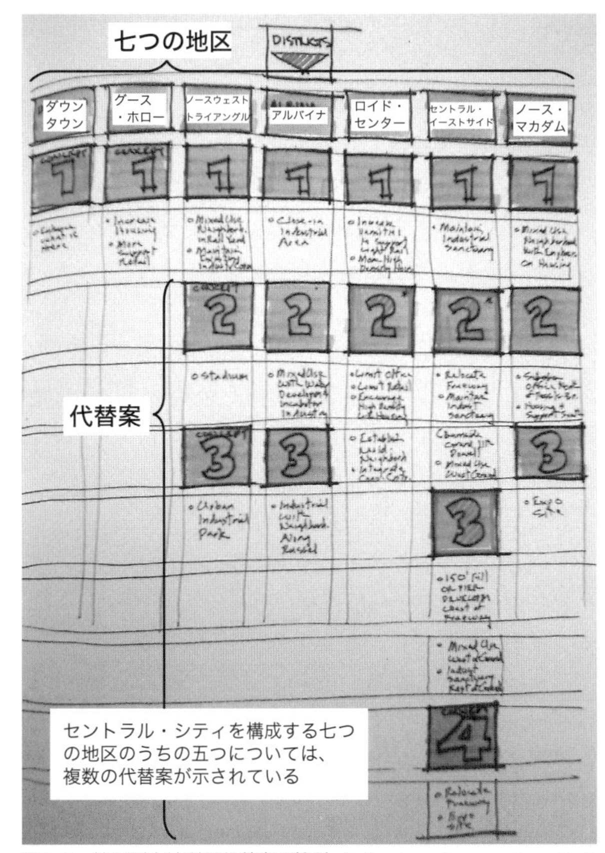

図 8·6　地区別土地利用代替案の検討（出典：ジョージ・クランドール氏の作業ノートを筆者が撮影）

土地利用コンセプト計画案

Live/Work Space Encouraged
Extend River St
Commercial Support for Neighborhood
Establish public open space if industrial use is no longer viable
Institutional
Memorial Coliseum
Convention Center
Preserve SRO Housing
Encourage Housing
Retail Core
Office Core
Cultural District
University District
商業
住宅
商業・住宅複合（商業中心）
商業・住宅複合（住宅中心）
商業・住宅複合（半分ずつ）
産業集積
産業・商業複合（産業中心）
産業・商業・住宅複合
オープンスペース
歩行者動線
公共施設
集客拠点
N
0　0.5　1.0km

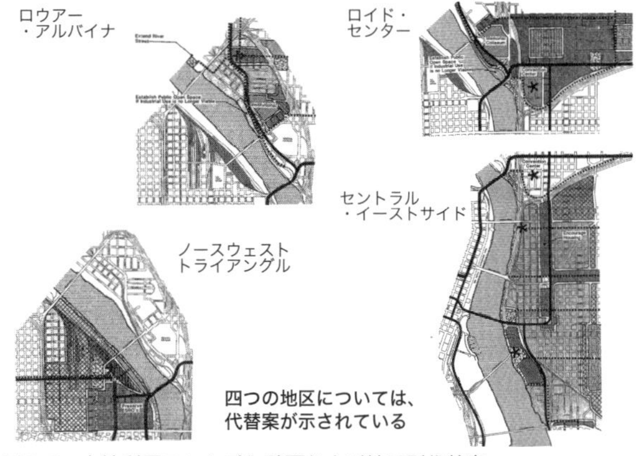

図 8·7　土地利用コンセプト計画および地区別代替案（出典：Smith（＊16））

地区別代替案には、分野別諮問委員会の報告・提案やビジョン・目標・方針案に含まれているにも拘らず土地利用コンセプト計画では扱われていなかった土地利用および都市デザインの提案が含まれた。具体的には、表形式（マトリックス方式）で地区別の土地利用の代替案が検討された（図 8・6）。

❖地区別代替案の選択と最終計画案のとりまとめ

パブリック・レビューでは、ビジョン・目標・方針、土地利用コンセプト計画および地区別代替案（図 8・7）が幅広い市民に提示され、それらに対する意見が収集された。市民運営委員会は、パブリック・レビューで収集された意見を踏まえて、地区別代替案の選択を行い、自らの提案をとりまとめた。

市民運営委員会による最終報告・提案（1987 年 5 月）後、市計画局は、計画委員会および市議会におけるセントラル・シティ・プランの承認に向け、計画案の精緻化に取り組んだ。この取り組みをリードしたのは計画局のプランナーのマイケル・ハリソンであった。計画策定を完了させることが重視され、作業はスタッフに一任されていた。ハリソンを中心とする市計画局の職員は、それまでの膨大な量の成果（積み上げると相当の高さになったという）を改めて分析し、目標、方針、施策を再整理した。

それまでの成果には1,200ものアイディアが含まれていたが、そのほとんどはプログラムや事業（プロジェクト）であった。スタッフは、同じような方向性をもつアイディアを一緒に束ね、整合性を確保しつつ、目標・方針・施策の再整理を行った。分野名こそ継承されたが、その中身はほとんどスタッフによってやり直されたという。施策については、土地利用規制の検討が欠如していたので、都市形態に関する調査を改めて実施した上で、土地利用規制の変更を提案した。都市形態に関する調査の報告書には、良い都市形態の定義、セントラル・シティの現在の形態とそれがどのように規制されているかの説明、重要なパブリック・ビューの分析、セントラル・シティ全体の都市形態の提案が含まれた。

規制、事業、プログラムを含む実現施策は、取捨選択された。1,200もあったアイディアは300に減らされた。そして、300のアイディアの発案者に、それを本当に実施する気があるのかどうかヒアリングを行い、実現の見込みを確認した（実際、ほとんどのアイディアは実現の見込みがあると認識された）。ハリソン自身は、実現施策はせいぜい35くらいが良いと考えていたが、積極的な市民参加を伴うプラン策定の結果、多様な主体がさまざまな施策を自ら実現する気になっていたので、300のアイディアは残すこととした。ハリソンによると、2000年時点で、アイディアの約8割が実現されており、これは積極的な市民参加の成果であると言える。

完成したセントラル・シティ・プランの主要部分は、機能方針と地区方針で構成された。機能方針には、経済開発、ウィラメット川リバーフロント、住宅、交通、ヒューマン・サービス、公共安全、自然環境、公園とオープン・スペース、文化と娯楽、教育、歴史保全、都市デザイン、計画レビューの各分野の方針が含まれる。さらに、それぞれの方針については、より詳細な方針、施策表（施策の内容、実施のタイミング、実施主体が記載されている）、方針や施策の位置を示す図面が作成された。地区方針は、機能方針の内容を地区ごとに見たものであり、その構成は機能方針と同様である。

◎ダウンタウン・シアトル土地利用・交通計画（1985年）

❖計画策定の背景と体制

1970年代末から1980年代の米国ワシントン州シアトル市ダウンタウンでは、航空宇宙産業の復活と情報技術産業の発展を背景にオフィス・商業開発ブームが起こり、その悪影響が心配されていた。一方、シアトル市では1970年代からゾーニングの全面見直し作業が行われており、その作業は残すところダウンタウンのみとなっていた。そこで、シアトルでは、土地利用と交通を中心とする、対象エリア約408ha、対象期間20年のダウンタウン・シアトル土地利用・交通計画が策定されることになった*17。

計画策定体制は、計画提案を行うシアトル市政策・評価室土地利用・交通プロジェクト・チームとその諮問機関である市長ダウンタウン・タスク・フォース、庁内調整を行う部局横断的ダウンタウン・チームで構成された。これら三つの組織に加え、計画策定に必要な調査を行う将来開発予測分析チームと建物密度形態調査チーム、それぞれの技術諮問委員会も結成された。

❖調査の実施

計画策定は、1980年、プロジェクト・チームを中心とする調査に始まった。将来開発予測分析や既存目標・方針・計画の分析が行われ、それらの成果は、土地利用と都市デザイン、交通、住宅と居住サービス、自然環境、エネルギーの各分野の現状と課題に関する記述などとともに、調査レポートとしてまとめられた。

将来開発予測分析は、15年から20年先までにダウンタウンで発生する新規開発の量と場所、形態を予測する分析で、このために結成されたチームによって実施された。その方法は、図8・8のとおり、(1) 土地利用・建物目録の整備→ (2) 感受性（susceptibility）分析→ (3) 開発量予測→ (4) 開発量配分であった。分析の結果は、新規開発量を既存ゾーニングの下で配分した「非制約シナリオ」と既存ゾーニングに住宅および歴史的建造物保全の制約を加えたルールの下で配分した「制約シナリオ」の2通りで提示された。これらは、計画策定に関与する多様な主体が将来の都市空間のあり得る姿を認識し、それに対応するための代替計画案とその実現手段を検討する際の重要な素材となった。

一方、既存目標・方針・計画の分析は、都市計画委員会およびプロジェクト・チームによって実施された。前者は、いくつかの文書からダウンタウンの目標を「都市圏のシンボル」「都市圏拠点」「働く場所」「住む場所」「成長・変化する場所」「エネルギー効率のモデル」「交通結節点」の7項目に分類し、幅広い市民による議論が必

(1)土地利用・建物目録の整備

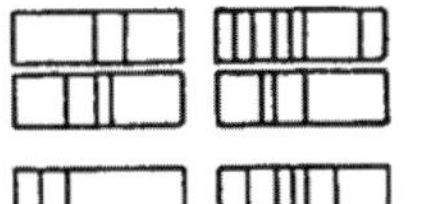

全333街区・1,372敷地の敷地面積、用途別(*1)床面積、土地利用規制、建物階数、駐車場の種類と台数、住宅戸数、ホテル室数等の目録
(*1:オフィス、小売商業、ホテル、住宅、空室、駐車場)

(2)感受性分析

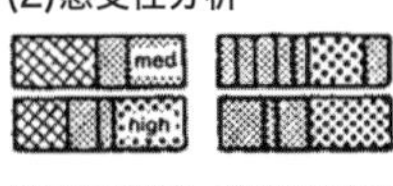

各用途(*2)の新規開発の立地に影響を与える土地供給要素と需要要素の特定、選択、順位付け。技術諮問委員会が開発実務経験に基づく現実的な情報を提供
(*2:オフィス、ホテル、小売商業)

(3)開発量予測

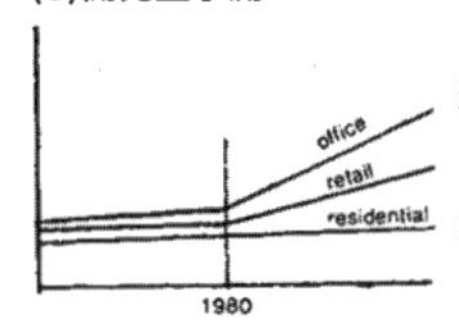

過去・現在の開発（建設）トレンドに基づく各用途(*2)の新規開発量の予測。住宅はこれらの商業業務系開発によって取り壊されるものとして扱われていた

(4)開発量配分

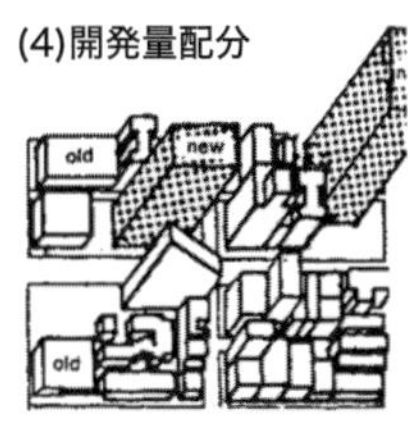

予測した新規開発量を感受性分析の結果に基づき実際の都市空間に配分。非制約シナリオと制約シナリオの２通りの結果をダウンタウン全体の3次元イラストで提示

図 8･8　将来開発予測分析の方法（出典：村山ほか（＊ 17））

要だと考えられる論点を挙げた。後者は、ダウンタウンの開発に影響を与える合計 30 の方針や計画の概要、現状と課題をレポートとしてまとめた。こうした分析の背景には、ダウンタウン・シアトル土地利用・交通計画が既に設定された方向性を基礎として作成されるべきであるとの考え方があり、実際、分析を通じて、計画策定の出発点となり得る三つの共通目標・テーマが抽出された。具体的には、「都市圏の中心、そして経済、政府、文化面において人々の最も重要な場所としてのダウンタウンの役割を強化する」「人々がダウンタウンを体験し、楽しむ方法を改善する」「ダウンタウンの昼間人口の増加に伴う交通および環境への影響」の三つである。

❖課題・目標に関する意見の収集

調査終了後の 1981 年 4 月、プロジェクト・チームとコンサルタントのレッド／カールソンは、一連のワークショップを開催し、ダウンタウンの課題や目標に関する幅広い市民の意見を収集した。各ワークショップの結果は約 300 人の市民が参加した市長主催のパブリック・フォーラムにおいて発表された。この他、プロジェクト・チームは、団体や個人から代替方針案を募集し、23 件の応募を得た。以上の成果がまとめられたニュースレターによると、課題・目標に関する意見は、開発ブームによる都市空間および都市生活への悪影響が心配されていたことを背景に、交通、都市デザイン、住宅、成長の各分野に集中していた。

❖ガイドラインの作成

プロジェクト・チームは、調査レポートと課題・目標に関する意見の内容を、成長の問題、土地利用、交通、都市デザイン、自然環境、資源利用と公共サービスなどの各項目に整理し、代替計画案のためのガイドラインを作成した。都市計画委員会および市議会において公定されたこの包括的な文書は、計画において奨励されるべき望ましい質と回避されるべき望ましくない影響を特定し、団体や個人が作成する代替計画案の内容に一定の方向性を与えた。同時に、プロジェクト・チームおよび市長タスク・フォースが提案された代替計画案を評価し、その中から環境影響評価の対象となるものを選択する際の基準を提供するための中間成果であった。

❖代替計画案の募集・評価・選択

調査レポートと代替計画案のためのガイドラインに基づき、団体や個人によって合計 15 の多様な内容をもつ代替計画案が作成・提案された。

プロジェクト・チームと市長タスク・フォースは、ガイドラインに基づき、15 の代替計画案を評価し、その中から環境影響評価の対象となるものを選択する作業を行った。市長タスク・フォースは、代替計画案の提案者を招いて質疑応答を行う「マラソン・セッション」を行い、代替計画案を熟読した。市長タスク・フォースのメンバーは、各代替計画案に含まれていた熱意、創造性、分析に繰り返し感銘したという。一方、プロジェクト・チームは、土地利用パターン、交通、都市デザインなどの分野別にいくつかの質問やテーマを設定した上で、それらに沿って 15 の代替計画案を分析し、その成果を資料として整理していた。そして、市長タスク・フォースは、5 ヶ月に渡る公開会議において、プロジェクト・チームが準備した資料に基づき、15 の代替計画案の評価・選択を行った。

❖ 1982 年計画案の作成

1982 年計画案は、15 の代替計画案の部分を組み合わせ、それまでの複数の成果（ワークショップやパブリック・フォーラムの成果、代替計画案のためのガイドライン、団体や個人による代替方針案と代替計画案、市長タスク・フォースの検討成果）を初めて一つの理想的な計画案としてまとめた一段階進化した成果であった。期待通り、ダウンタウンの改善方法に関するアイディアの不足はなかったが、驚くべきことは、これらのアイディアには、住宅、用途複合、就業時間後のダウンタウンの活動、より良い歩行者環境、歴史的建造物の保全、ウォーターフロントの再生、利便性の高い交通システムといった共通テーマがあったことである。1982年計画案は、これらの少ないが基本的で重要なテーマが基礎とされ、大きくは、土地利用および都市デザイン、交通、特別要素で構成された。

1982年計画案の土地利用パターンの検討においては、「交通量に基づく土地利用の決定」「用途複合の奨励」「自然的・人工的特徴の継承」「地区間のつながりの強化」「歩行者環境の重視」の5要素が原則とされた。各要素は独立的に将来開発の方向性をある程度は決定するものの、各要素が他の要素との関係において検討されることによってバランスのとれた計画案が作成され得た。そして、土地利用は、土地利用区分、容積率、建物高さ（図8・9)、地上階用途要件、街路壁・壁面後退の五つの変数によって規定されることとなった。

1982年計画案は、代替計画案のためのガイドラインを最もよく満たす望ましい案であったが、検討が不十分で未完成であることなどの理由で、すぐに環境影響評価の対象となることはなかった。特に、市長タスク・フォースは、1982年計画案では土地利用規制の複雑さ、建物高さの設定値、ダウンタウンの総合的な暮らしやすさ、住宅と社会サービス、公共交通、ウォーターフロント、特別地区の問題が未解決であることを指摘した。そこで、プロジェクト・チームは、1982年計画案を環境影響評価の対象となる土地利用・交通計画素案へと進化させるために、1982年計画案に対するパブリック・レビューを通じて幅広い市民の意見を収集し、また、密度・建物形態調査を通じて土地利用・交通計画素案に盛り込まれる開発基準を再検討することとした。

❖パブリック・レビューの実施

プロジェクト・チームは、1982年計画案発表後の1ヶ月間で15以上の関係団体とミーティングを行い、同計画案に対する幅広い市民の意見を収集した。中でも、ディベロッパーを含むダウンタウン企業を会員とする団体

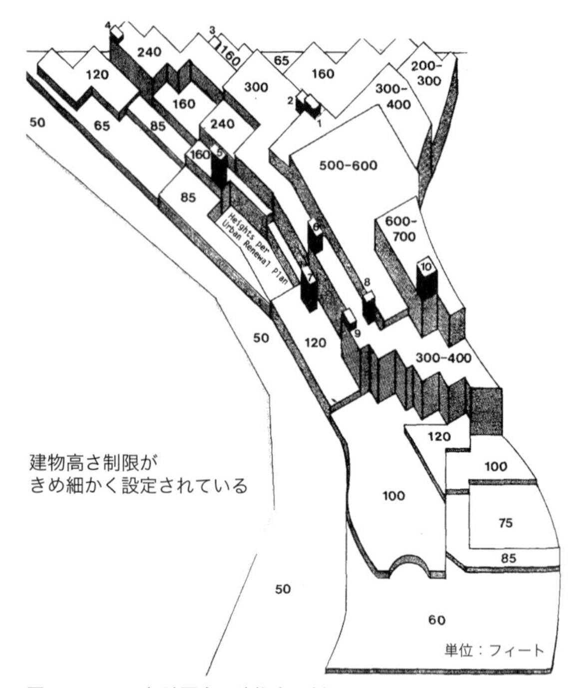

図8・9　1982年計画案の建物高さ制限（出典：City of Seattle（＊18））

シアトル都心部開発協会（Downtown Seattle Development Association）は、文書においても、都市デザインおよび土地利用、ウォーターフロント、住宅、交通、駐車場の問題を総合的に指摘した。

❖密度・建物形態調査の実施

密度・建物形態調査の目的は、1982年計画案で提案された開発基準（土地利用規制）をテスト・洗練し、土地利用・交通計画素案に盛り込まれる開発基準を再設定することであり、シアトル都心部開発協会が指摘した土地利用規制に関する問題にも対応するものであった。この調査は、米国建築家協会都市デザイン委員会と技術諮問委員会の支援の下、プロジェクト・チームおよびこのために結成されたチームによって、約8週間かけて実施された。

調査の方法は、(1) 開発基準の仮定→ (2) テスト敷地の選定・最大建物形態の特定→ (3) テスト敷地におけるプロトタイプ開発の想定→ (4) テスト敷地における開発可能性の分析→ (5) 開発基準の評価・選定であった。特に、(3) および (4) では、米国建築家協会都市デザイン委員会や技術諮問委員会の専門家・実務家の設計・開発実務経験に基づく助言が調査の内容をより現実的なものとした。

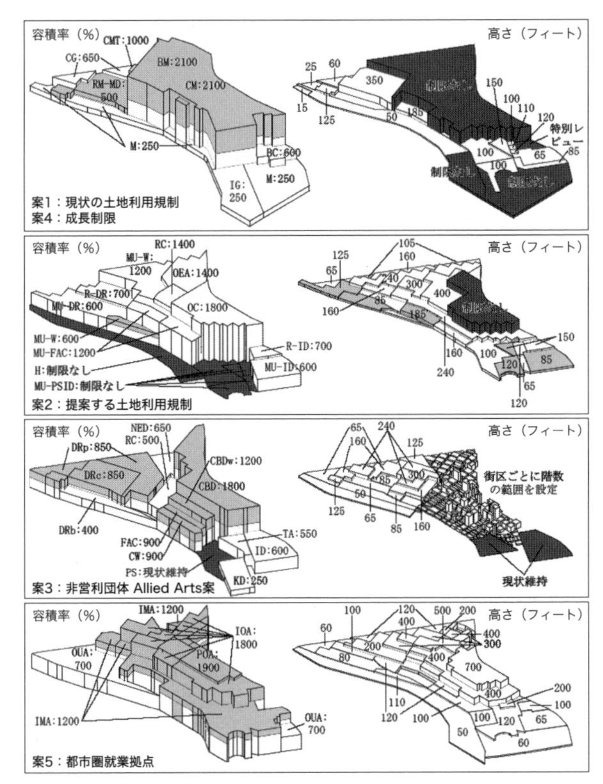

図 8・10　四つの代替計画案の土地利用規制（最高容積率および建物高さ制限）の違い（出典：村山ほか（＊17））

❖素案の作成と環境影響評価の対象

プロジェクト・チームは、1982年計画案に対するパブリック・レビューおよび密度・建物形態調査の結果を踏まえて土地利用・交通計画素案を作成し、それと他の四つの代替計画案を対象に、環境影響評価を実施した。これらの代替計画案の最高容積率および建物高さ制限は、図8・10のとおりである。

❖環境影響評価の実施

土地利用・交通計画素案を含む五つの代替計画案は、土地利用（新規開発の量と位置、開発容量など）、人口・住宅・雇用、交通（車両交通、駐車場、歩行者、自転車、物流）、都市デザインと美観（風害、日照と日影、街路景観と歩行者アメニティ、スカイライン、眺望など）、歴史保全、公共サービスと都市基盤（消防、警察、公園、社会サービス、上下水道、廃棄物、学校、公共交通など）、公共財政、エネルギー（電力、ガス、車両交通、建設）、大気、騒音、光害、海岸線自然環境といった多岐に渡る項目ごとに、その環境影響が評価された。このような環境影響評価の結果は、450ページ以上にもおよぶ環境影響評価書素案で説明されている。なお、環境影響評価の実施は州法で義務付けられている。

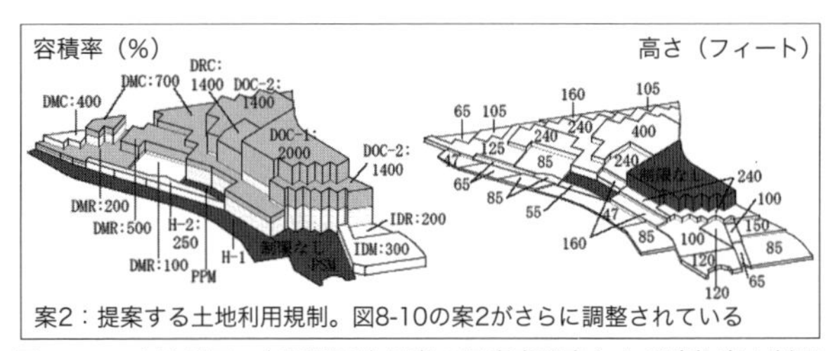

図 8・11　土地利用・交通計画市長案の最高容積率および建物高さ制限（出典：村山ほか（＊17））

プロジェクト・チームは、環境影響評価作業の業務に入札するコンサルタントに対して経済／財政（将来開発、建設可能性、雇用、財政評価分析）、住宅（将来開発、開発経済、二次的影響）、交通（車両循環、駐車場、歩行者、大気汚染・騒音・エネルギー）、都市デザイン（歴史的・建築的資源、街路環境と歩行者アメニティ、都市気候、スカイライン・イメージ）に関する環境影響評価の具体的方法を提示し、複数のコンサルタントとの協働作業を実現していた。

❖パブリック・レビューの実施

土地利用・交通計画素案に対する幅広い市民の意見は、50回を超えるパブリック・ミーティングやプレゼンテーション、都市計画委員会主催のフォーラムで、また、環境影響評価書素案に対する幅広い市民の意見は2回のパブリック・ミーティングとパブリック・ヒアリングで収集された。市長フォーラムは、これら全てを総括するものであった。

❖土地利用・交通計画市長案および環境影響評価書最終版の作成

そして、収集された意見に基づき、土地利用・交通計画素案および環境影響評価書素案が修正され、最終版となった。

土地利用・交通計画素案から土地利用・交通計画市長案への修正の内容は多岐に渡るが、土地利用規制については、土地利用区分が12地区から11地区へと変更されたこと、それに伴い地区境界や許容密度、地区名称が修正されたこと、部分的に最高容積率・高さ制限が修正されたことなどが挙げられる（図8・11）。

8・3 米国におけるプランニングの定義とプランナーに求められる技術*19

◎プランニングの定義とプランナー

米国の多くの都市計画専門家を構成員とする米国都市計画家協会（APA：American Planning Association）は、プランニングの定義とプランナーに求められる技術（skill）を明確に提示している。

APAによると、プランニング（planning：urban planning, city planning, regional planningとも呼ばれる）は、現在および将来の世代のために、より利便性が高く、公正で、健康的で、効率的で、魅力的な場所（place）を創造することによって、人々とコミュニティの福祉（welfare）を改善するダイナミックな仕事である。また、プロのプランナーは、コミュニティの将来像を構想する手助けをするだけでなく、調査やデザイン、プログラム開発を行い、合意形成・意思決定手続きを導き、社会変化に影響を及ぼし、技術的な分析を行い、マネジメントし、教育する役割をも担う。プランナーの中にはこれらのうちの一つ（例えば交通計画）に特化して仕事をしている人もいるが、多くの人はそれぞれのキャリアの中でいくつかの種類のプランニングの仕事に携わる。

「プランニングの基本的な要素は計画の策定（creation of a plan）である」。APAのプランニングの定義には、このことが明確に書かれている。ここで言う「計画」とは、政策提言、コミュニティ行動計画、総合計画（マスタープラン）、近隣計画（地区計画）、規制・誘導戦略、歴史保全計画、再開発計画、スマートグロース戦略、経済開発戦略、敷地計画、防災計画など多様な形態を含む。プランナーが行う作業は、こうした計画の策定に関わるものであり、大まかには、データ分析、目標の特定、ビジョンの形成、実現戦略の検討、実現手段の検討、団体や個人の作業の調整などがあると説明されている。

◎プランナーに求められる技術

プランナーの多くは、大学および大学院（修士課程）でプランニングの教育を受ける。米国にはプランニングの教育プログラムを認証するプランニング認証委員会（Planning Accreditation Board（PAB））があり、PABによって認証された教育プログラムでは、プランニングの分野で必要とされる知識や技術を体系的に修得することができる。こうしたフォーマルな教育に加えて、プランナーには、その活動内容に応じて、以下の技術の組み合わせが必要だとされている。

- 都市空間構造あるいは物理的デザイン、都市が機能する仕組みに関する知識
- 人口、就業者、健康のトレンドを見るために人口統計情報を分析する能力
- 計画策定と事業評価に関する知識
- 意思決定に幅広い人々を参加させる技術
- 自治体、州政府、連邦政府のプログラムと手続きの理解
- プランニングに関する意思決定のコミュニティへの社会的・環境的影響の理解
- 公衆と仕事をし、幅広く多様な聴衆にプランニングの課題を説明する能力
- コミュニティの利害が対立した場合に調停者（mediator）あるいはファシリテーターとして機能する能力
- 土地利用規制の法的根拠の理解
- 経済、交通、健康、福祉事業、土地利用規制の関係の理解
- 技術的能力、創造性、現実主義のバランスを取って問題を解決する能力
- 人々が暮らす物理的・社会的環境に対して代替案を構想する能力
- 空間情報システムやその他のオフィス・ソフトウェアを駆使する能力

◎都市プランナーに求められる技術に関する文献

米国で出版されている書籍からも都市プランナーに求められる技術を垣間見ることができる。ここではいくつかの文献の概要を紹介したい。

❖計画策定手順の規範

APAは計画策定がプランニングの基本的要素だとしているが、その理論的裏付けについてはホプキンズが詳しい*20。また、次のとおり、計画策定手順の規範を示す文献がある。

まず、アンダーソンは、ケントが説明している都市基本計画の基本コンセプト*4（広域的・総合的・概括的であり、物理的な開発に着目し、計画が受容しようとする社会的・経済的な力と関連し、基礎自治体によって公式に

承認されること）を受け入れた上で、都市の計画を策定する手順とそれを支える技術を整理している*[21]。自治体の基本計画の策定手順は、大きくは、次のように示されている。

①クライアントと参加者の確認、計画立案プログラムの起草と吟味
②問題の確認、データの収集と分析
③基本計画（General Plan）の作成・評価・採択
④基本計画の実現
⑤地区計画（District Plan）の作成・評価・採択
⑥地区計画の実現

次に、カイザーらは、地区の計画（Small-Area Planning）を「コミュニティの具体的な開発の方向性を定めるために、自治体全域の土地利用計画と地元利害関係者との対話に基づき、自治体の一部区域を対象とする詳細計画を策定する過程」と定義し、その手順を提示している*[22]。

①プランニング／調査プログラムの設計
②成長に関わる社会、財政・経済、環境、都市デザインの課題の特定
③市民参加による目標・方針の明確化
④土地利用、交通、視覚的形態、経済状況、住宅、コミュニティ施設、規制
⑤財源の現状を説明する情報の整理と分析
⑥計画の（内容的）範囲と形式の決定
⑦スケッチプラン（代替計画案）の作成（スケッチ・プランでは土地利用の複合と密度のパターン、交通・駐車場のパターン、都市デザインの選択肢、実現可能性が示される）
⑧スケッチ・プランに対するパブリック・レビューの実施
⑨パブリック・レビューの結果に基づく計画素案の作成と評価（実現プログラムと環境影響評価を含む）
⑩計画素案に対するパブリック・レビューの実施
⑪パブリック・レビューの結果に基づく最終計画案の作成

❖プランニングにおける情報の扱い方

ダンデカーらは、1982年に初めてプランニングにおける情報の扱い方に関する本を出版し、それはその後20年もの間、プランニングの実践に必要な技術（特に、情報の収集・整理・伝達に関わる技術）をプランナーが修得する手助けをするものとなった*[23]。まず、「プランナーにはどのような情報が必要か。それらの情報はどのように収集できるか」をテーマとし、いくつかのフィールド調査の方法、アンケート調査の設計・対象・手段、人口・住宅建設・経済・環境などに関する二次資料の活用について述べている。

そして、「プランナーは、入手した情報をどのように整理して、多様な主体の共同的意思決定に寄与すれば良いか」という問いに答えるべく、基礎的な統計処理や人口・経済・交通などの分析モデルといった解析的手法、少人数グループの結成とそこにおける協働作業の進め方、市民参加の効果的なプロセスと多様な技術の適用、プランニングの各作業におけるコンピューターの利用について解説している。

さらに、「意思決定過程を適切に導くために、プランナーは、整理した情報やアイディアをどのように伝達すべきか」という問題意識のもと、プレゼンテーションの形式・構成と実施方法、メモ・手紙・電子メール・報告書などの書面の作成方法、表・グラフ・フローチャート・地図・絵・写真・アニメーション・3次元モデルなどのグラフィックの活用、政治的文脈の中でのプランニングの進め方の話題を扱っている。

❖都市デザインの技術と方法

都市デザインの検討に多様な主体が参加することを前提に、現場の都市デザイナーはどのような技術を駆使して何をどのように行えば良いのかを説明する書籍もある。

米国ピッツバーグを中心に活躍する民間コンサルタント会社Urban Design Associates（UDA）は、都市デザイナー達が現場で駆使している技術と方法を解説した*[24]。UDAの考える都市デザインとは、場（place）の創造に向けて物的環境の断片をまとめ上げること、多様な専門分野の知見が統合されたビジョンを創造するためのプロセスを展開すること、多様な主体が参加するプロセスにおいて3次元のデザイン解決策を提示すること、投資を呼び込み多様な主体の取り組みを調整するビジョンを提示することであり、その成功の鍵を握るのは「多様な主体の参加」と「多様な空間スケールにおける分析結果・解決策の提示」である。

こうしたUDAの都市デザイン・プロセスで適用される技法のうち代表的なものは、「シャレット（charrette）」（短期集中型のワークショップ）と「レントゲン（x-ray）」（空間データを要素別に分けて分析・表示する方法）であ

り、それらが丁寧に説明されている。

ウォルターズらの主張は、より魅力的で環境的にも経済的にもより持続可能な都市空間を再生させるためには、土地利用プランナーのように2次元で考えるのではなく、都市デザイナーのように3次元で考える「デザインによるプランニング（planning by design）」のアプローチが必要であるということである*[25]。多くの問題は、「開発」対「保全」や「コミュニティの公共利益」対「個別地権者の私的権利」といった基本的な論点に関係しており、こうした対立の調整には、従来の2次元の土地利用プランニングよりも、物理的な形態、インフラストラクチュア、都市や郊外のエリアの外見を詳細にデザインすることの方がより効果的であると言う。

❖合意形成のデザイン

プランニングの分野で国際的に活躍する事務所EDAWで25年以上もの経験をもつアーバン・デザイナーのファーガは、彼女が仕事として携わったプロジェクトにおける建築家、プランナー、ランドスケープアーキテクト、エンジニア、市民のインタラクションの実態を再現し、インタラクションがうまく行った場合とうまく行かなかった場合、それらの理由を紹介している*[26]。つまり、政治的な合意形成・意思決定プロセスにおける専門家の役割を扱っている。

現代の専門家には、計画・デザイン能力をもつことは言うまでもなく、ジャーナリストと苦痛なくやりとりすること、公衆の監視の下で仕事をする心構えがあること、コンピューターやインターネットコミュニケーションの活用に堪能であることが求められると言う。

合計12のプロジェクトの「物語」は、専門家、クライアント、利害関係者、市民活動家といった多様な主体の視点を示し、合意形成・意思決定プロセスの苦楽と浮き沈み、輝きとリーダーシップの瞬間、善意が裏目に出た出来事、よくある落とし穴、どこから現れたのか分からない障害物など具体的な場面をリアルに紹介している。

8・4 計画策定技法の日本の都市計画への適用

◎日本の都市マスタープランの計画策定技法

筆者は、2000年代後半以降、日本の自治体の都市マスタープランをはじめとする各種計画の策定に専門家として参画している。都市の物的環境と都市計画を取り巻く社会経済状況、さらに政治的状況は、都市によって異なるため、本章で扱ったような計画策定技法の体系化やマニュアル化は極めて難しいことを痛感している。多くの場合、自治体の都市計画担当職員2～3名、彼らを支える民間の都市計画コンサルタント2～3名、他の専門家とともに、その都市の状況と計画策定業務の資金的・人的制約の下で、採用できる計画策定の方法と駆使できる技術を考え、先駆的事例をつくることに力を注いでいる。

第1章で紹介した三重県の都市計画基本方針や圏域マスタープラン、鈴鹿市の都市マスタープランも、そうした先駆的事例の一部である。もう一つの事例は、立地適正化計画の策定を見据えた静岡市の都市計画マスタープランの改定である。

静岡市の都市計画マスタープラン改定のプロセスは、図8・12のとおり、大きくは、現況の把握、現行計画の評価・検証、議題の整理、まちづくりの視点・将来都市構造の整理、素案の検討・作成、最終案の検討・作成で構成された。また、改定の体制は、市役所内の委員会などにおける政策の体系・検討、筆者を含む専門家や地域の有識者で構成される懇話会による助言、議会などへの検討状況の説明、三つの方法（意見募集型、対話型、会議・討議型）による市民参画であった（口絵8・1）。

成長時代から低成長時代・成熟時代へと転換する中、静岡市都市計画マスタープランの改定で特に重要だったのは、立地適正化計画の策定を見据えた将来都市構造の提示である。これは、図8・12のとおり、策定懇話会での検討とアンケートおよび意見交換会の市民参画を通じて検討された。まず、学校、病院、スーパーなど日常生活に必要な施設の分布状況や地域の歴史性などの分析をもとに、都市拠点、地域拠点、生活拠点が設定された。

また、現在ある程度公共交通が充実している場所を特定し、将来的に力を入れていく場所に配慮して、公共交通軸が設定された。市街化区域内について、公共交通がある程度便利で一定の人口が維持でき日常生活に便利な施設が集まっているエリア、安全性や環境面も配慮しつつ居住の誘導を図っていくべきエリアの分析を行い、利便性の高い市街地促進ゾーンとゆとりある市街地維持ゾーンが設定された。ここで、利便性の高い市街地促進ゾーンとは、居住を誘導し、各機能の調和のとれた利便性の高い市街地を促進するゾーン、ゆとりある市街地維持

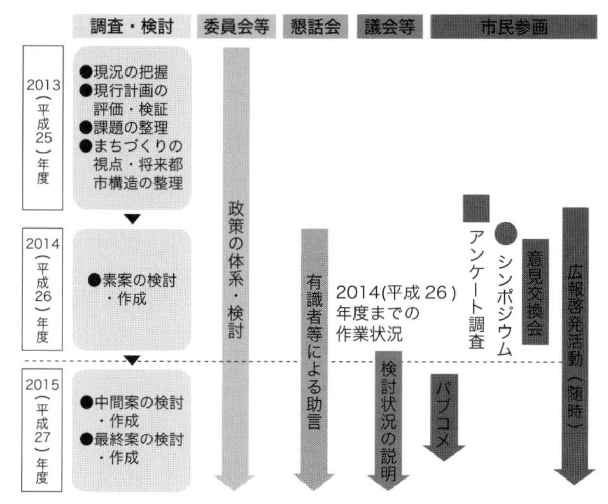

図 8・12 静岡市都市計画マスタープラン改定のプロセス (出典：静岡市(＊27))

ゾーンは、低密度化を図り、戸建住宅や低層の集合住宅を主体としたゆとりある良好な住宅地を維持するゾーンである。

こうした将来都市構造の内容は、市全体の将来都市構造図では市民に伝わりにくいため、六つの居住イメージ（中心部でまちなか居住、駅周辺やバス利用圏で利便性の高い居住、駅周辺やバス利用圏で多様な居住、郊外住宅地でゆとりある居住、田園環境の中で居住、中山間地で居住）をイラストで説明し、市民の支持状況を確認した。合わせて、市民には、身近な生活拠点にほしい機能について意見を求め、参考にした。

こうした検討を経て都市計画マスタープランは完成し、その概要版には特別付録として静岡市の将来都市構造図イラストが掲載されている（口絵 8・2）。その後、静岡市では、都市計画マスタープランの内容を踏まえ、都市機能誘導区域と居住誘導区域の設定を含む立地適正化計画が策定されている。

◎克服すべき日本の計画策定の現実＊28

都市計画の基本である計画の策定は、本来、都市の現在そして未来の状況を見据えながら、多様な主体の都市空間に対する要求を踏まえ、目指すべき都市の将来空間像を明らかにし、都市空間形成・再生の方針・施策を体系的に定める取り組みである。日本の都市では、都市計画法に基づく都市計画区域および市町村のマスタープランや地区計画、中心市街地活性化法に基づく市町村の基本計画、市街地開発事業の基本構想・基本計画、自治体独自の条例に基づく計画など、さまざまな場面において計画の策定が行われている。

しかし、それらの多くは、都市の状況を十分に見据えていなかったり、多様な主体の都市空間に対する要求を十分に踏まえていなかったり、目指すべき都市の将来空間像が不明確であったり、都市空間形成・再生の方針・施策を体系的に定めていなかったりと欠陥が少なくない。この理由としては、計画策定に費やされる資金と時間が不足していること、そして、計画策定の技法が未開発であることが考えられる。

計画策定の作業を行うのは、いわゆる「都市プランナー」と呼ばれる専門家であり、その多くは民間コンサルタント、自治体、研究機関に所属している。日本都市計画学会が 2007 年に実施した都市プランナーを取り巻く状況や展望に関するアンケートの結果によると、現在の都市プランナーの置かれている状況の問題点に関する設問（選択方式）に対する回答の上位を占めるのは、「正当な業務報酬が得られていない」（回答者の 74%が選択）、「仕事に継続性がない」（同 42%）、「仕事量が多く、一つひとつの仕事のクオリティが確保できない」（同 38%）である。

「正当な業務報酬が得られていない」の主な理由としては、発注制度の問題や世間からの（都市プランナーに対する）評価の低さ、業務報酬の積算上の問題、ダンピング問題などが指摘されている。また、「仕事量が多く、一つひとつの仕事のクオリティが確保できない」の主な理由としては、単価が低下した現状では仕事の本数を増やさざるを得ない実態、関連して、「報酬が低くなる」→「こなす業務量の増大」→「クオリティの低下」という負のスパイラル、多様な主体によるまちづくりの進展に伴う業務事項や手続きなどの増加などが指摘されている。

このように、日本の計画策定の現実はかなり厳しいが、その中でも、1 章で紹介した三重県や鈴鹿市のマスタープラン策定のように、行政、コンサルタント、研究者の丁寧な協働もある。こうした先駆的事例を積み重ねるとともに、計画策定の意義の説明や計画策定技法の開発・体系化に、力を注がなければならない。

成長時代から低成長時代・成熟時代へと転換する中、都市や街の新しい構想・計画およびその実現手段が求められている時期だからこそ、丁寧な計画策定が必要なのではないか。

[注・参考文献]
＊1 村山顕人（2004）『成熟都市の計画策定技法の探究：米国諸都市のダウンタウン・プラン策定に見る方法と技術』東京大学博士学位論文
＊2 高山英華（1967）「はじめに」（東京大学工学部都市工学科高山研究室『UR no. 2: 都市基本計画論』p.2）
＊3 Chapin, F. Stuart （1957） *Urban Land Use Planning*, Harper and Brothers Publishers
＊4 Kent, T. J., Jr.（1964）*The Urban General Plan*, Chandler Publishing Company
＊5 土井幸平（1993）『「都市基本計画」の実践における計画理論及び方法の展開』東京大学博士学位論文
＊6 東京大学工学部都市工学科高山研究室（1967）『UR no.2：都市基本計画論』
＊7 川上秀光（1971）『都市基本計画の目標設定、構成内容と関連諸計画』東京大学博士学位論文
＊8 森村道美（1987）『地区環境整備のための地区区分論』東京大学博士学位論文
＊9 森村道美（1976）「居住環境整備の必要性と可能性」『建築文化（特集：コミュニティ・デザイン：既成市街地の居住環境をいかにして整備するか）』1976年5月号、Vol. 31、No. 355、pp.37-44
＊10 伊藤雅春（2003）『創造的意向調整のためのワークショップの技法』東京大学先端まちづくり学校第4期、2003年2月2日
＊11 Abbott, Carl（1996）"Five Strategies for Downtown - Policy Discourse and Planning since 1943", Sies, Mary Gorbin and Christopher Silver eds., *Planning the Twentieth-Century American City,* The Johns Hopkins University Press, pp.404-427
＊12 大野輝之（1997）『現代アメリカ都市計画：土地利用規制の静かな革命』学芸出版社
＊13 Keating, W. Dennis and Norman Krumholz (1991) "Downtown Plans of the 1980s", *Journal of American Planning Association*, Spring 1991, pp.136-152
＊14 City of Portland (1988) Portland Central City Plan
＊15 村山顕人（2004）「ポートランド - セントラルシティ・プランの策定プロセス」『季刊　まちづくり』5号、学芸出版社、pp.45-52
＊16 Smith, Dean (1986) Staff Report and Recommendations
＊17 村山顕人・小泉秀樹・大方潤一郎（2004）「ダウンタウン・シアトル土地利用・交通プランの策定に見る都市空間計画策定技法」『都市計画論文集』Vol. 39, No. 3, pp.283-288
＊18 Land Use and Transportation Project, Office of Policy and Evaluation, City of Seattle (1982) *1982 Downtown Alternative Plan*
＊19 村山顕人（2012）「米国の都市プランナーに求められる計画策定技術」『都市計画』 Vol. 61、No. 4、pp.18-21
＊20 Hopkins, Lewis D.（2001）*Urban Development: The Logic of Making Plans*, Island Press
＊21 Anderson, Larz（1995）*Guidelines for Preparing Urban Plans*, Planners Press
＊22 Kaiser, Edward with David Godschalk and F. Stuart Chapin, Jr. （1995） *Urban Land Use Planning*(4th Edition), University of Illinois Press
＊23 Dandekar,Hemalata C. ed.（2003） *The Planner's Use of Information* (Second Edition), Planners Press
＊24 Urban Design Associates （2003） *The Urban Design Handbook: Techniques and Working Methods,* W. W. Norton
＊25 Walters, David and Linda Luise Brown (2004) *Design First: Design-Based Planning for Communities*, Architectural Press
＊26 Faga, Barbara (2006) *Designing Public Consensus*, Wiley
＊27 静岡市『静岡市都市計画マスタープラン策定経過』
http://www. city. shizuoka. jp/299_000023. html（最終閲覧 2018/5/6）
＊28 村山顕人（2009）「脱成長時代の自治体都市計画」自治体学会編『自治体計画の現在』第一法規、pp.53-82

9章 職能論
――都市計画マインドを育む

中島直人

9・1 都市計画家という職業

◎国と自治体の都市計画職

前章まででで述べてきたように、都市計画は、人々の生活の身近な環境の形成や保全に寄与する社会技術であり、生活の質を直接的にも間接的にも左右する。しかし、そうした都市計画の担い手である都市計画家（ないし都市プランナー）は、日常生活ではなかなか出会うことがない、多くの人にとってなじみが薄い職業である。都市計画の専門職と関連する国家資格として技術士（都市及び地方計画）があり、2015年からは関連諸団体が協働して認定都市プランナー制度を運用しているが、必ずしも都市計画家の職能を規定するものとはなっていない。

日本では、都市計画が国家の事務として開始されたことと関係して、都市計画家は当初、皆、国家官僚（内務省の官吏）であった。本省にて都市計画制度の運用方針を定め、全国各地の都市計画を指導する者の他に、各府県に内務省の出先機関として設置されていた都市計画地方委員会に所属し、各道府県職員とともに、各都市の具体の都市計画の立案にあたった都市計画家＝都市計画技師がいた。戦後は、機関委任事務として、都道府県や市町村に都市計画関係の業務が移管されたが、法制度やその運用指針の策定、各種補助メニューの創設や自治体への職員派遣などによる国と地方自治体との中央集権的な関係性は維持され、建設省の都市局がその中心にあり続けた。しかし戦前のような具体の計画立案を行う都市計画家が国から都道府県に派遣される仕組みはなくなった。2000年に地方分権一括法が施行されて以降は、中央集権的な関係性がくずれ、都市計画に関する決定のほとんどが自治体に委ねられるようになった。国土交通省のキャリア公務員（技術系では建築職・土木職・造園職に分かれる）が都市計画関連法制度の立案をもっぱら担当している構造は変わらなかったが、国家官僚が各都市の実際の都市計画決定に関わる機会は少なくなったため、制度設計の場と都市計画の現場との間を意識的につないでいく必要が生じている。

現在、都市計画は地方自治体の自治事務であり、各市町村には、市町村長の諮問機関として都市計画審議会が置かれ、そこで都市計画法に基づく様々な都市計画決定が議論されている。また、都市計画決定の前提として、都市計画マスタープランをはじめとする各種の行政計画が策定される。都市計画法のみならず、建築基準法の集団規定の運用や景観法などの関連法に基づく計画策定、その運用も都市計画部局の業務となっていることが多い。こうした審議会の運営や行政計画の策定を担当する部署が都市計画課やまちづくり推進課といった名称で、各市町村に設置されており、その部署に所属する自治体職員が都市計画の重要な担い手となっている。

しかし、日本の場合、自治体では数年単位での職務のローテーションがあり、都市計画部署に継続的に配属されている職員は多くないし、自治体の規模によっては、都市計画業務に専従する職員がいないこともある。従って、都市計画関連業務を行う自治体職員に都市計画の専門性が問われることは稀で、その時々の担当に過ぎないという状況がしばしば生じている。また、自治体職員の都市計画業務のうち、先の審議会での議案整理や都市計画法、そして建築基準法などに則った諸手続きへの対応などが多くを占めることもあり、実際のプランニングを主体的に行っているとは限らない。自治体職員の中で都市計画家という自己認識を持ち、対外的にもそうした認知を得ている者は決して多くはないのが現状である。

◎民間の都市計画職

国の都市計画制度立案に関連する調査や、自治体の都市計画関連の諸行政計画の立案には、都市計画コンサルタントと呼ばれる民間の都市計画事務所が関わっていることが多い。都市計画コンサルタントは都市計画に関する専門知識、技術をもとに、官庁や自治体の都市計画担当職員の業務を支援する集団であり、専門性の高いスタッフを抱えている。その多くは都市計画の専門教育を受け、都市計画技術者という自己認識を持っているが、都市計画立案の最終的な責任や権限は発注者側にあるため、都市計画家としての主体性が発揮しにくい状況にある。企業としての都市計画コンサルタントは、都市計画だけでなく建設関係の幅広い業務に対応する総合コンサルタント、都市計画に特化した都市計画専門コンサルタント、さらには市街地再開発事業や土地区画整理事業に特化した各専門コンサルタントなど、様々な業態がある。なお、都市計画コンサルタントのクライアントは、殆どが国や地方自治体であったが、公共事業の大幅な縮小の中で、特に計画に関する費用は削減される傾向にある。都市計画コンサルタントに求められる専門技術やアウトプットも、時代とともに変化してきている。業務発注のありかた、受託業務のみでない自主事業の可能性などの模索が続いている。

都市計画コンサルタント以外の民間企業でも、都市計画の専門技術を持つ人々が活躍している。大手の組織建築設計事務所の中には、都市計画コンサルタントと同様に官庁や自治体の計画支援業務を行う部署や、設計業務受注前の段階での大規模プロジェクトの企画や計画、コンペティションやプロポーザルへの対応を担当する部署がある。大手ゼネコンにも同様に、都市開発関係の企画、計画を行う部署がある。また、ディベロッパーや鉄道会社は、都市開発の企画からプロパティマネジメント、エリアマネジメントまで手掛けており、都市計画の専門性が活かされる職場でもある。都市開発事業への融資を行う金融系の企業でも、都市計画の専門家を抱えていることがある。

また、地域に根差したまちづくり組織の中には、株式会社やNPOなどの法人格を取得し、都市計画の専門教育を受けた人材を専従スタッフとして雇用しているところもある。アメリカや欧州では、特定地区の地権者から負担金を徴収して地区マネジメントを行うBID（Business Improvement District）などの組織に都市計画の専門教育を受けた人材が雇用され、地区の調査・計画立案、公共空間のプログラミング、ファンドレイジングなど多岐にわたる業務を担当しているケースがよくみられるが、日本では専門性の高い専従スタッフを抱えられるしっかりした財政基盤を持つ地縁型組織は決して多くはない。ただし、近年では、公民学連携の枠組みの中で、まちづくりセンターやアーバンデザインセンターなど、都市計画の専門家が活躍する新しい組織が各地で生まれている。必ずしもBIDのような事業体というわけではなく、地域の将来構想の立案や地域の歴史や現状のプレゼンテーション、地域の様々なまちづくりの促進、調整を行っている。

なお、大学の研究室も、都市計画の専門職の一端を担っている。地方自治体や民間企業と協働し、多くの場合は学術的な研究対象ともなりえる新しい課題への対応が必要な取り組みに、教員と学生が参画する。また、都市計画学では現場が重視されるため、教員の多くは審議会委員や計画策定への助言などを通じて、都市計画の実務に関わっている。

9・2 都市計画家を育成する教育

◎大学・大学院での都市計画の専門教育

都市計画に関する専門教育は主に大学、大学院で行われている。日本の場合は、都市計画を専門とする学科・専攻として東京大学工学部都市工学科都市計画コースや筑波大学社会工学類都市計画主専攻などが挙げられるが、数が非常に限られており、実態としては主に建築・土木・造園系の学科・専攻が都市計画の教育、研究を担っているのが実情である。加えて、法学、経済学、社会学、政策学、観光学、不動産学、環境学、地理学といった分野の学科・専攻でも都市計画に関する講義・講座が開設されているケースがある。つまり、都市計画学は、建築家や土木エンジニアを養育するための専門教育の一端を担っているのと同時に、社会科学や人文科学を含む非常に幅広い分野とも接続する学際的な領域に位置づけられている。しかし、都市のフィジカルな環境の計画を担う専門家を育てるという明確な目標のもと、体系的なカリキュラムを実施しているのは、都市計画を専門とする学科・専攻に限定される。

そうした学科・専攻の一つに、日本の大学で都市計画を専門とする初めての学科として1962年に設立された東京大学工学部都市工学科がある。同学科は都市計画コースと都市環境工学コースで構成されており、それぞれ別個のカリキュラムを有している。都市計画コースでは、設立以来、50年以上にわたって都市計画の専門教育、研究を行ってきている。東京大学の制度では、大学2年の後期から専門課程教育に進むことになっており、都市工学科都市計画コースも、大学2年後期から大学4年までの五つのタームを前提に、教育カリキュラムを組み立てている。そのカリキュラムの特徴は、①都市工学演習と呼ばれるスタジオ形式の授業が週3日、午後の時間に設定されていること、②その都市工学演習のみが必修科目であり、それ以外の学科提供の講義科目（コースワーク）は一定単位以上の履修をすればよい限定選択科目となっていること、③結果として他学科や他学部の科目を積極的に履修することが可能な仕組みとなっていることである。都市計画学が都市という現場を持った実学であり、知識を受動的に得るだけではなく、実際の都市が抱える課題の解決に能動的に取り組むことが重要であること、そして、都市計画が学際的で、都市や社会に関わる幅広い視野、関心が求められることを勘案したカリキュラムである。なお、大学院のカリキュラムは、より複雑で実践的な課題を対象としたスタジオと専門性を高めたコースワーク、そして修士・博士論文の作成指導や実践的プロジェクトを核とした研究室ごとの活動で構成される。

◎マルチスケールの都市工学演習

東京大学都市工学科都市工学演習では、都市の課題の発見と解決のための能力として、「認識力」（都市の実態を調べる）、「分析力」（都市を分析・評価する）、「構想力」（都市の将来を構想する）、「創造力」（計画・構想を形にする）を重視している。実際の都市、地域を対象とした課題に取り組み、主に計画案や設計案としてその解決策を提案する過程を通じて、そうした能力と関係する基礎的な思考や技法を身に着けさせることが演習の目的である。ただし、都市といっても、建築スケール（1:100～1:200）、街区スケール（1:500～1:1,000）、地区スケール（1:2,500～1:5,000）、都市スケール（1:10,000～1:50,000）、都市圏スケール（1:100,000～1:200,000）と扱うスケールは様々であり、卒業研究に専念する4年後期を除いた4ターム2年の間にマルチスケールな思考と技法を一通り経験するカリキュラムになっている（図9・1）。

計画、設計のスケールにも対応して、個人課題と5名～10名程度で取り組むグループ課題の両方があるが、都市や地域の課題を把握するためにはそもそも多角的な視点が必要で、かつ、その解決に向けた取り組みに関して絶対唯一の解答があるというわけではないので、演習の時間の多くは学生同士、時に教員も交えた議論に充てられる。各課題では、課題期間の中間と最後にジュリーと呼ばれる公開講評会が必ず設けられている。ジュリーでは、1人当たりの発表時間は限られているものの、必ず全員が全員の前で発表し、非常勤講師（実務家）を含む複数の教員との質疑応答を行うことになっている。ジュリーには、課題対象地の地方自治体の職員や地域の関係者、また外部の専門家などにも参加してもらうこともある。こうした議論、対話の空間こそが演習という形式の授業の本質である。

なお、先にあげた四つの能力以外に、「実現力」（様々な人々と協働しながら、自ら構想・計画を実現していく）も都市計画家に求められる大事な能力である。ここで紹介した学部の演習において、その能力を磨くことは難しいが、大学院での実践的なプロジェクトや、何よりも都市計画以外での様々な生活経験を積むことによって、その基礎を身につける必要がある。

◎社会人向けの大学・大学院

大学や大学院での都市計画に関する体系的な専門教育は、あくまで都市計画という世界の広がりを認識し、基本的な知識や技術を身に着けさせることが目標であり、より実態に即して言えば、都市計画を志向する人材を育てることが使命である。そうした志向性を持った人材を実際に専門家へと育成していくためには、実践の場でのトレーニング、つまりオン・ザ・ジョブ・トレーニングが欠かせないことは言うまでもない。しかし、一方で、大学や大学院で体系的な都市計画専門教育を受けることなく、仕事の場で都市計画に関わるようになった人や都市計画に関心を持つようになった人も大勢いる。そうした人たちを対象とした都市計画の学びの場が必要とされている。

東京大学大学院工学系研究科都市工学専攻・社会基盤

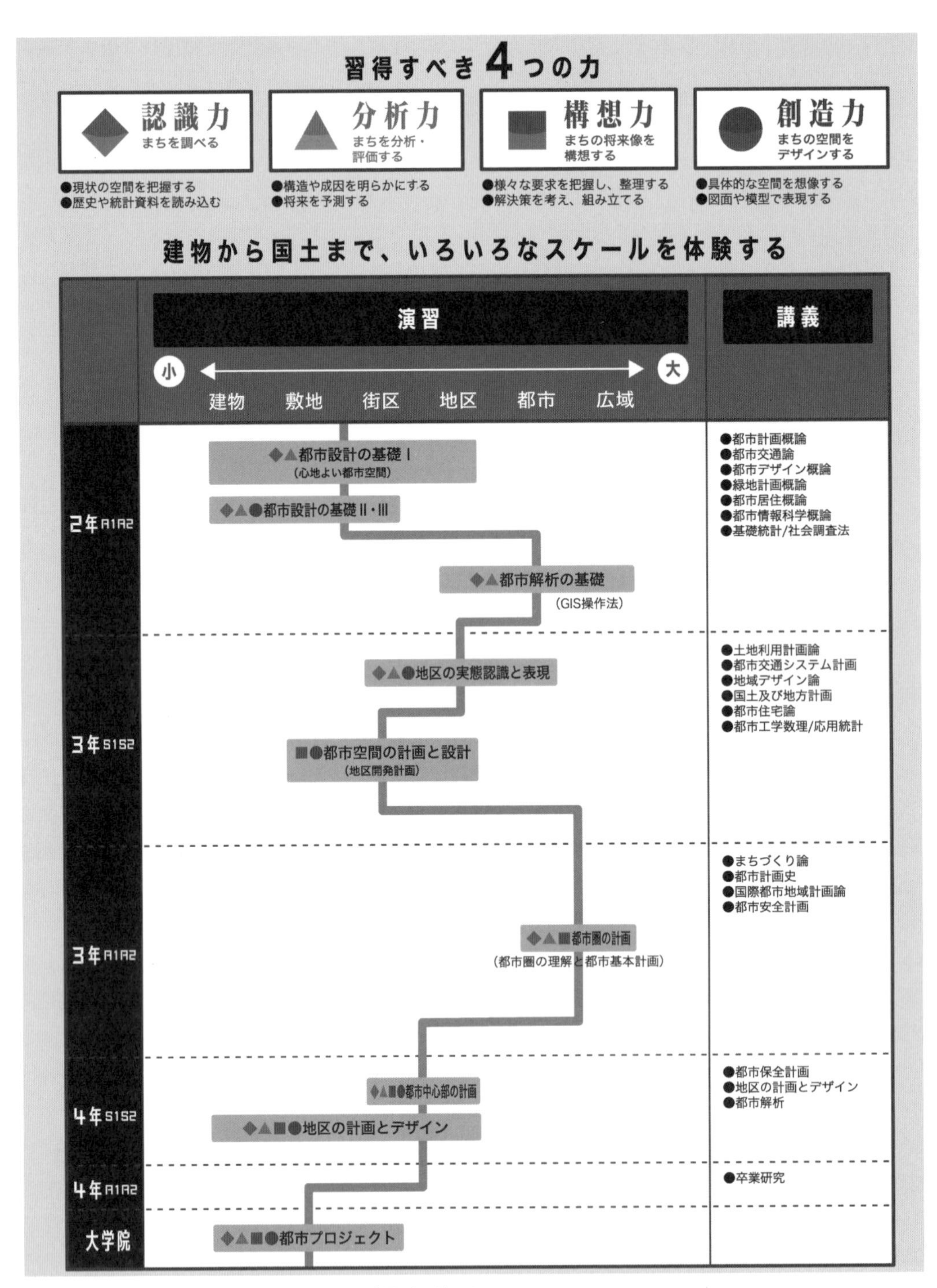

図 9·1　東京大学都市工学科都市計画コースの演習プログラム（出典：東京大学工学部都市工学科（＊1））

学専攻・建築学専攻の3専攻では、専攻横断の社会人向け教育プログラムとして、2007年に「都市持続再生学コース」（東大まちづくり大学院）を開設した。都市計画・都市デザイン・都市地域環境管理・都市マネジメント・その他「都市づくり・まちづくり」に関する統合的・実践的・国際的な知識と技術を修得した高度専門職能人の養成を行うことを目的とした2年制（長期履修学生制度により4年間まで在籍が可能）の修士課程である。

まちづくりに興味を持つ社会人学生は、建築・社会基盤・鉄道・住宅といったまちづくりに関連する分野に属しているとは限らない。東大まちづくり大学院でも、製造業、ICT、金融、広告などを含め、極めて広い分野の社会人が大学院の門をたたく。仕事ではなく、プライベートをまちづくり活動に励み、そこから学びの世界に興味を持つ学生も少なくない。

社会人のためのカリキュラムの構成は、社会人のライフスタイルに合わせた時間・曜日の開催はもちろん、内容的にも社会人のニーズにあったものが求められる。社会人を受け入れる大学の側としても、社会人が持つ経験、技術、人的ネットワークをうまく活かしながら、教育・研究の成果として昇華させるためのカリキュラム構成の工夫が必要となる。

東大まちづくり大学院のカリキュラムは、平日の夜に行う講義、土曜日を中心に行う演習、それに修士論文の研究の、大きく三つに分けられる。講義は、都市計画の理論や制度の基礎的な講義も行うが,. 現代のまちづくりのトレンドや将来の課題・可能性を先取りするような講義を、通常の大学院より多く組み込んでいる。高齢社会のまちづくり、人口減少対応といった課題や、自動運転技術をはじめとしたテクノロジーの発展、アジアなど海外へのまちづくりの展開といった講義も行われる。また研究者だけでなく官民の実務者も外部講師として多く招へいすることにより、まちづくりに関わるうえで必要となる様々な分野の知識や、立場による考え方の違いなどを学ぶことができる。演習も講義と同様に、現代的なテーマについて、地区から都市圏まで様々なスケールで取り上げている。多様なバックグラウンドを持つ社会人同士が議論を尽くして共同作業を行い、具体的でユニークな提案を発表する。この過程でまちづくりの実践的な方法やその背景となる考え方を学んでいる。

社会人学生にとっての修士論文の研究は、20代前半・半ばの若い学生の研究と比べると、調査や執筆に費やす時間は概して短いものの、現場で得た経験、技術、人的ネットワークが大きなアドバンテージとなる。日ごろの仕事や活動で感じている興味や疑問を、学問的な視点から改めて考え、既存研究のレビューなどを踏まえてオリジナルなテーマを設定し、調査を進めていく。有用な仮説の構築、論理的な論述、独自性といった学術論文に必要な要素をしっかり押さえたうえで、現代の都市計画・まちづくりのあり方に一石を投じるような論文が、社会人学生に期待される。東大まちづくり大学院では、修士論文に加えて、各種の関連学会への投稿が推奨されている。

社会人向けの大学院やコースは、ビジネスや資格試験に関連した分野を中心に、近年までに多く設立されているが、まちづくりの分野の大学院・コースは多くない。まちづくりの関連業界だけでなく、様々な分野の実務者に、まちづくりのマインドを理解し実務で実践してもらうためには、社会人大学院を修了した学生が、大学院で学んだことを実務で活かし、現場で活躍することも大きな貢献となる。

東大まちづくり大学院は、開設から11年近くがたち、入学者は215名、修了者は144名を数えるまでになった(2018年9月現在(予定))。大学院修了者だけでも大きなネットワークとなりつつある。しかし大学院が狙うのは、出身者のネットワークの拡大に加えて、彼らの活躍が、他の様々な分野・立場の人々に影響を与え、まちづくりのすそ野を広げることにある。

◎さまざまな都市計画の学びの場

都市計画を体系的に学ぶ機会だけでなく、まちづくりの現場で必要となった課題について、その時々に集中的に知識や技術を学ぶ場も各地で提供されている。例えば、認定特定非営利法人日本都市計画家協会は、半年で5回程度の連続講義を行う「JSURPまちづくりカレッジ」を開催している。取り上げられているテーマは、「プランニングの“これまで”と“これから”〜都市制度の系譜とこれからの都市計画理論〜」「パブリックスペース・デザインレビュー」「まちの可能性を切り拓くモビリティデザイン」「世界のパブリック・スペースを読む」「人口減少時代の住まいと暮らし方〜『誰もがきちんとした場所で暮らせる環境づくり』について〜」などで、いずれも焦点、課題がはっきりしている。

こうした連続講座と同様に短期集中型ながら、より明確な専門家像を想定した専門家養成講座もある。例えば、社団法人UDCイニシアティブは、従来の都市計画家、建築家とは異なり、調査・分析、マスタープランの立案、都市空間のデザイン・計画調整から利活用を含めたマネジメント、イベントを仕掛けるプロデューサー機能、ワークショップのファシリテーションまで幅広い領域をカバーできる技術とコミュニケーション能力を兼ね備えた人材と定義する「アーバニスト」を養成するための「アーバニスト（まちづくりディレクター）養成プログラム」を開設している。一泊二日で実践経験豊富な講師から集中的に学ぶ講座である。

また、都市計画への関心は、根本的にはより幅広いまちづくりへの主体的な参画の意識によって支えられている。その意味で、市民に向けたまちづくり講座は、都市計画の教育の場の最も基礎的な役割を担っていると言える。例えば、柏の葉アーバンデザインセンターでは、（一財）柏市まちづくり公社と共催で、2007年度から継続して市民を主な対象とした「UDCKまちづくりスクール」を開講している。その目的はこれからのまちづくりの担い手を育てることであり、実際に修了生たちが実践の場に主体的に携わるようになってきている。

こうした都市計画の学び場のデザインで大事なのは、インプットのみで終わらせない工夫である。インプットからアウトプットへの道筋、動機付けを明確に与えることが求められている。

9･3 先人たちにみる都市計画への志

都市計画の専門教育を通じて都市計画に関する体系的な知識や基本的な技術を身に着け、オン・ザ・ジョブ・トレーニングで都市計画技術の実践面での経験を積んでいったとしても、それだけで都市計画家になれるわけではない。都市計画家にとって最も大事なのは、都市計画家としてのマインド、都市計画への志を磨き続けることである。それはもともと都市計画に関心を持った時点で多かれ少なかれその人の中に見出される内発的なものであり、その後、それぞれの都市計画の道を歩いていく過程で、先を進む都市計画家の背中から、あるいは彼／彼女らとの直接、間接的な交流を通じてさらに大きく育つものである。ここでは、まずはそれぞれの中にすでにあるはずの都市計画への志と向き合うきっかけを提供する目的で、都市計画の先人（すでに直接向き合うことができない故人）たちが都市計画について語った言葉を紹介する。

◎草創期の都市計画技師たちの志

1919年の都市計画法制定後、内務省内に都市計画課が設置され、都市計画プロパーとしての都市計画技師が採用され、全国の道府県に設置された都市計画地方委員会に所属し、都市計画の立案に従事した。ただし、新設の都市計画プロパーが就く上位のポストは省内になく、昇進の道は用意されていなかった。また、都市計画事業に対する財源は十分でなく、都市計画法制定後しばらくの間、計画はたてるものの一向に実現しない都市計画家の仕事は「塗紙計画」と揶揄されることがあった。亀井幸次郎（1897 - 1974）は、そうした内務省の第一世代の都市計画家たちの背中を見ながら育った人物で、彼はその先輩たちや同僚たちが共通して持っていた素質について、次のように述べている。

> 「日本の都市計画にタッチした私の知っている多くの先輩や知人は、よしんばそれが事務やさんであろうと土建やさん（土木や並びに建築やを一緒に称えて）であろうとあるいは造園やさんであろうと、いずれどの一人をあげつらうともHumanitarian的な人の好い学徒的な素質を多分に持っていた人々ばかりであったからであります。
>
> 従って将来の地位や栄達などというものには、都市計画（いわゆる“名をあげやよはげめ”…式の立身出世主義型の）という課は内務省内の他の部課と比較すればおよそ縁遠い課であったと信じております。
>
> それにもかかわらず学窓で描いていた感激的理想郷の夢の実現に情熱を傾注しながらコツコツと実現も予想できない塗紙計画を幾百枚とも知れず、塗り続けてきた多くの若人がいた事実を私は忘れられないのであります」*2

第一世代の都市計画家を代表する人物は、1920年に内務省の都市計画技師一期生としてともに採用された榧木寛之（かやのきひろゆき）（1890 - 1956）と石川栄耀（1893 - 1955）である（5章2節参照）。榧木は内務省都市計画課に在籍し、全国の都市計画に適用される計画標準などの整備に携わりつつ、全国から持ち込まれてくる都市計画案に対する指導・助言を行った。それに対して、石川は名古屋に赴任し、愛知県の都市計画の現場で奮闘しつつ、様々な媒体に精力的に論考・論説を発表し、都市計画界を超えた付き合いを行った。省内での都市計画の地位向上を目ざした榧木と、社会における都市計画の地位向上を目指した石川とはウマが合わなかったが、ともに都市計画の発展に力を注いだ同志であった。榧木は普段は自らが都市計画の現場に関わることは少なかったが、1935年に石川県山中町で大火が発生したあとの復興では、直接、計画立案に携わった。その復興の記念誌で、榧木は次のように述べている。

「十数年経過して色々の記憶が去った後に山中町を訪問したとする、そして美しい温泉町を山の中に見出したとする、そして徐ろに記憶を繰って見てああ火事があって焼けた事があった、復興事業をやるとかやらぬとか騒いだ事があった、そして町の人が異口同音に此際復興事業を敢行しようと決心した事に記憶が蘇ったとする、そして自分もほんの少々手助けをやった事を思出す。か様な愉快な思出を持つ人が他にも大勢居られるだろうか。」*3

榧木は、都市計画の主体はあくまで地域の人々であり、都市計画家にできるのは、その手助けに過ぎないと控え目に書いている。一方、石川は、都市計画の前に都市を見つめよと訴え続けた人物であった。石川は同僚たちに向けて、都市計画家の役割を次のように説いている。

「之（注:都市計画）は大地の上に繁栄してゆく人類社会を認識し助成し誤りのない様育ててゆく行政ぢゃ。ぢゃから問題は先ず原地の都市そのものから沸いて来る。云ひ様によりゃ原地の都市そのものを朝夕好う見とりゃそこにアリアリと都市計画が描いてある筈じゃ。都市計画技師はただそれをハッキリ捉えてものにしてやりゃ好えのじゃ」*4

後に石川は「『都市計画』は計画者が都市に創意を加えるべきものではなくして、それは都市に内在する『自然』に従い、その『自然』が矛盾なく流れ得るよう、手を貸す仕事である」*5として、そのような都市計画を「生態都市計画」と名付けた。同時に、石川は都市計画を次のような極めてシンプルな言葉で定義している。

「社会に対する愛情、それを都市計画と云う」*6

都市計画家の社会への愛情は、強い使命感、責任感と表裏一体のものとしてあったことに注意したい。

◎民間都市計画家のパイオニアたちの志

都市計画法が制定されたことで、都市計画法の運用が内務省の都市計画家たちの仕事となった。この「法定都市計画」＝都市計画という構図に最も強い違和感を持っていたのは、他ならぬ内務省都市計画技師の石川であった。石川は、「『都市計画』と云う華々しい名前を有ちながら自分達の仕事がどうも此の現実の『都市』とドコかで縁が切れてる様な気がしてならない」*7と語り、法定都市計画では対象となっていなかった商店街、盛り場に関心を注いだ。その石川とも交流のあった民間の都市研究家に、新聞記者出身の橡内吉胤（とちないよしたね）（1888 - 1945）という人物がいた（4章2節参照）。関東大震災直後の1925年に都市美研究会（後の都市美協会）を設立し、都市美運動の主唱者として活躍した。その橡内は、都市生活の本質に触れる都市計画を志し、しばしば法定都市計画の枠内にとじこもる官の都市計画を次のように批判し、民間の自由な都市計画の運動体を構想し、実践した。

「かのチャールス・マルフォード・ロビンソンが『都市計画の意義はもっともっと深遠なものがあって、その都市に住んでいるというプライドを感じ、一種のインスピレーションにも触れ、何かしらグードと希望を見い出していけるよう…即ち、都市生活者の精神や道徳の上に良い影響を及ぼすように仕向けていき、人生というものには金儲け以上の何物かがあるという事実を知らしめるようにその都市を改造することにある』云々と説いているところであるが、そんな高遠な指導精神などは薬にしたくても無く、単に道路を広げたり港湾を整備したりするに止まっていてわれわれの人生の本質的問題に触れざる限り、かかる都市計画にはまた多くの望みをかけることができないであろう。」*8

1945年、アジア・太平洋戦争が日本の敗北に終わり、都市計画は戦災復興に立ち向かうことになった。この時期に盛んに議論されたのは、都市計画の民主化であった。その意味するところは、戦前、戦間期の都市計画が官僚独善であったという反省に立ち、都市計画をより社会に開いていく、民間の参画を求めていくということであった。石川はこの民主化という課題にいち早く取り組んだが、その石川が支援するかたちで、日本で最初の民間都市計画事務所を立ち上げたのが、戦前は満州政府で都市計画を担当していた秀島乾（ひでしまつとむ(かん)）(1917 - 1973) であった。秀島は「計画士」を名乗り、国や地方の仕事を請け負い、民間の自由な立場から構想、計画を立案した。しかし、そのあまりに理想的過ぎたり、先進的であった構想、計画の多くは実現に至らなかった。それでも秀島は都市計画の民主化を信念として、民間の立場を離れることはなかった。秀島は下記のように、条件が整うまで待つのではなく、条件自体を作り出していくのが自分の仕事だと述べている。

「今は、民間での都市計画の事務所など成り立つわけはない。お役人や、大学の先生などからの情報と、後押しをもらって、その場に飛びこんでいって、努力するだけなのさ。お金？今は建築がいいから、建築でかせいで、そのお金を都市計画をやるために使うのさ。なぜ、そうするかだって？単純なことだよ。都市計画が好きだし、やらなければならないと思っているからさ。やる条件が、たとえ十分ととのっていなくとも、それをやるための条件を作り出しながら、それに向ってゆく、これが僕の都市計画に対する生き方だから。」*9

秀島の次に、民間都市計画家として未開の地を開拓したのは、浅田孝（1921 - 1990）である（4章2節参照）。長らく東京大学の丹下健三研究室の番頭役を務め、極めて幅広い視野で文明論的に都市や地域の問題を説いた浅田は、南極昭和基地の設計主任や、世界デザイン会議の事務局長などの重要な役割を果たしたのち、1961年に人間環境の包括的諸問題に対して学際的に取り組む場として環境開発センターを設立し、国、地方自治体、民間企業などから様々な調査、提言、計画・設計などの業務を受託し、民間都市プランナーの先駆けとなった。その浅田は環境開発センター設立の際に、根底に理想を持たず、画一的な水準にとどまる「官製都市計画」ではない、「真の都市計画」について論じている。

「都市計画や都市設計の本来の目的が、都市という人間集団の地域社会に働きかけて、市民の生活が発展的であるように都市を建設し造りかえてゆくことにあるとすれば、都市の自然的な条件や、社会的な構造や、経済的な機能や、文化的な状況や、政治的な相関など、都市というひとつの地域社会の制度や精神のすべての領域にわたる計画的な建設を遂行させる原動力は何かといえば、こうした諸条件の結果として目の前にある都市生活の今日の状況、その矛盾に対してみずからそれを克服してゆこうとする市民の問題意識であり、それを受けて都市文明の未来に対して調和を創造していこうとする都市計画家の意図でなければならない」「既存の諸制度や問題領域や個々の組織を超えたところに都市の問題はある。どのような目標をゴールとして都市の発展をめざすか、都市環境のコントロールは次第に都市文明全体の問題になろうとしている」*10

浅田は後に、「今日まで、二十年間に国・地方自治・団体組織・民間を合わせ、大小一二五件に上る調査・立案・提言・計画・設計などの業務をおこなってきているが、業務のための業務として引き受けたものはひとつもなく、常に小さなものにも新しい課題の発見につとめ、大きいものにも環境問題からの視点を失わないように、と心掛けてきた」*11と述べている。つまり、民間都市計画家は「業務のための業務」を行う下請け業者などではないのだと。

◎都市計画家に必要なものは何か

東京大学工学部での都市工学科設立を推進した中心人物は高山英華（たかやまえいか）（1910 - 1999）である。高山は東京大学で初めての都市計画を専門とする研究者であり、都市工学科では初代主任教授を務めた。都市計画学の構築とともに、東京オリンピックの際の施設計画をはじめ、高度経済成長期の全国の都市計画プロジェクトに携わったことで知られている。その高山は、日本都市計画学会の30周年記念式典（1982年5月26日）で行った記念講演にて、「都市計画の幅」「芸域」という表現で、都市計画家に必要な人生勉強と学際的交流の場、おそらくそれを生み出す広い関心や視野、好奇心の重要性について言及している。

「敗戦直後の時期の新宿などの飲み屋街の生活も、そういう意味で僕の都市計画の幅を広げるのに役立っているわけです。新宿駅前の焼跡のバラック街にハーモニカ横丁なる一角があって、中央線の文士の人々などが毎晩カストリを痛飲していた。僕も夜は、そこで人生勉強と学際的人間交流を楽しんでいた。『文芸春秋』の池島信平、中央線沿線の中島健蔵、上林暁、中野好夫、河森好蔵などのみなさんに会って、ぼくの芸域が広がった感がある。(中略) これらの体験は、僕の都市計画の考え方の上に、いろいろとよい影響をもたらしていると思っている。」*12

同じく都市工学科で都市設計分野の教育研究を担った大谷幸夫（さちお）(1924 - 2013) は、東京大学での最終講義において、1960年代末の大学紛争時に、従来の思考方法では理解できない激しい行動をとった学生たちと直接向き合った経験から、他者への想像力が磨かれたことを語っている。そして、次のような言い回しで、他者への想像力こそが都市計画家にとって必要な能力、素養であると語った。

「そして、この能力や頭脳の中での作業は、都市を設計している人間、都市を扱っている人間にはどうしても必要な能力であり素養だと思っています。先程も申しましたように、都市はわかり尽くすことのできない強大なブラックボックスであるわけです。それから、大勢の人が一緒に住んでいるわけで、すべての人の考えや、何を大切にして生きているかということも自明なことではありません。そういう都市に生きてゆくとき、自分が関心を持ったことを経験したことしかわからないというようでは、他人のことはほとんどわからないということになるわけですね。」

「こういうことをしたら隣人はとても悲しむであろうとか、生きずり人を傷つけることになる、といったことを予め推測する、あるいは行為しようとした瞬間に、それを悟る能力が求められています。」

「そういう想像力がないと、都市の中ではめったやたらに他人を傷つけたり対立が起こることになります。」*13

都市計画家のありかたについて戦略的、体系的に分析し、かつその分析を踏まえた実践を行った人物に田村明 (1926 - 2010) がいる (4章2節参照)。田村は建築学科卒業後、中央官庁勤務や民間保険会社勤務などを経て、浅田が設立した環境開発センターに参画し、横浜市の六大事業を提案し、その後、飛鳥田横浜市長に請われて横浜市に入庁し、自治体における都市計画家の可能性を実践的に証明してみせた人物である。田村は従来の都市計画家像を①官庁派、②デザイナー派、③研究室派の三つのタイプに分類した上で、いずれも十分な実行力を持ち得ていないとし、「どうしても環境を解く総合科学の確立と、これを実践的に計画し、かつ実施に移してゆける新しきプランナーが必要なのである」*14と主張した。田村が追い求めた新しい都市計画家像は、市民政府としての地方自治体の内部で活動する自治体プランナーであった。その田村は、真の意味で実践的な都市計画を実施していくことができる都市計画家とはどのような人物か、について下記のように述べている。

「このような都市に対応するのには、動態的な生きた計画が必要であり、それが実践的な都市計画である。実践の中で、固定的な鋳型ではなく、最も実際にふさわしい、しかし将来にとって好ましい姿をたえず求めてゆく。そして、生きた計画を実施してゆくのは、人間である。干からびた形式主義の中では人間性は死んでしまう。みずみずしい新鮮さを失わず、人間と都市への愛情を持った人々の手によって、行われなければならない。

都市計画とは終わることのない実践であり、終わることのない未来への賭けである。そこに都市の生命があり、計画の本質が存在するのである。」*15

「みずみずしい新鮮さを失わず、人間と都市への愛情を持った人々」の1人に、田村明が企画調整局長を務めていた1977年に横浜市に入庁し、20年間、横浜市の都市デザインに従事した北沢猛 (1953 - 2009) がいる (4章2節参照)。北沢は横浜市都市デザイン室長を最後に大学教員に転じたタイミングで「現場が欲しい人材は、創造力と行動力、例え時間がかかっても解決が可能であると考える前向きな姿勢、幅広い視野と興味、柔軟性、空間の構想力など、欲を言えばきりがない」*16と指摘している。その北沢は都市計画が究極的に目指している都市の「豊かさ」について、「楽しいという感覚」という言葉を用いて、次のように説明した。

「豊かさとはいかなるものであろうか。ものによる豊かさを超える価値、言わば生き方の模索、そして生きる場としての都市や町のあり方の模索が続いているのが現代である」

「豊かさを図るのは楽しいという感覚ではないかと考えるようになった。空間という風景や自然に感じ、人間として家族や仲間そして地域や組織に、仕事や文化など社会活動にも楽しいという感覚が生まれる」

「計画や市民参加、広くネットワークを組み立てる過程で私自身もおそらく周りにも楽しいという感覚が生まれた。そこにいい空間が生まれたのである」*17

北沢は「都市はどうあるべきか」は「私たちがどう生きられるか」とほぼ同義であるとも述べている。「都市計画家はどうあるべきか」という投げかけは、時代の変化に対応しながら、「私たちがどう豊かに生きるか」という問いでもある。自らが都市を、都市計画を楽しみ、その「楽しいという感覚」を周囲にも広げていける人、実はいつの時代においても、そうした人が「都市計画家」と呼ばれてきたのだろうし、これからもそれは変わることがないはずである。

[注・参考文献]

＊1　東京大学工学部都市工学科「2019 進学ガイダンス　パンフレット」
＊2　亀井幸次郎（1958）「人物都市計画風土記（一）」『新都市』12 巻 10 号、都市計画協会
＊3　榧木寛之（1935）「復興事業所管」『復興の山中温泉』石川県山中町
＊4　文徐行公（1938）「都市計画地方委員会技師論」『都市公論』21 巻 3 号、都市研究会
＊5　石川栄耀（1954）『新訂都市計画及び国土計画』産業図書
＊6　石川栄耀（1951）『改訂都市計画及国土計画』産業図書
＊7　石川栄耀（1932）「『盛り場計画』のテキスト　夜の都市計画」『都市公論』15 巻 8 号、都市研究会
＊8　橡内吉胤（1937）「東京といふところ」『日本評論』12 巻 6 号
＊9　都市環境・計画研究所（1973）『秀島乾氏と夫人を偲ぶ』
＊10　浅田孝（1969）『環境開発論』鹿島出版会
＊11　浅田孝（1982）『天・地・人の諸相をたずねて　年譜・覚え書』浅田孝さんをかこむ会
＊12　高山英華（1987）『私の都市工学』東京大学出版会
＊13　大谷幸夫先生退官記念会（1984）『大谷幸夫教授最終講義　都市と建築の文脈を求めて』
＊14　田村明（1971）「自治的地域空間の構造化　プランナーの必要性とその活動」『SD』1971 年 10 月号、鹿島出版会
＊15　田村明（1978）「計画の組織づくりと困難の打開」『SD』別冊 11 号、鹿島出版会
＊16　北沢猛（1997）「自治体の都市づくりと人材」『これからの都市計画教育を考える　―都市計画をまちづくりをつなぐ―』（1997 年度日本建築学会大会（関東）都市計画部門パネルディスカッション資料）
＊17　北沢猛（2008）「日本の風景と未来の設計」『都市＋デザイン』27 号、公益財団法人都市づくりパブリックデザインセンター

10章　ブックガイド

——都市計画を学ぶための 72 冊

本書の１章から７章まではこれまでに確立されている都市計画学の専門分野毎の内容、８章及び９章は都市計画学を実践へとつなげる内容である。

本章は、さらに詳しい内容を知りたい読者におすすめする書籍のガイドであり、各専門分野から８冊を選び、紹介している。

1　土地利用と施設計画

都市縮小時代の土地利用計画―多様な都市空間創出へ向けた課題と対応策　2017、学芸出版社
日本建築学会 編
新しい暮らしと都市への希望の創出に向け、都市縮小・都市希薄化の実態と土地利用の課題、計画・制度の課題と可能性、欧米諸国における都市縮小事情と対応について総合的に解説

「間にある都市」の思想―拡散する生活域のデザイン
2017、水曜社
トーマス・ジーバーツ 著、蓑原敬 監訳
今日の都市が「間にある」状態の中にあること、つまり、場所と世界の間、空間と時間の間、都市と田園の間にあることを解説し、それぞれへの介入方法を論じた古典的名著の訳本

ありふれたまちかど図鑑―住宅地から考えるコンパクトなまちづくり　2007、技法堂出版
谷口守・松中亮治・中道久美子 著
日本の都市の住宅地がどのような「まちかど」によって構成されているのかを実際のデータに基づいて分析。135 タイプの特徴を写真、地図、定量的評価指標を用いて提示している

日本型魅惑都市をつくる
2004、日本経済新聞出版社
青木仁 著
日本の土地利用の実態と制度を踏まえ、小さな敷地、不整形な敷地や道路、密集した市街地を肯定的に評価し、人間中心のコンパクトな都市をつくるための都市再生ビジョンを提示

コミュニティデザイン学
―その仕組みづくりから考える　2016、東京大学出版会
小泉秀樹 編
超高齢社会や環境的制約増大を背景に、コミュニティをデザインするための社会的仕組みについて、関連する制度、計画、事業の多数のケーススタディを通じて論じた

都市計画の理論―系譜と課題　2006、学芸出版社
高見沢実 編著
1970 年代以降、特に 1990 年代以降の都市計画理論（思潮、運動、言説等を含む）を幅広くレビューし、日本の都市計画の課題に取り組む際に依拠し得る考え方を整理している

都市・地域の持続可能性アセスメント
―人口減少時代のプランニングシステム　2015、学芸出版社
原科幸彦・小泉秀樹 編著
環境・社会・経済面の持続性に配慮しながら合理的かつ民主的に都市・地域の様々な空間スケールの計画を策定する枠組みを国内外の制度とその運用に関する研究に基づき提示

世界の SSD100―都市持続再生のツボ
2008、彰国社
東京大学 cSUR-SSD 研究会 編著
建築・土木・都市の壁を超えて取り組んだ都市持続再生の 100 事例を厳選して解説。場所、ブラウンフィールド、記憶、集住、郊外、脆弱市街地、川、公共空間などがキーワード

2 都市交通

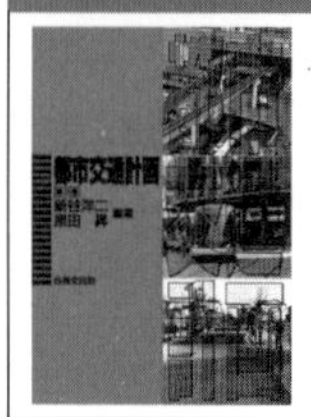

都市交通計画（第３版）
2017、技報堂出版
新谷洋二・原田昇 編著

都市交通の発達の歴史、計画のための調査と分析・需要予測の手法、公共交通や道路、地区交通、交通結節点の計画の基本など、都市交通計画の要諦を押さえたテキスト

交通システム計画
1988、技術書院
太田勝敏 著、交通工学研究会 編

米国で発展したシステム分析の考え方を適用し、交通計画のプロセスと手法を体系的に提示している。出版から 30 年が経つ今日でも読み返すたびに気づきと学びがある

〈改訂版〉まちづくりのための交通戦略
—パッケージ・アプローチのすすめ
2010、学芸出版社
山中英生・小谷通泰・新田保次 著

２章で解説した「統合パッケージ型アプローチ」に含まれうる幅広い施策群と、それらをパッケージとして適用している国内外の実践が、豊富な事例を挙げてまとめられている

新しい交通まちづくりの思想
—コミュニティからのアプローチ
1998、鹿島出版会
太田勝敏 編著、豊田都市交通研究所 監修

成熟社会への転換期に「交通まちづくり」の思想を提唱し確立した書。交通計画分野における住民参加の具体的方法や制度、萌芽期の先進的な取り組みが紹介されている

交通まちづくり—地方都市からの挑戦
2015、鹿島出版会
原田昇 編著、羽藤英二・高見淳史 編集幹事

より近年の交通まちづくりの研究と実践から、ビジョン構築と合意形成、調査・分析手法、制度、担い手育成という四つの視座を論じ、国内９都市の実践事例を解説している

次世代のアメリカの都市づくり
—ニューアーバニズムの手法
2004、学芸出版社
ピーター・カルソープ 著、倉田直道・倉田洋子 訳

ニューアーバニズムの流れを汲むまちの計画とデザインを扱った書であるが、公共交通指向型開発の提案をはじめ都市交通の面からも興味深い要素をあわせ持つ点が特色

交通経済学入門　新版
2018、有斐閣
竹内健蔵 著

需要と供給、投資と事業評価、規制政策など、都市交通計画を深く理解する上で経済学の考え方は切っても切り離せない。本書はその分野、交通経済学の優れた入門書の一つ

モビリティーズ—移動の社会学
2015、作品社
ジョン・アーリ 著、吉原直樹・伊藤嘉高 訳

人は何のために移動するのか。技術の進化の中で移動と社会は何をもたらしあってきたのか。本書は社会学の視点から「移動」の持つ意味や未来を考えるヒントを与えてくれる

3 住環境

住環境—評価方法と理論
2001、東京大学出版会
浅見泰司 編

安全性、保健性、利便性、持続可能性という住環境の概念と評価指標を体系的に解説。住環境評価の理論、住環境整備政策も解説。2003 年都市住宅学会賞（著作）受賞

現代日本ハウジング史—1914-2006
2015、ミネルヴァ書房
住田昌二 著

ハウジングを、住宅政策、住宅計画、まちづくりというサブシステムの組成と捉え、マスハウジング—官民挙げた住宅の大量供給システムの生成から瓦解に至るプロセスを論述

人口減少時代の住宅政策
—戦後 70 年の論点から展望する
2015、鹿島出版会
山口幹幸・川崎直宏 編

戦後 70 年を６期に分け、各期 10 程度の特徴的な住宅政策を見開き一項目の構成で解説。第二部では、人口減少・少子高齢化、都心と郊外などの課題ごとに各執筆者が論述する

住まいのまちなみを創る
—工夫された住宅地･設計事例集
2010、建築資料研究社
中井検裕 監修、住宅生産振興財団 編著

コモン、道路や外構、建物配置などの工夫された全国の住宅地 177 件の計画意図や特徴を図や写真とともに掲載。景観、ルール、維持管理など 10 の切り口からの事例解題も収録

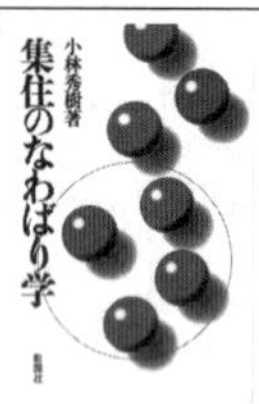

集住のなわばり学
1992、彰国社
小林秀樹 著

空間の占有と共有のあり方を人間関係を通して明らかにしようとする「なわばり学」を提唱。路地や団地等での丹念な実態調査から集住のあり方を論じ、デザインを提示する

都市計画・まちづくり紛争事例解説
—法律学と都市工学の双方から
2010、ぎょうせい
都市計画・まちづくり判例研究会 編著

都市計画事業、開発許可、環境・景観の保護など、都市計画･まちづくりをめぐる重要判例 56 件の解説書。法律学と都市工学の専門家が双方の視点から各判例を分析する

犯罪予防とまちづくり
—理論と米英における実践
2006、丸善
Richard H. Schneider, Ted Kitchen 著、防犯環境デザイン研究会 訳

米英の都市計画家が、都市環境と犯罪・不安との関係、防犯環境デザインの基本原則、犯罪抑止手法等について実践例とともに解説。計画・デザインと犯罪学を橋渡しする

人口減少社会という希望
—コミュニティ経済の生成と地球倫理
2013、朝日新聞出版
広井良典 著

高度成長期とは違う新たな視座から人口減少をポジティブに捉え直し、コミュニティ、ローカル化、福祉都市、資本主義など様々な話題から豊かな成熟社会の社会像を描く

4 都市デザイン

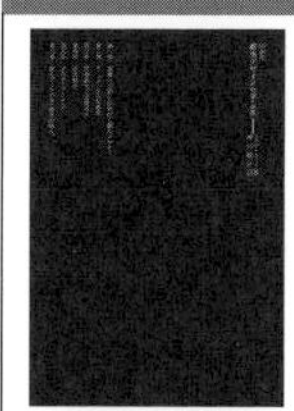

都市デザイン―野望と誤算　2000、鹿島出版会
ジョナサン・バーネット 著、兼田敏之 訳
欧米を中心とした近代都市デザインの思潮の変遷を、豊富な図版も交えながら、首尾よくまとめた通史である。都市デザインの歴史的展開についての明解な見取り図を提供してくれる

アーバン・デザインの手法　1977、鹿島出版会
ジョナサン・バーネット 著、六鹿正治 訳
「建築をデザインすることなく、都市をデザインする」、1960年代末から1970年代前半にかけてのニューヨーク市のアーバンデザインの現場の瑞々しい記録。公共政策としての都市デザインの一級の解説書である

都市保全計画―歴史･文化･自然を生かしたまちづくり
2004、東京大学出版会
西村幸夫 著
都市保全計画の歴史と方法を体系的に説明した本邦唯一の書籍である。日本に加え世界各国の法体系、国際協調による取り組みまで収録。都市保全計画に関する決定版の辞書として、座右に置きたい

アーバンデザインセンター
―開かれたまちづくりの場　2012、理工図書
前田英寿・遠藤新・野原卓・阿部大輔・黒瀬武史 著
現在、公民学連携による開かれたまちづくりの場として国内各地で設立が続くアーバンデザインセンターの果たすべき役割、持つべき機能について、国内外の豊富な事例に基づいて体系的に論じている

都市経営時代のアーバンデザイン
2017、学芸出版社
西村幸夫 編
「ハードとソフトを合わせて統合的に都市をマネジメントすることに責任を持たねばならない時代」における先進的な試みを行っている国内外諸都市のアーバンデザインを幅広く紹介している

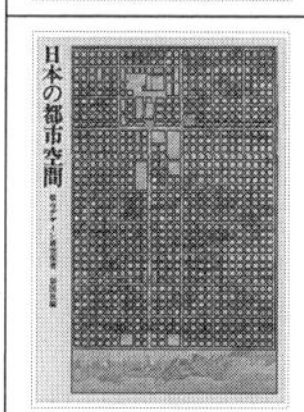

日本の都市空間　1968、彰国社
都市デザイン研究体 著
日本の伝統的都市空間にこれからの都市デザインのリソースを見出そうとした古典的名著。魅力的な図版と洗練された言葉は、今でも十分に刺激的である。巻頭に配された磯崎新の「都市デザインの方法」も必読であろう

東京の空間人類学　1985、筑摩書房
陣内秀信 著
イタリアで都市史の方法を学んだ著者が、東京に対峙して、江戸の基層の上に展開するその都市空間の歴史的重層性を描き出すことに成功した。都市デザインの基本である「都市を読む」という行為の最も良質な実践である

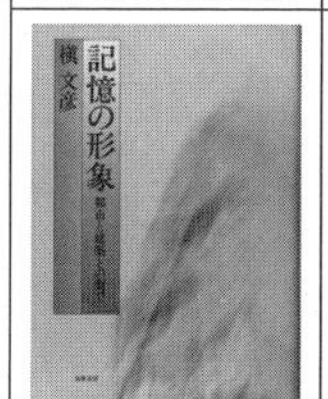

記憶の形象―都市と建築との間で　1992、筑摩書房
槇文彦 著
都市について最も深く思考を重ね、常に都市に寄り添ってきた建築家の最初の著作集。ここでも主題は都市であり、モダニズム、心象風景、江戸―東京、アーバンデザインなど、多様な切り口から都市を議論している

5 都市緑地

造園学　1986、朝倉書店
高橋理喜男・井手久登・渡辺達三・亀山章・勝野武彦・輿水肇著
造園学の入門書として、各領域のエッセンスを集め、体系的に構成された教科書。「原論」「歴史」「計画論」「材料・植栽」「施行・管理」の分野により構成されている

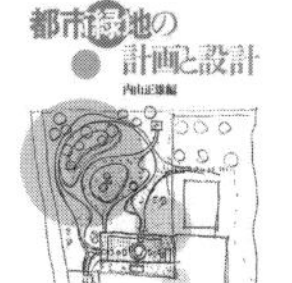

都市緑地の計画と設計　1987、彰国社
内山正雄 編、内山正雄･平野侃三･平井昌信ほか 著
緑地計画の原理と技法、緑地設計の手法、各種緑地出現の背景などがまとめられた教科書。緑地・オープンスペースの設計に関する基礎が学べる。図面が多く視覚的にも分かりやすい

緑のまちづくり学―市民＋ボランティア＋行政
1987、学芸出版社
進士五十八 著
庭園学の考えをまちづくりに拡張することで、「緑政学」「樹藝文化論」「林間都市論」など、通常の公園緑地計画に留まらない多彩な発想が詰め込まれている

都市と緑地―新しい都市環境の創造に向けて
2001、岩波書店
石川幹子 著
19世紀中葉以降の都市緑地形成プロセスの分析を通じて、現在に残る都市緑地を社会的共通資本として理解するための枠組みを提示した著書。欧米の事例も豊富に収録

シリーズ〈緑地環境学〉3　**郊外の緑地環境学**
2012、朝倉書店
横張真・渡辺貴史 編
都市と農村の接点である郊外を舞台に、農林地と市街地の混在を積極的に評価するための枠組みを提示した著書。緑地の環境保全機能に関わる研究成果も多数収録

アーバン エコシステム―自然と共生する都市
1995、環境コミュニケーションズ
アン・スパーン 著、高山啓子他 訳
都市と自然を「対立」するものではなく「共生」できるものとして捉え、大気、地形、地質、水、土壌、動植物など様々な視点から、環境デザインの事例や方法論を示した

ランドスケープデザインの視座
2001、学芸出版社
宮城俊作 著
ランドスケープ分野において共有され、空間デザインの拠り所とすべき様々な思想、理念、発想、思考などを、数々のキーワードと事例にもとづき分析・考察している

自然をデザインする
―環境心理学からのアプローチ　2009、誠信書房
R・カプラン，S・カプラン，R・L・ライアン 著、羽生和紀 監訳
環境が心理に与える影響を解明する環境心理学の視点から、人々が快適で安心と感じる環境デザインのあり方を、豊富な研究成果から理論的・実践的に紹介している

6　都市防災

都市の大火と防火計画—その歴史と対策の歩み
2003、共立出版
菅原進一 著
都市大火に関する国内外の歴史を紹介するとともに、これらの災害を教訓としてどのように対策が変遷してきたかについて、コンパクトにまとめられている

火事場のサイエンス—木造は本当に火事に弱いか
1988、井上書院
長谷見雄二 著
主に初心者を対象として、建築分野から火災対策について執筆されている。やや古いが、それでも紹介したいと思わせる良書

防災の経済分析
—リスクマネジメントの施策と評価　2005、勁草書房
多々納裕一・高木朗義 編著
土木計画的方法論で防災に関連する様々な分析を行っている。分析例が豊富であり、参考となる

シリーズ　災害と社会4　**減災政策論入門**
2008、弘文堂
永松伸吾 著
東日本大震災以前の書籍であるが、わが国の防災政策について事例を交えてダイナミックに展開されている。震災後の現在にも通じる良書

シリーズ　災害と社会7　**災害情報論入門**
2008、弘文堂
田中淳・吉井博明 編
災害情報について、体系的にまとめられており、初心者が全体像を捉えたい場合、参考になる

人が死なない防災　2012、集英社新書
片田敏孝 著
新書ではあるが、防災を考える上での考え方、自然との関わり方などについて学ぶことができる

安全と再生の都市づくり
—阪神・淡路大震災を超えて　1999、学芸出版社
（社）日本都市計画学会 防災・復興問題研究特別委員会 編著
阪神・淡路大震災の教訓をもとに、都市防災と都市災害からの復興についてまとめられた書籍。前半部分は初心者向きにコンパクトにまとまっており、後半部分は事例が豊富である

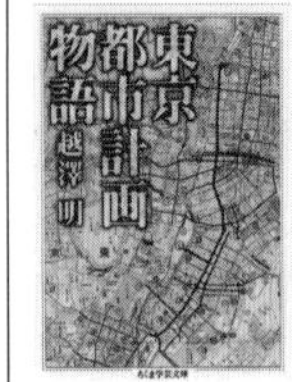

東京都市計画物語　2001、筑摩書房
越澤明 著
東京の近代都市計画をコンパクトにまとめた一冊。これまでの経緯のみならず、都市計画の課題や展望を知りたい人にも参考となる

7　広域計画

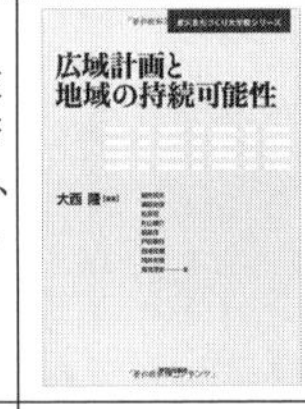

東大まちづくり大学院シリーズ
広域計画と地域の持続可能性　2010、学芸出版社
大西隆 編著
広域計画の基本的な考え方から、事例、具体的な手法までをまとめた、総合的な入門書。国土・広域計画において考慮すべき事柄を、現代的な観点も踏まえて網羅的にまとめている

都市・地域・環境概論
—持続可能な社会の創造に向けて　2013、朝倉書店
大貝彰・宮田譲・青木伸一 編著
広域スケールの計画に不可欠な、持続可能性の向上や環境保全に関連する多様な分野を網羅しつつ、豊富な事例で広域連携の必要性について具体的に示す

国土計画の変遷—効率と衡平の計画思想
2008、鹿島出版会
川上征雄 著
官僚として長く計画の策定に携わった著者が、国土・広域計画の歴史、変遷、および現代的な論点を、学術と実務の両面から論じ、まとめている

社会資本整備と国づくりの思想　2014、亜紀書房
山本基 著
近代以前から現代までの社会資本整備の歴史を紐解き、その変遷を平易に解説する。公共投資の地域配分や主体別の比率の変遷は、地域格差の是正を目指してきた国土・広域計画と密接に関連する

戦後国土計画への証言　1994、日本経済評論社
下河辺淳 著
各次の全国総合開発計画の策定で中心的な役割を果たした官僚である著者の回顧録。国土計画の課題が、時代によってどう理解され、どうプランニングされてきたが生き生きと伝えられる

都市と地域の経済学［新版］　2008、有斐閣
黒田達朗・田渕隆俊・中村良平 著
多様な都市活動とその変化の基本的なメカニズムを、経済学の理論を踏まえてわかりやすく整理し解説する。広域計画の策定・立案に必要な、都市活動への理解を深める入門書

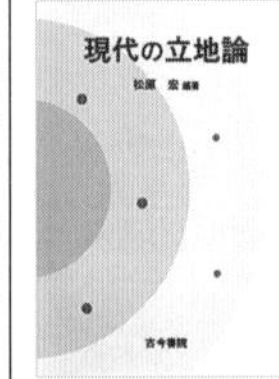

現代の立地論　2013、古今書院
松原宏 編著
伝統的な立地論から、産業クラスター、イノベーションなど、近年の概念までを網羅的に解説した、立地論の入門書。立地論・経済地理学は、経済活動、特に産業の配置とその変化を把握する点で、広域計画と深く関連する

広域連携の仕組み
—一部事務組合と広域連合の機動的な運営 2015、第一法規
木村俊介 著
地方自治法に基づく自治体の広域連携（事務の共同処理）の仕組みと実態をまとめた解説書。実務者向けの内容も多いが、前半の広域連携の制度の解説、また後半の諸外国の比較などは初学者の参考にもなる

8 計画策定技法

マスタープランと地区環境整備
—都市像の考え方とまちづくりの進め方　1998、学芸出版社
森村道美 著

都市のマスタープランと都市を構成する地区の環境整備について、実務的視点で解説している。現行制度が確立される前の先駆的取り組みから計画策定技法の本質が見えてくる

都市再生の都市デザイン—プロセスと実現手法
2001、学芸出版社
加藤源 著

都市開発プロジェクトの計画プロセス、都市デザインの事例、技法、実現方策などを通じて、建物やオープンスペースの空間構成や骨格的な景観形成の技法を体系化している

サンフランシスコ都市計画局長の闘い
—都市デザインと住民参加　1998、学芸出版社
アラン B. ジェイコブス著　蓑原敬ほか 訳

1966 年から 1974 年までサンフランシスコ市の都市計画局長を務めたジェイコブスの回顧録。現実と格闘しながら都市計画を動かした自治体の都市プランナーの仕事ぶりが分かる

実学としての都市計画
2008、ぎょうせい
実学としての都市計画編集委員会 編

行政及びコンサルタントとして都市計画に長年携わった編著者による都市計画の実践的・総合的な解説書。都市計画が直面する課題にどのように対応するか具体的に解説している

都市の計画と設計（第 3 版）
2017、共立出版
小嶋勝衛・横内憲久 監修

この分野の学生に最低限必要な基礎知識を解説。具体的な事例を紹介して計画と設計の一体的理解を促し、都市計画プランナー・コンサルタントや建築家の役割にも触れている

臨床環境学
2014、名古屋大学出版会
渡邊誠一郎・中塚武・王智弘 編

環境問題に対して、現場で診断から治療までを一貫して行う従来の学問分野を超えた新しいアプローチ。都市計画分野にも通じるアプローチの理論と実践が体系化されている

Planner's Use of Information
2003、APA Planners Press
Hemalata C. Dandekar 編

プランニングの実践に必要な技術（特に、情報の収集・整理・伝達に関わる技術）の解説書。プランナーが多様な主体の共同的意思決定に寄与する具体的な方法と技術を提示している

Designing Public Consensus
2006、John Wiley and Sons
Barbara Faga 著

実際の事例における建築家、プランナー、ランドスケープアーキテクト、エンジニア、市民の協働の実態を再現し、合意形成・意思決定プロセスにおける専門家の役割を提示している

9 職能論

私の都市工学
1987、東京大学出版会
高山英華 著

日本の都市計画学の祖である高山英華の講演や対談を集めた著作。軽快な語り口の中にも、都市計画に対する高山の本質的な思考と問いかけを読み取ることができる

都市計画家石川栄耀—都市探究の軌跡
2009、鹿島出版会
中島直人・西成典久・初田香成・佐野浩祥・津々見崇 共著

都市計画とは何か、都市とは何か。戦前期は名古屋で、戦間期から戦後にかけては東京を中心に活躍した稀代の都市計画家・石川栄耀の都市計画、そして都市探究の遍歴を明らかにした

浅田孝—つくらない建築家、日本初の都市プランナー
2014、オーム社
笹原克 著

日本初の民間プランナーとして知られ、「宇宙からディテールまで」を一貫して考えていた浅田孝、一見すると拡散して捉えどころのない思考の全体像を見事に捕まえた貴重な著作である

都市プランナー田村明の闘い
—横浜〈市民の政府〉をめざして　2006、学芸出版社
田村明 著

田村明は自身の都市づくりの経験を何度か著作にまとめているが、本書はその決定版である。横浜で実践的都市計画を確立した都市プランナーを突き動かしてきたものは何か、知ることができる

都市計画の思想と場所
—日本近現代都市計画史ノート　2018、東京大学出版会
中島直人 著

都市計画家とはどのような人達なのか、石川栄耀、高山英華らの軌跡を辿り、思考を重ねた一冊。時代の変化に対応するためにこそ、都市計画の歴史と哲学への深い造詣が必要とされる

まちづくりの仕事ガイドブック
—まちの未来をつくる 63 の働き方　2016、学芸出版社
饗庭伸・小泉瑛一・山崎亮 編著

現在、都市計画を取り巻くまちづくりの仕事にはどのようなものがあるのか、5 分野 44 種の仕事を総覧できる。時代の変化に対応して、都市計画学の出口も多様性を増している

まちづくり：デッドライン
—生きる場所を守り抜くための教科書　2013、日経 BP 社
木下斉・広瀬郁 著、日経アーキテクチュア 編

中心市街地の活性化は行政施策ではなく、経営的知識を基盤とした既存ストックの再生・活用というアクションによってはじめて達せられる。時代の変化に対応した新しい職能像を見出すことができる

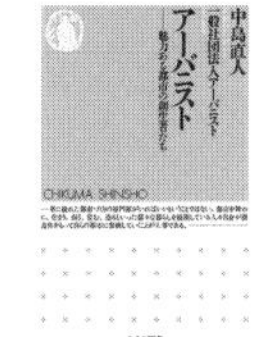

アーバニスト
—魅力ある都市の創生者たち　2021、ちくま新書
中島直人＋一般社団法人アーバニスト 著

都市の計画者と生活者が重なり合う汽水域で活動する実践家＝アーバニストの概念、系譜、そして現在を紹介する。職能論、担い手論の先にある、これからの都市の姿を展望している

索引

■英数
Aging in Place……83
BID（Business Improvement District）……103,190
CABE（建築都市環境委員会）……102
CCRC（コンティニュイング・ケア・リタイアメント・コミュニティ）……84,85
CIAM（近代建築国際会議）……90,94
DRT（需要応答型交通）……55
G.M.S.（グリーン・マトリックス・システム）…114
HOA（住宅所有者組合）……79
Mobility as a Service（MaaS）……65
Park-PFI（公募設置管理制度）……120
PPG13（計画方針ガイダンス 13・交通）……62
SDGs（持続可能な開発目標）……47,119
TDM（交通需要マネジメント）……59,60
TND（伝統的近隣開発）……94
TOD（公共交通指向型開発）……61,94
TVA（テネシー川流域開発公社）……154,158
2040 成長構想（2040 Growth Concept）…61
21 世紀の国土のグランドデザイン……165
■あ
アーバンデザインセンター……104,190
間にある都市……46
空き地……121
空き家……81
空家等対策の推進に関する特別措置法…82
アクセシビリティ……49,63,64,66
浅田孝……196
新しい生態系（Novel Ecosystems）……126
アテネ憲章……90,94
アラン・ジェイコブス……92,94
■い
イアン・マクハーグ……115
石川栄耀……194
一村一品運動……163
井下清……110
イノベーション……169
■う
ヴァルター・グロピウス……90
ウォーカビリティ……78
■え
エコロジカルプランニング……115
エベネザー・ハワード……88,110
延焼遮断帯……137,142
■お
応能応益家賃制度……71
大谷幸夫……197
オールドタウン……81
■か
開発許可……37
買い物弱者……77
カシニワ制度……122
柏の葉アーバンデザインセンター……194
カミロ・ジッテ……88
亀井幸次郎……194
椎木寛之……194
環境影響評価……183
関東大震災……34,109,135
■き
技術士（都市及び地方計画）……189
帰宅困難者……145
北沢猛……95,197
北村徳太郎……109
技法……172
業務核都市構想……165
居住支援協議会……84
緊急避難……143
近代建築国際会議（CIAM）……90,94
近隣住区理論……70,72
■く
区域区分（制度）……37,38,113,161
空間構造モデル……177
クリチバ（市）……55,61
グリーン・マトリックス・システム（G.M.S.）……114
グリーンインフラ（ストラクチュア）……31,124
グリーンベルト……35,110
クリストファー・アレグザンダー……91,92
■け
計画策定……172
計画方針ガイダンス 13・交通（PPG13）……62
景観生態学（ランドスケープ・エコロジー）……107, 116
景観法……35,101,189
ゲイテッド・コミュニティ……77
ケヴィン・リンチ……91, 92
圏域マスタープラン……44
建築確認……37
建築協定……80
■こ
広域機能……155
広域行政圏……161
広域連合制度……167
公営住宅法……68,71
公共交通……55,63
公共交通指向型開発（TOD）……61,94
工業等制限法……155,160,166
交通アセスメント……62
交通関連ビッグデータ……58
交通需要マネジメント（TDM）……59,60
交通静穏化……53
交通まちづくり……66
公募設置管理制度（Park-PFI）……120
コーポラティブハウス……74
国土形成計画……166,169
国土形成計画広域地方計画……156,166
国土形成計画全国計画……153,166
国土形成計画法……166
国土軸……165
国土総合開発法……158,166
コモン……71,79
コレクティブハウス……74

コンパクトシティ……45
コンパクトシティ・プラス・ネットワーク／コンパクト＋ネットワーク…46,63,167
■さ
サードプレイス……85
サービス付き高齢者向け住宅（サ高住）……84
災害……130
災害対策基本法……133
里山……112,117,127
参加のデザイン……100
産業クラスター論……170
サンフランシスコ（市）……92,104
■し
シアトル……180
シークエンス……97
シェア居住……74
ジェイン・ジェイコブズ……91,92
市街化区域……26
市街化調整区域……26
市街地火災……141
市街地再開発事業……190
自助・共助・公助……148
地震火災……141
施設配置計画……30
自然監視性……76
持続可能な開発目標（SDGs）……47,119
シティ・ビューティフル……89
自動運転……66
シナリオプランニング……99
ジニ係数……164
シビックアート……87,88,89
社会技術……29
社会実験……66
シャレット……175
住環境マネジメント……79
住生活基本計画……72
住宅金融公庫……72
住宅金融公庫法……68
住宅建設五箇年計画（五計）……68,75
住宅所有者組合（HOA）……79
住宅双六……73
住民参加……66,93
集約型都市構造……42,45
需要応答型交通（DRT）……55
需要追随型アプローチ……59
将来開発予測分析……180
ジョナサン・バーネット……92
ジョルジュ・オスマン……88
震災復興公園……109
新産・工特……160,166
新産業都市……160
新住宅市街地開発事業（新住）……70
新全国総合開発計画（新全総）……160
■す
スペシャルトランスポートサービス……63
■せ
生産緑地法……113,117,127
成長の限界……27
全国総合開発計画（全総）……153,155,159,169
戦略的枠組み計画……31
■そ
創造階層（クリエイティブ・クラス）論……170
創造都市論……170
疎開……151
■た
耐火建築促進法……136
代官山ヒルサイドテラス……97
第三次全国総合開発計画……162
第五次全国総合開発計画（21世紀の国土のグランドデザイン）……165
耐震改修促進法……138
大都市圏計画……160
大都市防災……149
第二次国土形成計画（全国計画）……167
太平洋ベルト地帯構想……159
第四次全国総合開発計画……165
対流促進型国土……167
ダウンタウン・プラン……31,173
高山英華……196
タクティカル・アーバニズム……95,97
太政官布告……108
建物倒壊……139
タブラ・ラサ……89,91
田村明……93,197
多様性……91
丹下健三……90
■ち
地域格差……153,155,164
地域公共交通網形成計画……47,64
地域地区……37,38,39
地域包括ケアシステム……83
地域防災計画……133
地域連携軸……165
地下街……146
地区計画……37,39,80
地方自治法……161,167
地方分権一括法……189
チャールズ・マルフォード・ロビンソン……89
駐車場……53
中枢管理機能……164,169
■つ
津波火災……143
■て
定住構想……162
定住自立圏構想……168
低炭素化……28,62
帝都復興計画……34,135
テクノポリス……162,163,166
デザインレビュー……101
デトロイト……31
テネシー川流域開発公社（TVA）……154,158
田園都市……88
伝統的近隣開発（TND）……94
■と
東京圏（への）一極集中……164,168
東京緑地計画……34,110,111
統合パッケージ型アプローチ……59
東大まちづくり大学院……192
道路の機能……51
道路の段階構成……51
特定地域総合開発計画……158,166
都市計画区域……26

都市計画区域マスタープラン 37,44
都市計画コンサルタント 190
都市計画事業 40
都市計画図 30
都市計画制度 36
都市計画地方委員会 189
都市計画法（旧法） 25,34
都市計画法（新法） 26,32,35,161
都市計画マスタープラン 37,42,45,186
都市公園法 112
都市工学科 191,196
都市交通施設 48
都市災害 130
都市再開発 90
都市再開発法 35,136
都市再生 35
都市再生特別措置法 26
都市軸 61,97
都市施設整備事業 41
都市デザイン研究体 92
都市デザイン室 87,93,197
都市農地 113,117,127
都市美運動 195
都市防火区画 135,142
都市防災 130
都市保全 98
都市緑地保全法（現・都市緑地法） 107,113
都市林業 127
土地区画整理事業 190
椽内吉胤 195
土地利用・建築規制 33
土地利用計画 30
土地利用方針図 45
トリップ 56
■な
長崎水害 137
■に
新潟地震 136
日本住宅公団 68,72
ニューアーバニズム 94
ニュータウン 70,81
ニューヨーク（市） 92,104
認定都市プランナー 189
■は
パーソントリップ調査 56
ハイライン公園 103
派生需要としての交通 48
パタン・ランゲージ 91,98
パブリック・レビュー 179,183
原熙 109
バリアフリー法 63
阪神・淡路大震災 137
■ひ
ヒートアイランド 107,118
被害想定 133
東日本大震災 138
美観地区 34,101
非集計行動モデル 58
秀島乾 196
避難所 143
避難場所 142,144
日比谷公園 108
■ふ
フードデザート（食の砂漠） 78
風致地区 34,101
ブキャナン・レポート 52
複合災害リスク 148
附置義務駐車施設 54
復興計画 34
物的環境 29
プランナー 184
プレイスメイキング 95
フレデリック・ロー・オルムステッド ...89
プローブパーソン調査 58
文化的景観 123
文脈（コンテクスト） 98
■へ
平成の大合併 168
■ほ
防災建築街区造成法 136
ポートランド（市、都市圏） 31,61,174
補完機能 155
ホセ・ルイ・セルト 90
本多静六 108
■ま
槇文彦 92,97
幕張ベイタウン 100
マスターアーキテクト 100
まちづくりセンター 190
町家 96
■み
緑の基本計画 118
■め
明治神宮 109
明暦の大火 134
メタボリズムグループ 92
■も
モール 52
木造密集市街地 137,142
モダニズム 87
モビリティ 49,55,63
モビリティ・マネジメント 60
■や
山田正男 25,26
ヤン・ゲール 103
■よ
容積率 26
横浜（市） 87,93,104,197
4 段階推定法 57
■ら
ラドバーン方式 52
■り
立地適正化計画 36,47,54,64,121
領域性 76
■る
ル・コルビュジエ 89
■れ
レイモンド・アンウィン 88,89
レジリエンス 28
連携中枢都市圏構想 168
連絡調整機能 155
■ろ
ロードプライシング 60
■わ
ワーナー・ヘゲマン 89

著者略歴（執筆順）

中島直人（なかじま　なおと）担当：序、4、9章
1976年生まれ。東京大学大学院工学系研究科都市工学専攻准教授。都市デザイン研究室。著書に『都市計画の思想と場所――日本近現代都市計画史ノート』『都市美運動――シヴィックアートの都市計画史』など

村山顕人（むらやま あきと）担当：1、8章
1977年生まれ。東京大学大学院工学系研究科都市工学専攻准教授。都市計画研究室。著書に『都市のデザインマネジメント』『世界のSSD100――都市持続再生のツボ』（いずれも共著）『「間にある都市」の思想――拡散する生活域のデザイン』（共訳）など

髙見淳史（たかみ　きよし）担当：2章
1972年生まれ。東京大学大学院工学系研究科都市工学専攻准教授。都市交通研究室。著書に『都市交通計画（第3版）』『交通まちづくり――地方都市からの挑戦』『広域計画と地域の持続可能性』『Sustainable City Regions: Space, Place and Governance』（いずれも共著）など

樋野公宏（ひの　きみひろ）担当：3章
1975年生まれ。東京大学大学院工学系研究科都市工学専攻准教授。住宅・都市解析研究室。著書に『民泊を考える』『都市計画・まちづくり紛争事例解説』『安全・安心の手引き――地域防犯の理論と実践』（いずれも共編著）など。現在、足立区防犯専門アドバイザー、アーバンデザインセンター高島平副センター長を務める

寺田徹（てらだ　とおる）担当：5章
1984年生まれ。東京大学大学院新領域創成科学研究科自然環境学専攻准教授。都市・ランドスケープ計画研究室。著書に『Green Asia』『Labor Forces and Landscape Management』『郊外の緑地環境学』（いずれも共著）など

廣井悠（ひろい　ゆう）担当：6章
1978年生まれ。東京大学大学院工学系研究科都市工学専攻教授。都市情報・安全システム研究室。著書に『知られざる地下街――歴史・魅力・防災、ちかあるきのススメ』『これだけはやっておきたい　帰宅困難者対策Q&A』など。平成28年度東京大学卓越研究員、JSTさきがけ研究員（兼任）

瀬田史彦（せた　ふみひこ）担当：7章
1972年生まれ。東京大学大学院工学系研究科都市工学専攻准教授。国際都市計画・地域計画研究室。著書に『〈東大まちづくり大学院シリーズ〉広域計画と地域の持続可能性』『初めて学ぶ都市計画』（いずれも共著）『中心市街地活性化三法改正とまちづくり』（共編著）

都市計画学
変化に対応するプランニング

2018年9月25日　第1版第1刷発行
2022年3月20日　第1版第4刷発行

著　者　中島直人・村山顕人・髙見淳史・樋野公宏・寺田徹・廣井悠・瀬田史彦
発行者　井口夏実
発行所　株式会社 学芸出版社
京都市下京区木津屋橋通西洞院東入
〒600-8216　電話 075-343-0811
http://www.gakugei-pub.jp/
E-mail info@gakugei-pub.jp
印　刷　創栄図書印刷
製　本　新生製本
装　丁　赤井佑輔(paragram)

ISBN978-4-7615-2689-4　　Printed in Japan